Wirkungen von Fortbildungen zum Thema Rechenschwäche auf fachdidaktische Fähigkeiten und motivationale Orientierungen

Mark Sprenger

Wirkungen von Fortbildungen zum Thema Rechenschwäche auf fachdidaktische Fähigkeiten und motivationale Orientierungen

Professionalisierung von Mathematik unterrichtenden Lehrpersonen

 Springer Spektrum

Mark Sprenger
Institut für Mathematik
Pädagogische Hochschule Karlsruhe
Karlsruhe, Deutschland

Dissertation an der Pädagogischen Hochschule Karlsruhe, Deutschland, 28. Juni 2021

ISBN 978-3-658-36798-5   ISBN 978-3-658-36799-2 (eBook)
https://doi.org/10.1007/978-3-658-36799-2

Die Deutsche Nationalbibliothek verzeichnet diese Publikation in der Deutschen Nationalbibliografie; detaillierte bibliografische Daten sind im Internet über http://dnb.d-nb.de abrufbar.

Planung/Lektorat: Marija Kojic
Springer Spektrum ist ein Imprint der eingetragenen Gesellschaft Springer Fachmedien Wiesbaden GmbH und ist ein Teil von Springer Nature.
Die Anschrift der Gesellschaft ist: Abraham-Lincoln-Str. 46, 65189 Wiesbaden, Germany

Geleitwort

Besondere Schwierigkeiten beim Lernen von grundlegenden arithmetischen Inhalten, häufig mit „Rechenstörungen", „Rechenschwäche" oder „Dyskalkulie" beschrieben, sind ein zentrales Thema in der mathematikdidaktischen Forschungs- und Entwicklungsarbeit. Auch in der unterrichtlichen Praxis stellt diese Thematik viele Lehrpersonen vor Herausforderungen, wenn Sie ihren pädagogischen Ansprüchen genügen möchten. Darüber hinaus wird an Lehrpersonen der Anspruch seitens Eltern und curricularen/administrativen Vorgaben herangetragen, allen Lernenden bestmögliche Unterstützung zuteil kommen zu lassen, also auch denen, die beim Aufbau grundlegender Zahl- und Operationsvorstellungen besondere Schwierigkeiten haben. Häufig werden diese über Probleme beim Rechnen sichtbar. Diesen Forderungen steht gegenüber, dass sich viele Lehrpersonen nicht in der Lage sehen, diese Kinder adäquat zu diagnostizieren und zu fördern.

Dass eine angemessene Unterstützung von Kindern mit Schwierigkeiten häufig nicht umgesetzt werden kann, liegt einerseits an strukturellen Vorgaben und Möglichkeiten in den Schulen und den administrativen Strukturen, andererseits daran, dass diese Thematik im Rahmen der ersten beiden Ausbildungsphasen keine angemessene Rolle gespielt hat und somit inhaltliche Herausforderungen mit sich bringt.

Es wurde theoretisch und empirisch ausgeschärft, welche inhaltlichen Aspekte als „neuralgische Hürden" beim Lernen arithmetischer Inhalte im Anfangsunterricht gelten, wie diese in Bezug auf Diagnose und Förderung operationalisiert werden können und welche Rolle didaktische Arbeitsmittel in diesem Prozess spielen (z. B. Schulz, 2014). Gleichzeitig wurde in Bezug auf Kompetenzen von Lehrpersonen – zumeist in qualitativen Studien – aufgezeigt, dass einerseits typische Schwierigkeiten häufig nennen und identifizieren können und über ein Repertoire an Übungs- und

Lernformaten verfügen, andererseits aber die Passung zwischen Beobachtung und
vorgeschlagener Intervention nicht immer gegeben ist.

Fort- und Weiterbildungsmaßnahmen zu dieser Thematik werden in der Regel
stark nachgefragt. Damit hängt die Frage zusammen, welche Effekte diese Fortbildungsmaßnahmen haben können. Inwiefern ist es möglich, in der begrenzten
Zeit, die hierfür zur Verfügung gestellt wird, die zentralen Ideen für Diagnostik und daran anschließende Förderung mit Lehrpersonen zu thematisieren und
sie damit in die Lage zu versetzen, Lernende mit Schwierigkeiten gezielter zu
erkennen und vor allem unterstützen zu können.

Die grundsätzliche Wirksamkeit von Fortbildungen zum Thema „Rechenschwierigkeiten" wurde auf qualitativer Ebene beschrieben (z. B. Lesemann,
2015). Auch hier wurden jedoch offene Fragen und Desiderate formuliert, an
die die vorliegende Arbeit von Mark Sprenger anknüpft.

Sie geht zwei zentralen Fragestellungen nach: Einerseits wie ein empirisches
Instrumentarium gestaltet werden kann, das auf der Ebene von Lehrpersonen
mathematikdidaktische Kompetenzen und motivationale Orientierungen in Bezug
auf den Umgang Rechenschwierigkeiten operationalisieren kann, andererseits,
welche (damit gemessenen) Effekte zwei verschiedene Fortbildungskonzeptionen
haben.

Hierzu stellt M. Sprenger den internationalen Forschungsstand in Bezug auf
Kompetenzen von Lehrpersonen dar und verortet darin die für den Umgang mit
Rechenschwierigkeiten relevanten Aspekte. Im Vergleich verschiedener Modelle
wird deutlich, dass nicht nur kognitive, sondern auch affektiv-motivationale
Aspekte eine Rolle spielen. Insbesondere werden der Enthusiasmus für das
Unterrichten und das Fach Mathematik und Einstellungen zur Selbstwirksamkeit
besonders betrachtet. Bei den fachlich-inhaltlichen Kompetenzen findet ebenfalls eine umfassende Diskussion und Klärung statt. Herauszuheben sind hier die
Ausführungen des Autors in Bezug auf benötigte Kompetenzen zur *Förderung*
arithmetischer Inhalte im Anfangsunterricht. Diese werden auch in ihrer Wech-
selbeziehung zu „diagnostischen Kompetenzen" abgegrenzt und ausgeschärft.

Die Ausführungen zeigen offene Fragen im aktuellen Forschungsstand auf. In
Bezug auf Fortbildungen für Lehrpersonen kann auf Qualitätskriterien, insbesondere auch von der Arbeitsgruppe um F. Lipowsky zurückgegriffen werden. Die
Herausforderung der Arbeit bestand einerseits in der inhaltlichen Bezugnahme
auf das Thema Rechenschwierigkeiten und andererseits in der Operationalisierung der Erfassung von handlungsnahen inhaltsspezifischen Kompetenzen. Hierzu
setzt der Autor neben z. T. inhaltlich adaptierten Skalen auch Videovignetten ein.

Mit diesem Instrumentarium werden in einer Interventionsstudie zwei Fortbildungskonzeptionen zum Thema Rechenschwierigkeiten vergleichend in Bezug

auf die Entwicklung von Kompetenzen von Lehrpersonen und deren affektiv-motivationalen Einstellungen untersucht. Bei Fortbildungskonzeption A handelt es sich um eine einmalige und eintägige Fortbildung, bei Konzeption B um eine Fortbildungsreihe mit 7 Fortbildungstagen in einem Schuljahr mit Praxiselementen für die Teilnehmenden wie die wöchentliche Planung, Durchführung und Förderung einer Kleingruppe rechenschwacher Kinder. An der Studie nahmen insgesamt 239 Lehrpersonen teil, bei 98 von ihnen konnten Daten sowohl von der Erhebung vor der ersten Fortbildung als auch ein Jahr danach bei der letzten Befragung analysiert werden. Das kann als vergleichsweise große Stichprobe für die Untersuchung von Wirkungen von Fortbildungen betrachtet werden.

M. Sprenger dokumentiert und diskutiert in seiner Dissertation diese Daten, die über interferenzstatistische Methoden analysiert wurden. Besonders hervorzuheben sind die Unterschiede zwischen den Zuwächsen bei Kompetenzen in Bezug auf Diagnostik und Förderung bei Zählprozessen und beim Stellenwertverständnis in Abhängigkeit von der besuchten Fortbildungskonzeption. Für die Fortbildungspraxis wertvoll sind außerdem die Vergleiche zwischen einem von den Fortbildungsteilnehmenden selbst berichteten, über Skalen erhobenen Kompetenzzuwachs und einem über die Videovignetten erfassten handlungsnahen Kompetenzzuwachs. Im Rahmen von Evaluationen von Fortbildungen wird häufig nach „Zufriedenheit" oder eben einem „selbsteingeschätzten Kompetenzzuwachs" gefragt. Die vorliegende Arbeit leistet spannende Einblicke, inwiefern diese Einschätzungen auch auf Kompetenzzuwächse in konkreten unterrichtlichen Situationen zutreffen.

Besonders spannend sind schließlich auch die Zusammenhänge zwischen Kompetenzzuwächsen und die mit den Fortbildungen einhergehenden Veränderungen der motivational-affektiven Aspekte. Zusammenhänge zwischen Veränderungen der Selbstwirksamkeit oder des Enthusiasmus werden in Beziehung zu den Entwicklungen der Kompetenzen gestellt.

Insgesamt gelingt es M. Sprenger, einen wertvollen Beitrag für die Wirksamkeit von Fortbildungen in Bezug auf Rechenschwierigkeiten zu leisten. Insbesondere vor dem Hintergrund, wie Fortbildungen – auch zu anderen mathematikdidaktischen Themen – evaluiert werden können.

Ich wünsche allen Leser:inne:n eine informative und anregende Lektüre!

im Dezember 2021   Sebastian Wartha
                                    Pädagogische Hochschule Karlsruhe
                                          Karlsruhe, Deutschland

Danksagung

Die *Professionalisierung von Lehrpersonen durch Fortbildungen* ist ein Thema, das mich in meiner beruflichen Laufbahn immer wieder auf verschiedene Art und Weise beschäftigt hat. Dass ich nun dazu forschen konnte, war ein großes Glück.

Dieses Glück verdanke ich besonders dem Erstgutachter Prof. Dr. Sebastian Wartha. Er hat mir nicht nur die Forschung ermöglicht, sondern mich mit seiner humorvollen und wertschätzenden Persönlichkeit auf diesem Weg begleitet, beraten, unterstützt, gefordert und gefördert. Die vielen einträglichen Diskussionen (auch auf den Zugfahrten) haben mir sehr geholfen.

Bestens beraten und unterstützt hat mich ebenso der Zweitgutachter Prof. Dr. Frank Lipowsky. Besonders seine fachliche Expertise und seine wertvollen Rückmeldungen waren für mich sehr hilfreich. Die konstruktiven Gespräche haben mir neue Perspektiven aufgezeigt und mich in meinem wissenschaftlichen Arbeiten vorangebracht.

Meine Arbeit wohlwollend begleitet haben auch Prof. Dr. Christiane Benz und Dr. Axel Schulz. Sie standen mir beständig für einen fachlichen Austausch zur Seite und haben mir mit ihren positiven und konstruktiven Anmerkungen immer wieder Mut gemacht.

Eine große Hilfe habe ich ebenfalls durch Anne Schill, Marianne Schöner, Harald Sprenger, Monique Sprenger und Dr. Johanna Zöllner erfahren. Sie alle haben viel Zeit und Mühe in fachliche Diskussionen oder in das Korrekturlesen investiert.

Diese Untersuchung war nur durch die Mitwirkung der Fortbildungsteilnehmerinnen und -teilnehmer möglich. Mit großem Zeitaufwand haben sie mich bei der Datenerhebung unterstützt und die Aufgaben in den Fragebögen geduldig bearbeitet. Voraussetzung dafür war die Befürwortung und Förderung des Forschungsvorhabens durch die Fortbildungskoordinatorinnen und -koordinatoren, die Schulen, die Schulämter und Kultusministerien.

Besonders unterstützt wurde ich von Dr. Priska Sprenger, die mir immer wieder in schwierigen Situationen die Zuversicht gegeben hat mein Ziel weiterzuverfolgen. Sie hat mit mir oft inhaltlich diskutiert, viel gelesen, mich motiviert und mir immer wieder Mut gemacht.

Dafür danke ich Ihnen und Euch allen ganz herzlich.

Inhaltsverzeichnis

Abbildungsverzeichnis

Tabellenverzeichnis

Es ist nicht genug zu wissen, man muss auch anwenden;

es ist nicht genug zu wollen, man muss auch tun.

(Goethe, 1994, S. 398)

Einbettung und Forschungsinteresse

Diese im Jahr 1829 in Goethes Spätwerk *Wilhelm Meisters Wanderjahre* (vgl. Goethe, 1994) veröffentlichte Aussage, lieferte bereits vor ca. 200 Jahren Einblicke in einen der mittlerweile meistdiskutierten Begriffe der Bildungslandschaft: den Kompetenzbegriff (vgl. Maag Merki, 2009).

Wie das Zitat verdeutlicht, handelt es sich bei dem Begriff der Kompetenz um ein mehrschichtiges Konstrukt aus Wissen, Anwendung, Motivation und Tun. Wissen alleine reicht also nicht aus, um kompetent handeln zu können. Lehrpersonen müssen auch in der Lage sein, dieses Wissen anzuwenden und umzusetzen. Das bedeutet, dass sie nicht nur über ein Wissen in Bezug auf Lehr- und Lernprozesse verfügen sollen, sondern auch dazu fähig sind, dies bei der Planung und Durchführung von unterrichtlichen Prozessen anzuwenden, um Schülerinnen und Schüler in ihrem Lernprozess passgenau fördern und unterstützen zu können. Es geht bei dem Kompetenzbegriff also um *Wissen und Handeln* beziehungsweise *Wissen und Können.*

Dass die Kompetenzen von Lehrpersonen und damit das professionelle Handeln ausschlaggebend für den Lernerfolg von Schülerinnen und Schülern sind, belegt beispielsweise Lipowsky (2006) in einem Übersichtsartikel:

M. Sprenger, *Wirkungen von Fortbildungen zum Thema Rechenschwäche auf fachdidaktische Fähigkeiten und motivationale Orientierungen,* https://doi.org/10.1007/978-3-658-36799-2_1

Lehrer haben mit ihren Kompetenzen und ihrem unterrichtlichen Handeln erheblichen Einfluss auf die Lernentwicklung von Schülern. Insbesondere für das Fach Mathematik konnte gezeigt werden, dass das Wissen und die Überzeugungen von Lehrern direkte und auch indirekte Effekte auf Schülerleistungen haben können. (S. 64)

Umso wichtiger ist es also, dass Lehrpersonen über hohe professionelle Kompetenzen verfügen. Dieses gilt auch, oder vielleicht gerade dann, wenn Schülerinnen und Schüler besondere Schwierigkeiten beim Rechnenlernen haben (Gaidoschik, 2015b). In verschiedenen Untersuchungen wurde nachgewiesen, dass die Kompetenzen der Lehrpersonen trotz wissenschaftlicher Ausbildung oft nicht ausreichen, um diesen Schwierigkeiten angemessen begegnen zu können (Lenart, Holzer & Schaupp, 2010; Lesemann, 2015; Schulz, 2014).

Aus dieser Diskrepanz ergibt sich die Frage, wie die Kompetenzen der Lehrpersonen erweitert werden können, damit sie in der Lage sind, Kinder mit Schwierigkeiten beim Rechnenlernen adäquat zu unterstützen. Forschungsergebnisse weisen darauf hin, dass Fortbildungen für Lehrerinnen und Lehrer ein Ansatz sein können, um die Kompetenzen der Lehrpersonen zu fördern (Lipowsky, 2019). Im Zusammenhang mit Fortbildungen über Rechenschwäche liegen jedoch nur wenige Ergebnisse vor.

Das Forschungsinteresse liegt deshalb auf der *Professionalisierung von Lehrpersonen durch Fortbildungen zum Thema Rechenschwäche*. Im Fokus der Untersuchung stehen vor allem Kompetenzen im Zusammenhang mit der Diagnose und Förderung von Kindern mit besonderen Schwierigkeiten beim Rechnenlernen. Zusätzlich werden auch Aspekte der motivationalen Orientierung betrachtet. Deshalb werden im Rahmen einer Interventionsstudie Kompetenzveränderungen durch verschiedene Fortbildungskonzeptionen durch selbstberichtete Einschätzungen und handlungsnah über Fragen zu Videovignetten erfasst, analysiert und dokumentiert.

Ziel der Arbeit

In der vorliegenden Arbeit wird die *Professionalisierung von Lehrpersonen durch Fortbildungen zum Thema Rechenschwäche* in den Blick genommen. Ein inhaltlicher Fokus der Interventionsstudie liegt dabei auf der Entwicklung diagnostischer Kompetenzen und Förderkompetenzen in Bezug auf typische Hürden beim Rechnenlernen. Zusätzlich werden die Veränderungen ausgewählter motivationaler Orientierungen in den Blick genommen.

Dabei werden in der Arbeit zwei zentrale Ziele verfolgt:

Zum einen soll durch den Vergleich unterschiedlicher Fortbildungskonzeptionen ein Beitrag zur Fortbildungsforschung geleistet werden. Dabei geht es vor allem um die Wirkungen der verschiedenen Fortbildungsformate auf die Kompetenzen der Lehrpersonen.

Zum anderen soll ein Beitrag zur Forschung im Zusammenhang mit diagnostischen Fähigkeiten und Förderfähigkeiten geleistet werden. Dies geschieht vor allem durch die Entwicklung eines Instruments zur quantitativen Erfassung von handlungsnahen Fähigkeiten in Bezug auf besondere Schwierigkeiten beim Rechnenlernen.

Aufbau der Arbeit

Die Professionalisierung und damit die Entwicklung professioneller Kompetenzen von Lehrpersonen bilden das zentrale Forschungsinteresse der vorliegenden Arbeit.

Als Grundlage werden in *Kapitel 2* zunächst verschiedene Forschungstraditionen dargestellt. Daran anknüpfend wird der Begriff der Profession näher gefasst. Dabei zeigen sich die Kompetenzen im Sinne von Wissen und Können als zentrale Facetten, welche sich auch in verschiedenen Kompetenzmodellen wiederfinden. Ausgewählte Modelle und eine Differenzierung des Professionswissens nach Shulman (1986; 1987) werden deshalb im weiteren Verlauf besprochen. Am Ende des Kapitels erfolgt eine Einordnung der Arbeit in Bezug auf den Forschungsansatz und die Rolle der Kompetenzmodelle.

Als ein zentraler Aspekt professioneller Kompetenzen zeigt sich vor allem das Professionswissen. Hinzu kommen motivationale Orientierungen, welche vor allem im Zusammenhang mit der Anwendung des Professionswissens stehen (Artelt & Kunter, 2019). Infolgedessen werden in *Kapitel 3* zunächst ausgewählte motivationale Orientierungen von Lehrpersonen betrachtet: die Selbstwirksamkeitserwartungen und der Lehrpersonenenthusiasmus. Für beide Kompetenzbereiche zeigt sich, dass sie Auswirkungen auf das Lernen und das Unterrichten der Lehrpersonen haben können (Bandura, 1977; 1997; Mietzel, 2017; Kunter, 2011).

Im Anschluss wird in *Kapitel 4*, unter dem zentralen Aspekt des Professionswissens, auf ausgewählte fachdidaktische Fähigkeiten fokussiert: die diagnostischen Fähigkeiten und die Förderfähigkeiten. Diese Betrachtungsweise erfolgt weitgehend vor dem Hintergrund des Rechnenlernens im Allgemeinen.

Forschungsergebnisse legen den Schluss nahe, dass die diagnostischen Fähigkeiten und Förderfähigkeiten nicht nur domänenspezifisch, sondern inhaltlich bereichsspezifisch sind (Schulz, 2014). Deshalb erfolgt eine spezifischere Beschreibung der Diagnose und Förderung, unter Bezug auf typischen Hürden beim Rechnenlernen, in *Kapitel 5*. Zunächst wird das Phänomen Rechenschwäche beschrieben und eine Begriffsklärung vorgenommen. Anschließend werden die Diagnose und Förderung in Bezug auf die typischen Hürden *verfestigte Nutzung zählender Strategien* und ein *unzureichendes Verständnis des Stellenwertsystems* betrachtet. Die besondere Rolle von didaktischen Arbeitsmitteln im Zusammenhang mit der Förderung wird anschließend diskutiert.

Da die Kompetenzen der Lehrpersonen oft nicht ausreichen, um den Schwierigkeiten beim Rechnenlernen zu begegnen (Lenart et al., 2010; Lesemann, 2015; Schulz, 2014), scheint es sinnvoll, diese weiter zu entwickeln.

Analysen zeigen, dass Fortbildungen das Wissen von Lehrpersonen erweitern und Wirkungen auf das Lernen der Schülerinnen und Schüler haben können (z. B. Lipowsky, 2019). In *Kapitel 6* werden deshalb ausgewählte Aspekte von Lehrpersonenfortbildungen dargestellt. Nach einer Begriffsklärung wird der Aspekt der Professionalisierung im Kontext von Fortbildungen für Lehrpersonen in den Fokus genommen. Anschließend werden Modelle, Befunde und Merkmale in Bezug auf die Wirksamkeit von Lehrpersonenfortbildungen erläutert.

Anknüpfend an die bisher dargestellten theoretischen Überlegungen wird in *Kapitel 7* das Forschungsdesiderat und das Forschungsinteresse zusammengefasst und die Forschungsfragen dargelegt. Im Zentrum steht dabei das Interesse an den Veränderungen der verschiedenen Kompetenzfacetten und möglicher Zusammenhänge dieser Veränderungen.

Die wissenschaftliche Beantwortung dieser Forschungsfragen erfordert die Ausarbeitung eines Untersuchungsdesigns und methodologische Überlegungen. Diese werden in *Kapitel 8* erläutert. Zunächst werden dazu Überlegungen zur Anlage der Untersuchung und der zeitliche Ablauf der Studie dargelegt. Daran knüpft sich eine Beschreibung der Stichprobe und der beiden unterschiedlich konzeptionierten Interventionen an. Anschließend werden die Testinstrumente und ihre Entwicklung beschrieben. Unter anderem wird hier auch die Entwicklung eines Forschungsinstruments zur quantitativen Erfassung diagnostischer Fähigkeiten und Förderfähigkeiten in Bezug auf besondere Schwierigkeiten beim Rechnenlernen erläutert.

In *Kapitel 9* werden die Ergebnisse, Analysen und die daraus resultierenden Interpretationen berichtet. Dabei zeigt sich, dass Fortbildungen zum Thema Rechenschwäche auf nahezu alle gemessenen Konstrukte einen positiven Einfluss haben können. Die Teilnahme an umfassenderen Fortbildungen mit Praxiselementen führt dabei insgesamt zu stärkeren Veränderungen der untersuchten Kompetenzfacetten. Dies gilt sowohl in Bezug auf die Diagnose und Förderung, als auch auf den Enthusiasmus und die Selbstwirksamkeitserwartungen. Außerdem konnte nachgewiesen werden, dass sich Diagnose- und Förderfähigkeiten in den beiden Inhaltsbereichen *verfestigter Zählstrategien* und *mangelndes*

Stellenwertverständnis unabhängig voneinander entwickeln. Die Ergebnisse und Interpretationen werden am Ende des Kapitels noch einmal zusammenfassend dargestellt.

In *Kapitel 10* folgt nach einer Zusammenfassung der vorliegenden Arbeit eine kritische Reflexion verschiedener Aspekte der Studie. Damit einher gehen Limitationen der Untersuchung, wie beispielsweise die Auswahl der Stichprobe, die thematische Fokussierung auf den Bereich der Rechenschwäche oder Einschränkungen durch das Untersuchungsdesign. Anschließend erfolgt ein Ausblick in Bezug auf die Bedeutung für die Praxis und die Forschung sowie ein Fazit.

Profession von Lehrpersonen

2

Zahlreiche Forschungsergebnisse belegen, dass Lehrpersonen einen entscheidenden Einfluss auf das Lernen von Kindern haben. Dabei hat sich gezeigt, dass
die professionelle Handlungskompetenz eine große Rolle spielt (Bromme, 1997).
Lipowsky (2006) resümiert auf Grundlage empirischer Untersuchungen, dass
gerade schwächere Kinder von guten Lehrerinnen und Lehrern profitieren können.
Außerdem stellt er fest: „Insbesondere für das Fach Mathematik konnte gezeigt
werden, dass das Wissen und die Überzeugungen von Lehrern direkte und auch
indirekte Effekte auf Schülerleistungen haben können" (Lipowsky, 2006, S. 64).

Aus diesen Forschungsergebnissen kann geschlossen werden, dass Lehrpersonen über ein professionelles Handlungsrepertoire verfügen sollten, um Kinder mit
besonderen Schwierigkeiten beim Rechnenlernen in ihrem Lernprozess unterstützen zu können. Auf die besonderen Schwierigkeiten beim Rechnenlernen wird in
Abschnitt 5.1 eingegangen. In diesem Kapitel liegt der Fokus auf dem Aspekt der
Professionalisierung. Um sich diesem Konstrukt zu nähern und eine Einbettung in
die Forschungstradition vorzunehmen, wird in Abschnitt 2.1 zunächst ein Überblick über die Lehrpersonenprofessionsforschung gegeben. Daran anschließend
wird in Abschnitt 2.2 der Begriff der Profession umrissen, wobei Kompetenzen und das damit zusammenhängende Wissen und Können sowie motivationale
Orientierungen eine entscheidende Rolle spielen. Abschnitt 2.3 bietet einen
Einblick in die Differenzierung des Professionswissens nach Shulman (1986;
1987). Daran anknüpfende Kompetenzmodelle werden in Abschnitt 2.4 vorgestellt. Den Abschluss bildet in Abschnitt 2.5 ein Überblick über die Rolle der
Kompetenzmodelle in der vorliegenden Arbeit.

M. Sprenger, *Wirkungen von Fortbildungen zum Thema Rechenschwäche auf
fachdidaktische Fähigkeiten und motivationale Orientierungen*,
https://doi.org/10.1007/978-3-658-36799-2_2

2.1   Paradigmen in der Professionsforschung

Die Lehrperson nimmt eine zentrale Bedeutung für die Qualität von Unterricht und das Lernen von Kindern ein. Sie spielt dabei eine wichtige Rolle für die Leistungs- und Motivationsentwicklung von Schülerinnen und Schülern (Bromme, 1997; Lipowsky, 2006). Deshalb ist die Professionalität von Lehrpersonen mittlerweile in den Mittelpunkt vieler Diskussionen und Untersuchungen gerückt (Blömeke, Kaiser & Lehmann, 2010b; Lipowsky, 2014; Schulz, 2014).

Die Auffassungen von den Formen effektiven Unterrichtes und seiner empirischen Erforschung unterliegen allerding historischen Veränderungen (Bromme, 1997). Um eine Einordnung der vorliegenden Arbeit in den Forschungskontext vorzunehmen und den Begriff der *Professionalität* beziehungsweise der *Profession* und den Begriff des *Experten* beziehungsweise der *kompetenten Lehrperson* zu erfassen, ist es hilfreich, kurz die historischen Veränderungen in Form verschiedener Forschungstraditionen zur Professionsforschung zu betrachten. Die Forschungstraditionen werden in Paradigmen eingeteilt, die sich je nach Autorin oder Autor in ihrer Aufteilung unterscheiden, inhaltlich aber aufeinander abbilden lassen (Bromme, 1997). Im Folgenden wird auf eine häufig in der Literatur verwendete Einteilung Bezug genommen (z. B. Bromme, 1997; Terhart, 2007).

Auf der Suche nach der *kompetenten Lehrerperson* haben sich in der Historie drei zentrale Forschungsansätze herauskristallisiert: das *Persönlichkeitsparadigma*, das *Prozess-Produkt-Paradigma* und das *Expertenparadigma* (Bromme, 1997; Helmke, 2017; Terhart, 2007).

2.1.1   Persönlichkeitsparadigma

Im *Persönlichkeitsparadigma*, das in den Anfängen der Professionsforschung dominierte, wird nach spezifischen, eher charakterlichen Persönlichkeitseigenschaften gesucht, über die eine *kompetente Lehrperson* verfügen soll. Auch wenn innerhalb des Persönlichkeitsparadigmas einige Zusammenhänge zwischen Eigenschaften von Lehrpersonen (z. B. Freundlichkeit, Sympathie) und dem Lernen von Schülerinnen und Schülern festgestellt werden konnten, sind die Erfolgsfaktoren nicht in ausreichendem Maße erklärbar (Besser & Krauss, 2009). Nach Terhart (2007) gibt es auf der Basis traditioneller und aktueller Forschung keine Ergebnisse, die eine Person aufgrund spezifischer Persönlichkeitseigenschaften zu einer erfolgreichen Lehrperson werden lassen. Ebenso stellen Weinert und Helmke (1996) fest: „Nicht gelungen ist es, durch Beobachtung und Beurteilung des Verhaltens im Klassenzimmer ein übergeordnetes „charismatisches"

Persönlichkeitsmerkmal [...] zu entdecken, das gute Lehrer übereinstimmend auszeichnet" (S. 231).

2.1.2 Prozess-Produkt-Paradigma

Unter dem methodischen Einfluss des Behaviorismus entstand als eine weitere Forschungsrichtung das *Prozess-Produkt-Paradigma* (Bromme, 1997). Es konzentriert sich auf die empirische Erfassung spezifischen Unterrichtsverhaltens von Lehrpersonen und deren Erfolg. Dabei wurde zunächst versucht, die Lernwirksamkeit verschiedener Unterrichtsmethoden in kleinteiligen, begrenzten quasi-experimentellen Studien zu untersuchen. Im Rahmen von Erhebungen wurden „Klassen identifiziert, in denen bestimmte pädagogische Ziele, die man für wichtig hält, faktisch erreicht wurden, zum Beispiel: überdurchschnittliche Lerngewinne aller Schüler *und zugleich* Verringerung des Leistungsspektrums der Schüler dieser Klassen" (Terhart, 2007, S. 21 [Hervorhebung im Original]). Nachdem diese Klassen, also das Produkt, identifiziert waren, wurden die Verhaltensweisen der Lehrpersonen in den Klassen, also der Prozess, auf bestimmte Gemeinsamkeiten oder Regelmäßigkeiten hin untersucht. Durch die in Beziehung gesetzten Prozess-Produkt-Daten konnten korrelative Zusammenhänge ermittelt werden. Terhart (2007) weist explizit darauf hin, dass es sich dabei nicht um kausale Zusammenhänge handelt. Weiterhin führt er aus: „Auf diese Weise lassen sich bestimmte Elemente des Lehrerverhaltens bzw. des Unterrichts benennen, die in solchen Optimalklassen gehäuft auftreten [...]. Die Stärke des statistischen Zusammenhangs zwischen den einzelnen Elementen und dem Gesamt-Erfolg ist jedoch sehr gering" (S. 21). Auch Besser und Krauss (2009) beschreiben, dass innerhalb des Prozess-Produkt-Paradigmas für bestimmte Verhaltensweisen von Lehrpersonen im Unterricht keine generellen Wirkungen nachgewiesen werden konnten. Bromme (2008) zeigt die Schwierigkeiten dieses Forschungsansatzes am Beispiel der Adaptivität auf:

> Die Adaptivität des Lehrerhandelns ist eine wesentliche Voraussetzung für erfolgreichen Unterricht. Adaptivität aber erfordert [...] kategoriale Wahrnehmung und erfordert Entscheidungen über das, was unter den jeweils gegebenen Bedingungen als angemessen betrachtet werden kann. Außerdem erfordert Adaptivität ein Repertoire an Handlungsalternativen. Damit war klar, dass das rein verhaltensorientierte Prozess-Produkt-Paradigma eine wesentliche Voraussetzung des erfolgreichen Lehrerverhaltens nicht erfassen konnte, nämlich die kognitiven Strukturen und Prozesse, die solche Adaptivität und damit Flexibilität im Handeln überhaupt erst ermöglichen. (S. 160)

2.1.3 Expertenparadigma

Als eine Art Ergänzung des Prozess-Produkt-Paradigmas gewinnt in den 1980er Jahren die Idee, dass das *Wissen und Können* beziehungsweise *Wissen und Handeln* der Lehrperson Auswirkungen auf das Lehrpersonenhandeln haben, an Bedeutung. Aus der Verknüpfung der Weiterentwicklung des Prozess-Produkt-Paradigmas mit der kognitionspsychologischen Expertiseforschung entwickelt sich das *Expertenparadigma* (Bromme, 2008).

Die forschungsleitende Metapher und der allgemeinpsychologische Hintergrund der Studien zum Lehr-Lernprozess ändern sich und die erfolgreiche Lehrperson wird nun als *Experte* betrachtet (Bromme, 1997).

> Die Möglichkeiten und Grenzen des professionstheoretischen Ansatzes sind intensiv diskutiert worden. In Anlehnung an die angloamerikanische Definition der ‚free and liberal professions‘ wurden mit dem Professionsansatz trotz verschiedentlicher Relativierungen Merkmale ins Blickfeld gerückt, anhand derer sich Vollzeitberufe durch ihre herausgehobene Stellung auf dem Arbeitsmarkt, ein i. d. R. akademisch erworbenes Spezialwissen, eine Dienstleistungsorientierung, insbesondere aber die Autonomie gegenüber Laien und externen, z. B. staatlichen Instanzen auszeichnen lassen. (Kemnitz, 2014, S. 37)

Im Mittelpunkt der Forschungsrichtung steht also die Profession und damit spezifische Merkmale, welche die Lehrperson zum Experten für die Gestaltung von Lerngelegenheiten macht. Erforscht, und in Bezug auf unterrichtliche Auswirkungen analysiert, wird die Kompetenz der Lehrperson im Zusammenhang von Wissen und Können (Besser & Krauss, 2009; Bromme, 1997). „Arbeiten im Rahmen des Expertenparadigmas […] diskutieren […] die Möglichkeit, Qualität des Lehrens und Lernens durch die spezifische Expertise von Lehrkräften zu erklären" (Besser, Leiss & Blum, 2015b, S. 286).

Dabei zeigten Ergebnisse der allgemeinen Expertiseforschung, dass „das domänenspezifische Wissen von Experten wiederholt als der erklärungsmächtigste Faktor von Expertenleistungen identifiziert" (Krauss et al., 2008, S. 225) werden konnte. In diesem Zusammenhang weisen Krauss et al. (2008) darauf hin, dass die Experten deshalb oft besser sind, weil sie über ein größeres Wissen verfügen und dieses gut vernetzen können. Terhart (2007) bemerkt, dass der Experten-Ansatz wichtige Erkenntnisse über die kognitiven Strategien erfolgreicher Lehrpersonen ergeben hat. Allerdings, so Baumert und Kunter (2006), lässt sich professionelles Handeln trotz aller Referenz auf systematische Wissensstände nicht einfach technisch-instrumentell konzeptualisieren. Das breite technologische Repertoire von Lehrpersonen kann erst durch die Trennung von der Vorstellung einer technischen Wissensanwendung gesehen werden (Baumert & Kunter, 2006). Nach Terhart (2007) stehen im Mittelpunkt des Expertenparadigmas eindeutig das Unterrichten und seine Effekte. Dabei kritisiert er, dass dieser Ansatz weder die „Dimensionen wie Motivation und Emotion der Lehrer und ebenso wenig die jenseits des Unterrichtens liegenden breiteren Aufgabenfelder, in denen die Expertise eines Lehrers ebenfalls hoch sein sollte" (S. 21) umfasst. Aktuelle Forschungen sehen deshalb nicht nur das Wissen, sondern auch Überzeugungen und motivationale Orientierungen der Lehrpersonen als maßgebliche Einflussgrößen und berücksichtigen diese in ihren Untersuchungen (Kunter, 2011).

Nach Ansicht Terharts (2007) ist die Professionalität der Lehrperson ein berufs-biografisches Entwicklungsproblem. Deshalb sei es wichtig, die „Entwicklung von Lehrerinnen und Lehrern von der Erstausbildung über Berufseinmündung, Berufseinstieg, verschiedene berufliche Entwicklungs- und Krisenstadien bis hin zur Vorbereitung auf den Berufsausstieg und den Berufsausstieg selbst nachzuzeichnen" (S. 22). In diesem Zusammenhang verweist er auf die Wichtigkeit berufsbiographischer Studien als weiteres Forschungsfeld. Ein interessanter Abschnitt in diesen Biographien ist die sogenannte dritte Phase, also die berufliche Entwicklung während der Berufsausübung (vgl. Kapitel 6). In dieser Phase erfolgt die eigentliche *Herausbildung* der Lehrperson (Terhart, 2007). In diesem Zusammenhang ist besonders interessant, „in welcher Weise ‚Entwicklung' überhaupt ausgelöst wird, stattfindet, sich teilweise verfestigt, zur Voraussetzung für weitere Entwicklung wird etc." (Terhart, 2011, S. 208). Das Wissen darüber ist erforderlich, um Konzepte zur kontinuierlichen Kompetenzentwicklung und adäquaten Unterstützung zu entwickeln, beispielsweise in Form von Fortbildungsangeboten.

Die hier beschriebenen Ausführungen skizzieren den Wandel der theoretischen Sicht von Anforderungen an Lehrpersonen. Sie verdeutlichen, dass das Expertenparadigma trotz einiger kritischer Stimmen, im Vergleich der verschiedenen Forschungstraditionen und deren Forschungsergebnissen, einer der vielversprechendsten Forschungsansätze ist, um jene Kompetenzen von Lehrpersonen zu erforschen, welche erfolgreiches Unterrichten begünstigt. Damit dürfte dieser Ansatz auch dazu geeignet sein, um jenes professionelles Handlungsrepertoire zu erforschen, dass Lehrpersonen benötigen um Kinder mit besonderen Schwierigkeiten beim Rechnenlernen zu unterstützen.

Aus diesem Grund wird in der vorliegenden Arbeit an die Professionsforschung im Sinne des Expertenparadigmas angeknüpft und die Expertise und die Kompetenzen von Lehrpersonen, als Teil ihrer Profession, in den Mittelpunkt des Erkenntnisgewinns gerückt. Die von Terhart (2007) genannten motivationalen oder emotionalen Dimensionen werden dabei nicht vernachlässigt, spielen sie doch insbesondere im Zusammenhang mit den für ein professionelles Handeln nötigen Kompetenzen eine wichtige Rolle (vgl. Abschnitt 2.2). Gerade durch die Untersuchung von Effekten einer Lehrpersonenfortbildung in der dritten Phase der Ausbildung und mit dem Gedanken des lebenslangen Lernens, wird im Rahmen der vorliegenden Arbeit auch ein Beitrag zur berufsbiographischen Forschung geleistet.

Die hier dargestellten Diskussionen, Ansätze und Meinungen machen aber auch deutlich, dass es für die Forschung erforderlich ist, den Begriff der Profession differenziert zu betrachten, um ihn als Forschungsgrundlage nutzbar zu machen. Diese Betrachtung wird in Abschnitt 2.2 vorgenommen.

2.2 Die Profession von Lehrpersonen – Kompetenzen, Wissen und Können

Innerhalb der in Abschnitt 2.1 dargestellten verschiedenen Forschungstraditionen hat sich das Expertenparadigma als ein vielversprechender Ansatz gezeigt, der wichtige Erkenntnisse über kognitive Strategien erfolgreicher Lehrpersonen aufzeigen kann. Im Zentrum dieser Forschungsrichtung steht die *Profession* von Lehrpersonen. Deshalb wird in diesem Abschnitt der Begriff der Profession und damit zusammenhängend der Begriff der *Kompetenz* betrachtet.

Die Profession von Lehrpersonen lässt sich laut Heite und Kessl (2009)

> […] anhand eines distinkten Tätigkeitsfeldes (exklusive Zuständigkeit), einer spezifischen Kompetenz und Expertise (Deutungs- und Diagnosehoheit), des Verfügens über entsprechendes disziplinäres und professionelles Spezialwissen (Geheimwissen) und einer eigenen professionellen Ethik von anderen Berufen und Professionen abgrenzen und gleichzeitig als eine den anderen Professionen gegenüber gleichberechtigte Akteurin bestimmen. (S. 682)

Diese Definition teilt die Profession in zwei Aspekte. Während der eine Aspekt eher gesellschaftspolitische Zusammenhänge aufgreift, rückt der andere die Kompetenzen und Expertise der Lehrpersonen in den Mittelpunkt. Nach Baumert und Kunter (2011a) zeigt sich der Kompetenzbegriff als zentrales Merkmal der Profession von Lehrpersonen. Dies verdeutlicht auch Cramer (2012) indem er Professionalität als „das Zielkriterium der Ausbildung im Sinne hoher professioneller (berufsbezogener) Kompetenz" (S. 22) beschreibt.

Aufgrund der Fokussierung in der vorliegenden Arbeit auf *Wirkungen von Fortbildungen zum Thema Rechenschwäche* findet der von Heite und Kessl (2009) angesprochene gesellschaftliche Aspekt hier keine weitere Beachtung. In den

Blick genommen werden stattdessen die von Baumert und Kunter (2011a) und Cramer (2012) genannten Kompetenzen als zentrales Merkmal der Profession von Lehrpersonen.

Maag Merki (2009) stellt fest, dass der Kompetenzbegriff in der Bildungslandschaft einer der meistdiskutierten Zielbegriffe ist. Erkenntnisse aus der Lehr- und Lernforschung verweisen auf die zentrale Bedeutung von Kompetenzen. Allerdings wird der Kompetenzbegriff in der Literatur nicht einheitlich verwendet. Die Definition von Kompetenz ist in verschiedenen Ländern und Disziplinen (z. B. Psychologie, Berufspädagogik oder Andragogik) sehr unterschiedlich (Zürcher, 2010).

Im alltäglichen Sprachgebrauch wird der Begriff der Kompetenz auf der einen Seite als Fähigkeit und auf der anderen Seite als Befugnisse im Sinne von Entscheidungskompetenz verwendet. In der Bildungsforschung wird meist die erste Bedeutung zugrunde gelegt. Das bedeutet, ein „Individuum ist dann kompetent, wenn es fähig ist, etwas Bestimmtes zu tun" (Maag Merki, 2009, S. 493).

Gasteiger und Benz (2016) verweisen darauf, dass im Bereich der Bildung und Erziehung auf verschiedenen Ebenen versucht wurde, die Kompetenzen auszudifferenzieren, die Lehrpersonen benötigen, um in ihrer Profession erfolgreich handeln zu können. Oft wird versucht, sich dem Begriff über die Anforderungen an den Lehrberuf zu nähern (Bromme, 1997).

In der Literatur wird häufig die Definition des Psychologen Weinert (2014) zitiert. Viele Kompetenzmodelle und Forschungsansätze greifen auf seine Ausführungen zurück. Weinert (2014) beschreibt Kompetenz als

[…] die bei Individuen verfügbaren oder durch sie erlernbaren kognitiven Fähigkeiten und Fertigkeiten, um bestimmte Probleme zu lösen, sowie die damit verbundenen, motivationalen, volitionalen und sozialen Bereitschaften und Fähigkeiten um die Problemlösungen in variablen Situationen erfolgreich und verantwortungsvoll nutzen zu können. (S. 27)

Diese Definition berücksichtigt nicht nur ausschließlich kognitive Merkmale zum Kompetenzbegriff, sondern bezieht explizit auch Einstellungen, Werte und motivationale Aspekte mit ein. Klieme et al. (2007) verweisen in diesem Zusammenhang darauf, dass jede Operationalisierung einer Kompetenz sich auf konkrete Anforderungssituationen beziehen muss. Außerdem spielen die fachbezogenen Fähigkeiten und das fachbezogene Wissen innerhalb der Kompetenzen eine so zentrale Rolle, dass Kompetenzen in hohem Maße domänenspezifisch sind (Klieme et al., 2007). Allerdings weisen Seifried und Ziegler (2009) einschränkend darauf hin, dass Fragen der Domänenspezifität noch nicht ausreichend geklärt sind.

Die Annahme einer Domänenspezifität erscheint durchaus plausibel, ist aber empirisch nicht hinreichend untermauert. Es ist auch nicht geklärt, welche Bedeutung der
Domäne zukommt bzw. wie stark domänenspezifische Unterschiede ausgeprägt sind.
Weiterhin ist völlig unklar, welche Aspekte einer Domäne letztlich dominieren. Ist es
eher die Adressatengruppe oder der Lerninhalt? (Seifried & Ziegler, 2009, S. 8)

Bei der Diskussion um den Kompetenzbegriff verweist Maag Merki (2009) auf
die Unterscheidung zwischen Kompetenz und Performanz, in der „motivationale
oder emotionale Voraussetzungen für erfolgreiches Handeln als Kompetenzdi-
mensionen" (Maag Merki, 2009, S. 494) vorausgesetzt werden. Mit Performanz
wird in der Regel das erfolgreiche Agieren in konkreten Situationen beschrieben.
Blömeke, Gustafsson und Shavelson (2015) plädieren in diesem Zusammenhang dafür, Kompetenz als *Prozess*, als *Kontinuum*, zu betrachten – ausgehend
von bestimmten Dispositionen bis zum beobachtbaren Verhalten. Das wiederum
bedeutet aber nicht, dass eine bestimmte Disposition auch zu einem bestimmten
Verhalten führen muss (Baumert & Kunter, 2006).

Obwohl Unterricht eine interaktive Struktur beinhaltet und Schülerverhalten
kaum vorhergesehen werden kann, ist es möglich, die notwendigen persönlichen
Voraussetzungen zu beschreiben, die benötigt werden, um in diesen Situationen
erfolgreich agieren zu können.

Es wird davon ausgegangen, dass diese Voraussetzungen erlern- und vermit-
telbar sind (Baumert & Kunter, 2011a). Dabei wird zunächst deklaratives Wissen
(explizites, verbalisiertes Wissen) erworben, das zunehmend in prozedurales Wissen überführt wird. Die Anwendung des prozeduralen Wissens muss nicht explizit
und bewusst erfolgen. Durch dieses Prinzip lässt sich eine Einordnung von Kompetenzen in Kompetenzniveaus erreichen. Das Kompetenzniveau ist umso höher,
je stärker das prozedurale Wissen ist. „Wissen geht auf höheren Niveaustufen in
Können über" (Klieme et al., 2007, S. 79). Nach Bromme (2008) „postuliert das
Konstrukt der Lehrerexpertise, dass es überhaupt möglich ist, die Komplexität
erfolgreicher Unterrichtsprozesse auf messbare persönliche Voraussetzungen des
Könnens und Wissens von Lehrern zurückzuführen" (S. 159).

Doch nicht nur eine Aufteilung in Wissen und Können ist gerechtfertigt, sondern auch eine begriffliche Aufgliederung der Wissensbereiche ist erforderlich,
um die *kognitive Integration* zu beschreiben (Bromme, 1997).

Eine solche Aufteilung und Strukturierung professioneller Kompetenz wurde
von Shulman (1986; 1987) vorgenommen. Die von ihm geschaffene Taxonomie
des Professionswissens beeinflusste die folgende Lehrpersonenkompetenzfor-
schung wesentlich.

2.3 Differenzierung des Professionswissens nach Shulman

Innerhalb der Lehr- und Lernforschung hat sich die Notwendigkeit gezeigt, eine genaue Kategorisierung des Professionswissens vorzunehmen, um die von Lehrpersonen benötigte Expertise herauszuarbeiten (Reinold, 2016). Viele dieser heute gängigen Kategorien gehen auf Shulman (1986; 1987) zurück, der gegen „eine psychologisch verengte Unterrichtsforschung, in der die Gegenstände des Unterrichts verschwunden waren und nur noch generische pädagogische Kompetenzen eine Rolle spielten" (Baumert & Kunter, 2006, S. 479) argumentierte. Shulman (1987) hat im Amerika der 80er Jahre des vorigen Jahrhunderts eine Grundlage für die Taxonomie von Lehrpersonenkompetenzen geschaffen, indem er eine Differenzierung des professionellen Wissens vornimmt in:

- content knowledge;
- general pedagogical knowledge, with special reference to those broad principles and strategies of classroom management an organization that appear to transcend subject matter;
- curriculum knowledge, with particular grasp of the materials and programs that serve as 'tools of the trade' for teachers;
- pedagogical content knowledge, that special amalgam of content and pedagogy that is uniquely the province of teachers, their own special form of professional understanding;
- knowledge of learners and their characteristics;
- knowledge of educational context, ranging from the workings of the group or classroom, the governance and finance of school districts, to the character of communities and cultures; and
- knowledge of educational ends, purposes, and values, and their philosophical and historical grounds (S. 8).

Ausgehend von dieser Darstellung haben sich in der Lehrpersonenforschung insbesondere drei Facetten des Professionswissens durchgesetzt, die auch in den meisten deutschsprachigen Übersichtsartikeln und vielen, auch internationalen Forschungen zur Lehrpersonenexpertise erwähnt werden (z. B. Ball, Thames & Phelps, 2008; Krauss et al., 2008; Schulz, 2014): das Fachwissen (content knowledge), das pädagogische Wissen (general pedagogical knowledge) und das fachdidaktische Wissen (pedagogical content knowledge). Diese drei Wissensfacetten sind nicht immer klar voneinander abgrenzbar und im Laufe der

Ausbildung und des Berufslebens werden sie zunehmend miteinander verflochten (Döhrmann, Kaiser & Blömeke, 2010).

Für den Fachunterricht stellt Shulman (1986; 1987) das Fachwissen (z. B. über Mathematik) als eine Grundvoraussetzung dar. „This refers to the amount and organization of knowledge per se in the mind of the teacher" (Shulman, 1986, S. 9). Es bezieht sich also auf den Umfang und die Organisation in den Gedanken der Lehrperson. Die Bedeutung dieser Wissensfacette wird auch in der Unterrichtsforschung anerkannt. Sie bildet die Voraussetzung für das als entscheidend angesehene fachdidaktische Wissen (Krauss et al., 2011). Das pädagogische Wissen ist relativ unabhängig von den Fächern und umfasst in Shulmans (1986) Theorie das Wissen über die Prinzipien der Klassenorganisation und des Klassenmanagements. Das fachdidaktische Wissen wird benötigt, um das Fachwissen zu vermitteln. Dabei hebt Shulman (1987) diese Wissenskomponente besonders hervor:

> [...] pedagogical content knowledge is of special interest because it identifies the distinctive bodies of knowledge for teaching. It represents the blending of content and pedagogy into an understanding of how particular topics, problems, or issues are organized, represented, and adapted to the diverse interests and abilities of learners, and presented of instruction. (S. 8)

Das fachdidaktische Wissen ist also deshalb von besonderem Interesse, weil es die zentralen Aspekte des Wissens für das Unterrichten beinhaltet. Es stellt die Verbindung von Fachwissen und pädagogischem Wissen her, indem besondere Probleme und Schwierigkeiten bei bestimmten Themen aufgezeigt werden und wie die Inhalte an die Zielgruppe angepasst und unterrichtet werden können. Die Lehrperson soll hierzu über ein Wissen, welches die Prozesse, Voraussetzungen und mögliche Fehlvorstellungen von Schülerinnen und Schülern beinhaltet, verfügen und über ein Wissen, wie darauf unterrichtlich zu reagieren ist. Pedagogical content knowledge shows

> [...] the ways of representing and formulating the subject that make it comprehensible to others. [...] Pedagogical content knowledge also includes an understanding of what makes the learning of specific topics easy or difficult: the conceptions and preconceptions that students of different ages and backgrounds bring with them to the learning of those most frequently taught topics and lessons. (Shulman, 1986, S. 9)

Die von Shulman (1986; 1987) vorgenommene Beschreibung verdeutlicht, dass dem fachdidaktischen Wissens gerade in Bezug auf Schülerinnen und Schüler mit besonderen Schwierigkeiten beim Rechnenlernen eine zentrale Stellung

zukommt. Sowohl das Wissen über Voraussetzungen, die Kinder für das Rechnenlernen benötigen, als auch das Wissen über mögliche Fehlvorstellungen in
diesem Zusammenhang, sind bedeutsam für die Diagnose und Förderung der
beim Rechnenlernen auftretenden Probleme.

Bromme (1997) verweist darauf, dass sich der „Begriff des ‚pedagogical
content knowledge' als sehr anregend für die empirische Forschung zum fachdidaktischen Wissen von Lehrern erwiesen" (S. 196) hat. Die Forschung hat ihn
als wichtiges Merkmal für das Praktikerwissen von Lehrpersonen identifiziert.

Auch wenn Shulmans Taxonomie des professionellen Wissens nur einen ersten
Ausgangspunkt für die Erfassung und Konzeptualisierung von Lehrerkompe-
tenzen bildet, so scheint die Beschreibung des professionellen Wissens durch
Fachwissen, pädagogisches Wissen und fachdidaktisches Wissen ein möglicher
Zugang zu sein, um Lehrpersonenexpertise zu operationalisieren und die Aspekte
Wissen und Können von Lehrpersonen zu erfassen (Besser & Krauss, 2009).
Krauss et al. (2008) bemerken, dass „diese drei Kategorien […] aus heutiger Sicht
die allgemein akzeptierten Kernkategorien des Professionswissens von Lehrkräften" bilden und kein Zweifel besteht, „dass allen dreien eine zentrale Bedeutung
bei der Bewältigung der professionellen Aufgaben der Lehrerinnen und Lehrer
zukommt" (S. 226).

An diese grundlegende Kategorisierung von Shulman (1986; 1987) knüpfen
deshalb verschiedene Kompetenzmodelle an, wie zum Beispiel die oft zitierten
Modelle der sogenannten Michigan-Group um Ball (2008) und Hill (H. C. Hill,
Ball & Schilling, 2008), der Studie TEDS-M (Blömeke, Kaiser & Lehmann,
2010b) oder das Kompetenzmodell der COACTIV-Studie (Baumert & Kunter,
2011a).

2.4   Kompetenzmodelle zum Lehrpersonenhandeln

Die von Shulman (1986; 1987) aufgezeigte Taxonomie des professionellen Wissens von Lehrpersonen zeigt sich als guter Ausgangspunkt für die Operationalisierung von Lehrpersonenkompetenzen. Die Aufteilung in die drei Wissensfacetten
Fachwissen (content knowledge), pädagogisches Wissen (general pedagogical
knowledge) und das fachdidaktische Wissen (pedagogical content knowledge),
gilt heute als allgemein anerkannte Kategorisierung des Professionswissens von
Lehrpersonen (Krauss et al., 2008). Ausgehend von dieser Konzeptualisierung
der Wissensfacetten wurden verschieden Kompetenzmodelle entwickelt. Um
einen geeigneten Ansatz für die Konzeptionalisierung der Kompetenzfacetten im

Zusammenhang mit besonderen Schwierigkeiten beim Rechnenlernen zu finden, werden im Folgenden ausgewählte Kompetenzmodelle betrachtet.

2.4.1 Kompetenzmodell der Michigan-Gruppe

Ein Kompetenzmodell, das sich an den Kategorien Shulmans (1986; 1987) besonders stark orientiert, ist das Modell der sogenannten Michigan-Group um Ball (2008) und Hill (H. C. Hill et al., 2008).

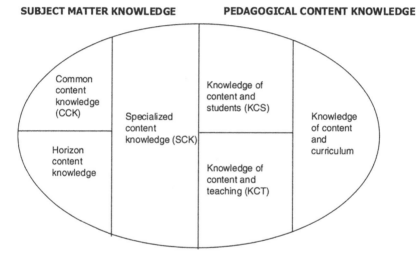

Abbildung 2.1 Domains of Mathematical Knowledge for Teaching (Abbildung übernommen von Ball et al., 2008, S. 403)

Abbildung 2.1 zeigt das von Ball et al. (2008) entwickelte Kompetenzmodell. Dabei werden die Wissensfacetten unter einem mathematikspezifischen Fokus dargestellt. Ball et al. (2008) teilen diese zunächst in mathematisches Fachwissen (subject matter knowledge) und pädagogisches Wissen (pedagogical content knowledge) auf.

Das mathematische Fachwissen wird auf der linken Seite des Modells dargestellt und gliedert sich in allgemeines Wissen (common content knowledge) und spezielles inhaltliches Wissen (specialized content knowledge). Hinzu kommt eine Wissensfacette, welche für die Anschlussfähigkeit mathematischen Lernens in den folgenden Jahrgangsstufen von Bedeutung ist: das Wissen über mathematische Inhalte innerhalb des Curriculums (horizon content knowledge) (Ball et al., 2008, S. 403).

Auf der rechten Seite des Modells in Abbildung 2.1 wird das pädagogische Wissen (pedagogical content knowledge) dargestellt, welches ebenfalls in drei Bereiche unterteilt wird. Hier findet sich ein Bereich zum Wissen über das Lernen von Schülerinnen und Schülern (knowledge of content and students) und einer über das Wissen zum Unterrichten (knowledge of content and teaching). Das curriculare Wissen (knowledge of content and curriculum) bildet den dritten Bereich, wobei Ball et al. (2008) drauf hinweisen, dass diese Kategorie innerhalb des fachdidaktischen Wissens gesetzt wurde, da diese in Einklang mit weiteren Veröffentlichungen um Shulman steht. Offen bleibt die theoretische Beschreibung der Kategorie und die Frage, ob diese Wissenskategorie dort richtig eingeordnet ist. Das Wissen über das Lernen von Schülerinnen und Schülern wird als Verbindung zwischen dem Inhaltswissen und dem Wissen darüber, wie Schülerinnen und Schüler denken und diese Inhalte lernen, definiert (H. C. Hill et al., 2008). Ein zentraler Punkt, ähnlich wie bei Shulman (1986; 1987), ist das Wissen um typische Fehler und Fehlvorstellungen, die während des Lernprozesses auftreten können. Die Planung von Unterricht, die Auswahl geeigneter Repräsentationen und Entscheidungen in der jeweiligen Situation des Unterrichts wird unter der Rubrik Wissen zum Unterrichten beschrieben.

2.4.2 Kompetenzmodell von TEDS-M

Ein weiteres bekanntes Kompetenzmodell wurde in der „Teacher Education and Development Study: Learning to Teach Mathematics (TEDS-M)" verwendet (Blömeke, Kaiser & Lehmann, 2010a). Es beschreibt den Kompetenzerwerb in der Ausbildung von Lehrpersonen der Primarstufe und unterscheidet „zwischen nationalen Kontextmerkmalen, institutionellen Lerngelegenheiten und individuellen Lernergebnissen der Lehrerausbildung" (Blömeke, Kaiser & Lehmann, 2010a, S. 13). Dabei wird in der Studie an den Kompetenzbegriff von Weinert (1999; vgl. auch Abschnitt 2.2) angeknüpft. Damit ist die professionelle Kompetenz im Mathematikunterricht auf Performanz ausgerichtet, wobei Kompetenz und Performanz nicht deckungsgleich sind. Vielmehr wird letztere von weiteren Faktoren beeinflusst. „Welche Dispositionen zur erfolgreichen Bewältigung der Anforderungen notwendig sind, wurde aus der Expertiseforschung abgeleitet" (Blömeke, 2014, S. 112). Demnach wird die professionelle Kompetenz in der TEDS-M-Studie als Zusammensetzung aus kognitiven Leistungsdispositionen in Form von

Professionswissen und aus professionsbezogenen Einstellungen beziehungsweise Wertvorstellungen verstanden (vgl. Abbildung 2.2).

Abbildung 2.2 Analytisches Modell professioneller Lehrpersonenkompetenz (Abbildung übernommen von Blömeke, 2014, S. 112)

Das professionelle Wissen angehender Primarstufenlehrkräfte im letzten Jahr ihrer Ausbildungsphase wird in mathematisches, mathematikdidaktisches und pädagogisches Wissen geteilt. Die Affektiv-motivationalen Charistika gliedern sich in Überzeugungen zur Natur der Mathematik sowie in Berufsmotivation und Selbstregulation.

Das Mathematikdidaktisches Wissen wird in die Unterkategorien „curriculares und auf die Planung von Unterricht bezogenes Wissen sowie auf unterrichtliche Interaktion bezogenes Wissen" (Döhrmann et al., 2010, S. 176) geteilt

Ebenso wie bei Ball et al. (2008) und der COACTIV-Studie (Baumert & Kunter, 2011a) wird das mathematikdidaktische Wissen und das Wissen über spezifische Fehlvorstellungen von Kindern als zentrales Merkmal der Kompetenzen von Lehrpersonen angesehen. Es bildet die Grundlage einer fachlich begründeten Unterrichtsplanung und soll die Anschlussfähigkeit mathematischen Lernens garantieren.

2.4.3 Kompetenzmodell nach Lindmeier

Neben dem Modell der Michigan-Group entwickelte Lindmeier (2010) ein Kompetenzstrukturmodell, das in die drei Kategorien Basiswissen (Basic Knowledge Component), reflexive Kompetenzen (Reflective Competencies Component) und aktionsbezogene Kompetenzen (Action-Related Competencies Component) gegliedert wird. Das Basiswissen wiederum unterteilt sich in Fachwissen und fachdidaktisches Wissen – „basic knowledge as understood in this model should rely on close-to-content knowledge and pedagogical content knowledge" (Lindmeier, 2010, S. 106). „Da schulnahes Fachwissen und fachdidaktisches Wissen in bisherigen Studien empirisch schwer zu trennen war […], werden diese beiden Aspekte in dem vorliegenden Modell zu einer einzigen Komponente, dem Basiswissen zusammengefasst (basic knowledge, BK)" (Lindmeier, Heinze & Reiss, 2012 S. 105).

Die reflexiven Kompetenzen umfassen unterrichtliche Vorüberlegungen, planerische Entscheidungen und die für diese Planung notwendige Analyse der Lernprozesse der Schülerinnen und Schüler. Spontane Entscheidungen, die situationsbezogen im Unterricht getroffen werden müssen, bilden sich in den aktionsbezogenen Kompetenzen ab. Dabei handelt es sich zum Beispiel um Reaktionen auf falsche oder fachlich besonders herausfordernde Schüleräußerungen oder die Fähigkeit, das angestrebte Verständnis der Schüler zu überprüfen. Wissen wird in diesem Modell mit Handlungskompetenzen vereint, die die Lehrperson in die Lage versetzen dieses Wissen anzuwenden.

2.4.4 Kompetenzmodell der COACTIV-Studie

Ein etwas anderes Kompetenzmodell wurde im Rahmen des Forschungsprogramms *Professionelle Kompetenzen von Lehrkräften, kognitiv aktivierender Unterricht und die mathematische Kompetenz von Schülerinnen und Schülern (COACTIV)* (Baumert et al., 2011a) entwickelt. Ziel der Studie war es, die professionellen Kompetenzen von Mathematiklehrpersonen empirisch zu erfassen.

„Leitende Idee war es, zunächst ein generisches Modell der professionellen Kompetenz von Lehrkräften zu entwickeln, das dann am Beispiel von Mathematiklehrkräften spezifiziert und konkretisiert wird" (Baumert & Kunter, 2011a, S. 29). In der Studie werden verschiedene theoretische Blickwinkel der empirischen pädagogischen Forschung geordnet und in einem übergreifenden Modell zusammengeführt, integriert und empirisch geprüft. Dazu werden individuelle Merkmale identifiziert, die Lehrpersonen benötigen, um ihre beruflichen

Aufgaben zu bewältigen. Im Mittelpunkt des Interesses standen dabei die Anforderungen des Unterrichtens, da eine erfolgreiche Ausübung des Berufs auch immer an den Lernprozessen von Schülerinnen und Schülern zu messen ist. Um die individuellen Voraussetzungen der Lehrpersonen identifizieren zu können, wird ein professionsspezifischer Zugang benötigt, der genau die Kerntätigkeit des Unterrichtens trifft (Baumert & Kunter, 2011a).

Für diesen Zweck entwickelte die Forschungsgruppe ein Kompetenzmodell (vgl. Abbildung 2.3), das zwar unter dem Aspekt des Professionswissens an die Kategorisierungen Shulmans (1987) anknüpft, diese aber mit Blick auf weitere Forschungsrichtungen, durch Selbstregulation, motivationale Orientierungen und Überzeugungen, Werthaltungen und Ziele um drei zusätzliche Aspekte professioneller Kompetenzen erweitert. Damit wird es, zumindest teilweise, der Kritik Terharts (2007) gerecht, der an der Expertiseforschung das Fehlen von Dimensionen wie Motivation und Emotion bemängelt (vgl. Abschnitt 2.1.3).

Baumert und Kunter (2011a) heben als Kern der Professionalität das Wissen und Können hervor. Dieses Professionswissen wird in die Kompetenzbereiche Fachwissen, fachdidaktisches Wissen, pädagogisch-psychologisches Wissen, Organisationswissen und Beratungswissen gegliedert. Obwohl das Kompetenzmodell zunächst eher allgemein gefasst ist, wurde es in der Studie auf die Kompetenzen von Mathematiklehrpersonen bezogen. Diese Spezifikation wird an der Aufteilung des fachdidaktischen Wissens in die Kompetenzfacetten Erklärungswissen, Wissen über das mathematische Denken von Schülerinnen und Schülern und das Wissen über mathematische Aufgaben, erkennbar. In die letzten beiden Kompetenzfacetten werden mit der dem pädagogisch-psychologischen Wissen zugeordneten Kompetenzfacette, Wissen um Leistungsbeurteilung, die diagnostischen Fähigkeiten (vgl. Abschnitt 4.2) eingeordnet. Der Kompetenzbereich pädagogisch-psychologisches Wissen wird in die Kompetenzfacetten Wissen um Leistungsbeurteilung, Wissen über Lernprozesse und Wissen über effektive Klassenführung gegliedert. Die Kompetenzbereiche Organisationswissen und Beratungswissen werden nicht weiter unterteilt. Das Fachwissen wird als tiefes Verständnis der Schulmathematik angegeben.

Das Forschungsprogramm COACTIV (Kunter, Baumert, Blum, Klusmann, Krauss & Neubrand, 2011a) legt den Fokus auf das mathematische Wissen, welches „für Verständnis vermittelndes Unterrichten notwendig ist" (Baumert & Kunter, 2011a, S. 37) und teilt diesen Ansatz unter anderem mit der Projektgruppe um Ball et al. (2008). Eine grundlegende Unterscheidung findet sich in der theoretischen Modellierung der Wissenskomponenten, wobei COACTIV theoretisch vier mathematische Wissensformen unterscheidet: „akademisches Forschungswissen, ein profundes Verständnis der mathematischen Hintergründe der

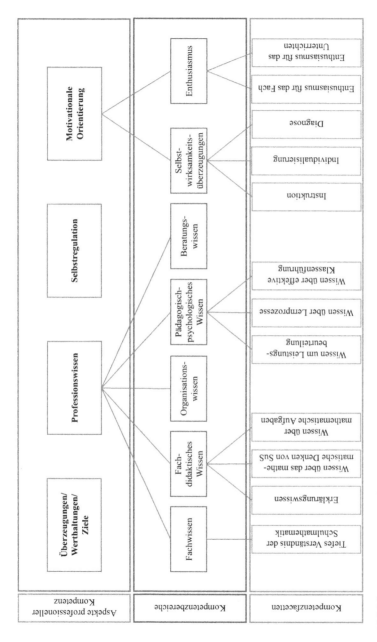

Abbildung 2.3 Aspekte professioneller Kompetenz (in Anlehnung an Baumert und Kunter, 2011a, S. 29)

in der Schule unterrichteten Inhalte, Beherrschung des Schulstoffs auf einem zum Ende der Schulzeit erreichbaren Niveau und mathematisches Alltagswissen von Erwachsenen, das auch nach Verlassen der Schule noch präsent ist" (Baumert & Kunter, 2011a, S. 37). Als weiteren Unterschied benennen Baumert und Kunter (2011b) das konzeptuell und empirisch getrennt behandelte mathematische Fachwissen und das fachdidaktische Wissen. Dabei stützt sich COACTIV auf die Annahme, „dass fachdidaktisches Wissen eine spezifische Form mathematischen Wissens darstellt, die auf Fachwissen basiert, aber nicht durch Fachwissen substituiert werden kann" (Baumert & Kunter, 2011b, S. 185). Als ein Beispiel für fachdidaktisches Wissen geben Artelt und Kunter (2019) das „Wissen über typische Schwierigkeiten und Fehlvorstellung [sic] von Lernenden in Bezug auf einen konkreten Unterrichtsgegenstand" (S. 401) an.

Trotz fließender Übergänge weist das Kompetenzmodell neben dem Professionswissen, bestehend aus Wissen und Können (knowledge), zusätzlich Werthaltungen (value commitments) und Überzeugungen (beliefs) als einen weiteren Aspekt professioneller Kompetenz aus. Die Überzeugungen einer Lehrperson können über Strukturen im unterrichteten Wissensgebiet „über angemessene Methoden des Lehrens und über Prozesse des Lernens" (Kunter, Klusmann & Baumert, 2009, S. 156) vorhanden sein. Innerhalb des Modells wird unterschieden zwischen Wertbindungen, epistemologische Überzeugungen, subjektive Theorien über Lehren und Lernen sowie Zielsystemen. Wertbindungen werden hier als eine Art Berufsethik verstanden. Zielsysteme beschreiben Vorstellungen die für die Unterrichtsplanung und das Unterrichtshandeln als Richtungsweiser fungieren (Baumert & Kunter, 2011a).

Damit Wissen angewandt werden kann, benötigen Lehrpersonen aber ebenso emotionale und motivationale Kompetenzen und selbstregulative Fähigkeiten. Diese motivationalen Orientierungen bilden einen dritten Aspekt im Kompetenzmodell der COACTIV-Studie. Kunter (2009) geht davon aus, dass diesen Orientierungen die „Funktion der Initiierung, Aufrechterhaltung und Überwachung des beruflichen Handelns" (S. 157) zukommt. In ihnen zeigt sich, wie stark sich Lehrpersonen engagieren und ihr Wissen anwenden sowie wie groß die Bereitschaft zu Weiterbildungen ist. In der Forschung werden dabei besonders die Konstrukte der beruflichen Selbstwirksamkeitsüberzeugungen und des Enthusiasmus diskutiert (Kunter et al., 2009). Die Selbstwirksamkeitsüberzeugungen stehen mit dem Enthusiasmus, aber auch mit der Unterrichtsvorbereitung und Unterrichtsführung in Zusammenhang und können Auswirkungen auf die Bewältigung von beruflich bedingtem Stress und den Umgang mit beruflichen Belastungen haben (Baumert & Kunter, 2011a). Im Rahmen der COACTIV-Studie werden sie nur peripher behandelt. Etwas stärker im Fokus steht der Enthusiasmus von

Lehrpersonen. Diese intrinsische motivationale Orientierung gilt als wichtiges Merkmal der Handlungskompetenz von Lehrpersonen, die, unter einer instrumentellen Sichtweise, Auswirkungen auf das Verhalten der Schülerinnen und Schüler hat. COACTIV definiert den Enthusiasmus als emotionalen Faktor der Motivation. Unterschieden wird dabei in eine Beschäftigung mit dem Gegenstand des Unterrichts und in eine fachbezogene Unterrichtstätigkeit (Baumert & Kunter, 2011a).

Die selbstregulativen Fähigkeiten, ein weiterer Aspekt der professionellen Kompetenz, sind unter anderem erforderlich, um den hohen psychischen Anforderungen des Lehrberufs gerecht werden zu können. Dabei ist es entscheidend, das richtige Maß zwischen Engagement und einer Distanzierung von den Arbeitsanforderungen herzustellen (Kunter et al., 2009). Nach Baumert und Kunter (2011a) scheinen sie Auswirkungen auf die Qualität der Berufsausübung und des Unterrichts zu haben.

2.5 Forschungsansatz und Rolle der Modelle für die vorliegende Arbeit

Dass die Lehrperson eine zentrale Bedeutung für die Qualität von Unterricht und damit dem Lernen von Schülerinnen und Schülern einnimmt, ist unstrittig (Bromme, 1997; Lipowsky, 2006). Dabei kommt den Kompetenzen der Lehrpersonen eine besondere Bedeutung zu. In Zusammenhang mit der Erforschung von Kompetenzen schreibt Baumert (2006): „Eine Analyse der Handlungsanforderungen und Handlungskompetenzen von Lehrkräften hat am Kern der Berufstätigkeit, bei der Vorbereitung, Inszenierung und Durchführung von Unterricht anzusetzen" (S. 477). Deshalb scheint bei der Betrachtung der in Abschnitt 2.1 dargestellten Forschungstraditionen, dem Persönlichkeitsparadigma, dem Prozess-Produkt-Paradigma und dem Expertenparadigma, der Forschungsansatz des letzteren am vielversprechendsten für die vorliegende Untersuchung zur Professionalisierung von Lehrpersonen zu sein.

Dem Ansatz der Expertise folgen deshalb auch die in Abschnitt 2.4 dargestellten Kompetenzmodelle. Diese Modelle und die bisherigen Ausführungen zeigen, dass die professionellen Kompetenzen von Lehrpersonen einen weiten und umfangreichen Forschungsgegenstand darstellen. Um die Kompetenzen messbar zu machen, wird versucht diese zu strukturieren. Ausgehend von den Strukturierungen Shulmans (1986; 1987) wurden verschiedene Kompetenzmodelle entwickelt, Wissensfacetten herausgearbeitet und mit dafür entwickelten

Messinstrumenten auf ihre Wirksamkeit untersucht (Ball et al., 2008; Blömeke, Kaiser & Lehmann, 2010a; Kunter et al., 2009; Lindmeier, 2010).

Diese klare Strukturierung ist notwendig, um professionelles Wissen zu operationalisieren und messbar zu machen. Gleichzeitig entspricht dieses Vorgehen aber nicht unbedingt den realen Gegebenheiten, beziehungsweise den realen Erscheinungsformen des professionellen Wissens und der motivationalen Orientierungen. Vielmehr handelt es sich um, wenn auch teilweise empirisch abgesicherte, theoretische Facetten, welche nur schwer untereinander abgrenzbar sind. Trotz dieser Tatsache, werden die Kompetenzfacetten in dieser Arbeit theoretisch unterschieden und als getrennte Konstrukte betrachtet. Dies ermöglicht eine Operationalisierung und damit eine Untersuchung der Kompetenzfacetten. Dabei kann das Modell der COACTIV-Studie (Baumert et al., 2011a; vgl. auch Abschnitt 2.4.4) als Referenzmodell dienen, da hier verschiedenen Aspekte professioneller Kompetenz berücksichtigt und teilweise in Kompetenzbereiche und -facetten ausdifferenziert werden. Dadurch ist es möglich Kompetenzen von Lehrpersonen im Zusammenhang mit Kindern die besondere Schwierigkeiten beim Rechnenlernen haben aufzuzeigen und differenziert zu untersuchen. Die Wahl eines Referenzmodells bedeutet jedoch nicht, dass nicht auch auf andere Modell Bezug genommen werden kann.

Bei der obigen Darstellung der Kompetenzmodelle wird deutlich, dass allen Modellen ein Kompetenzbegriff aus Wissen und Können zugrunde liegt (vgl. Abschnitt 2.2). Für die vorliegende Arbeit ist mit Blick auf die *Wirkung von Fortbildungen* dabei besonders interessant, dass Kompetenzen erlernbar sind. Deklaratives Wissen kann erworben und in prozedurales Wissen überführt werden (Klieme et al., 2007).

Auch wenn in Bezug auf die Genese von Kompetenzen durch Fortbildungen bereits einige Forschungsergebnisse vorliegen, ist dieser Bereich noch nicht hinreichend erforscht (Lorenz & Artelt, 2009). Hier kann mit der vorliegenden Forschungsarbeit, anhand der Analyse von Kompetenzveränderungen durch zwei unterschiedlich konzeptionierte Fortbildungen, im Rahmen einer Interventionsstudie ein Beitrag geleistet werden (vgl. Kapitel 6).

Einigkeit in Bezug auf die Kompetenzen besteht auch darin, dass professionelles Wissen die Kompetenzfacetten Fachwissen und fachdidaktisches Wissen für erfolgreiches Lehrerhandeln beinhaltet. Nach der theoretischen Argumentation und den empirischen Ergebnissen in Rahmen der COACTIV-Studie (Baumert et al., 2011a), kann vom Fachwissen das fachdidaktische Wissen und Können aber theoretisch unterschieden werden.

Das fachdidaktische Wissen kann als ein zentrales Element der professionellen Kompetenz von Lehrpersonen angesehen werden und ist unumstritten. Es ist eine entscheidende Facette für das Gelingen von Unterricht und stellt sich als „notwendiger Faktor für die Bereitstellung kognitiv aktivierender Lernumgebungen heraus" (Besser, Depping, Ehmke & Leiss, 2015a, S. 148). Es konnte gezeigt werden, dass das fachdidaktische Wissen von Lehrpersonen mit der fachlichen Leistung von Lernenden in einem Zusammenhang steht (z. B. Baumert & Kunter, 2011b).

Damit nimmt es auch bei der Arbeit mit Kindern die besonderen Schwierigkeiten beim Rechnenlernen haben einen zentralen Stellenwert ein. Aufgrund dieser zentralen Bedeutung wird in der vorliegenden Arbeit in erster Linie auf das fachdidaktische Wissen fokussiert und dessen Entwicklung in den Blick genommen. Gemeint ist damit ein Wissen, das möglichst handlungsnah erfasst werden soll und sich somit dem Kompetenzbegriff im Sinne der in Abschnitt 2.2 genannten Beschreibung aus Wissen und Können annähert.

Neben diesen Wissensfacetten werden in der COACTIV-Studie (Baumert et al., 2011) auch motivationalen Orientierungen eine Rolle bei der Beeinflussung des Ausmaßes der professionellen Kompetenz zugeschrieben. Unter der Prämisse, dass Kompetenzen erlern- und entwickelbar sind, wird ihre Entstehung und Entwicklung durch die motivationalen Aspekte mitbestimmt (Baumert & Kunter, 2011a). Deshalb wird in der vorliegenden Arbeit nicht ausschließlich auf das fachdidaktische Wissen fokussiert, sondern weitere Kompetenzfacetten, die Einfluss auf das Lernen der Fortbildungsteilnehmerinnen und -teilnehmer haben können, wie zum Beispiel die Selbstwirksamkeitserwartungen und der Enthusiasmus in den Blick genommen. Um diese Kompetenzbereiche operationalisieren zu können, ist eine genaue Betrachtung derselben erforderlich, wie sie in Kapitel 3 vorgenommen wird.

Motivationale Orientierung als Aspekt professioneller Kompetenz

In dem dieser Arbeit zugrundliegenden Kompetenzbegriff nach Weinert (2014) nehmen *motivationale Orientierungen* eine bedeutende Stellung ein (vgl. Abschnitt 2.2 und 2.4.4). Damit sich Wissen und Fähigkeiten in kompetenter Handlung zeigen, bedarf es einer Handlungsveranlassung. Gemeint ist damit die Motivation (Artelt & Kunter, 2019).

Deshalb werden im vorliegenden Kapitel motivationale Orientierungen als ausgewählte Aspekte der professionellen Kompetenzen von Lehrpersonen betrachtet. Um im Folgenden auf einzelne Facetten fokussieren zu können wird in Abschnitt 3.1 zunächst dargelegt, dass es sich bei der Motivation um ein mehrdimensionales Konstrukt handelt. Die Auswahl der anschließend dargestellten Aspekte der motivationalen Orientierung erfolgt auf Basis der mit dem Lernen in Fortbildungen und der Anwendung des Gelernten im Zusammenhang stehenden Kompetenzfacetten. Hier zeigt sich, dass die motivationalen Orientierungen *Selbstwirksamkeitserwartung* (Abschnitt 3.2) und *Lehrpersonenenthusiasmus* (Abschnitt 3.3) einen Beitrag auf das Lernen und auf das Unterrichten der Lehrpersonen leisten können. In Abschnitt 3.4 werden noch einmal wichtige Aspekte zusammengefasst.

3.1 Motivation – ein mehrdimensionales Konstrukt

Wie bereits aufgezeigt wurde, sind Kompetenzen von Lehrpersonen eine unabdingbare Voraussetzung für die Professionalität und deren professionelles Handeln (vgl. Kapitel 2). Um diese Kompetenzen zu operationalisieren wurden sie strukturiert und theoretisch unterschieden (vgl. Abschnitt 2.4).

© Der/die Autor(en), exklusiv lizenziert durch Springer Fachmedien Wiesbaden GmbH, ein Teil von Springer Nature 2022
M. Sprenger, *Wirkungen von Fortbildungen zum Thema Rechenschwäche auf fachdidaktische Fähigkeiten und motivationale Orientierungen*,
https://doi.org/10.1007/978-3-658-36799-2_3

Der Argumentation Weinerts (2014) folgend zeigt sich, dass es sich bei den Kompetenzen nicht nur um kognitive Fähigkeiten und Fertigkeiten handelt. Vielmehr sind auch motivationale, volitionale und soziale Bereitschaften und Fähigkeiten nötig, um Probleme erfolgreich lösen zu können (vgl. Abschnitt 2.2). Bransford, Darling-Hammond & LePage (2005) betonen, dass Lehrpersonen täglich vor komplexen Entscheidungen stehen. „On a daily basis, teachers confront complex decisions that rely on many different kinds of knowledge and judgment and that can involve high-stakes outcomes for students' futures" (Bransford et al., 2005, S. 1). Eine solch hohe Anforderungsstruktur erfordert von den Lehrpersonen eine hohe Konzentration, viel Aufmerksamkeit sowie den Umgang mit Misserfolgen. Außerdem müssen sie sich immer wieder neuen Situationen aussetzen und die Bereitschaft zeigen, sich langfristig zu engagieren (Kunter, 2011).

> Inwieweit eine Lehrkraft diese kurz- und langfristigen Anforderungen erfüllt, dürfte zu einem großen Teil auch daran liegen, welche allgemeinen Motive sie hat, welche aktuellen Zielvorstellungen sie verfolgt oder welchen Wert sie ihrer Unterrichtstätigkeit zuschreibt oder wie sehr sie von ihren eigenen Lehrfähigkeiten überzeugt ist – all dies sind motivationale Merkmale, die zwischen Lehrkräften variieren können. (Kunter, 2011, S. 259)

Puca und Schüler (2017) bemerken dazu: „Soziogene Motive werden als Persönlichkeitseigenschaften verstanden, in denen sich Menschen unterscheiden" (S. 226).

Die hier aufgeführten motivationalen Merkmale dürften aber nicht nur für den Unterricht im Allgemeinen eine Rolle spielen, sondern gerade für die Bereiche Diagnose und Förderung im Umgang mit besonderen Schwierigkeiten beim Rechnenlernen einen deutlichen Einflussfaktor darstellen. So kann davon ausgegangen werden, dass Diagnose- und Fördersituationen eine besondere Konzentration und Aufmerksamkeit durch die Lehrperson erfordern.

> Wie viel Zeit Lehrkräfte beispielsweise für die Unterrichtsvorbereitung investieren, ob sie wirklich alle relevanten Merkmale bei der Beurteilung einer Schülerleistung berücksichtigen oder aber auf der Basis eines Schemas (z. B. „fauler Schüler") urteilen, ist auch durch motivationale Merkmale der Lehrkraft bestimmt. (Artelt & Kunter, 2019, S. 404)

Besonders in Fördersituationen dürfte der Umgang mit Misserfolgen zusätzlich eine bedeutende Rolle spielen. Da also davon ausgegangen werden kann, dass die motivationale Orientierung für die Diagnose und Förderung von Schwierigkeiten beim Rechnenlernen entscheidende Komponenten sind, werden motivationale Merkmale als Aspekte professioneller Kompetenzen aufgefasst und als Kontextvariablen erhoben.

Bleck (2019) weist darauf hin, dass für den Begriff der Motivation keine einheitliche Definition vorliegt, sondern sowohl Prozesse als auch Merkmale darunter verstanden werden. Eine Beschreibung, die in diesen Kontext eingeordnet werden kann, stammt von Grassinger Dickhäuser und Dresel (2019). Sie beschreiben Motivation als einen psychischen Prozess, der „die Initiierung, Ausrichtung und Aufrechterhaltung, aber auch die Steuerung, Qualität und Bewertung zielgerichteten Handelns beeinflusst" (S. 208). Bleck (2019) sieht dahinter den Grundgedanken, dass „die Motivation und die ihr zugrundeliegenden Ziele Menschen ‚antreiben', wodurch spezifische Handlungen bedingt werden" (S. 18).

Motivation ist also ein zentraler Aspekt der psychologischen Funktionsfähigkeit von handelnden Personen und ist während des gesamten Handlungsverlaufs von Relevanz. „Nicht nur Initiierung und Ausrichtung der Handlung, sondern auch Ausführung und Bewertung werden durch motivationale Prozesse beschrieben, erklärt und vorhergesagt" (Grassinger et al., 2019, S. 208). Dabei handelt es sich bei der Motivation um ein theoretisches Konstrukt, das nicht direkt beobachtet, sondern nur anhand von Indikatoren erschlossen werden kann.

Die motivationalen Merkmale finden sich auch im Kompetenzmodell der COACTIV-Studie und werden von Kunter (2011) folgendermaßen beschrieben:

> Gemeint sind damit habituelle individuelle Unterschiede in Zielen, Präferenzen, Motiven oder affektiv-bewertenden Merkmalen, die – immer in Interaktion mit weiteren Persönlichkeitsmerkmalen sowie Merkmalen des jeweiligen situationalen Kontextes – bestimmen, welche Verhaltensweisen Personen zeigen und mit welcher Intensität, Qualität oder Dauer dieses Verhalten gezeigt wird. (S. 259)

Oft wird in der Literatur und in Diskussionen ein eindimensionales Verständnis von Motivation zugrunde gelegt. Diese Sichtweise wird den komplexen Prozessen, die zu einer erfolgreichen Tätigkeit von Lehrpersonen führen, jedoch nicht gerecht. Kunter (2011) weist in diesem Zusammenhang darauf hin, dass die psychologische Motivationsforschung eine Vielzahl an motivationalen Konstrukten unterscheidet, die als „Bedingungen für die Initiierung und Aufrechterhaltung sowie die Qualität von Handlungen gesehen werden" (S. 260). Motivationale Merkmale sind gerade bei komplexen Tätigkeiten, wie der Lehrberuf sie mit sich bringt, wichtige Prädiktoren für die Bewältigung von Aufgabenanforderungen

durch Lehrpersonen. „Vor allem im Unterricht sind Lehrkräfte gefordert, zielgerichtet zu handeln, aber gleichzeitig flexibel auf Misserfolge und Hindernisse
zu reagieren, Anforderungen, die ein hohes Maß an Konzentration, Anstrengung
und die Fähigkeit, mit Widerständen umzugehen, beanspruchen" (Kunter, 2011,
S. 260). Diese Beschreibung macht deutlich, dass die motivationalen Merkmale
auch eine wichtige und bedeutende Rolle für den Bereich der Diagnose und
Förderung im Zusammenhang mit Schwierigkeiten beim Rechnenlernen spielen.

Um den durch diese Problematik gestellten Herausforderungen gerecht werden
zu können, wird eine hohe Handlungsbereitschaft benötigt. Diese Handlungsbereitschaft unterscheidet sich je nach Person. Abhängig ist sie von individuellen
Zielen und Vorstellungen. Um die unterschiedlichen Handlungsbereitschaften
erklären und untersuchen zu können, schlägt Kunter (2011) Konstrukte aus der
allgemeinen Motivationsforschung vor. Dabei weist sie darauf hin, dass die
empirischen Forschungen zur Motivation und speziell zur unterrichtsbezogenen
Motivation von Lehrpersonen nicht sehr umfangreich sind. Auch in mathematikdidaktischen Studien fanden diese wenig Berücksichtigung. Erst in den
letzten Jahren gewinnen sie in der Forschung zunehmend an Bedeutung (z. B.
Besser, Leiss, Rakoczy & Schütze, 2015c; Kunter et al., 2011a; Schumacher,
2017). Insbesondere liegen bisher kaum Erkenntnisse im Zusammenhang mit dem
Erwerb von Kompetenzen durch Fortbildungen für Lehrpersonen zum Thema
Rechenschwäche vor, weshalb im Zuge dieser Arbeit ausgewählte motivationale
Merkmale in den Blick genommen werden.

Als eine wichtige Eigenschaft von Lehrpersonen gilt es, begeistert und moti-
viert zu sein (Kunter & Pohlmann, 2015). Häufig wird diese Eigenschaft als
Enthusiasmus bezeichnet. Ausgehend von der Annahme, dass es Lehrperso-
nen, die sich für ihr Fach interessieren und ihren Beruf gerne ausüben, gelingt,
Schülerinnen und Schüler anzuregen und sich mit Interesse den zu vermittelten
Inhalten zu widmen, wird der Enthusiasmus im Zusammenhang von intrinsischer
Motivation betrachtet (Kunter & Pohlmann, 2015).

In Anbetracht der oben dargestellten beruflichen Situation von Lehrpersonen, die eine erfolgreiche Bewältigung von Aufgaben, auch unter schwierigen
Bedingungen, erfordert, spielt die Selbstwirksamkeit eine wichtige Rolle. Selbstwirksamkeit meint hier die „Einschätzung einer Lehrperson darüber, wie gut
es ihr gelingen kann, das Lernen und Verhalten ihrer Schüler zu unterstützen
und zu fördern, und zwar auch bei vermeintlich schwierigen oder unmotivierten
Schülern" (Kunter & Pohlmann, 2015, S. 268).

Sowohl der Enthusiasmus als auch die Selbstwirksamkeit sind also als motivationale Merkmale von Lehrpersonen, die insbesondere auf das Lernen von

Kindern mit Rechenschwäche einen Einfluss haben können. Beide Merkmale gelten als Prädiktoren für die Qualität von Handlungen von Lehrpersonen (Kunter, 2011).

3.2 Selbstwirksamkeitserwartung

3.2.1 Bedeutung der Selbstwirksamkeitserwartung

Erfolgreiches Handeln von Lehrpersonen hängt nicht allein von Wissenskomponenten ab, sondern auch von den sich selbst gesetzten Zielen (Schwarzer & Jerusalem, 2002). Dies dürfte insbesondere auch für das Diagnostizieren und das Fördern von Schülerinnen und Schülern mit besonderen Schwierigkeiten beim Rechnenlernen gelten. Die Wirkung der Zielsetzung wird durch die wahrgenommene Selbstwirksamkeitserwartung also „das Vertrauen in die eigene Kompetenz, auch schwierige Handlungen in Gang setzen und zu Ende führen zu können" (Schwarzer & Jerusalem, 2002, S. 39) beeinflusst (vgl. auch Puca & Schüler, 2017).

> Lehrer, die sich anspruchsvolle Ziele setzen, für die ein erhebliches Maß an Anstrengung und Ausdauer erforderlich ist, greifen nicht nur in dieser Motivationsphase auf ihre Selbstwirksamkeit zurück, sondern auch anschließend, wenn es darum geht, die Intention in konkretes, aufgabenbezogenes Handeln umzusetzen, oder noch später, wenn es darauf ankommt, die Lernprozesse gegen Widerstände aufrechtzuerhalten. (Schwarzer & Warner, 2014)

Das Konstrukt der Selbstwirksamkeitsüberzeugung ist also bedeutsam für die Erklärung von Kompetenzen und Leistungen der Lehrpersonen und infolgedessen ein wichtiges Merkmal schulischer Akteure (Gebauer, 2013). Eine Lehrperson mit hoher Selbstwirksamkeitserwartung glaubt fest daran, dass Lernschwierigkeiten überwunden werden können, wenn sie ihre Bemühungen steigert (Mietzel, 2017). Besonders dieser Aspekt ist für das Lernen in Fortbildungen von großer Bedeutung. Lehrpersonen, welche sich als selbstwirksam erleben, dürften eine große Bereitschaft für das Lernen in Fortbildungen mitbringen. Deshalb wird im folgenden Abschnitt 3.2.2 das Konstrukt *Selbstwirksamkeit* zunächst im Allgemeinen umrissen und anschließend auf die *Selbstwirksamkeitserwartung in Bezug auf Lehrpersonen* fokussiert. Daran anknüpfend werden in Abschnitt 3.2.3 ausgewählte Forschungsergebnisse dargestellt um die Relevanz der Selbstwirksamkeit für einzelne Bereiche zu verdeutlichen.

3.2.2   Begriffsklärung Selbstwirksamkeitserwartungen von Lehrpersonen

Allgemeine Selbstwirksamkeitserwartungen

Das Konzept der Selbstwirksamkeit orientiert sich hauptsächlich an den Stärken und betont das positive Potenzial eines Menschen. Damit „gehört es zur positiven Psychologie, welche sich erst in den letzten Jahren in Forschung und Lehre etabliert hat" (Barysch, 2016, S. 205). Die Selbstwirksamkeit beeinflusst vor allem die Zielsetzung von Personen und kann dadurch einen wichtigen Einfluss auf deren Leistungen haben. Nach Puca und Schüler (2017) bezieht sich die Selbstwirksamkeit auf die „subjektive Einschätzung, dass die Zielverfolgung durch das eigene Verhalten beeinflusst werden kann (Gegenbeispiel: Glücksspiele) und dass man die zur Zielverwirklichung nötigen Handlungen selbst ausführen kann bzw. über die nötigen Fähigkeiten oder Erfahrungen verfügt (Beispiel: Prüfungen)" (S. 242). Sie wirkt positiv auf die Anstrengung und Persistenz bei der Verfolgung von Zielen.

In diesem Sinne kann die von Schwarzer und Warner (2014) angegebene Definition als Grundlage genutzt werden:

> Selbstwirksamkeit wird definiert als die subjektive Gewissheit, neue oder schwierige Anforderungssituationen aufgrund eigener Kompetenz bewältigen zu können. Dabei handelt es sich nicht um Aufgaben, die durch einfache Routine lösbar sind, sondern um solche mit einem Schwierigkeitsgrad, der Anstrengung und Ausdauer für die Bewältigung erforderlich macht. (S. 496)

Die hier dargestellte Definition geht auf die sozial-kognitive Theorie Banduras (1997) zurück, nach der kognitive, motivationale, emotionale und aktionale Prozesse durch subjektive Überzeugungen gesteuert werden und in der die Selbstwirksamkeit eine zentrale Rolle einnimmt (Schmitz & Schwarzer, 2000; Schwarzer & Jerusalem, 2002). Die Überzeugungen lassen sich im Wesentlichen in zwei Dimensionen teilen. Zum einen in die Konsequenzerwartungen (outcome expectancies) und zum anderen in die Kompetenzerwartungen (perceived self-efficacy) (Schwarzer & Jerusalem, 2002).

Unter Konsequenzerwartungen wird in der Regel eine angenommene Beziehung zwischen einer oder mehreren Handlungen und den Ergebnissen verstanden. Das heißt es wird angenommen, dass durch die Durchführung einer bestimmten Handlung eine bestimmte Konsequenz die Folge ist. Dabei spielt es keine Rolle, ob man sich selbst befähigt fühlt diese Handlung auszuführen oder nicht (Schwarzer & Warner, 2014). Dieses Konstrukt spielt in vielen Theorien für die Erklärung von Verhalten eine wichtige Rolle (Schmitz & Schwarzer, 2000).

Im Gegensatz dazu enthalten die Kompetenzerwartungen einen Selbstbezug. Hierbei geht es auch um das eigene Zutrauen, Handlungen auszuführen. Schwarzer und Warner (2014) geben an, dass „die persönliche Einschätzung eigener Handlungsmöglichkeiten […] die zentrale Komponente der Wahrnehmung von Selbstwirksamkeit" (S. 496) ist. Das bedeutet, dass der Begriff der Kompetenzerwartung synonym zum Begriff der Selbstwirksamkeitserwartung zu verstehen ist und konzeptionell von den Konsequenzerwartungen abgegrenzt werden kann (Schmitz & Schwarzer, 2000).

Die Ausprägung der Selbstwirksamkeit wirkt sich auf die Anstrengung und Aufrechterhaltung der Handlung gegenüber Widerständen aus. Sie zeigt aber auch Auswirkungen auf den Handlungserfolg. Ist ein Mensch überzeugt, eine bestimmte Aufgabe bewältigen zu können, wird er wahrscheinlich auch mit dem nötigen Anspruch und Durchhaltevermögen an diese Aufgabe herangehen. „Efficacy expectations determine how much effort people will expend and how long they will persist in the face of obstacles and aversive experiences" (Bandura, 1977, S. 194). Die subjektiven Urteile über die eigene Selbstwirksamkeit sind nicht festgeschrieben. Sie können durch andere Menschen sowohl positiv als auch negativ beeinflusst werden (Barysch, 2016).

Bandura (1977) führt vier verschiedene Möglichkeiten zur Entwicklung der Selbstwirksamkeitserwartung auf: Körperliche Erregung (emotional arousal), welche einen Hinweis darauf geben kann, dass die eigenen Handlungsressourcen schwach sind, verbale Überzeugung (verbal persuasion), zum Beispiel durch Ermutigungen, stellvertretende Erfahrungen (vicarious experience), welche Rückschlüsse auf die eigenen Kompetenzen zulassen und direkte Erfahrungen (performance accomplishments), also durch eigenes Handeln. Barysch (2016) beschreibt diese Möglichkeiten als positive Erfahrung von Erfolgserlebnissen, Modell- beziehungsweise Beobachtungslernen, verbale Ermutigung und emotionale Erregung. Besonders die eigenen (positiven) Erfahrungen, aber auch das Modell- und Beobachtungslernen dürften im Zusammenhang mit der Konzeption von Fortbildungen interessant sein. Eine Förderung der Selbstwirksamkeit kann demnach durch ein Lernen am Modell und durch die Möglichkeit eigene Erfahrungen zu machen erreicht werden.

Wie oben dargestellt, ist das Konstrukt der Selbstwirksamkeitserwartungen konzeptionell von dem Begriff der Kompetenzerwartungen abzugrenzen. Schmitz und Schwarzer (2000) weisen deshalb darauf hin, dass dies „semantische Implikationen für die psychometrische Erfassung" (S. 14) bedeutet. Sie schlägt vor, dass Selbstwirksamkeitserwartungs-Items in der ersten Person Singular formuliert, und Verben wie ‚können' oder ‚sich in der Lage sehen' enthalten sollten. Außerdem

sollte der Schwierigkeitsgrad der Aufgabe erkennbar werden. Bei der Entwicklung, beziehungsweise der Adaption von Items für diese Arbeit, finden die hier
dargestellten Hinweise Berücksichtigung (vgl. Abschnitt 8.5.)

Weiterhin gilt zu beachten, dass das Konstrukt der Selbstwirksamkeit nach
seinem Grad an Generalität oder Spezifität beschrieben werden kann. „Da-
zwischen lassen sich *bereichsspezifische* Konzepte ansiedeln wie zum Beispiel
die schulbezogene Selbstwirksamkeitserwartung von Schülern oder die Lehrer-
Selbstwirksamkeitserwartung" (Schwarzer & Jerusalem, 2002, S. 40).

In der vorliegenden Untersuchung wird die Selbstwirksamkeit von Lehrpersonen
in den Blick genommen. Eine Fokussierung auf eine bereichsspezifische Selbstwirksamkeit ist erforderlich, da bei einer ausschließlichen Messung *allgemeiner*
Selbstwirksamkeit mögliche Zusammenhänge mit anderen Variablen unterschätzt
werden können (Schmitz & Schwarzer, 2000).

Selbstwirksamkeitserwartungen von Lehrpersonen

„Das Konzept der Selbstwirksamkeit kann sowohl als eine generelle Lebens-
einstellung betrachtet werden, als auch hinsichtlich spezieller Lebensbereiche"
(Schwarzer & Warner, 2014, S. 496). In Bezug auf die generelle Lebenseinstel-
lung wird sie oft mit dem Begriff der allgemeinen Selbstwirksamkeitserwartung
bezeichnet. Es gibt also eine Unterscheidung zwischen allgemeiner und spezieller Selbstwirksamkeitserwartung. Schwarzer und Warner (2014) weisen darauf hin,
dass das Konzept der letzteren bereits auf zahlreiche Situationen und verschiedene
Handlungsfelder erfolgreich übertragen wurde. Eines dieser Handlungsfelder ist die
Arbeit von Lehrpersonen. Eine spezielle Form ist also die Selbstwirksamkeit von
Lehrpersonen.

Der Begriff der Lehrpersonenselbstwirksamkeit findet im amerikanischen
Sprachraum bereits seit den 1970er Jahren Verwendung und seit dem Ende des 20.
Jahrhunderts auch im deutschen Sprachraum (Schmitz & Schwarzer, 2000). Mit der
Selbstwirksamkeit von Lehrperson ist eine Selbstwirksamkeitserwartung gemeint,
die ausschließlich in Bezug auf den Beruf von Lehrpersonen gilt. Dabei geht es
um Überzeugungen von Lehrpersonen, schwierige Anforderungen ihres Berufsall-
tages auch unter widrigen Bedingungen erfolgreich zu bewältigen (Schwarzer &
Jerusalem, 2002). Tschannen-Moran, Hoy, und Hoy (1998) definieren Lehrpersonenselbstwirksamkeit mit der Betonung der Situationsspezifität wie folgt: „Teacher
efficacy is the teachers' belief in her or his ability to organize and execute the
courses of action required to successfully accomplish a specific teaching task
in a particular context" (S. 233). Schwarzer und Schmitz (1999) legten eine
deutschsprachige Skala zur Erfassung der Selbstwirksamkeit von Lehrpersonen
vor und nahmen inhaltlich auf vier berufsbezogene Aspekte Bezug: (1) berufliche

Leistung, (2) berufliche Weiterentwicklung, (3) soziale Interaktionen mit Schülerinnen und Schülern, Eltern und Kolleginnen und Kollegen sowie (4) Umgang mit Berufsstress. Selbstwirksamkeitserwartungen von Lehrpersonen sind also bereichsbeziehungsweise domänenspezifisch (vgl. Gebauer, 2013; Usher & Pajares, 2008). Schwarzer und Warner (2014) schreiben in diesem Zusammenhang von einem „situationsspezifischen Pol des Generalitätskontinuums" (S. 497), weshalb es sinnvoll ist, die Lehrpersonenselbstwirksamkeit im Rahmen dieser Arbeit auf das Thema Rechenschwäche zu spezifizieren.

3.2.3 Studien zur Selbstwirksamkeit von Lehrpersonen – ausgewählte Ergebnisse

Es liegen keine Untersuchungen zur Selbstwirksamkeit im Zusammenhang mit Fortbildungen zum Thema Rechenschwäche vor. Um sich dem Konstrukt der Selbstwirksamkeit aber zu nähern und die Bedeutung für verschiedenen Bereiche aufzuzeigen, werden im Folgenden ausgewählte Untersuchungsergebnisse vorgestellt.

Bandura (1997) stellt fest, dass Lehrpersonen, die ein hohes Maß an Selbstwirksamkeit aufweisen, sich mehr Zeit für berufliche Aktivitäten nehmen, Lernende bei Schwierigkeiten angemessen unterstützen und ihre Leistungen würdigen. Umgekehrt sehen Lehrpersonen mit geringen Selbstwirksamkeitsüberzeugungen die Motivation der Lernenden eher pessimistisch und arbeiten mit negativen Sanktionen. Ebenso beschreibt Bandura (1977), dass Lernende durch Lehrpersonen mit einer höheren Selbstwirksamkeit mehr lernen.

Studien zur Bedeutung von Selbstwirksamkeit in der Schule zeigen weitestgehend übereinstimmende Ergebnisse für Schulformen, Jahrgangsstufen, Unterrichtsfächer und Leistungsniveaus von Schülerinnen und Schülern (Schwarzer & Warner, 2014).

Die Selbstwirksamkeit gilt als wichtiges Merkmal von Lehrpersonen, um einen fördernden Einfluss auf ihre Schülerinnen und Schüler nehmen zu können:

Wenn man davon überzeugt ist, dass bestimmte Aufgaben zu bewältigen sein werden, schreckt man auch vor Schwierigkeiten nicht zurück, sondern sieht in ihnen eher Herausforderungen. Die Bemühungen, das Ziel trotz bestehender Hürden zu erreichen, werden auch nicht durch Selbstzweifel beeinträchtigt, und folglich kann man sich mehr darauf konzentrieren, Ressourcen in hohem Maße zum Auffinden geeigneter Lösungen zu nutzen. (Mietzel, 2017, S. 69)

Werden Unterrichtsziele erfolgreich verwirklicht, erhöht sich die wahrgenommene Selbstwirksamkeit und zeitigt bessere Leistungen der Lehrpersonen (Puca & Schüler, 2017). „Zukünftige Lehrer gewinnen an Selbstwirksamkeitsüberzeugung im Laufe ihrer beruflichen Lehrtätigkeit. Aber zunächst schwindet die Selbstwirksamkeitsüberzeugung im ersten Berufsjahr, da die Unterstützung, die dem Anfänger noch gewährt wurde, allmählich wegfällt" (Woolfolk, 2014, S. 3). Diese Aussagen machen deutlich, dass es sich bei den berufsbezogenen Selbstwirksamkeitsüberzeugungen um ein dynamisches Konstrukt handelt, das in seiner Ausprägung im Laufe der Zeit variiert und das erworben werden kann.

Cramer (2012) berichtet, dass für Deutschland gezeigt wurde, wie Selbstwirksamkeitsüberzeugungen mit einem größeren beruflichen Engagement und beruflicher Zufriedenheit einhergehen und dass diese zur Bewältigung von beruflichem Stress und Berufsbelastungen beitragen sowie das Burnout-Risiko reduzieren (vgl. auch Schmitz & Schwarzer, 2000; Schwarzer & Warner, 2014). Woolfolk (2014) zeigt auf, dass diese eine der wenigen Persönlichkeitseigenschaften von Lehrpersonen ist, die es erlaubt, die Leistungen von Schülerinnen und Schülern vorherzusagen. Aufgrund einer Analyse von 43 Studien konnten Klassen und Tze (2014) einen signifikanten Zusammenhang zwischen der Selbstwirksamkeit und der Lehrleistung bestätigen. Die Lehrleistung wurde über die Bewertung der Unterrichtsqualität durch Schüler, Schulleiter und Vorgesetzte operationalisiert. Wie in der Untersuchung „Lehrleistung" operationalisiert wurde, geht aus den Ausführungen nicht hervor.

Auch die Ergebnisse einer Metaanalyse von Zee und Koomen (2016) weisen darauf hin, dass die Selbstwirksamkeitserwartung einen hohen Vorhersagewert für die persönliche Leistung der Lehrpersonen hat. Sie geben in ihrer Metaanalyse aber auch an, dass die Zahl der Studien, die sich mit dieser spezifischen Beziehung befassen, nicht besonders groß ist.

Skaalvik und Skaalvik (2010) führten eine Untersuchung mit 2249 norwegischen Lehrpersonen aus der Primarstufe und Sekundarstufe bezüglich eines Zusammenhangs zwischen der Lehrpersonenselbstwirksamkeit und Burnout durch. Dabei korrelierte die Skala der Selbstwirksamkeit von Lehrpersonen negativ mit den beiden Burnoutfacetten emotionale Erschöpfung und Depersonalisierung.

Gebauer (2013) untersuchte in ihrer Arbeit Tätigkeiten und Merkmale des beruflichen Alltags von Lehrenden in Bezug auf ihre Bedeutung für selbstregulative und motivationale Fähigkeiten. Dabei lag der Schwerpunkt auf den Selbstwirksamkeitsüberzeugungen der Lehrpersonen. Ein Ziel der Untersuchung war es, zum einen Merkmale zu identifizieren, welche als Quelle der Selbstwirksamkeit dienen und zum anderen die Bedeutung der Selbstwirksamkeitsüberzeugungen für unterrichtliche Merkmale zu erfassen. Dazu wurden in Abhängigkeit der Schulformzugehörigkeit zwei Gruppen befragt – Lehrpersonen an Gymnasien und Lehrpersonen an Hauptschulen. Davon ausgehend, dass es sich bei der Lehrpersonenselbstwirksamkeit um ein dynamisches Konstrukt handelt (Tschannen-Moran et al., 1998; Woolfolk, 2014), wurde der Zusammenhang zwischen der Selbstwirksamkeit und den vier Quellen der Selbstwirksamkeit (vgl. auch Abschnitt 3.2.2) anhand von Indikatoren geprüft (vgl. Gebauer, 2013). Dabei wurde die Quelle des affektiven und emotionalen Zustandes anhand der Indikatoren Berufszufriedenheit und Arbeitsklima gemessen und als dominierend für den Erwerb der Selbstwirksamkeitsüberzeugung ermittelt. Eine kovarianzanalytische Prüfung zeigte signifikante Unterschiede zwischen den Schulformen. Bei der Gruppe der Lehrenden an Gymnasien waren die Zusammenhänge zwischen der Selbstwirksamkeit und den unterrichtlichen Merkmalen deutlich höher als für die Gruppe der Lehrenden an Hauptschulen. Gebauer (2013) schließt daraus, dass „die Selbstwirksamkeitsüberzeugung der Lehrenden an Gymnasien für die Gestaltung des Unterrichts von größerer Bedeutung ist, als für die Lehrenden an Hauptschulen" (S. 134). Bei weiteren Analysen stellt Gebauer (2013) fest, dass „die verbale und soziale Unterstützung durch die Schulleitung von größerer Bedeutung für das wahrgenommene Arbeitsklima ist als direkt für die Selbstwirksamkeitsüberzeugung von Lehrenden" (S. 140). Außerdem konnte die Berufszufriedenheit als Mediator identifiziert werden. Diesem kommt bei den Lehrpersonen der Hauptschulen eine höhere Bedeutung zu. Daraus schließt Gebauer (2013), dass der Berufszufriedenheit für Lehrpersonen an Hauptschulen eine größere Bedeutung für den Erwerb von Selbstwirksamkeitserwartungen zukommt als für Lehrpersonen an Gymnasien. Außerdem ist die verbale und soziale Unterstützung, welche durch den Indikator Qualität der Schulleitung erfasst wurde, für Lehrpersonen an Hauptschulen von größerer Bedeutung für das Wohlbefinden. Weiterhin wurde in der Untersuchung festgestellt, dass „die Selbstwirksamkeitsüberzeugung der Lehrenden an Gymnasien bedeutsamer ist für die lernunterstützenden und Leistungsheterogenität berücksichtigenden unterrichtlichen Merkmale als bei den Lehrpersonen an Hauptschulen" (Gebauer, 2013, S. 141).

Zu Untersuchungen die sich mit den Wirkungen auf die Selbstwirksamkeit beschäftigen gehört beispielsweise die Metaanalyse von Zee und Koomen (2016). Im Zusammenhang mit Lehrpersonenfortbildungen konnten mehrere Untersuchungen identifizieren, welche positive Zusammenhänge zwischen der

Selbstwirksamkeit und der Umsetzung von Fortbildungsinhalten nachwiesen. Beispielsweise zeigt eine Untersuchung von Lakshmanan, Heath, Perlmutter und
Elder (2011) in Bezug auf naturwissenschaftlichen Unterricht, dass standardba-
sierte Weiterbildungsprogramme nachweislich das Potenzial haben, sich positiv
auf die Selbstwirksamkeit und folglich auf die Umsetzung eines forschungsbasier-
ten Unterrichts durch die Lehrpersonen in den Klassenzimmern der Grundschule
auszuwirken (vgl. Zee & Koomen, 2016). Eun und Heining-Boynton (2007)
untersuchten die Auswirkungen eines Fortbildungsprogramms für Englisch als
Zweitsprache auf die Selbstwirksamkeit und die Unterrichtspraktiken von Lehrpersonen. Sie fanden heraus, dass Lehrkräfte mit hoher Selbstwirksamkeit die im
Rahmen von Fortbildungsprogrammen erworbenen Kenntnisse und Fertigkeiten
mit größerer Wahrscheinlichkeit anwenden als Lehrkräfte mit geringer Selbstwirksamkeit (vgl. Zee & Koomen, 2016). Allerdings weisen Zee und Koomen
(2016) in ihrer Analyse auch darauf hin, dass bei den Schlussfolgerungen aus
diesen Ergebnissen eine gewisse Vorsicht geboten ist. Insbesondere wird von den
Autoren auf die geringe Stichprobengrößen der Interventionsstudien hingewiesen.
Ebenso wird ein fehlendes Kontrollgruppendesign bemängelt.

In einer Studie von Besser et al. (2015c) aus dem Jahr 2013 mit 67 Lehrpersonen wurden die Wirkungen von Interesse und Selbstwirksamkeit auf den
Aufbau fachdidaktischen Wissens von Mathematiklehrpersonen im Rahmen von
Fortbildungen für Lehrpersonen untersucht. Davon haben 30 Lehrpersonen an
Fortbildungen zu formativem Assessment am Beispiel mathematischen Modellierens und 37 Lehrpersonen an Fortbildungen zu zentralen Ideen des Problemlösens
und Modellierens teilgenommen. Zur Erfassung der Selbstwirksamkeit wurden
acht neu entwickelte Items eingesetzt. Ein Beispielitem lautete: „Ich kann Schü-
ler(inne)n zu ihren Lernprozessen lernförderliche Rückmeldung geben" (Besser
et al., 2015c). In der Untersuchung von Besser et al. (2015c) wird gezeigt, dass
die Entstehung fachdidaktischen Wissens nicht direkt durch Interesse und Selbstwirksamkeit beeinflusst wird. Weiterhin wird festgestellt, dass „eine gesteigerte
Selbstwirksamkeit einer Lehrkraft bezüglich eines fachdidaktischen Inhalts [...]
nicht mit einem fachdidaktischen Wissen einher[geht], über welches andere Lehrkräfte am Ende entsprechender Fortbildungen verfügen" (S. 46). Die Ergebnisse
der Untersuchung sind allerdings vorsichtig zu interpretieren. Bei den verwendeten Items wird kein Schwierigkeitsgrad deutlich, wie er für ein Verständnis
der Selbstwirksamkeit im Sinne Banduras erforderlich wäre (Bandura, 1997;
Schmitz & Schwarzer, 2000; vgl. auch Abschnitt 3.2.2). Das bedeutet, dass
die Ergebnisse nur eingeschränkt mit den Ergebnissen anderer Untersuchungen
vergleichbar sind.

Die hier aufgeführten Studienergebnisse belegen exemplarisch, dass die Lehr-personenselbstwirksamkeit eine hohe Relevanz für den schulischen Kontext hat. Die Kontexte bewegen sich dabei zwischen den Auswirkungen auf die Lernprozesse von Schülerinnen und Schülern bis zu Zusammenhängen mit Krankheitsbildern, wie zum Beispiel Burnout. Untersuchungen im Zusammen-hang mit Kompetenzen von Lehrpersonen zum Thema Rechenschwäche liegen bisher nicht vor.

Begeisterung und Motivation gelten als wichtige Eigenschaften von Lehrper-sonen (Kunter, Frenzel, Nagy, Baumert & Pekrun, 2011b). Aus diesem Grund hat neben der Selbstwirksamkeit auch der Enthusiasmus als ein weiteres Merk-mal der motivationalen Orientierungen eine hohe Relevanz für den schulischen Kontext.

3.3 Enthusiasmus

Die motivationale Orientierung kann als mehrdimensionales Konstrukt verstanden werden. Neben der Selbstwirksamkeitserwartung spielt die intrinsische Motiva-tion (vgl. dazu z. B. Deci & Ryan, 1993) eine entscheidende Rolle für die Motivation von Lehrpersonen. Aus diesen Gründen wird im Folgenden zunächst eine Begriffsklärung bezüglich des Enthusiasmus von Lehrpersonen vorgenom-men (Abschnitt 3.3.1). Anschließend werden ausgewählte Ergebnisse aus der empirischen Forschung vorgestellt (Abschnitt 3.3.2).

3.3.1 Begriffsklärung Enthusiasmus von Lehrpersonen

Die intrinsische Motivation ist definiert „als eine Form der Motivation, die auf der inhärenten Befriedigung des Handlungsvollzugs beruht. Eine intrinsisch moti-vierte Person handelt aus Freude über die Tätigkeit oder einem ‚intrinsischen Interesse' an der Sache" (Krapp & Ryan, 2002, S. 58). Eine hohe intrinsische Motivation ist Voraussetzung dafür, dass Lehrpersonen die Aufgaben in ihrem Beruf mit Anstrengung und Ausdauer verfolgen. Diese und eine durch die Lehr-personen positive Bewertung ihrer Tätigkeiten, führt zu besseren Ergebnissen ihrer Handlungen (Kunter, 2011).

„Als ein motivationales Merkmal, das eine solche intrinsische Motivation spe-ziell bei Lehrkräften beschreibt, wird im Kontext der Forschung zu Lehrern das Konzept des Enthusiasmus verwendet" (Kunter, 2011, S. 262). Enthusiasmus

oder Begeisterung als Ausdruck intrinsischer Motivation kann die aktive Beteili-
gung der Lehrpersonen an ihrer Arbeit fördern und spiegelt sich wahrscheinlich
in einem qualitativ hochwertigen Unterrichtsverhalten wider. Die Begeisterung
beziehungsweise der Enthusiasmus von Lehrerpersonen gilt als eine der Schlüs-
selbedingungen für einen effektiven Unterricht und für die Motivation der Schüler
(Kunter et al., 2011b; Kunter et al., 2008). Der Enthusiasmus hat sich für die Forschung als ergiebig für die Frage nach dem Unterrichtserfolg gezeigt (Helmke,
2017).

Für den Begriff des Enthusiasmus oder Lehrpersonenenthusiasmus findet sich
in der Forschungsliteratur keine einheitliche Definition. Kunter et al. (2011b)
bemerken dazu: „,Enthusiasm' does not have a specific, accepted definition in
psychology, and it carries somewhat different connotations in different areas of
research in educational psychology" (S. 289).

Keller, Hoy, Goetz und Frenzel (2016) führen dies auch auf die unterschiedlichen Konzeptualisierungen des Lehrpersonenenthusiasmus zurück und verweisen
darauf, dass viele der in der Literatur genannten Begriffe (z. B. passion, enjoyment, intrinsic value) synonym Verwendung finden. In der deutschsprachigen
Literatur wird auch immer wieder der Begriff *Begeisterung* genutzt. Keller et al.
(2016) beschreiben die Konzeptionalisierungen wie folgt: „Two major camps
exist within the literature conceptualizing enthusiasm as displayed behaviors.
One considers displayed enthusiasm to be nonverbal expressiveness, and the other
more generally considers enthusiasm to be a component of instructional behavior"
(S. 745). Sowohl Bleck (2019), als auch Baumert und Kunter (2011a) bezeichnen diese beiden Konzeptualisierungen zum einen als instrumentell-strategisches
Verhalten einer Lehrperson im Unterricht und zum anderen als almotivational-
affektives Merkmal einer Lehrperson (Bleck, 2019), beziehungsweise als die
Komponente einer motivationalen Orientierung (Baumert & Kunter, 2011a).

Ersteres ist eher dem Prozess-Produkt-Paradigma (vgl. Abschnitt 2.1.2) zuzuordnen, wobei der Enthusiasmus als Strategie verwendet werden kann, um die
Aufmerksamkeit der Schülerinnen und Schüler zu steuern (Bleck, 2019; Keller et al., 2016; Rosenshine, 1970). Dabei werden beispielsweise Merkmale wie
die Stimme (z. B. deutliche Veränderung von schnellem, erregtem Sprechen zu
einem Flüstern), die Augen (z. B. lebendige, leuchtende und häufig geöffnete
Augen), die Mimik (z. B. demonstrativer Wechsel), die Akzeptanz von Ideen und
Gefühlen (z. B. andere Ideen akzeptieren und Loben) oder die Energie (z. B.
Schwung und Elan während des gesamten Unterrichts) zur Operationalisierung
des Enthusiasmus genutzt.

Durch diese verhaltensbasierte Konzeptionalisierung ist das Konstrukt sehr
ungenau und schwer von anderen Konstrukten (z. B. Expressivität) abzugrenzen

(Bleck, 2019). Auch Kunter (2011) folgert mit Blick auf bisherige Forschungsergebnisse: „Ob den beobachteten Verhaltensweisen jedoch tatsächlich eine
positivere Bewertung des Berufs seitens der Lehrkräfte – im Sinne eines habi-
tuellen motivationalen Merkmals – zugrunde lag, lässt sich aus diesen Daten
kaum schlussfolgern" (S. 262). Sie erwähnt weiterhin, dass dieser Forschungsansatz nicht erkennen lässt, ob Enthusiasmus tatsächlich als Aspekt professioneller
Kompetenz zu konzeptionalisieren ist. Ebenso kritisieren Keller et al. (2016) diesen Ansatz: „[…] a purely behavioral approach to the examination of teacher
enthusiasm not only falls short of tapping into the full complexity of this concept, but also brings with it empirical difficulties and ambiguities that have yet
to be rectified" (S. 750).

Der zweite Ansatz konzeptionalisiert den Enthusiasmus als motivationales
Merkmal von Lehrpersonen und ordnet sich damit eher in die Lehrpersonen-
expertiseforschung ein. Dabei stehen die Lehrperson und ihre Handlungen,
beziehungsweise ihre motivationale Orientierung im Zentrum der Forschung (vgl.
Abschnitt 2.1.3). Dieser Konzeptionalisierung liegt die Annahme zugrunde, dass
der Enthusiasmus von Lehrpersonen einen Einfluss auf deren Handlungsprozesse
hat. Dabei wird angenommen, dass ein hoher Enthusiasmus von Lehrpersonen
einen positiven Einfluss auf den Umfang, die Qualität und die Ergebnisse von
Handlungen zeitigt (Bleck, 2019; Kunter, 2011). Keller et al. (2016) erachten
es als sinnvoll, beide Ansätze bei einer Begriffsbestimmung zu berücksichtigen und schlägt folgende Definition vor: „In sum, we define teacher enthusiasm
as the conjoined occurrence of positive affective experiences, that is, teaching-
related enjoyment, and the behavioral expression of these experiences, that is
(mostly nonverbal), behaviors of expressiveness" (S. 751). Auch Bleck (2019)
schlägt eine umfassende Definition vor, in welcher auch emotionstheoretische
Grundlagen Berücksichtigung finden. Mögen diese Ansätze auch durchaus ihre
Berechtigung haben, ist die Messung und Auswertung der Verhaltenskomponente,
wie oben beschrieben, kritisch zu bewerten. In der vorliegenden Arbeit wird die
Definition von Kunter (2011; 2008) zugrunde gelegt: Lehrerenthusiasmus ist ein
intrinsisch motivationales, „variierendes Merkmal, das durch ein habituelles positives affektives Erleben bei der Ausübung des Berufs gekennzeichnet ist" (Kunter,
2011, S. 263).

Schiefele (2008; Schiefele und Schaffner 2015) teilt die intrinsische Motivation in eine gegenstandszentrierte und eine tätigkeitszentrierte intrinsische
Motivation. Darauf und auf die Erkenntnisse der Interessentheorie nach Krapp
(2002) aufbauend, nimmt Kunter (2011) eine Aufteilung des Enthusiasmus in
eine tätigkeitsbezogene und eine fachbezogene Dimension vor. Empirisch gesi-
chert wird diese Einteilung durch die eigene Forschungsarbeit: „[…] we were able

to distinguish two dimensions of enthusiasm in the three teacher samples examined: subject enthusiasm (i. e., topic-related enthusiasm) and teaching enthusiasm (i. e., activity-related enthusiasm)" (Kunter et al., 2011b, S. 298).

Aus dieser Überlegung und deren empirischer Absicherung heraus ergibt sich zum einen ein Enthusiasmus für das Unterrichten und zum anderen ein Enthusiasmus für das Unterrichtsfach (vgl. auch Bleck, 2019). Diese Unterscheidung ist der beruflichen Besonderheit geschuldet, dass Lehrpersonen gleichzeitig als Pädagogen und als Fachexperten agieren – ein Umstand, der insbesondere bei der Berufswahl eine Rolle spielen kann. Kunter (2011) geht davon aus, dass „motivationale Unterschiede zwischen Lehrkräften dahingehend bestehen, inwieweit sie eine Begeisterung einerseits für ihr Fach oder andererseits fachunabhängig für die pädagogische Interaktion mit ihren Schülerinnen und Schülern aufbringen" (S. 263). Diese Unterscheidung wurde in der Literatur zum Lehrerenthusiasmus bisher nicht vorgenommen, ist aber relevant für die Bestimmung zentraler Facetten professioneller Kompetenz. In der COACTIV-Studie konnte diese zunächst theoretische Unterscheidung empirisch bestätigt werden (Kunter, 2011).

3.3.2 Studien zum Enthusiasmus von Lehrpersonen – ausgewählte Ergebnisse

Der Enthusiasmus von Lehrpersonen ist ein nicht ausreichend erforschtes Konstrukt. Kunter et al. (2011b) bemerken dazu: „[…] teacher enthusiasm – a much discussed construct that has to date been under-investigated" (S. 291). Ebenso verweist Bleck (2019) darauf, dass das Konstrukt Enthusiasmus von Lehrperson als motivational-affektives Merkmal sich erst in den letzten Jahren etabliert hat und deshalb die empirischen Forschungsbefunde relativ gering sind. Dabei handelt es sich „vornehmlich um Untersuchungen mit querschnittlichem Design, während Studien, die Antezedenzien oder Effekte von Lehrerenthusiasmus im Längsschnitt in den Blick nehmen, eher die Ausnahme darstellen" (Bleck, 2019, S. 52).

Eine Studie in welcher der Lehrpersonenenthusiasmus untersucht wird, ist die COACTIV-Studie (Kunter, 2011). Neben der empirischen Bestätigung des in Abschnitt 3.3.1 berichteten Sachverhalts der theoretische Unterscheidung von Enthusiasmus für das Fach und das Unterrichten, konnte gezeigt werden, dass Lehrpersonen, welche sich für ihr Fach begeistern, den Unterricht nicht unbedingt positiv erleben und Lehrpersonen, die begeistert unterrichten nicht zwingend die gleiche Begeisterung für das Fach zeigen. Kunter (2011) berichtet auch von einem

Alterseffekt beim Unterrichtsenthusiasmus. Ältere Lehrpersonen waren hier weniger enthusiastisch als jüngere. Einen Schulformeffekt gab es in Bezug auf den Fachenthusiasmus. Lehrpersonen an Gymnasien zeigten hier höhere Werte in ihrer Begeisterung für das Fach Mathematik.

Weiterhin weisen die Ergebnisse der Studie auf Grundlage einer Stichprobe von $N = 155$ Lehrpersonen darauf hin, dass der Enthusiasmus von Lehrpersonen „keine unveränderliche Traitvariable darstellt, sondern sich über die Zeit verändern oder je nach Kontext variieren kann" (Kunter, 2011, S. 265). In Bezug auf die Zeit weist der Fachenthusiasmus allerdings eine etwas stärkere Stabilität auf als der Unterrichtsenthusiasmus. Der Enthusiasmus für das Fach bleibt auch bei Veränderungen des Kontextes relativ stabil, während der Enthusiasmus für das Unterrichten eher in Abhängigkeit der zu unterrichtenden Schülerinnen und Schüler variiert (Kunter, 2011).

Weiterhin zeigten die Ergebnisse der Untersuchung positive Effekte des Enthusiasmus für das Unterrichten auf die Leistung und die Motivation der Schülerinnen und Schüler. Dies gilt nicht für den Enthusiasmus für das Fach. Der Unterrichtsenthusiasmus ist außerdem prädiktiv für die motivationale Entwicklung der Schülerinnen und Schüler. Möglicherweise gibt es einen Zusammenhang mit der Tatsache, dass enthusiastischere Lehrpersonen bessere Klassenführung, höhere kognitive Aktivierung und mehr Unterstützung zeigten. Der Fachenthusiasmus hingegen, hatte kaum empirisch nachweisbare Auswirkungen auf das Unterrichtsgeschehen, beziehungsweise auf die Leistung und Motivation der Schülerinnen und Schüler (Kunter, 2011; Kunter et al., 2008).

Bleck (2019) untersucht den Enthusiasmus von Lehrpersonen im Rahmen des Projekts *Wege im Beruf* (vgl. Lipowsky, 2003). Dabei konnte sie auf Daten zurückgreifen, welche über einen Zeitraum von 13 Jahren erhoben wurden. Die Befunde der in mehrere Teilstudien gegliederten Untersuchung verweisen unter anderem darauf, dass die intrinsische Berufswahlmotivation für den Enthusiasmus, sowohl für das Unterrichten als auch für das Fach, zumindest über einen Zeitraum von 12 Jahren, als bedeutsame Determinante gelten kann. Ein signifikanter Einfluss der Selbstwirksamkeit konnte bezüglich des Enthusiasmus für das Unterrichten für den gleichen Zeitraum nachgewiesen werden, nicht aber für den Enthusiasmus für das Fach. Als Prädiktor für beide Dimensionen des Enthusiasmus konnte die berufliche Belastung bestimmt werden. Dabei ist eine hohe Belastung für das Erleben von Begeisterung im Beruf eher hinderlich (Bleck, 2019). Bleck (2019) resümiert: „Insgesamt scheinen berufsspezifische Merkmale wie die intrinsische Berufswahlmotivation und die Lehrerselbstwirksamkeit für das spätere Erleben von Enthusiasmus im Lehrerberuf bedeutsamer als berufsunspezifische Merkmale wie der Optimismus" (S. 373).

Weiterhin untersuchte Bleck (2019) die Zusammenhänge von Enthusiasmus von Lehrpersonen und selbstberichteter Unterrichtsqualität über einen Zeitraum von 1,5 Jahren. Die Ergebnisse zeigen, dass ein Zusammenhang besteht zwischen der positiven Wahrnehmung von Unterricht und Enthusiasmus. Es wurden positive Entwicklungen der Störungsarmut und des Anregungsgehalts berichtet. Gleichzeitig nimmt die selbstberichtete Unterrichtsqualität Einfluss auf den Enthusiasmus der Lehrpersonen. Die effektive Klassenführung konnte als statistisch bedeutsamer Prädiktor hinsichtlich des nachfolgenden Enthusiasmus für das Unterrichten ermittelt werden. Bleck (2019) leitet daraus die Forderung ab, dass „die Förderung des Enthusiasmus für das Unterrichten oder der effektiven Klassenführung (etwa im Rahmen von Trainings in der Lehreraus- oder -weiterbildung) immer auch dem jeweils anderen Merkmal zugutekommen" (S. 374) sollte.

Bleck (2019) betrachtete darüber hinaus die Zusammenhänge zwischen dem Enthusiasmus der Lehrpersonen und der Lernenden. Die Befunde bestätigen einen Einfluss des Enthusiasmus der Lehrpersonen auf den durch die Schülerinnen und Schüler wahrgenommenen Enthusiasmus. Der Enthusiasmus der Lernenden wiederum hatte Auswirkungen auf deren Lernfreude. Für diesen indirekten Zusammenhang des Enthusiasmus auf die Lernfreude konnte für den Enthusiasmus für das Unterrichten eine Signifikanz und für den Enthusiasmus für das Fach tendenziell eine Signifikanz nachgewiesen werden. Die Selbstwirksamkeit konnte bezüglich eines Messzeitraums von 12 Jahren im Zusammenhang mit dem Fachenthusiasmus sowohl als ein Prädiktor für von den Lehrpersonen wahrgenommenen als auch für den von den Lernenden wahrgenommenen ermittelt werden. „Über den erlebten und den wahrgenommenen Lehrerenthusiasmus vermittelt nahm die Selbstwirksamkeit auch Einfluss auf die Lernfreude der Schülerinnen und Schüler" (Bleck, 2019, S. 374). Bleck (2019) schließt daraus, dass das Erleben der Lehrpersonen und das Erleben der Lernenden im Unterricht interagieren.

Die hier dargestellte Forschung liefert zwar bereits einige Erkenntnisse in Bezug auf das Konstrukt des Enthusiasmus von Lehrpersonen, lässt aber auch einige Fragen offen. So bemerken Kunter et al. (2011b) beispielsweise, dass sehr wenig darüber bekannt ist, ob und wie der Enthusiasmus von Lehrpersonen beeinflusst und verändert werden kann. "Perusal of the literature further reveals that very little is known about whether and how teacher enthusiasm can be influenced and changed" (Kunter et al., 2011b, S. 290). In Studien wurde gezeigt, dass die intrinsische Motivation aus den Interaktionen eines Individuums mit einem spezifischen Kontext entsteht und daher von Situation zu Situation variieren kann (Deci & Ryan, 2000; Kunter et al., 2011b).

Darüber, ob Fortbildungen zum Thema Rechenschwäche die Entwicklung des Enthusiasmus beeinflussen können und vor allem über welche Merkmale diese Fortbildungen verfügen müssen liegen keine Untersuchungen vor.

3.4   Zusammenfassung – Motivationale Orientierungen

Die Arbeit von Lehrpersonen unterliegt einer hohen Anforderungsstruktur (Bransford et al., 2005). Fachdidaktischen Kompetenzen allein reichen nicht aus, um dieser gerecht zu werden und erfolgreich zu unterrichten. Vielmehr sind für die Umsetzung dieser Fähigkeiten auch motivationale Orientierungen nötig. Diese Motivation, beziehungsweise die ihr zugrunde liegenden Motive, entscheiden darüber, inwieweit Lehrpersonen den Anforderungen kurz- und langfristig gerecht werden. Motivationale Orientierungen von Lehrpersonen, wie die Zielvorstellung, der Wert, welchen sie ihrer Unterrichtstätigkeit zuschreiben oder wie sehr sie von ihren Lehrfähigkeiten überzeugt sind, sind Merkmale, welche zwischen den Lehrpersonen variieren können (Kunter, 2011; Puca & Schüler, 2017).

Im Zusammenhang mit der Zielsetzung spielt die *Selbstwirksamkeitserwartung* eine wichtige Rolle. Schwarzer und Warner (2014) bezeichnen diese als Vertrauen in die eigene Kompetenz. Dahinter verbergen sich die subjektiven Einschätzungen, dass das eigene Verhalten die Zielverfolgung beeinflusst, die Fähigkeiten und Erfahrungen zur Zielverwirklichung vorhanden sind und die Handlungen selbst ausgeführt werden können (Puca & Schüler, 2017). Dabei ist entscheidend, dass es sich nicht um eine Routineaufgabe handelt, sondern um eine neue oder schwierige Anforderungssituation, deren Bewältigung Anstrengung und Ausdauer erfordert (Schwarzer & Warner, 2014).

Da die Selbstwirksamkeit bereichsspezifisch ist, lässt sich eine Lehrpersonenselbstwirksamkeit beschreiben, welche Überzeugungen von Lehrpersonen beinhaltet, Anforderungen des Berufslebens auch unter schwierigen Bedingungen erfolgreich zu meistern (Schwarzer & Warner, 2014). Innerhalb des Bereiches Lehrpersonenhandeln ist die Selbstwirksamkeit situationsspezifisch, weshalb in der vorliegenden Arbeit auf Zusammenhänge von Lehrpersonenhandeln mit besonderen Schwierigkeiten beim Rechnenlernen fokussiert wird.

In Untersuchungen konnte unter anderem gezeigt werden, dass Lehrpersonen mit einer hohen Selbstwirksamkeit mehr Zeit für berufliche Aktivitäten aufwenden, Lernende bei Schwierigkeiten angemessen unterstützen und sich eine hohe Selbstwirksamkeit der Lehrperson positiv auf die Schülerleistungen auswirkt (Bandura, 1977; 1997; Mietzel, 2017). Im Zusammenhang mit Fortbildungen konnten Besser et al. (2015c) zum Beispiel nachweisen, dass die Genese fachdidaktischen Wissens nicht durch die Selbstwirksamkeit beeinflusst wird.

Da Selbstwirksamkeitserwartungen als bereichsspezifisch gelten (Schwarzer & Warner, 2014), fehlen jedoch weitere Untersuchungen im Zusammenhang mit bereichsspezifischen Fortbildungen wie beispielsweise Fortbildungen zum Thema Rechenschwäche. In diesem Kontext bleiben auch Fragen zur Entstehung und Entwicklung der Selbstwirksamkeit offen. Hier dürften insbesondere die Erfahrung von Erfolgserlebnissen, Modell- beziehungsweise Beobachtungslernen und verbale Ermutigungen eine Rolle spielen.

Bei der motivationalen Orientierung handelt es sich nicht um ein eindimensionales, sondern um ein mehrdimensionales Konstrukt. Deshalb spielt neben der Selbstwirksamkeitserwartung beispielsweise auch die intrinsische Motivation eine entscheidende Rolle für das erfolgreiche Handeln von Lehrpersonen. Eine solche intrinsische Motivation wird durch das Konstrukt des *Lehrpersonenenthusiasmus* beschrieben. Darunter kann ein intrinsisch motivationales, Merkmal verstanden werden, das „durch ein habituelles positives affektives Erleben bei der Ausübung des Berufs gekennzeichnet ist" (Kunter, 2011, S. 263).

Dieser Enthusiasmus von Lehrpersonen lässt sich in eine tätigkeitsbezogene und eine fachbezogene Dimension ordnen. Der tätigkeitsbezogene Enthusiasmus kann als Enthusiasmus für das Unterrichten und der fachbezogene Enthusiasmus als Enthusiasmus für das Unterrichtsfach bezeichnet werden (Kunter, 2011; Kunter et al., 2011b).

Ergebnisse aus der Forschung bestätigen diese Unterscheidung. Dabei konnte auch gezeigt werden, dass Lehrpersonen, die begeistert unterrichten, nicht unbedingt auch vom Fach begeistert sein müssen. Außerdem zeigen ältere Lehrpersonen oft weniger Enthusiasmus für das Unterrichten als jüngere. Einen Unterschied in Bezug auf den Enthusiasmus für das Fach gab es bezüglich der Schulformen. Hier zeigten Lehrpersonen an Gymnasien eine größere Begeisterung für das Fach Mathematik als Lehrpersonen anderer Schulformen. Weiterhin konnte gezeigt werden, dass sich der Enthusiasmus über die Zeit oder je nach Kontext verändern kann. Außerdem konnten positive Effekte des Enthusiasmus für das Unterrichten sowohl auf die Leistung als auch die Motivation der Lernenden nachgewiesen werden (Kunter, 2011; Kunter et al., 2008). Trotz umfangreicher Recherchen konnten keine Untersuchungen im Bereich der Primarstufe gefunden werden. Die Ergebnisse weiterer Untersuchungen zeigten die intrinsische Berufswahlmotivation als Determinante für beide Dimensionen des Enthusiasmus. Einen signifikanten Einfluss auf den Enthusiasmus für das Unterrichten wurde für die Selbstwirksamkeit nachgewiesen. Während die Berufswahlmoti-vation und die Selbstwirksamkeit einen positiven Einfluss haben können, zeigte sich die berufliche Belastung eher als hinderlich. Gezeigt werden konnte auch, dass der Unterricht von enthusiastischeren Lehrpersonen als positiver wahrge-nommen wurde und die selbstberichtete Unterrichtsqualität einen Einfluss auf den Enthusiasmus der Lehrperson nimmt (Bleck, 2019).

Darüber, ob und wie der Enthusiasmus von Lehrpersonen verändert oder beeinflusst werden kann, ist wenig bekannt (Kunter et al., 2011b). Untersu-chungen darüber, ob Lehrpersonenfortbildungen zum Thema Rechenschwäche die Entwicklung des Enthusiasmus beeinflussen können, wurden nicht gefunden.

Wie gezeigt werden konnte, spielen motivationale Orientierungen eine ent-scheidende Rolle für die beruflichen Anforderungen einer Lehrperson. Insbeson-dere die Wirkungen auf die Leistungen der Schülerinnen und Schüler machen die Kompetenzbereiche der Selbstwirksamkeit und des Enthusiasmus interessant – besonders im Zusammenhang mit dem Themenbereich Schwierigkeiten beim Rechnenlernen – und damit mit der Spezifikation auf Gesichtspunkte der Dia-gnose und Förderung. Deshalb werden im folgenden Kapitel 4 ausgewählte Facetten des Professionswissen in den Mittelpunkt gerückt.

Diagnose- und Förderfähigkeiten als Aspekte professioneller Kompetenz

4

Das Professionswissen ist ein wichtiger Aspekt im Zusammenhang mit den Kompetenzen von Lehrpersonen. Dabei hat sich das fachdidaktische Wissen als ein zentrales Element der professionellen Kompetenzen gezeigt (vgl. Abschnitt 2.4). Als Teilbereiche dieses fachdidaktischen Wissens können das diagnostische Wissen und das Wissen über Förderung angesehen werden. „Unabhängig von den Details der gewählten Modellierung des Professionswissens herrscht breiter Konsens darüber, dass der Entwicklung von Diagnose- und Förderkompetenzen eine zentrale Rolle für erfolgreiches Lehrerhandeln zukommt" (Aufschnaiter et al., 2015, S. 739).

Deshalb wird in Abschnitt 4.1 zunächst erörtert, ob es sich bei Diagnose und Förderung um ein oder zwei Konstrukte handelt. Anschließend werden in Abschnitt 4.2 die Diagnose und die diagnostischen Fähigkeiten von Lehrpersonen dargestellt. In Abschnitt 4.3 rücken dann die Förderung und die Förderfähigkeiten in das Zentrum der Betrachtungen. Ausgewählte Befunde zu den diagnostischen Fähigkeiten und Förderfähigkeiten werden in Abschnitt 4.4 berichtet. In Abschnitt 4.5 folgt eine Zusammenfassung der wichtigsten Aspekte aus den vorhergehenden Darstellungen.

Da die diagnostischen Fähigkeiten als domänenspezifisch gelten, erfolgt die Betrachtung der einzelnen Aspekte und Facetten zunächst für das Rechenlernen im Allgemeinen. Eine Eingrenzung erfolgt nur, wenn dies thematisch notwendig ist, wie beispielsweise bei der Betrachtung der Methoden und Instrumente (Abschnitt 4.2.2). Ein spezifischerer Blick in Bezug auf besondere Schwierigkeiten beim Rechnenlernen erfolgt dann in Kapitel 5.

© Der/die Autor(en), exklusiv lizenziert durch Springer Fachmedien Wiesbaden GmbH, ein Teil von Springer Nature 2022
M. Sprenger, *Wirkungen von Fortbildungen zum Thema Rechenschwäche auf fachdidaktische Fähigkeiten und motivationale Orientierungen*, https://doi.org/10.1007/978-3-658-36799-2_4

4.1   Fähigkeiten für Diagnose und Förderung – ein oder zwei Konstrukte?

„Korrekte Diagnosen von Schülerleistungen sind notwendige Voraussetzungen für adaptives Unterrichten, darüber hinaus aber auch Grundlage für Entscheidungen über instruktionale Fördermaßnahmen" (Reiss & Obersteiner, 2017, S. 70) Aus der zentralen Bedeutung von Diagnose und Förderung ergibt sich die Notwendigkeit der dazu erforderlichen Kompetenzen von Lehrpersonen. Moser Opitz und Nührenbörger (2015) unterstreichen deren Bedeutung: „Diagnostizieren, Leistungen beurteilen bzw. bewerten und fördern [sic] gelten heute als Schlüsselkompetenzen von Lehrpersonen, die ihre Schülerinnen und Schüler erfolgreich unterrichten" (S. 491). Diese Kompetenzen spielen allerdings nicht nur für den Unterricht allgemein eine Rolle, sondern besonders dann, wenn sich Schwierigkeiten beim Rechnenlernen zeigen, beziehungsweise wenn Hürden beim Rechnenlernen überwunden werden müssen. Eine pädagogische Diagnostik mit dem Ziel, Lernschwierigkeiten möglichst frühzeitig zu erkennen und im Anschluss mit einer Förderung zu beginnen, sieht auch die Kultusministerkonferenz (KMK – Sekretariat der ständigen Konferenz der Kultusminister der Länder in der Bundesrepublik Deutschland, 2015) als Aufgabe der Grundschule und damit der Lehrpersonen an. Dazu wird ein Dreischritt aus Beobachtung, Diagnose und Förderung vorgeschlagen. Um ein diagnostisches Urteil fällen zu können, ist die Beobachtung eine notwendige Voraussetzung, weshalb die Prozesse der Beobachtung und Diagnose im Sinne eines diagnostischen Prozesses in den folgenden Ausführungen unter dem Begriff der Diagnose subsumiert werden.

Ein Blick in die fachdidaktische Literatur macht deutlich, dass Förderung und die dazu benötigten Fähigkeiten meist zusammen mit der Diagnose thematisiert werden. Eine getrennte und differenzierte Betrachtung findet oft nicht statt. Dies mag in den meisten Fällen seine Berechtigung haben, da eine Diagnose in der Regel, sofern sie nicht nur auf Leistungsbeurteilung und Selektion abzielt, mit dem Ziel der Förderung durchgeführt wird. Eine Förderung wiederum, die ohne vorangegangene Diagnose erfolgt, bleibt unspezifisch (Selter, Vogell & Wember, 2019).

> Ohne differentielle diagnostische Daten ist auch nicht zu entscheiden, in welchen spezifischen Bereichen ein Kind gefördert werden soll und in welchen nicht, und wenn eine laufende Fördermaßnahme individuell adaptiert und optimiert werden soll, geht das nur über begleitende Effektivitätskontrolle per wiederholten diagnostischen Erhebungen. (Wember, 1989, S. 116)

Gleichzeitig kann die Förderung aber nicht direkt aus der Diagnose abgeleitet werden (vgl. Abschnitt 4.2.1). Stattdessen müssen deren zentrale oder nächste Ziele auf der Basis fachdidaktischen Wissens und eine sinnvolle Abfolge von gewählten Förderinhalten formuliert werden (Häsel-Weide & Prediger, 2017; Moser Opitz, 2010). Trotz der engen Verzahnung und einigen Überschneidungen zwischen der Diagnose und der Förderung ist eine getrennte Betrachtung der Themenbereiche sinnvoll, um besser auf die vorhandenen Unterschiede eingehen zu können. In Bezug auf die verwendeten Aufgaben bestätigen Selter et al. (2019) diese Annahme: „Da Diagnose und Förderung untrennbar zusammenhängen, geht auch der konkrete Einsatz beider Aufgabentypen im Unterricht häufig direkt ineinander über. Aufgrund der differenzierten Zielsetzung ist aber trotzdem eine Unterscheidung notwendig" (S. 55). Deshalb werden im Folgenden die Diagnose und die dafür benötigten Fähigkeiten, sofern möglich, getrennt von der Förderung und den Förderfähigkeiten betrachtet.

4.2 Diagnose und diagnostische Fähigkeiten

Verschiedene Analysen und Ergebnisse aus Vergleichsstudien, wie zum Beispiel TIMMS und PISA haben zu der Forderung geführt, die Kompetenzen von Lehrpersonen im Bereich der Diagnose stärker zu entwickeln (Helmke, 2017; Hesse & Latzko, 2017; Moser Opitz & Nührenbörger, 2015; Selter et al., 2019; Spinath, 2005). Ebenso hat die Inklusion in den Schulen, spätestens seit der Ratifizierung der UN-Konvention für die Rechte von Menschen mit Behinderungen, die Thematik vermehrt ins Blickfeld der allgemeinen Schule gerückt (Moser Opitz & Nührenbörger, 2015). Nach Hesse und Latzko (2017) kann die „Begründung für die Sinnhaftigkeit pädagogisch-psychologischer Diagnostik als Bestandteil professionellen Lehrerhandelns […] prinzipiell aus dem Wesen, dem Anspruch und der Qualität der Bildungs- und Erziehungsarbeit von Lehrkräften an einer modernen Schule abgeleitet werden" (S. 15). Aus mathematikdidaktischer Sicht dürfte deshalb die Qualität der Bildungsarbeit eine entscheidende Rolle spielen. Grundsätzlich besteht die Funktion des Diagnostizierens von Lehrpersonen in der permanenten Gewinnung von diagnostischen Informationen. Erst diese permanente Informationsgewinnung ermöglicht es Lehrenden pädagogisch zu handeln (Hesse & Latzko, 2017).

Eine adäquate pädagogische Handlungsmöglichkeit setzt voraus, die Lernenden selbst beziehungsweise deren Lernprozesse in den Fokus der Diagnose zu stellen. Eine differenzierte diagnostische Maßnahme ist insbesondere dann nötig, wenn Schülerinnen und Schüler in bestimmten Lernbereichen Schwierigkeiten

zeigen (Moser Opitz & Nührenbörger, 2015). Gerade um Kinder mit besonderen Schwierigkeiten beim Rechnenlernen zu identifizieren ist also eine genaue
und fundierte Analyse der Lernausgangslage und der Bestimmung der individuellen Schwierigkeiten unerlässlich (Gaidoschik, 2015b). Winter (2005) formuliert:
„Dort, wo eine differenzierende Förderung und ein adaptives Unterrichten nicht
vorgesehen oder nicht möglich sind, braucht man an sich auch keine diagnostisch
relevanten Informationen zu sammeln" (S. 76). Durch eine gezielte Diagnose
ist es möglich, die Ausprägungen und möglichen Ursachen über die besonderen
Schwierigkeiten zu erfahren und damit Hinweise für die Förderung zu erhalten.
Sie ermöglicht die Identifizierung vorhandener und unzureichender Vorkenntnisse
sowie gelingender und problematischer Lösungsprozesse.

4.2.1 Dimensionen und Bedeutung von Diagnose

Funktionen der Diagnose
Aus dem Griechischen stammend, bedeutet der Begriff *Diagnose* so viel wie *Entscheidung*, *Beschluss*, *Urteil* oder *Unterscheidung*. „Der Begriff umfasst sowohl die
Fähigkeit zu erkennen und zu unterscheiden als auch die Fähigkeit adäquate Mittel
bzw. Methoden dafür zu benutzen" (Hesse & Latzko, 2017, S. 60). In der aktuellen
Fachliteratur werden für die Diagnose, je nach Zielsetzung und Diagnosekonzept,
unterschiedliche Begriffe verwendet wie zum Beispiel *Selektionsdiagnostik*, *Eigen-
schaftsdiagnostik Platzierungsdiagnostik*, *Lernprozessdiagnose*, *entwicklungsori-
entierte Diagnostik* oder *Förderdiagnostik* (Moser Opitz, 2010). Als schwierig für
eine einheitliche Begriffsfindung erweist sich die Anwendung von Diagnosen in verschiedenen Disziplinen, wie beispielsweise in der Medizin, der Psychologie oder
der Pädagogik. Es gibt also keine eindeutige und für alle Bereiche vorliegende
Definition des Begriffs.

Werden Diagnosen im Zusammenhang mit großen Schwierigkeiten beim Mathematiklernen betrachtet, scheint eine Fokussierung auf eine pädagogisch ausgerichtete Diagnose sinnvoll. Deshalb wird auf eine häufig in der mathematikdidaktischen
Literatur (z. B. Häsel-Weide & Prediger, 2017; Lesemann, 2015; Moser Opitz &
Nührenbörger, 2015; Scherer & Moser Opitz, 2010; Schulz, 2014) zitierte Definition von Ingenkamp und Lissman (2008) zurückgegriffen. In Anlehnung an die
medizinische und psychologische Diagnostik definieren sie den Begriff wie folgt:

> Pädagogische Diagnostik umfasst alle diagnostischen Tätigkeiten, durch die bei ein-
> zelnen Lernenden und den in einer Gruppe Lernenden Voraussetzungen und Bedin-
> gungen planmäßiger Lehr- und Lernprozesse ermittelt, Lernprozesse analysiert und

Lernergebnisse festgestellt werden, um individuelles Lernen zu optimieren. Zur Päd-agogischen Diagnostik gehören ferner die diagnostischen Tätigkeiten, die die Zuwei-sung zu Lerngruppen oder zu individuellen Förderungsprogrammen ermöglichen sowie die mehr gesellschaftlich verankerten Aufgaben der Steuerung des Bildungs-nachwuchses oder der Erteilung von Qualifikationen zum Ziel haben. (S. 13)

Diese Definition beinhaltet die wesentlichen Dimensionen pädagogisch ausgerich-teter Diagnosen. Zunächst einmal können sich Diagnosen auf unterschiedliche Analyseeinheiten, wie die ganze Klasse, einzelne Gruppen oder einzelne Schü-ler beziehen. Weiterhin lassen sich anhand dieser Definition zwei wesentliche Funktionen der Diagnostik ausmachen und differenzieren.

Zum einen handelt es sich um eine eher institutionell bedingte Diagnose, wie das Bewerten von Leistungen mit der Zielrichtung der Selektion. Diese Funktion zielt also in erster Linie nicht auf eine Förderung der Schülerinnen und Schüler ab, sondern auf die Zuweisung zu bestimmten Maßnahmen, wie beispielsweise der Feststellung des sonderpädagogischen Förderbedarfs oder der Erteilung von Noten. Auf diesen Sachverhalt weist auch Hascher (2011) hin: „Mithilfe der Leis-tungsdiagnostik wird der augenblickliche Lernstand der Schülerinnen und Schüler erhoben und es werden Qualifikationen zugewiesen. Jede Form der Leistungsdia-gnostik dient schließlich der Selektion" (S. 3). Mit einer Diagnose ist also auch immer eine Bewertungsthematik verbunden. Leistungen von Lernenden werden auf Grundlage einer derartigen Diagnose bewertet (Moser Opitz & Nührenbörger, 2015). Brunner, Anders, Hachfeld und Krauss (2011) weisen auf die Bedeutung dieser Funktion hin, indem sie auf die Rolle von Noten für den Bildungs- und Lebensweg von Schülerinnen und Schülern aufmerksam macht. Diese bilden die Grundlage für die Versetzung in höhere Klassenstufen, die Zuweisung zu Schularten und ermöglichen oder verhindern Zugänge zu verschiedenen Weiterqualifikationen oder Berufen.

Hesse und Latzko (2017) berichten zu dieser Thematik:

So müssen sich Befürworter der Diagnostik seit Jahren mit Vorwürfen auseinander-setzen, Schüler lediglich zu etikettieren und die Diagnostik zum Zwecke der Selektion zu benutzen. Dabei wird aber geflissentlich übersehen, dass Lehrkräfte ohne wissen-schaftliche diagnostische Verfahren, ohne die Entwicklung eines Bewusstseins für systematische Urteilstendenzen und -fehler Schüler gleichermaßen etikettieren kön-nen, indem sie u. a. inadäquaten Referenzgruppen zugeordnet werden. Andererseits findet die Kritik an Diagnostik sozusagen auf einem Nebenschauplatz statt, denn nicht die Diagnostik ist selektiv, sondern das Schulsystem, das auf Selektion ausgerichtet ist. (S. 19)

Damit widersprechen Hesse und Latzko (2017) teilweise der Sichtweise, dass Dia-gnosen immer mit einer Bewertungsthematik im Sinne der Selektion verbunden sein müssen. Moser Opitz und Nührenbörger (2015) sehen in Diagnosen immer auch eine Bewertung, da Diagnostizieren immer Vergleiche anstellt. Deshalb postulieren sie: „Eine pädagogische Definition von Diagnostik muss deshalb einerseits auf den Förderaspekt hinweisen, darf aber andererseits die Bewertungskomponente nicht ausblenden" (Moser Opitz & Nührenbörger, 2015, S. 494).

Um Kinder mit besonderen Schwierigkeiten beim Rechnenlernen unterstützen zu können, ist diese Sichtweise auf Diagnose wenig hilfreich, da es in keinem Fall darum geht Kinder zu bewerten – unabhängig von diagnostischen Verfahren, Urteilstendenzen und -fehlern. Vielmehr sollen Kompetenzen und Fehlvorstellungen bestimmt werden, um passgenaue Fördermaßnahmen daraus abzuleiten (Schulz, 2014; Selter et al., 2019). In diesem Zusammenhang kommt vielmehr die zweite Funktion von Diagnose zum Tragen.

Diese zweite Funktion der oben aufgeführten Definition rückt die einzelnen Kinder und ihre Denkprozesse in den Mittelpunkt (vgl. dazu Abschnitt 4.2.2).

> Ziel diagnostischer Bemühungen ist hier nicht festzuhalten, wie gut Schüler im Vergleich zu einer Altersstichprobe, sondern wie gut sie in Bezug auf ein Lernkriterium (z. B. Lehrplanziel, Kompetenzstandard) sind und zu sichern, dass sich Lernfortschritte über das Schuljahr bei allen Schülern einstellen. (Hesse & Latzko, 2017, S. 56)

Dazu ist es nötig, „in einer kompetenzorientierten Sichtweise zu erfassen, was Lernende schon können, um eventuellen individuellen Förderbedarf festzustellen" (Scherer & Moser Opitz, 2010, S. 32).

Für die vorliegende Arbeit bildet diese Funktion der Diagnose eine zentrale Grundlage. Deshalb wird im Folgenden zunächst ein Diagnosebegriff beschrieben, der diese versucht abzubilden. In Abschnitt 4.2.2 folgen dann weitere Ausführungen im Zusammenhang mit der beschriebenen Funktion.

Handlungsleitende Diagnose

Der Begriff der pädagogischen Diagnostik könnte mit dem kompetenzorientierten Blick auf die individuellen Lernprozesse der Kinder im Sinne der *Förderdiagnostik* beschrieben werden. Bei der Förderdiagnostik handelt es sich um ein bereits in den 1970er Jahren insbesondere in der Sonderpädagogik entwickeltes Diagnosekonzept, welches auf Förderung ausgerichtet ist (Moser Opitz & Nührenbörger, 2015). Damit ist Förderdiagnostik also „nicht nur eine Lernausgangsdiagnose, sondern auch eine Diagnose von Entwicklungsmöglichkeiten" (A. Meyer, 2015, S. 72). Moser Opitz und Nührenbörger (2015) weisen kritisch darauf hin, dass diese „Sichtweise impliziert, dass die Förderung aus den Beobachtungen abgeleitet werden kann bzw. dass die Beobachtungen Hinweise für Fördermaßnahmen geben" (S. 493).

Dieser naturalistische Fehlschluss liegt vor, wenn Personen glauben, aus Ist-Werten Soll-Werte ableiten zu können. Tatsächlich ist es aber so, dass man aus Beschreibungen (Deskriptionen, Ist-Werten) keine Vorschriften oder Anweisungen (Präskriptionen; Soll-Werte) folgern kann. Aus Sein lässt sich kein Sollen ableiten. Mit Hilfe von diagnostischen Daten lässt sich also nur feststellen, was ist bzw. was nicht ist. In diesen Daten stecken jedoch keine weiteren Informationen darüber, was sein sollte bzw. was nicht sein sollte. (Schlee, 2008, S. 124)

Es finden im herkömmlichen Sinne der Förderdiagnostik also keine Unterscheidungen zwischen Deskriptionen und Präskriptionen statt. Durch die Präskriptionen werden immer Zielvorstellungen ausgedrückt, welche sich nicht allein durch Beobachtungen und Beschreibungen begründen lassen (Moser Opitz & Nührenbörger, 2015). Wird beispielsweise ein Kind beobachtet, dass zählende Lösungsstrategien verwendet, so lässt sich aus der Beobachtung nicht ableiten, wie das Kind andere Strategien erlernen kann oder ob es gar andere Strategien erlernen soll. Diese Schlüsse lassen sich erst auf Grundlage eines Konzeptes oder einer Theorie ableiten, die Hinweise zum Erlernen von Strategien geben. Auch Selter, Benz, Lorenz und Wollring (2017) weisen darauf hin:

Um […] diagnostische Daten zu sammeln, muss also der Lernfortschritt beobachtet und dokumentiert werden. Dies ist insofern keine leichte Aufgabe, als jede Beobachtung schon a priori theoriegeleitet ist. Es wird nur das gesehen, wofür Begriffe vorliegen, seien diese nun entwicklungspsychologischer oder didaktischer Natur. Eine ungerichtete Wahrnehmung kindlicher Verhaltensweisen und anschließende Beschreibung der beobachteten Phänomene ist nicht ausreichend, da fehleranfällig. (S. 150)

Aufgrund der kritischen Einschätzungen schlagen Moser Opitz und Nührenbörger (2015) unter Berufung auf Wollring (2004) vor, „auf Förderung bezogene Diagnosen als ‚handlungsleitende Diagnosen' zu bezeichnen. Damit soll betont werden, dass im Mittelpunkt einer mathematikdidaktisch fundierten Diagnostik die Erfassung, Begleitung und Unterstützung von Lernprozessen steht" (S. 496).

Diese Argumentation findet sich auch in den fünf Merkmalen von Diagnose wieder, welche Moser Opitz und Nührenbörger (2015) in Anlehnung an Wember (1989) beschreiben und welche sich unabhängig von der Form der Diagnose, also standardisierten Tests oder Beobachtungen, auf jeden Diagnoseprozess anwenden lassen:

– Diagnosen erfolgen in spezifischen Situationen und können nur einen bestimmten Ausschnitt daraus erfassen. Sie sind also immer Momentaufnahmen, welche einer regelmäßigen und kontinuierlichen Überprüfung bedürfen.

- Persönliche Werthaltungen und Erfahrungen können Diagnoseprozesse und vor allem damit zusammenhängende Entscheidungen beeinflussen.
- Durch Diagnosen allein werden keine Ziele oder Präskriptionen begründet.
- Diagnosen werden auf der Grundlage von Theorien durchgeführt. Dadurch lassen sich nicht nur geeignete Diagnoseaufgaben ableiten oder entwickeln, sondern auch Diagnoseergebnisse interpretieren und Förderungen planen.
- Diagnosen können fehlerhaft sein. Beispielsweise können die Erhebungssituation, die momentane Verfassung des Kindes, die Beziehung zwischen diagnostizierender Person und Kind einen Einfluss auf den Diagnoseprozess und das Ergebnis haben.

Unter Berücksichtigung der hier aufgeführten Merkmale wird in der vorliegenden Arbeit die oben von Ingenkamp und Lissman (2008) genannte Definition zugrunde gelegt, dabei aber auf die Analyse von Lernprozessen fokussiert. Ziel des hier verwendeten Diagnosebegriffs ist es, individuelles Lernen zu optimieren und Schülerinnen und Schüler ein passendes Förderangebot anbieten zu können. Obwohl jede Diagnose immer auch Bewertungen enthält (Moser Opitz & Nührenbörger, 2015), spielen die in der obigen Definition genannte Funktion der Auslese und Selektion für die vorliegende Studie keine Rolle. Die in dieser Arbeit zugrunde gelegte Sichtweise auf Diagnose lässt sich also auch an seiner Ausrichtung festmachen, weshalb er im Sinne einer handlungsleitenden Diagnose verstanden werden kann. Aus dieser hier getroffenen begrifflichen Grundlage ergeben sich Konsequenzen für die Diagnose beziehungsweise der Erfassung mathematischer Kompetenzen.

4.2.2 Methoden und Instrumente der Diagnose

Eine handlungsleitende Diagnose umfasst, bezugnehmend auf die oben genannte Definition von Ingenkamp und Lissman (2008) „alle diagnostischen Tätigkeiten, durch die bei einzelnen Lernenden und den in einer Gruppe Lernenden Voraussetzungen und Bedingungen planmäßiger Lehr- und Lernprozesse ermittelt, Lernprozesse analysiert und Lernergebnisse festgestellt werden, um individuelles Lernen zu optimieren" (S. 13). Die diagnostischen Tätigkeiten werden von Ingenkamp und Lissman (2008) als ein Vorgehen verstanden, in dem beobachtet, befragt, interpretiert und mitgeteilt wird, um bestimmte Verhaltensweisen zu beschreiben, beziehungsweise die Gründe für dieses Verhalten zu verstehen. Wie in Abschnitt 4.2.1 dargestellt, unterscheidet sich professionelle Diagnostik nicht nur in ihren Zielen und Funktionen, sondern insbesondere durch das methodische Vorgehen. Für die Durchführung von handlungsleitenden Diagnosen ist es also erforderlich, sich geeigneter Methoden und Instrumente zu bedienen.

Da in diesem Abschnitt nur eine Auswahl an Methoden und Instrumenten beschrieben werden kann, erfolgt dies im Wesentlichen mit Blick auf Schwierigkeiten beim Rechnenlernen in der Primarstufe. Eine ausführlichere Auseinandersetzung mit diesem Themenbereich folgt in Kapitel 5.

Formative Assessments

Als eine Möglichkeit der Diagnose schlagen Klieme et al. (2010) beispielsweise ein *formative assessment* vor, also Leistungsbeurteilungen, die „Informationen über die Diskrepanz zwischen Lernzielen und aktuellem Lernstand liefern und dadurch den Lehrenden und/oder den Lernenden selbst helfen, den weiteren Lernprozess zu gestalten" (S. 64). Mit einem solchen Assessment versucht er beiden oben dargestellten Funktionen der Diagnose gerecht zu werden. Um es für die Förderung nutzbar zu machen ist allerdings ein begleitendes Feedback erforderlich, das Aussagen darüber macht, wie Lernziele erreicht werden können. Deshalb müssen Lehrpersonen den Bearbeitungsprozess der Lernenden nachvollziehen, Fehler und Lücken erkennen und benennen können. Hattie und Timperley (2007) kritisieren, dass Assessments oft nur Momentaufnahmen abbilden, anstatt Informationen bereitzustellen, die von den Lernenden oder den Lehrpersonen für den weiteren Lernprozess genutzt werden können. Ebenso kritisch sehen sie in diesem Zusammenhang das Feedback. Zu oft zielt das Feedback darauf ab, die Schülerinnen und Schüler zu (oft unbestimmten) Zielen zu führen. Die Lernenden erhalten in diesen Fällen wenig Feedbackinformationen. „Most current assessments provide minimal feedback, too often because they […] are used as external accountability thermometers rather than as feedback devices that are integral to the teaching and learning process" (Hattie & Timperley, 2007, S. 104).

Einige Autoren betonen, „dass jedes Testverfahren – auch ein breit angelegter standardisierter Multiple Choice-Test – formativ genutzt werden kann" (Klieme et al., 2010, S. 66). Scherer und Moser Opitz (2010) weisen hingegen in diesem Zusammenhang darauf hin, dass, abhängig vom Ziel des Diagnoseprozesses, unterschiedliche Diagnosekonzepte und -instrumente einzusetzen sind (zu den Zielen der Diagnose vgl. Abschnitt 4.2.1). Für die Selektionsfunktion der Diagnose schlagen sie eher standardisierte Testinstrumente vor. Klieme et al. (2010) bemerken, dass eine Leistungsbeurteilung oft einen Bildungsabschnitt bilanzieren soll und deshalb die darauf bezogenen Tests wesentlich breiter angelegt sind als unterrichtsbegleitende Messungen. Dabei erfolgt, wenn überhaupt, meist eine wenig unterstützende

Rückmeldung. Diese Aussage spricht dafür, dass eine Diagnose in Bezug auf typische Hürden beim Rechnenlernen nicht breit, sondern zielgerichtet und fokussiert erfolgen sollte.

Standardisierte Testverfahren
Eine andere Unterscheidung nehmen Landerl, Vogel und L. Kaufmann (2017) vor. Sie unterscheidet zwischen *Schulleistungstests* und eher *neuropsychologisch orientierten Verfahren*. Dabei zielen erstere vor allem darauf ab zu überprüfen, welche curricular festgelegten Lernziele erreicht wurden.

> Curriculumorientierte Verfahren werden auf der Basis der Lehrpläne der verschiedenen Bundesländer zusammengestellt. Durch den Vergleich der Leistungen in den Untertests können Stärken und Schwächen eines Kindes in Bezug zu den Aufgabentypen, d. h. bezogen auf curriculare Anforderungen, quantitativ ausgewiesen werden. (Ricken & Fritz, 2007, S. 194)

Als Beispiele können der Deutsche Mathematiktest für erste Klassen (DEMAT 1+) (Krajewski, Küspert & Schneider, 2002) oder der Heidelberger Rechentest (HRT) (Haffner, Baro, Parzer & Resch, 2005) fungieren. Der DEMAT 1+ (Krajewski et al., 2002) soll es beispielsweise ermöglichen, den Stand der Schülerin oder des Schülers bezüglich der Aufgabenanforderungen der ersten Klasse zu ermitteln. Dazu werden die Addition, die Subtraktion, die Zerlegungen in Teilmengen, die Lösung von Ungleichungen, Sachaufgaben, Zahlenraumkenntnis und das Vergleichen von Mengen geprüft. Das dadurch ermittelte Ergebnis reduziert sich auf einen Gesamtwert, der den Abstand zum Lernziel der Klassenstufe ausdrückt (Lonnemann & Hasselhorn, 2017; Ricken & Fritz, 2007). Der individuelle Gesamtwert ermöglicht eine Einschätzung darüber, ob „das Kind die Ziele des Curriculums in ähnlicher Weise erreicht wie die meisten anderen Kinder oder ob die Leistungen über bzw. unter diesem durchschnittlichen Leistungsniveau liegen" (Lonnemann & Hasselhorn, 2017, S. 327). Gemeint ist hier wohl eine produktorientierte Sichtweise auf die inhaltsbezogenen Kompetenzen der Curricula. Als Vorteil dieser Tests wird oft die Erfüllung der geforderten Testgütekriterien genannt. Standardisierte Tests wie beispielsweise der Deutsche Mathematiktest oder der Heidelberger Rechentest gelten als valide, reliabel und objektiv. Dass dem nicht immer so ist zeigt Thomas (2007) auf:

> Die curriculare Validität von Schulleistungstests lässt sich tatsächlich nicht leicht einlösen, da die Aufgabenstellungen nicht immer mit den Stoffplänen und Lernzielen in den untersuchten Schulen und Klassen übereinstimmen oder inzwischen veraltet sind. Auch muss stillschweigend vorausgesetzt werden, dass die Lehrerkompetenz und die anderen Bedingungen im für die Leistungsprüfung maßgeblichen Unterricht gleichwertig waren. (S. 90)

In diesem Zusammenhang bemängelt er auch die fehlende *Fairness* solcher Tests, wenn zum Beispiel kulturelle oder sprachliche Unterschiede bei der Auswertung nicht gesondert berücksichtigt werden. Kuhn (2017) kritisiert am Beispiel von besonderen Schwierigkeiten beim Rechnenlernen zum einen, dass standardisierte und normierte Tests in der Regel zwar psychometrische Gütekriterien erfüllen, die Diagnosekriterien für eine Rechenschwäche in der Literatur jedoch variieren (z. B. Prozentrang < 3 nach ICD-10), Prozentrang < 7 im DSM-5) und zum anderen, dass die Tests teilweise stark in ihrer inhaltlichen Ausrichtung variieren (z. B. *curriculare Inhalte* oder *basale Vorläuferfähigkeiten*). „Das bedeutet, dass auch bei Setzen eines eindeutigen Cut-off-Wertes (z. B. Prozentrang 15) ein Kind mit einem speziellen Verfahren möglicherweise eine Dyskalkulie-Diagnose erhält, mit einem anderen aber nicht" (Landerl et al., 2017, S. 102).

Doch nicht nur an den Gütekriterien lässt sich Kritik üben. Wie Ricken und Fritz (2007) bemerken, ist eine qualitative Analyse der spezifischen Leistungen der Lernenden aufgrund der Aufgabenauswahl nach testtheoretischen Kriterien kaum möglich. Dies bestätigen auch Häsel-Weide und Prediger (2017) indem sie darauf hinweisen, dass die vorgegebenen Aufgaben nicht an den Lernstand der Schülerinnen und Schüler angepasst werden können und die Auswertung ausschließlich auf die Korrektheit der Ergebnisse fokussiert. Dadurch können, bezüglich eines bestimmten inhaltlichen Gegenstandes, keine ausreichenden Informationen über die mathematischen Kompetenzen der Lernenden gewonnen werden. Eine Bestimmung der Ursachen der Schwierigkeiten beim Rechnenlernen findet nicht statt. S. Kaufmann und Wessolowski (2017) bemerken dazu:

> Des Weiteren sollte bedacht werden, dass ein standardisierter Test immer auch Kinder fälschlicherweise – z. B. aufgrund der Tagesverfassung – als rechenschwach einstuft, die es gar nicht sind. Umgekehrt lassen sich mit einem solchen Test auch nicht alle rechenschwachen Kinder erkennen, da vor allem in den ersten Schuljahren mit Kompensationsstrategien, wie dem zählenden Rechnen und dem stellenweisen Vorgehen, durchaus richtige Ergebnisse und dadurch gute Testergebnisse erreicht werden können, ohne dass die Inhalte tatsächlich verstanden wurden […]. (S. 18)

Ebenso sind Schulleistungstests nicht dazu geeignet, um anschließende passgenaue Interventionsmaßnahmen ableiten zu können. Laut Jacobs und Petermann (2012) erlauben diese Tests ein Screening innerhalb des Klassenverbands. „Kinder, die in solchen Verfahren als auffällig identifiziert werden, sollten dann mit Einzeltestverfahren untersucht werden." (Jacobs & Petermann, 2012, S. 57). Weiterhin erwähnt er, dass nur wenig darüber ausgesagt werden kann, welche Einflussfaktoren eine niedrige Leistung bedingen. Es gibt keine qualitativen Hinweise. Stattdessen

schlagen Landerl et al. (2017) vor, auf ein neuropsychologisch orientiertes Verfahren zurückzugreifen um die „neurokognitiven Komponenten der Zahlverarbeitung
und des Rechnens abzuklären" (S. 154). Dabei befürwortet sie eine Diagnostik,
welche zum Beispiel auch die Sprachentwicklung, visuell-räumliche Fähigkeiten,
Aufmerksamkeitsfunktionen, sonstige schulische Leistungen und psychoemotio-
nale Befindlichkeiten abklärt. Gleichzeitig weist sie aber darauf hin, dass es keine
empirisch belegten Zusammenhänge zwischen den nichtnumerischen Bereichen
und einer Rechenstörung gibt. Zu den auf neuropsychologischen Theorien der
Zahlverarbeitung und des Rechnens basierenden Tests zählen zum Beispiel der
Osnabrücker Test zu Zahlbegriffsentwicklung (OTZ) (van Luit, van de Rijt &
Hasemann, 2001), die Neuropsychologische Testbatterie für Zahlverarbeitung und
Rechnen bei Kindern (ZAREKI) (von Aster, Weinhold-Zulauf & Horn, 2005), das
Rechenfertigkeiten- und Zahlverarbeitungsdiagnostikum (RZD) (Jacobs & Peter-
mann, 2014) oder die Bamberger Dyskalkuliediagnostik (BADYS) (G. Merdian,
Merdian & Schardt, 2015). Gasteiger (2010) merkt an, dass durch diese normier-
ten Testverfahren Informationen über die Leistung eines Kindes im Vergleich zu
einer Normgruppe gewonnen werden können. Dieser Vergleich mit der Norm kann
den Lehrpersonen eine Orientierung über den Leistungsstand geben. Klare Begrün-
dungszusammenhänge für das Abschneiden eines Kindes geben, genauso wie die
Schulleistungstests, auch diese neuropsychologisch orientierten Testverfahren nicht
(Gasteiger, 2010). Schipper (2010) verweist beispielhaft am OTZ (van Luit et al.,
2001) darauf, dass „ein solcher produktorientierter Test nur auf Probleme aufmerksam machen kann, jedoch nicht in der Lage ist, das Problem selbst näher
zu beschreiben" (S. 108). Lern- und Lösungsprozesse der Kinder können so nicht
festgestellt werden. Er fordert ein Diagnoseinstrument, das von Lehrpersonen angewandt werden kann und die Probleme der Schülerinnen und Schüler inhaltlich
beschreibt, um aus den Ergebnissen ein Förderprogramm entwickeln zu können. Aus
fachdidaktischer Sicht geben „vor allem die Prozesse der Bearbeitung mathematischer Aufgaben Aufschluss über Art und Ursachen gelingenden und misslingenden
Mathematiklernens" (Schipper, 2009, S. 330).

Prozessorientierte Diagnose
In der fachdidaktischen Literatur wird häufig zwischen einer *produktorientierten*
und einer *prozessorientierten Diagnostik* unterschieden (z. B. Häsel-Weide & Prediger, 2017; Jordan & vom Hofe, 2008; Schipper & Wartha, 2017; Wartha & Schulz,
2012). Als produktorientiert können alle Methoden bezeichnet werden, die auf die
Erfassung individueller Lernergebnisse abzielen, als prozessorientiert alle, die die
individuellen Lernprozesse erfassen.

Scherer und Moser Opitz (2010) benennen Fehleranalysen als ein produktorientiertes Vorgehen und weist auf die Bedeutung dieses Instruments hin. „Fehleranalysen sind als ein erster Schritt im diagnostischen Prozess zu betrachten, bei dem von der Lehrperson Hypothesen zu möglichen Vorgehensweisen und Fehlerursachen formuliert werden und der die Grundlage für eine weiterführende, prozessorientierte Diagnostik bietet" (Scherer & Moser Opitz, 2010, S. 43). Sie sind ein erster möglicher Schritt im diagnostischen Prozess und können anhand von schriftlichen Aufgabenbearbeitungen durchgeführt werden.

Klassenarbeiten werden von Jordan und vom Hofe (2008) als Beispiel für produktorientierte Diagnosen benannt und mit dem Hinweis versehen, dass die Lehrperson die Ergebnisse dabei meist nur in *korrekt* oder *nicht korrekt* einteilt und deshalb nur zu der Einordnung *kann* oder *kann nicht* kommt. Als Vorteil dieser Diagnoseform sieht er vor allem den zeitlichen Faktor. „Eine produktorientierte Diagnostik kann aber auch genutzt werden, um mit überschaubarem zeitlichen Aufwand gezielt Maßnahmen für die unterrichtliche Weiterarbeit abzuleiten" (Jordan & vom Hofe, 2008, S. 4). Allerdings, so Hascher (2011), wäre es gerade bei falsch gelösten Aufgaben besonders wichtig, den Lernprozess zu berücksichtigen.

Hier können prozessorientierte Diagnosen ansetzen. Im Gegensatz zu produktorientierten Verfahren sind diese in der Regel zeitaufwändiger. Sie können in Form eines diagnostischen Gesprächs, eines klinischen Interviews oder einer teilweise standardisierten Lernstandserfassung durchgeführt werden (Scherer & Moser Opitz, 2010). „Dem Schweizer Erkenntnistheoretiker Jean Piaget gebührt der Verdienst, die ursprünglich in der Psychoanalyse verwendete Methode der sogenannten Klinischen Interviews auf die Kinderpsychologie übertragen und für die Einsicht in Denkvorgänge von Kindern fruchtbar gemacht zu haben" (Selter et al., 2017, S. 378). Selter et al. (2017) verweisen darauf, dass das Ziel von Diagnosegesprächen darin besteht, dem Denken von Kindern möglichst genau und authentisch auf die Spur zu kommen. Jordan und vom Hofe (2008) betonen, dass sich Schülervorstellungen im direkten Gespräch oft sehr gut in Erfahrung bringen lassen und die so gewonnenen tiefen Einsichten in die individuell gewählten Lösungswege wertvolle Hinweise für die weitere Unterrichtsgestaltung geben können. Produkt- und prozessbezogene Diagnoseformen sieht er als ein „sinnvolles Zusammenspiel mit unterschiedlicher Akzentuierung und Fokussierung" (S. 5).

Auf die Vor-, und Nachteile von Diagnosegesprächen weisen Selter et al. (2017) hin: „Diagnosegespräche haben den großen Vorteil, dass sie sehr genaue Einblicke in das Denken der Lernenden ermöglichen, und sie haben den großen Nachteil, dass sie vergleichsweise zeitaufwändig sind. Aus diesem Grund können sie im Unterrichtsalltag nur dosiert zum Einsatz kommen" (S. 380). Schipper und Wartha

(2017) bemerken jedoch, dass eine solche Diagnostik nur dann recht zeitaufwändig ist, wenn sie von einem Diagnostiker durchgeführt wird, der das Kind nicht
kennt. Die in der Klasse unterrichtenden Lehrpersonen hingegen kennen ihre Schülerinnen und Schüler und können während des Unterrichts Lösungsprozesse und
Materialhandlungen beobachten, indem sie beispielsweise Unterrichtsgespräche in
Erarbeitungsphasen und Rechenkonferenzen führen.

Hascher (2011) erweitert dieses Spektrum der Diagnosemöglichkeiten und weist
darauf hin, dass Lernen ein Prozess ist, der nicht direkt beobachtet werden kann. Dieser kann mitgeteilt werden, indem Schülerinnen und Schüler ihren Prozess mündlich
beschreiben oder schriftlich dokumentieren oder indem von den Lehrpersonen über
Handlungen, Äußerungen oder Ergebnisse, Leistungen der Lernenden erschlossen
werden.

> Prinzipiell gilt dafür: Je offener und je aktiver ein Lernprozess ist, desto besser kann
> er erschlossen werden. Die Verbesserung der diagnostischen Kompetenz geht deshalb
> Hand in Hand mit der Entwicklung von Unterricht, denn nur ein offen gestalteter, för-
> derorientierter Unterricht bietet genügend Anhaltspunkte und Möglichkeiten für eine
> sorgfältige Diagnostik. (Hascher, 2011, S. 4)

Auch Wartha und Schulz (2012) plädieren für eine prozessorientierte Diagnose,
denn nur wenn „die Bearbeitungswege berücksichtigt werden, kann offensichtlich
werden, welche Prozesse bereits gekonnt werden und welche in Abgrenzung dazu
noch nicht" (S. 19). Durch diese Form der Diagnose lassen sich außerdem mehr
konkrete Hinweise für Interventionsmaßnahmen generieren, als nur durch das Aus-
werten richtiger oder falscher Lösungen. Deshalb resümieren Schipper und Wartha
(2017):

> Eine prozessorientierte Diagnostik, die von einer erfahrenen Lehrperson mit der
> Methode des ‚lauten Denkens' in einem Einzelinterview durchgeführt wird, bietet die
> beste Möglichkeit, die Denkwege der Kinder beim Lösen arithmetischer Aufgaben zu
> erfassen. Dabei werden ihre Lösungsprozesse beobachtet, bezogen auf Symptome für
> besondere Schwierigkeiten interpretiert und aus diesen Erkenntnissen Konsequenzen
> für Fördermaßnahmen abgeleitet. (S. 425)

Ricken und Fritz (2007) schlagen Verfahren vor, die auf Annahmen über den Fertig-
keitenerwerb aufbauen. Diese können in Verfahren unterschieden werden, welche
eher Prozessverläufe oder welche eher Voraussetzungen untersuchen. „Während
es bei der Voraussetzungsanalyse um Teilfertigkeiten geht, die im Zusammenhang
mit weiteren Entwicklungsschritten stehen, sind bei den Prozessanalysen Fragen

danach von Interesse, auf welcher Ebene Prozesse ablaufen und ob Vorgehensweisen rekonstruierbar sind" (Ricken & Fritz, 2007, S. 195). Sie weisen auch darauf hin, dass beide Prinzipien nur bedingt trennbar sind.

Prozessorientierte Diagnose in der Förderung
Im vorhergehenden Abschnitt *Prozessorientierte Diagnose* wurde im Zitat von Hascher (2011) bereits auf die Bedeutung dieses Diagnoseansatzes für einen förderorientierten Unterricht hingewiesen. Das bedeutet, dass die prozessorientierte Diagnose nicht nur in speziellen Diagnosesituationen ihre Berechtigung hat, sondern als grundlegendes Prinzip in eben dem erwähnten förderorientierten Unterricht, aber auch in speziellen Fördersituationen verstanden werden kann. Deshalb kann der Kerngedanke der Prozessorientierung auch als Grundlage jedweden Unterrichtens und Förderns betrachtet werden. Diese Prozessorientierung wiederum kann dann von der Lehrperson durchweg als Diagnoseinstrument genutzt werden. Wegen dieser Bedeutung für Förderung und Unterricht wird hier im Folgenden unter diesem Gesichtspunkt eine begriffliche Ausschärfung vorgenommen. Das Thema Förderung wird in Abschnitt 4.3 ausführlicher besprochen.

Der Begriff der Prozessorientierung wird in der fachdidaktischen Literatur oft im Zusammenhang mit den in den Bildungsstandards festgelegten allgemeinen Kompetenzen Problemlösen, Kommunizieren, Modellieren, Darstellen von Mathematik und Argumentieren (KMK – Sekretariat der ständigen Konferenz der Kultusminister der Länder in der Bundesrepublik Deutschland, 2004) genannt. Häufig werden diese Kompetenzen als prozessbezogene Kompetenzen bezeichnet (Heckmann & Padberg, 2014). Auch Schipper (2009) nutzt diesen Begriff, um eine Fehlinterpretation in der Gewichtung zu den inhaltsbezogenen Kompetenzen zu vermeiden. Er beschreibt die prozessbezogenen Kompetenzen im Hinblick auf die Ergebnisse aus den TIMSS und PISA-Studien als „diejenigen, die den Kern der notwendigen Veränderungen unseres Mathematikunterrichts beschreiben" (Schipper, 2009, S. 23). Um die prozessbezogenen Kompetenzen im Unterricht zu fördern schlägt Schipper (2009) beispielsweise die Durchführung von Rechenkonferenzen vor.

Ebenfalls, mit Blick auf die in den Bildungsstandards angegebenen allgemeinen Kompetenzen, rücken auch Heckmann und Padberg (2014) den zur Lösung führenden Prozess in den Vordergrund. Dabei legen sie ein besonderes Augenmerk auf eine Kultur, welche Fehler nutzt und als positive Lernchance betrachtet. „Eine wichtige Aufgabe des Unterrichts ist es, auch den Schülern diese positive Sichtweise von Fehlern zu vermitteln und den Unterschied zu Fehlern am Ende eines Lernprozesses zu verdeutlichen" (Heckmann & Padberg, 2014, S. 31).

Während in der Literatur meistens das Ziel angegeben, beziehungsweise verfolgt wird, Schülerinnen und Schülern die prozessbezogenen Kompetenzen zu vermitteln, bringt Käpnick (2014) einen weiteren Gedanken zu den in den Bildungsstandards angegeben Kompetenzen ein: „Ein weiteres sehr wünschenswertes (Prozess-) Ergebnis könnte bzw. sollte darin bestehen, dass die Lehrer durch die konkrete Auseinandersetzung mit den Bildungsstandards ihre diagnostischen Kompetenzen weiter verbessern" (S. 27). Das Aufgreifen dieses Gedankens ermöglicht es, einen Begriff von Prozessorientierung zu entwickeln, der weiter reicht, als die Vermittlung prozessbezogener Kompetenzen. Vielmehr macht er sich die Kompetenzen zunutze, in dem er sich an die qualitative, prozessorientierte Diagnose anlehnt (vgl. vorhergehenden Abschnitt *Prozessorientierte Diagnose*).

Wie gezeigt werden konnte, ist es für eine zielführende Diagnose unerlässlich, die individuellen Denkprozesse der Kinder offen zu legen und zu verstehen (Jordan & vom Hofe, 2008). Mit dem Begriff Prozessorientierung wird dieses Vorgehen nicht mehr nur in speziellen Diagnosesituationen verwendet, sondern als Grundprinzip für Lernprozesse und damit auch für die Förderung genutzt. Dabei handelt es sich also um die Sichtbarmachung der Denkprozesse der Kinder in bestimmten Lernszenarien. Diese Gedanken können für prozessorientierte Förderungen und förderorientierten Unterricht genutzt werden, wie es Heckmann und Padberg (2014) beschreiben. Durch die Prozessorientierung wird das Wissen um diagnostische Inhalte in der Förderung genutzt. Es geht also nicht nur darum eine prozessorientierte Förderung so zu gestalten, dass der Kompetenzerwerb den Bildungsstandards entspricht, sondern auch so, dass Kinder mit Schwierigkeiten beim Rechnenlernen identifiziert werden können. Dazu ist es nötig entsprechende Methoden und Aufgaben auszuwählen, die in den aktuellen Kontext passen, aber eben auch eine Diagnose ermöglichen. Für die Lehrpersonen bedeutet dies eine hohe Herausforderung an die Planung von Fördereinheiten. Leuders (2015) schlägt für die Diagnose im Lernprozess Gespräche mit Kindern vor. Diese Form der Diagnose lässt sich zwar manchmal in Förderung und förderorientiertem Unterricht verwirklichen, aber nicht immer ist die nötige Zeit vorhanden um Einzelgespräche zu führen. Vielmehr sollen Lehrpersonen Förderung und Unterricht so gestalten, dass sie Phänomene, welche auf Schwierigkeiten beim Rechnenlernen hinweisen, wahrnehmen können. Dazu ist es unter anderem sinnvoll Schülerinnen und Schülern möglichst oft die Gelegenheit zu bieten ihre Lösungsfindung darzustellen. Dies kann dann in direkten Gesprächen, aber auch in Gesprächen der Schüler untereinander geschehen. Diese Gespräche wiederum können von den Lehrpersonen beobachtet werden.

Kompetenzorientierung
Neben der oben dargestellten Unterscheidung in Produkt- und Prozessorientierung kann für den diagnostischen Prozess auch in *kompetenz- und defizitorientierte* Sichtweisen unterschieden werden (Käpnick, 2014; Selter & Sundermann, 2013;

Sundermann & Selter, 2005). Oft wird in der Unterrichtspraxis insbesondere bei schwächeren Kindern eine eher defizitorientierte Sichtweise eingenommen (Wartha & Schulz, 2012).

Nach Häsel-Weide und Prediger (2017) ist ein „fachdidaktisch fundiertes Zusammenspiel von Diagnose und Förderung [...] nur möglich, wenn im Zentrum die zu erwerbenden mathematischen Kompetenzen stehen sowie die bekannten typischen Hürden, die Lernende beim Erwerb dieser Kompetenzen überwinden müssen" (S. 167).

Deshalb ist es mit Blick auf die Fördersituationen hilfreich, die Kompetenzen der Lernenden zu ermitteln. Diese Kompetenzen bilden die Grundlage für eine erfolgreiche Weiterarbeit. „Wünschenswert ist ein Zusammenspiel von defizitorientierter Sichtweise zur Identifikation von Förderschwerpunkten und kompetenzorientierter Perspektive zur Ermittlung des Lernstandes und der Anknüpfungspunkte von Förderung bzw. Unterricht" (Wartha & Schulz, 2012, S. 21). Die gestellten Diagnoseaufgaben und deren Auswertung sollten sich dabei an den bereits beherrschten Fähigkeiten orientieren. Die reine Feststellung, welche Kompetenzen nicht vorhanden sind, ist wenig zielführend. Nur wenn das Vorwissen bekannt ist, kann festgelegt werden, welche Inhalte in der Förderung erarbeitet werden sollen.

Umgang mit Diagnoseaufgaben
Wie die bisherigen Ausführungen zeigen, spielt auch die Auswahl der Aufgaben eine wichtige Rolle für die Diagnose. Gerade dann, wenn Schülerinnen und Schüler Schwierigkeiten in bestimmten Lernbereichen zeigen, werden differenzierte Aufgabenstellungen benötigt, um Näheres über problematische Vorgehensweisen und Vorstellungen zu erfahren (Hößle, Hußmann, Michaelis, Niesel & Nührenbörger, 2017). Diese Diagnoseaufgaben sollen typische und bekannte Fehler in den jeweiligen Inhaltsbereichen aufzeigen und für die Lehrperson sichtbar machen (Hußmann, Nührenbörger, Prediger, Selter & Drüke-Noe, 2014).

„Unter einer Diagnoseaufgabe wird ein Impuls an die Schülerinnen und Schüler verstanden, vorhandene Kompetenzen etwa in Form von Rechnungen, Texten, bildlichen Darstellungen sowie Kombinationen aus diesen schriftlich zu artikulieren" (Selter et al., 2017, S. 380). Außerdem sollte eine diagnostisch ergiebige Aufgabe „den richtigen Anreiz zur Bearbeitung bieten, mehrere Bearbeitungsmöglichkeiten zulassen, das Leistungsniveau der Lernenden berücksichtigen und eindeutig auf das zu diagnostizierende Merkmal fokussiert sein" (Hößle et al., 2017, S. 24).

Diagnoseaufgaben verfolgen das Ziel, die Denkwege und Vorgehensweisen der Lernenden offenzulegen und zu verstehen (Selter et al., 2019). Dabei ist die Lösung der Aufgaben nicht allein entscheidend, sondern die Bearbeitung. Erklärungen seitens der Lehrperson sollten während der Bearbeitung weitgehend vermieden werden. Stattdessen können Fragen und Impulse zur Auslotung des Verständnisses gestellt beziehungsweise gegeben werden. Hilfen erfolgen nur als Unterstützung zum Darstellen der Denkwege. Während des ganzen Diagnoseprozesses müssen Fehler nicht verbessert werden. Sind Rückmeldungen nötig, können diese lernstands- und sachorientiert erfolgen (Selter et al., 2019).

Diagnostische Aufgaben können durch Veranschaulichungsmittel und Materialien gezielt gestützt werden. Diese spielen insbesondere eine Rolle, wenn es um die Überprüfung von Übersetzungsprozessen geht oder die Materialien als Kommunikationshilfen dienen.

In diesem Zusammenhang kann auch eine Erweiterung des Diagnosebegriffs (vgl. Abschnitt 4.2.1) von Ingenkamp und Lissman (2008) in den Blick genommen werden:

> Diagnostische Tätigkeiten werden auch ausgeübt, wenn es nicht darum geht Lernprozesse bei Individuen oder gemeinsam Lernenden zu verbessern und Hilfen für individuelle Entscheidungen zu erhalten, sondern allgemeinere Erkenntnisse z. B. über die Angemessenheit bestimmter didaktischer Vorgehensweisen, Medien usw. für Schüler mit bestimmten Merkmalen zu gewinnen. (S. 14)

Dieser Hinweis ist insofern wichtig, da für die Diagnose bei besonderen Schwierigkeiten beim Rechnenlernen der Einsatz von didaktischen Materialien eine besondere Rolle spielt (vgl. Abschnitt 5.4.1; eine ausführliche Beschreibung der Rolle der Materialien beim Rechnenlernen findet sich bspw. bei Schulz, 2014).

In den obigen Ausführungen konnte gezeigt werden, dass die Aufgaben in der Diagnose mit unterschiedlichen Vorgehensweisen und Instrumenten durchführt werden können. Dabei zeigt sich, dass eine auf Förderung ausgerichtete Diagnose bei den Lernprozessen des Kindes ansetzen muss. Standardisierte Testinstrumente können dies nicht leisten. Sie geben kaum Auskünfte über das Denken der Kinder und vor allem zeigen sie nicht auf, wo eine Förderung konkret ansetzen kann. „Nur auf der Grundlage einer optimalen Passung zwischen der diagnostischen Aufgabe und dem individuellen Fähigkeitsniveau der Schülerin bzw. des Schülers ist es möglich, die tatsächlich vorliegenden Fähigkeiten der Lernenden verstehbar zu machen" (Hößle et al., 2017, S. 24). Hier sind also Diagnoseverfahren gefordert, welche einen Einblick in die Denkprozesse der Lernenden liefern. In diesem Zusammenhang spielt die Kommunikation eine zentrale Rolle um Fehlvorstellungen der Kinder *sichtbar* zu machen – sei es durch ein diagnostisches Gespräch oder die Methode des lauten Denkens.

Um eine Diagnose auf den hier dargestellten Grundlagen durchführen zu können benötigen Lehrpersonen spezielle diagnostische Kompetenzen und Fähigkeiten.

4.2.3 Diagnostische Fähigkeiten von Lehrpersonen

Ein wichtiges Kriterium für die Wirkungen der zu treffenden pädagogischen Entscheidungen und eines professionellen Handelns ist die Qualität beziehungsweise Genauigkeit eines diagnostischen Urteils.

> Dem liegt die Annahme zugrunde, dass pädagogische Maßnahmen nur dann eine optimale Wirkung erzielen, wenn eine ausreichende Passung zwischen den gestellten Anforderungen und den Schülermerkmalen vorliegt. Dieser Forderung kann die Lehrkraft aber nur gerecht werden, wenn sie neben der impliziten subjektiven Beurteilung von pädagogischen Situationen auch über eine professionelle Diagnosekompetenz verfügt, die eine genauere Beurteilung von Situationen oder Schülermerkmalen ermöglicht. (Hesse & Latzko, 2017, S. 30)

„Mit dem Begriff ‚Diagnosekompetenz' bzw. auch ‚Diagnostische Expertise' wird eine (fach)didaktische Schlüsselkompetenz von Lehrkräften erörtert, die zentral für die Gestaltung von Unterricht und die Anregung von individuellen Förderprozessen ist" (Moser Opitz & Nührenbörger, 2015, S. 492; vgl. auch Lorenz & Artelt, 2009).

Oft wird die *diagnostische Kompetenz*, mit einer *Beurteilungskompetenz* gleichgesetzt, das heißt, sie wird mit der Beurteilung von Schülerinnen- und Schülerleistungen in Verbindung gebracht und mit der Fähigkeit, diagnostische Urteile zu bilden (T. Leuders, Leuders & Philipp, 2014; F.-W. Schrader, 2009; 2014). Dabei gilt als Maß der Akkuratheit häufig die Korrelation zwischen Lehrerurteilen und Schülermerkmalen. Dies beschreibt auch Schulz (2014), indem er darauf hinwiest, dass unter dem Begriff *diagnostische Kompetenz* oft eine Urteilsgenauigkeit verstanden wird, welche angibt, wie genau eine Lehrperson den Leistungsstand einer Klasse beziehungsweise die Leistung eines Kindes angeben kann.

Nach Hößle et al. (2017) ist die Fähigkeit, individuell passende Urteile über die Leistungen von Lernenden und deren Förderung zu treffen, ein Zusammenspiel aus den fachlichen, fachdidaktischen und pädagogisch-psychologischen Perspektiven förderorientierter Diagnostik.

> Insofern werden Konzeptualisierungen von diagnostischer Kompetenz als die Fähigkeit, genaue Urteile zu fällen (z. B. die Fähigkeit zur Einschätzung des durchschnittlichen Leistungsniveaus der Lernenden, die Fähigkeit zur Einschätzung von zu erwartenden Aufgabenlösungen der Schülerinnen und Schüler oder die Fähigkeit zur Einschätzung der Rangfolge der Leistungen der Schülerinnen und Schüler) als unzureichend angesehen. (Hößle et al., 2017, S. 20)

Ebenso bezweifeln sie, dass eine möglichst große Übereinstimmung von Urteilen durch Lehrpersonen mit den Ergebnissen standardisierter Tests als notwendiger positiver Einflussfaktor auf den Lernerfolg der Lernenden gelten kann. Weiterhin bleibt in diesem Zusammenhang die Frage nach der Bedeutung von fachspezifischem Wissen der Lehrperson über Entwicklungsprozesse und Fehler und die Frage nach der Rolle verschiedener Aufgabenformaten unbeantwortet. Unklar bleibt auch, wie auf der Grundlage der getroffenen Einschätzungen von Schülerinnen- und Schülerleistungen individuelle Fördermaßnahmen abgeleitet werden können (Moser Opitz & Nührenbörger, 2015).

Eine andere Konzeptionierung versucht deshalb die diagnostischen Kompetenzen über die Entwicklung von Kompetenzmodellen (vgl. Abschnitt 2.4) und über die Operationalisierung von Diagnosesituationen in Fragebögen abzufragen (T. Leuders et al., 2014). Hier können auch die Definitionen von Schrader (2014) und Weinert (2000) ansetzen. Schrader (2014) definiert die diagnostische Kompetenz als die „Gesamtheit der zur Bewältigung von Diagnoseaufgaben erforderlichen Fähigkeiten" (S. 865). Eine etwas spezifischere Definition zeigt Weinert (2000) auf. Er definiert die diagnostische Kompetenz als „ein Bündel von Fähigkeiten, um den Kenntnisstand, die Lernfortschritte und die Leistungsprobleme der einzelnen Schüler sowie die Schwierigkeiten verschiedener Lernaufgaben im Unterricht fortlaufend beurteilen zu können, so dass das didaktische Handeln auf diagnostische Einsichten aufgebaut werden kann" (S. 16). Beiden Definitionen ist gemeinsam, dass es sich bei der diagnostischen Kompetenz offenbar um mehrere Fähigkeiten handelt.

Diese Einschätzung bestätigen auch Brunner et al. (2011). Als Ziel der Diagnose geben sie an:

> Lehrkräfte sollen ihre diagnostischen Fähigkeiten idealerweise dazu nutzen, um kognitive Aufgabenanforderungen und -schwierigkeiten einzuschätzen sowie das Vorwissen und Verständnisprobleme der Schülerinnen und Schüler ihrer Klasse angemessen zu beurteilen. Je besser den Lehrkräften dies gelingt, desto besser gelingt es ihnen, eine Gelegenheitsstruktur für verständnisvolle Lernprozesse zu schaffen, die an die Eingangsvoraussetzungen ihrer Schülerinnen und Schüler angepasst ist. (Brunner et al., 2011, S. 222)

Davon ausgehend beschreiben sie mit Blick auf das Kompetenzmodell der COACTIV-Studie (vgl. Abbildung 4.1), dass die diagnostischen Fähigkeiten „eine Integration verschiedener Facetten aus zwei zentralen Kompetenzbereichen erfordern" (S. 216): dem fachdidaktischen Wissen und dem pädagogisch-psychologischen Wissen. Dabei sind zum einen die Fähigkeiten einer Lehrperson

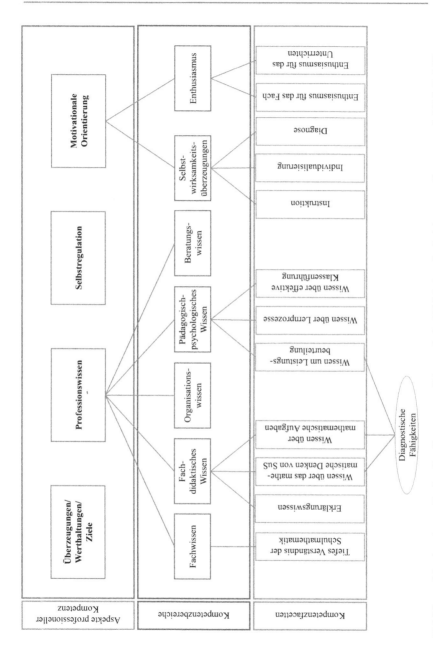

Abbildung 4.1 Aspekte professioneller Kompetenz – Diagnostische Fähigkeiten (in Anlehnung an Brunner et al. 2011, S. 217)

lern- und leistungsrelevante Merkmale von Schülerinnen und Schülern angemessen zu beurteilen und zum zweiten Lern- und Aufgabenanforderungen adäquat
einzuschätzen zentrale Elemente der diagnostischen Fähigkeiten (Artelt & Gräsel,
2009). Diese zentralen Elemente ergeben sich aus der Relevanz der diagnostischen Fähigkeiten. Zum einen geht es um die Vergabe von Noten und die damit
zusammenhängenden Funktionen wie zum Beispiel die Zuweisung zu verschiedenen Schulformen und zum anderen soll Unterricht „Schülerinnen und Schüler
dabei unterstützen, dass sie sich selbständig und aktiv mit ihrem bereits vorhandenen eigenen Wissen sowie mit neuen Unterrichtsinhalten auseinandersetzen"
(Brunner et al., 2011, S. 216).

Die von Brunner et al. (2011) genannten zentralen diagnostischen Fähigkeiten
führen zu einer Unterscheidung von Aufgaben- und Personenmerkmalen. Nach
Hesse und Latzko (2017) umfasst die Diagnostik von Personenmerkmalen solche
lern- und leistungsrelevanten Merkmale von Lernenden „wie Intelligenz, spezielle Begabungen, Vorwissen, Fähigkeitsselbstkonzepte, Lernmotivation, Interesse,
Schul- und Leistungsängstlichkeit u. a." (S. 28). Unter der Diagnose von Aufgabenmerkmalen versteht sie hingegen die Einschätzung von Schwierigkeitsgeraden
bestimmter Aufgaben und die Feststellung typischer Fehler oder Fehlermuster bei
der Aufgabenlösung (Hesse & Latzko, 2017).

Bei der Diagnose von Personenmerkmalen kann, zwischen Status- und
Prozessdiagnostik unterschieden werden (Aufschnaiter et al., 2015; Heinrichs,
2015). Dabei bezieht sich die Statusdiagnostik auf die Erfassung des Zustandes
einer Person, während die Prozessdiagnostik versucht Lehr- und Lernprozesse
zu untersuchen, um zum Beispiel Lösungswege von Schülerinnen und Schülern nachvollziehen oder Fehlvorstellungen erkennen zu können (Ingenkamp &
Lissmann, 2008; Jordan & vom Hofe, 2008).

Brunner et al. (2011) weisen darauf hin, dass es nicht ausreicht auf die Status-
diagnose zu fokussieren, um ein umfassendes Bild der diagnostischen Fähigkeiten
von Lehrpersonen zu erhalten.

> Denn will man die Rolle diagnostischer Fähigkeiten im Unterricht umfassend ver-
> stehen, so erscheinen neben den verschiedenen Indikatoren der Urteilsgenauigkeit
> beispielsweise auch das Wissen um Methoden der Leistungsbeurteilung, Wissen über
> die Auswirkung unterschiedlicher Bezugsnormen, das Wissen über typische Schü-
> lerfehler sowie das Wissen über das diagnostische Potenzial von Aufgaben zentral.
> (Brunner et al., 2011, S. 231)

Das Wissen um Methoden der Leistungsbeurteilung spielt für die Inhalte der
vorliegenden Arbeit keine Rolle. Dieses Wissen ist dann nötig, wenn es um die
Diagnose im Sinne der Selektion geht. Geht es aber um eine handlungsleitende

Diagnose mit dem Ziel der Förderung, ist das Wissen über typische Schülerfehler und das diagnostische Potenzial von Aufgaben entscheidend. In diesem Zusammenhang müssen Lehrpersonen die Schwierigkeiten und kognitiven Anforderungen von Aufgaben einschätzen können. Hößle et al. (2017), die die Diagnose und die Förderung nicht immer explizit trennen, bemerken dazu:

> Eine kontrollierte und theoriegeleitete Erhebung des Lernstandes basiert auf der Formulierung von diagnostischen Aufgaben, deren Ziel es ist, den Lernstand bzw. Lernprozess der Lernenden (Einzelperson oder Gruppe) zu erfassen. In diesem Sinne kommt dem Wissen um geeignete Aufgaben und deren Funktion, Durchführung und Ausrichtung sowie deren Eignung zur Erfassung eines spezifischen Schülermerkmals auf der einen Seite sowie der Aufgabenentwicklung auf der anderen Seite eine besonders herausragende Bedeutung im Zusammenhang mit diagnostischen Förderfähigkeiten zu. (S. 24)

Es wird ein Wissen über Aufgaben benötigt, die es ermöglichen die vorhandenen Kompetenzen *sichtbar* zu machen und um Näheres über problematische Vorgehensweisen und Vorstellungen zu erfahren. Die Sichtbarmachung kann durch den gezielten Einsatz von Diagnoseaufgaben geschehen (vgl. Abschnitt 4.2.2). Schipper und Wartha (2017) bemerken: „Wenn das Kind vom Mathematikunterricht her bekannt ist, bereitet die Auswahl geeigneter diagnostischer Aufgaben in der Regel keine Probleme, weil bereits während des Unterrichts Vermutungen über die Art der besonderen Schwierigkeiten entwickelt wurden" (S. 425).

Neben den Aufgabenanforderungen sollte die Lehrperson das Vorwissen der Lernenden angemessen beurteilen können und Verständnisprobleme der Schülerinnen und Schüler kennen. In Bezug auf Schwierigkeiten beim Rechnenlernen sollte sie also über diagnostische Fähigkeiten verfügen, welche ihr ermöglichen den aktuellen Kenntnisstand der Lernenden zu erfassen. Dazu wiederum benötigt die Lehrperson ein fachdidaktisches Wissen über die Entwicklung von Rechenfertigkeiten.

Wie diese Ausführungen zeigen, handelt es sich bei den diagnostischen Kompetenzen um mehrere Fähigkeiten. Deshalb nutzen Brunner et al. (2011) in ihrer Beschreibung bewusst den Begriff der *diagnostischen Fähigkeiten* und grenzen ihn von der *diagnostischen Kompetenz* und der *diagnostischen Expertise* ab. Schulz (2014) weist darauf hin, dass der Begriff diagnostische Kompetenz zu eng gefasst sei, da er oft mit der Urteilsgenauigkeit in Verbindung gebracht wird. Den Begriff der diagnostischen Expertise schätzt er im Gegensatz dazu als zu weit gefasst ein. Beinhaltet dieser doch neben der Urteilsgenauigkeit weitere Aspekte des diagnostischen Wissens und Könnens. Diesen Begründungen folgend, soll auch in dieser Arbeit der Begriff der diagnostischen Fähigkeiten verwendet werden. Darunter werden, in Anlehnung an die oben aufgeführte Definition von Weinert (2000) und die Ausführungen von Brunner et al. (2011), die Fähigkeiten verstanden, welche benötigt werden, um den aktuellen Kenntnisstand der Schülerinnen und Schüler zu ermitteln und die Lösungswege der Lernenden verstehen zu können. Es sollten also sowohl die Voraussetzungen als auch Fehlvorstellungen und Schwierigkeiten erkannt werden. Dazu ist ein Wissen über eben diese Voraussetzungen und typische Schülerfehler unerlässlich. Um diese Inhalte diagnostizieren zu können, ist das Wissen über das diagnostische Potenzial von Aufgaben unabdingbar.

Schrader (2009) verweist darauf, dass sich die diagnostischen Fähigkeiten von Lehrpersonen „in Bildungspolitik und Bildungsadministration großer Beliebtheit erfreuen, die aber bislang noch relativ wenig systematisch erforscht sind" (S. 237). Senftleben und Heinze (2011) bemerken, dass die proximale reliable und valide Erfassung des fachdidaktischen Wissens lange Zeit ein Forschungsdesiderat war. Meist wurde es durch distale (z. B. Abschlussnote) oder subjektive (z. B. Selbsteinschätzung) Faktoren erfasst. Allerdings wird dabei das Fachwissen und das fachdidaktische Wissen in den meisten Studien nicht getrennt betrachtet (Baumert & Kunter, 2006). Den Mangel an empirischen Untersuchungen führen Brunner et al. (2006) auf das Fehlen von diagnostischen Verfahren zur Messung der Lehrpersonenkompetenz zurück.

Aufgrund dieses Mangels an empirischen Untersuchungen und Verfahren soll ein Schwerpunkt der vorliegenden Arbeit die Entwicklung neuer Verfahren zu Erfassung diagnostischer Fähigkeiten und die Auswertung der damit erhobenen Daten sein. Dabei wird besonders auf die Entwicklung dieser Fähigkeiten eingegangen, da „die Beschreibung und Erklärung der Entstehungsbedingungen und Wissensgrundlagen von fach- bzw. domänenspezifischen diagnostischen Kompetenzen" (Lorenz & Artelt, 2009, S. 220) ein wichtiges Forschungsdesiderat darstellen.

Da es sich bei den diagnostischen Fähigkeiten um domänenspezifische Fähigkeiten handelt, ist eine allgemeine Betrachtung und Erforschung nicht ausreichend. Es ist notwendig den Themenbereich einzugrenzen. In dieser Arbeit wird der Fokus auf die Entwicklung diagnostischer Fähigkeiten mit Blick auf besondere Schwierigkeiten beim Rechnenlernen gelegt (Kapitel 5). Da, wie in Abschnitt 4.2.2 beschrieben, in der vorliegenden Studie eine prozessorientierte Diagnose im Vordergrund steht, sollen die diagnostischen Fähigkeiten vor allem über das Wissen über typische Schwierigkeiten und Indizien operationalisiert werden (vgl. zur Operationalisierung Abschnitt 8.5.2).

Die Diagnose und somit die diagnostische Kompetenz der Lehrpersonen sind eine äußerst wichtige Voraussetzung um passgenaue Interventionen und Förderformate entwickeln und anwenden zu können (Jordan & vom Hofe, 2008). Das Erstellen von Diagnosen und eine daran anschließende Förderung sind eng miteinander verbunden (Pott, 2019).

4.3 Förderung und Förderfähigkeiten

Soll eine Diagnose nicht nur der Beurteilung und Selektion dienen, sondern mit dem Ziel durchgeführt werden, Lernende in ihrem Entwicklungsweg zu unterstützen, so ist eine anschließende Förderung sinnvoll.

Deshalb sollten diagnostische Fragestellungen zu Lernvoraussetzungen der Schülerinnen und Schüler sollten stets eng mit den Unterrichts- und Förderzielen verknüpft werden. Dabei sollte die Lehrperson entscheiden, ob die Optimierung des Lernens über die direkte Veränderung von bestimmten Lernvoraussetzungen oder indirekt über allgemeine Förderangebote erreicht werden kann (Hesse & Latzko, 2017).

Im Gegensatz zur Diagnose scheint die Förderung bei theoretischen Betrachtungen allerdings oft eine untergeordnete Rolle zu spielen. So finden sich beispielsweise kaum Beschreibungen im Zusammenhang mit Kompetenzmodellen. In der mathematikdidaktischen Literatur werden oft Handlungsanweisungen und Übungsformate besprochen, ergänzt durch Arbeiten, in denen ein übergeordnetes Gesamtkonzept für die Förderung beschrieben wird. „Meist verfolgen Fördermanuale einen praxisorientierten Aufbau, der in vielen Fällen am Lehrplan ansetzt oder sich aus didaktischen (z. B. Krauthausen & Scherer, 2007) und praktischen (z. B. Herdermeier, 2012) Ansätzen ableiten lässt" (U. Fischer, Roesch & Moeller, 2017, S. 25). Eine darüber hinausgehende Auseinandersetzung findet kaum statt, weshalb im vorliegenden Abschnitt oft auf Literatur aus anderen Fachbereichen zurückgegriffen werden muss.

Hierzu erfolgt zunächst eine Annäherung an den Begriff der *Förderung*, bevor die dazu benötigten *Förderfähigkeiten* von Lehrpersonen in den Blick genommen werden.

4.3.1 Dimensionen und Bedeutung von Förderung

Förderung als ein Sammelbegriff verschiedener Ansätze

In der mathematikdidaktischen Literatur finden sich immer wieder Hinweise auf die Notwendigkeit von Förderung. Dort werden oft zahlreiche, meist auf mathematikdidaktische Inhalte in Form von Aufgaben und Materialien beschränkte, Förderhinweise gegeben. Und obwohl die Förderung oft erwähnt wird und inhaltliche Vorschläge gemacht werden, findet sie bei weitem nicht so viel Beachtung, wie die eng mit ihr zusammenhängende Diagnose. Dies kann exemplarisch ein Blick in das Lexikon der Pädagogik (Tenorth & Tippelt, 2012) verdeutlichen. Hier werden zwei ganze Seiten der *Diagnostik* gewidmet, während der Begriff *Fördern* mit 15 Wörtern beschrieben wird. Sowohl Klieme und Warwas (2011), als auch Wischer (2014) bestätigen, dass der Begriff *Fördern* beziehungsweise *individuelle Förderung* in der wissenschaftlichen Literatur kaum auftaucht und überwiegend alltagssprachlich verwendet wird. Auch lässt sich kaum eine genauere Beschreibung oder gar eine Definition von Förderung finden. Fischer, Rott, Veber, Fischer-Ontrup und Gralla (2014) bemerken in diesem Zusammenhang: „Eine einheitliche Arbeitsgrundlage über das, was unter Individueller Förderung zu verstehen ist, gibt es in der schulischen Praxis, wissenschaftlichen Forschung und Bildungspolitik bislang jedoch nicht" (S. 19). In diesem Zusammenhang erklärt auch Höpperdietzel (2008):

> Der Begriff der Förderung nimmt keine zentrale Stellung in der Lehr-Lern-Forschung ein, da der Begriff des Lernens eine hohe Generalität aufweist und sowohl auf gruppenbezogene als auch individuelle Lernsituationen anwendbar ist. Auch im Falle unzureichender Lernvoraussetzungen oder zu geringer Zielerreichung kann durch geeignete Lernprozesse eine Annäherung an die gewünschten Zielzustände geplant werden, was wiederum mit dem Begriff des auf spezifische Bedingungen ausgerichteten Lehrens beschreibbar ist. (S. 36)

In den bisher dargestellten Sachverhalten zeigt sich bereits, dass zum einen von Förderung und zum anderen von individueller Förderung gesprochen wird. In der aktuellen Diskussion wird der Begriff Förderung sowohl für Interventionen bei Gruppen als auch bei Individuen verwendet, während unter individueller Förderung meist eine Förderung einzelner Personen oder eine Passung bestimmter Inhalte auf die Kompetenzen einzelner Personen verstanden wird. Selter et al. (2017) bemerken dazu:

Das Eingehen auf individuelle Lernpotenziale wird leider gerade in der Grundschule nicht selten so verstanden, dass die Schülerinnen und Schüler kleine Lernhefte, unzusammenhängende Arbeitsblätter oder Lernstationen in individuellem Tempo weitgehend auf sich selbst gestellt – und damit gerade nicht selbstständig im eigentlichen Wortsinne – bearbeiten. (S. 376)

Eine solche Umsetzung entspricht nicht dem Gedanken der individuellen Förderung, sofern sie im Sinne der Passung der Lerninhalte auf individuelle Voraussetzungen der Lernenden verstanden wird. Stattdessen erfolgt die Passung überwiegend nach Bearbeitungstempo der gestellten Aufgaben. Nach Klieme und Warwas (2011) lässt sich „Bildung als einen Vorgang, in dem Menschen ihre Persönlichkeit entfalten und eine eigene Identität ausbilden sowie sich zugleich kulturelle Normen, Kompetenzen und Wissensinhalte aneignen" (S. 807), verstehen. Wird diesem Gedanken gefolgt, ist Bildung also ein individueller Prozess und somit jegliche Bildung, und damit auch Förderung, eine individuelle Förderung. Im weiteren Verlauf dieser Arbeit werden die Begriffe Förderung und individuelle Förderung deshalb synonym verwendet.

Nach Graumann (2008) wurde der Begriff der Förderung Anfang der 1960er-Jahre eher der Heil- und Sonderpädagogik zugeschrieben und, obwohl seit 1970 im Strukturplan des deutschen Bildungsrates festgeschrieben, oft erst seit den 1990er-Jahren auch in Regelschulen wahrgenommen. Dabei wird heute zwischen speziellen „Fördereinrichtungen (Institutionen, Stiftungen usw.), Sonderschulen bzw. Förderschulen und Fördermaßnahmen bzw. Förderunterricht als geplante individuelle Maßnahme für Schüler mit besonderen Lernvoraussetzungen" (Graumann, 2008, S. 20) unterschieden. Es gibt somit Fördermaßnahmen innerhalb und außerhalb der Schule. Die Förderung in der Schule kann binnendifferenziert, also innerhalb des Regelunterrichts, oder in Form von ausgewiesenen Förderstunden erfolgen. Da in dieser Arbeit der Fokus auf Fortbildungen von Lehrpersonen liegt, erfolgt für den weiteren Verlauf eine Beschränkung auf den schulischen Bereich. Gleichwohl können die hier dargestellten Inhalte auch im außerschulischen Bereich Beachtung finden.

Tenorth und Tippelt (2012) bezeichnen Förderung als einen „Sammelbegriff für alle erzieherischen, beratenden oder therapeutischen Maßnahmen zur Ausbildung und Verbesserung ausgewählter Fertigkeiten" (S. 252). Eine solche Definition ist zum einen sehr weit gefasst und lässt gleichzeitig fachdidaktische Aspekte im Wesentlichen unberücksichtigt. Bei einer solch weiten Fassung stellt sich die Frage, ob Fördern und Förderung allem unterrichtlichen Handeln beziehungsweise allen pädagogischen Tätigkeiten zu Grunde liegen. Dennoch zeigen Tenorth und Tippelt (2012) bereits auf, dass der Begriff der Förderung offenbar mehrere Aspekte beinhaltet. Auch Selter et al. (2017; Selter et al., 2019) verstehen unter individueller Förderung eine Art Sammelbegriff, der unter verschiedenen Ansätzen betrachtet

werden kann. Zum einen als organisatorische Ansätze, wie zum Beispiel Förderstunden oder äußere Differenzierungen, zum anderen als methodische Ansätze, wie
beispielsweise Wochen- beziehungsweise Tagespläne, Lernen an Stationen oder
Rechenkonferenzen. Hinzu kommen lernbezogene Ansätze, wie zum Beispiel sub-
stanzielle Aufgaben zur natürlichen Differenzierung, eigene Rechenwege oder die
Nutzung von Eigenproduktionen.

Diese beiden Definitionen als Sammelbegriffe machen deutlich, dass es sich
bei der individuellen Förderung um einen komplexen Vorgang handelt, der nicht
einfach definiert werden kann. Klieme und Warwas (2011) schreiben dazu: „Im
Theoriediskurs der Erziehungswissenschaft hat der Terminus ‚individuelle Förderung' keinen besonderen Stellenwert. Dies liegt vermutlich darin begründet,
dass ‚individuelle Förderung' eine im wissenschaftslogischen Sinne gewissermaßen
überflüssige Kategorie ist, weil sie keinen spezifischen Begriffsinhalt hat" (S. 807).
Seiner Auffassung nach ist Erziehung immer Förderung. Überträgt man diesen
Gedanken auf den Mathematikunterricht, so könnte jeglicher Mathematikunterricht
auch immer als Förderung gesehen werden. Deshalb soll im Folgenden auf diesen
Aspekt eingegangen werden um sich dem Begriff der Förderung weiter anzunähern.

Förderung und Unterricht
In der Regel wird von Unterricht erwartet, dass er an die individuellen Vorausset-
zungen der Kinder anknüpft. „Jedes Kind soll mit seinen individuellen Stärken und
Schwierigkeiten, spezifischen Begabungen und Unterstützungsbereichen beachtet,
wertgeschätzt und fachlich gefördert werden" (Heß & Nührenbörger, 2017, S. 275).
Deshalb wird eine differenzierte Entwicklungsdiagnostik und eine adaptive indivi-
duumsbezogene Förderung gefordert (Häsel-Weide, Nührenbörger, Moser Opitz &
Wittich, 2017).

Nach Wischer (2014) hat im schulpädagogischen und bildungspolitischen
Diskurs die *individuelle Förderung* als eine zentrale Leitidee für die Unterrichtsgestaltung Eingang gefunden. Meyer (2017) bezeichnet individuelle Förderung gar als
ein Kriterium guten Unterrichts. Bei einer solchen Auslegung des Begriffs Fördern
würde dies bedeuten, dass Unterricht auch immer Förderunterricht ist. Graumann
(2008) weist auf die unterschiedlichen Diskussionen in der schulpädagogischen
Literatur in diesem Zusammenhang hin. Zum einen werden schulorganisatorische
und didaktische Maßnahmen als Förderunterricht bezeichnet, wenn sie dem Abbau
schulischer Leistungsrückstände und Lerndefiziten dienen. Zum anderen gibt es
Definitionen, welche jeglichen Unterricht als Förderung bezeichnen. Oft liegt diesem Gedanken das Recht des Kindes auf individuelle Förderung zu Grunde. Darauf,
dass eine Förderung, unabhängig vom Unterricht, durchaus seine Berechtigung hat,
weisen Häsel-Weide et al. (2017) hin:

Eine separate, exklusive Förderung, die an die mathematischen Kompetenzen des einzelnen Kindes angepasst sind, besitzt in bestimmten Lehr- und Lernsituationen ihre Berechtigung. So kann dem einzelnen Kind mehr Zeit für die inhaltliche Erkundung eröffnet werden, sodass es begriffliche Weiterentwicklungsprozesse vornehmen kann. Zudem kann sich die Lehrkraft dem einzelnen Kind – ohne sich zugleich der Gefahr auszusetzen, andere Kinder aus dem Blick zu verlieren – intensiver zuwenden. (S. 21)

Eine Trennung der Begriffe Förderung und Unterricht diskutieren Arnold und Richter (2008). Sie verweisen darauf, dass Unterricht „aufgrund seines umfassenden Bildungsanspruchs nicht der Rahmen für eng umgrenzte Funktionstrainings bzw. Interventionsmaßnahmen" (Arnold & Richert, 2008, S. 27) sein kann. Damit soll auch einer überzogenen Wirkungserfahrung und einer Überfrachtung von Unterricht entgegengewirkt werden. Ebenso weisen Arnold und Richter (2008) auf die unterschiedlichen Qualifikationen der Lehrpersonen hin:

Zudem sind innerhalb des Schulwesens Fachpersonen unterschiedlicher pädagogischer Professionalität tätig, deren Arbeitsfelder komplementär sein sollten. So ist z. B. die von einer Lehrkraft der Allgemeinen Schule im Fall der Integration zumindest partiell zu übernehmende Unterrichtung von Schülern mit sonderpädagogischem Förderbedarf abzugrenzen von der sonderpädagogischen Förderung dieser Schüler durch Lehrerpersonen mit sonderpädagogischer Ausbildung. (S. 27)

Arnold und Richter (2008) finden im weiteren Verlauf ihrer Ausführungen zwar keine verbindliche Definition, aber Abgrenzungen, in denen nicht alle pädagogischen Maßnahmen, die auf die Bildung und Erziehung von Menschen ausgerichtet sind, einer Förderung gleichkommen.

Schulfachliche Förderung kann ebenso wie allgemeinbildende und erziehende Förderung im Unterricht als eine mit (fach-)didaktischen Mitteln erbrachte Leistung bezeichnet werden. Förderung unterscheidet sich von binnendifferenziertem Unterricht durch das Ausmaß der Adaptivität und stellt somit ein Unterrichtsangebot dar, das auf den Lernstand jeder daran teilnehmenden Schülerin/jedes Schülers hin geplant worden ist und individuell adaptiv durchgeführt wird. (Arnold & Richert, 2008, S. 32)

Je nach Ausprägung der vorliegenden Schwierigkeiten, den Fähigkeiten der Lehrpersonen, der Klassengröße oder der Organisation des Unterrichts, kann eine Förderung innerhalb des Unterrichts erfolgen oder in einem erforderlichen speziellen Rahmen, wie zum Beispiel einzelner Förderstunden (Klieme & Warwas, 2011; Lorenz, 2013).

Aufgrund der gemachten Ausführungen zeigt sich, dass eine Festlegung, ob Förderung im Unterricht, in speziellen Förderstunden oder gar in speziellen Schulen erfolgen soll, nicht zielführend ist und sich darüber auch nicht sinnvoll definieren lässt. Vielmehr ist in allen Bereichen eine Förderung möglich, die in ihrer Intensität von verschiedenen Faktoren (z. B. der Klassen- oder Fördergruppengröße, der vorhandenen personellen, finanziellen und räumlichen Ressourcen oder den Kompetenzen der Lehrpersonen) abhängt. Diese Annahme bestätigt sich auch, wenn man das Zielkriterium der Förderung, Kindern mit besonderen Schwierigkeiten beim Rechnenlernen zu unterstützen, als Maßstab anlegt. Dieses Ziel bleibt für jegliche Fördermaßnahme bestehen und kann sich lediglich in der Intensität der Förderung und damit seiner Erreichbarkeit unterscheiden. Aus diesem Grund scheint es nicht gewinnbringend auf die Organisationsform abzuzielen. Deshalb wird im Folgenden unabhängig von der organisatorischen Form und der Gruppengröße an das oben genannte zentrale Kriterium für Förderung, die Adaptivität, angeknüpft.

Förderung und Adaptivität

„Die Adaptivität wird häufig auf der Ebene des Individuums verortet und in diesem Sinne etwa mit der individuellen Förderung einzelner Schülerinnen und Schüler in Verbindung gebracht" (Hertel, 2014, S. 20). Dabei kann durch eine hohe Adaptivität unter anderem auf konkrete Förderziele, Förderbereiche und Förderinstrumente fokussiert werden (Wischer, 2014). „Im pädagogisch-psychologischen Kontext wird der Begriff Adaptivität sowohl für Lernende als auch für Lehrende verwendet: Während sich Schülerinnen und Schüler an verschiedene Formen des Unterrichts anzupassen haben, sollten Lehrpersonen den Unterricht an die Bedürfnisse der Lernenden anpassen" (Brühwiler, 2014, S. 60). Aufgrund des Fortbildungsinhaltes und den Inhalten der vorliegenden Untersuchung wird im weiteren Verlauf auf die Adaption durch die Lehrpersonen fokussiert.

Unter diesem Blickwinkel kann Adaptivität zunächst als eine möglichst genaue Passung zwischen Lehrerhandeln und den sozialen, individuellen und kognitiven Bedingungen der Lernenden verstanden werden (Corno, 2008). Weiterhin kann eine Unterscheidung zwischen Makro- und Mikroadaptionen vorgenommen werden (Corno, 2008). Unter Makroadaption werden eher Interventionen verstanden, welche für Gruppen geplant werden, in denen die Schülerinnen und Schüler sich auf einem ähnlichen Niveau befinden. Dabei geht es meist auch um längerfristig geplante Maßnahmen im Rahmen ganzer Unterrichtseinheiten. Mikroadaption stellt hingegen eine direkte Reaktion der Lehrperson auf einzelne Schülerinnen oder Schüler im konkreten Unterricht dar. Dabei wird das Unterrichtsgeschehen interpretiert und anschließend interveniert. Als zentrale Voraussetzungen für beide Formen der Adaptivität gelten das Diagnostizieren der Lernvoraussetzungen und das Überwachen des Lernfortschritts (Krammer, 2009). Durch die Interaktion mit den Lernenden erhält die Lehrperson Informationen über deren individuelle Voraussetzungen und deren Lernentwicklung, an die sie dann ihre weiteren Unterrichtsschritte anpassen kann.

Leiss und Tropper (2014) zeigen in ihrer Arbeit Merkmale von Lehrerinterventionen auf und welche Wirkung diese auf die Lernleistung von Schülerinnen und Schülern haben können. Beispielsweise beschreiben sie, dass die Aufforderung von Lehrpersonen an die Schülerinnen und Schüler, ihr Handeln zu erklären oder Entscheidungen im Lernprozess zu generieren eher zu Lernerfolgen führt, als eine instruktionale Erklärung durch die Lehrperson. Wirksam scheinen auch rückmeldende Interventionen, die strategieorientierte Komponenten beinhalten und „die Schüler anregen, vertieft über ihren Bearbeitungsprozess zu reflektieren" (Leiss & Tropper, 2014, S. 16). Weiterhin können sich Interventionen günstig auf die Lernleistung auswirken, wenn sie Schülerinteraktionen während des kooperativen Arbeitsprozesses miteinbeziehen, anstatt sich nur auf Aufgabeninhalte zu beschränken. Mit höheren Lernleistungen gehen ebenso Interventionen einher, welche, basierend auf einer Lernprozessdiagnose, weniger direkt gegeben werden als Interventionen mit einem hohen Grad an inhaltlicher Explizitheit.

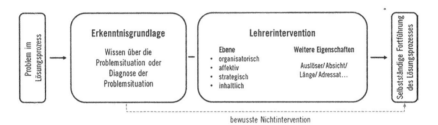

Abbildung 4.2 Allgemeines Modell des Interventionsprozesses (Abbildung übernommen von Leiss und Tropper, 2014, S. 18)

Aufbauend auf diesem Forschungsstand, und um weitere Erkenntnisse über adaptive Lehrerinterventionen gewinnen zu können, schlagen Leiss und Tropper (2014) ein Prozessmodell für Lehrerinterventionen vor (vgl. Abbildung 4.2). In dem Modell geht es zunächst darum, eine Erkenntnisgrundlage zu schaffen, also z. B. eine Diagnose durchzuführen, welche die Grundlage für ein situationsangemessenes Interventionshandeln bietet. Ausgehend von den gewonnenen Erkenntnissen gibt es zwei Möglichkeiten der weiteren Abfolge. Zum einen besteht die Möglichkeit, dass die Lehrperson bewusst entscheidet, nicht oder noch nicht zu intervenieren. Dadurch kann den Lernenden die Möglichkeit gegeben werden, aufgetretene Hürden selbstständiger zu überwinden. Diesen Lösungsprozess gilt es zu beobachten und zu diagnostizieren, um bei einem möglichen Scheitern intervenieren zu können. Als zweite Möglichkeit kann eine Lehrperson sich bewusst für eine Intervention entscheiden. In diesem Fall „ist diese […] zurückhaltend, also unter größtmöglicher Einhaltung der Selbständigkeit der Schüler, und situationsspezifisch, also auf die individuelle Ausgangslage sowie das situationsbezogene Handeln der Lernenden angepasst, durchzuführen" (Leiss & Tropper, 2014, S. 18). Nach der erfolgten Intervention ist eine abschließende Evaluation beziehungsweise Diagnose nötig. Auf dieser Grundlage kann entschieden werden, ob die Schülerin oder der Schüler den Lernprozess selbständig fortsetzen kann, oder ob weitere Interventionen nötig sind. Leiss und Tropper (2014) schlagen deshalb vor, als adaptive Lehrpersonenintervention solche (verbalen, paraverbalen und nonverbalen) Hilfestellungen der Lehrperson zu definieren, die „auf einer diagnostischen Grundlage basierend einen inhaltlich und methodisch angepassten minimalen Eingriff in den Lösungsprozess der Schüler darstellen, der sie befähigt, eine (potentielle) Barriere im Lösungsprozess zu überbrücken und diesen möglichst selbständig weiterzuführen" (S. 19). Diese Definition macht auch deutlich, dass die Diagnose zwar eine unabdingbare Voraussetzung für eine Förderung ist, sich aber gleichzeitig von ihr unterscheidet.

Für die vorliegende Arbeit wird die hier dargestellte Definition von Leiss und Tropper (2014) übernommen. Deshalb wird im Folgenden auch nicht explizit unterschieden, in welcher Form die Förderung stattfindet. Vielmehr geht es darum, dass für Kinder mit besonderen Schwierigkeiten beim Rechnenlernen gezielte Maßnahmen eingeleitet werden können, die diese Kinder in ihrem individuellen Lernprozess unterstützen. „Eine Förderung wird individuell passend, wenn diese sensibel an den spezifischen mathematischen Kompetenzen des einzelnen Kindes adaptiv ansetzt" (Heß & Nührenbörger, 2017, S. 276). Dabei ist es, wie oben bereits beschrieben, zunächst irrelevant in welchem organisatorischen Rahmen diese Maßnahmen erfolgen. Vielmehr ist entscheidend, dass auf eine Diagnose eine möglichst passgenaue Intervention erfolgt. Die Begriffe der Förderung und der Intervention werden deshalb synonym verwendet. Zentrales Element ist eine größtmögliche Adaptivität, also eine Passung zwischen den diagnostizierten Kompetenzen und Schwierigkeiten und den durchzuführenden Fördermaßnahmen beziehungsweise Interventionen. Diesen Zusammenhang bestätigen auch Arnold und Richter (2008) in dem oben aufgeführten Zitat (vgl. S. 66).

Um aber eine möglichst passgenaue Förderung durchführen zu können, benötigen Lehrpersonen dementsprechende Fähigkeiten. Eine Konkretisierung der Förderung in Bezug auf besondere Schwierigkeiten beim Rechnenlernen erfolgt in Kapitel 5.

4.3.2 Förderfähigkeiten von Lehrpersonen

„Schulfachliche Förderung kann ebenso wie allgemeinbildende und erziehende Förderung im Unterricht als eine mit (fach-)didaktischen Mitteln erbrachte Leistung bezeichnet werden" (Arnold & Richert, 2008, S. 32). In diesem bereits im vorigen Abschnitt dargestellte Zitat von Arnold und Richter (2008) findet sich ein Hinweis auf die Professionalität von Lehrpersonen im Kontext von Förderung. Das Erbringen einer (Förder-)Leistung setzt demnach ein fachdidaktisches Wissen voraus. Für eine adaptiv gestaltete Durchführung einer Förderung ist ein Professionswissen also unabdingbar. Dass Professionswissen, beziehungsweise die damit zusammenhängenden Kompetenzen und Fähigkeiten, domänenspezifisch ist konnte bereits in Abschnitt 2.2 gezeigt werden. Da für den mathematikdidaktischen Bereich keine Beschreibungen von Förderkompetenzen gefunden wurden, lohnt ein Blick auf die Ausführungen der Forschergruppe um Beck et al. (2008). Beck et al. (2008) nennen in ihrer Untersuchung zur adaptiven Lehrpersonenkompetenz vier Dimensionen, die zur näheren Beschreibung herangezogen werden. Dazu gehören die Sachkompetenz, die diagnostische Kompetenz, die didaktische Kompetenz und die Klassenführungskompetenz. Die Kompetenzen der einzelnen Dimensionen werden wie folgt beschrieben:

– reichhaltiges, flexibel nutzbares eigenes Sachwissen, in dem sich die Lehrperson leicht und rasch geistig bewegen kann (Sachkompetenz);
– die Fähigkeit, bezogen auf den jeweiligen Unterrichtsgegenstand, die Lernenden bezüglich ihrer Lernvoraussetzungen und -bedingungen (Vorwissen, Lernweisen, Lerntempo, Lernschwäche usw.) sowie ihrer Lernergebnisse zutreffend einschätzen zu können (diagnostische Kompetenz);
– reichhaltiges methodisch-didaktisches Wissen und Können, wozu auch gehört, dass die Lehrperson die Vor- und Nachteile der einsetzbaren didaktischen Möglichkeiten und die Bedingungen kennt, unter denen diese Erfolge versprechend eingesetzt werden können (didaktische Kompetenz) sowie
– die Fähigkeit, eine Klasse so zu führen, dass sich Lernende – als Grundvoraussetzung für Lernfortschritt und Lernerfolg – aktiv, anhaltend und ohne ein Zuviel an störenden Nebenaktivitäten (hohe time on task-Werte) mit dem Unterrichtsgegenstand auseinandersetzen können (Klassenführungskompetenz) (Beck et al., 2008, S. 41).

In den in Abschnitt 2.4 dargestellten Kompetenzmodellen bleiben die Förderkompetenzen unberücksichtigt. Die von Beck et al. (2008) vorgenommenen

Kategorisierungen finden aber in weiten Teilen Entsprechungen im Kompetenz-modell der COACTIV-Studie (vgl. Brunner et al., 2011). Die Sachkompetenz entspricht im Wesentlichen dem Fachwissen, die didaktische Kompetenz dem fachdidaktischen Wissen und die Klassenführungskompetenz, zumindest als Teil-bereich, dem pädagogisch-psychologischen Wissen. Auch die diagnostische Kom-petenz hat große Übereinstimmungen mit den diagnostischen Fähigkeiten aus dem Modell der COACTIV-Studie. Beck et al. (2008) betrachten die dargestellten Kompetenzen eher aus einer pädagogisch-psychologischen Sichtweise.

Für die vorliegende Arbeit ist es aber sinnvoll, eine mathematikdidakti-sche Betrachtungsweise einzunehmen. Deshalb werden im weiteren Verlauf die Begriffe aus der COACTIV-Studie verwendet und die Kompetenzen auf eine adaptive Förderung mit mathematischen Inhalten hin analysiert. Dadurch ergibt sich, dass das Fachwissen als Grundlage für das Unterrichten angesehen wer-den kann und keine hinreichende Voraussetzung für eine Förderung ist. Da der Schwerpunkt der vorliegenden Arbeit auf dem fachdidaktischen Wissen liegt, bleibt die Facette der pädagogisch-psychologischen Kompetenz hier unberück-sichtigt, auch wenn diese Fähigkeiten zweifelsfrei benötigt werden, um eine adaptive Förderung durchführen zu können. Interessant ist, dass die adaptive Lehrpersonenkompetenz nach Beck et al. (2008) die diagnostische Kompetenz beinhaltet. Das bedeutet, dass für die Förderung ein Wissen über das mathema-tische Denken, beziehungsweise typische Fehler, der Schülerinnen und Schüler sowie ein Wissen über mathematische Aufgaben und deren Förderpotenzial wich-tig ist. Diese Aufgaben sollen auf Basis einer handlungsleitenden Diagnose eine diagnosegeleitete Förderung ermöglichen (Selter et al., 2017).

Es ergibt sich also, zumindest teilweise, eine Unterscheidung zwischen Diagnose- und Förderaufgaben. Damit erweitert sich das Spektrum der Förderfä-higkeiten. Es wird nicht nur ein Wissen über Aufgaben im diagnostischen Sinne benötigt, sondern auch ein Wissen über Aufgaben für die Förderung. Hößle et al. (2017) stellt fest:

> Dabei eröffnen Aufgaben zur Diagnose Einblicke in Vorstellungen und Denkpro-zesse von Lernenden, Aufgaben zur Förderung nutzen diese Befunde und ermög-lichen Schülerinnen und Schüler [sic] auf Basis eines fundierten fachdidaktischen Förderkonzepts, ihre Schwierigkeiten zu beheben, Stärken weiter auszubauen und noch ungefestigtes Wissen durch Übung zu sichern. (S. 23)

Förderaufgaben verfolgen das Ziel, Lernfortschritte zu ermöglichen und sollen erfolgreich gelöst werden können. Die Lehrperson kann im Bedarfsfall Erklärun-gen geben, welche aber von dieser in das bestehende Wissensnetz der Lernenden eingeordnet werden können. Zur aktiven Entwicklung des Verständnisses kann die Lehrperson Fragen stellen und Impulse geben. Hilfen sollen nur als Unterstützung zur Selbstfindung von Erkenntnissen gegeben werden. Fehler sollen analysiert und überwunden werden. Rückmeldungen erfolgen lernprozess- und sachorientiert (Selter et al., 2019).

Hößle et al. (2017) schlagen vor, dass Aufgaben, die zur Förderung herangezogen werden, beispielsweise Folgendes ermöglichen sollten:

- Nicht verstandene Inhalte sollten noch einmal grundlegend bearbeitet werden können.
- Noch nicht automatisiertes Wissen sollte durch Übungen gefestigt werden.
- Wissen, das nur auf bestimmte Kontexte angewandt werden kann, sollte in anderen Kontexten erprobt und geübt werden können.
- Bereits vorhandenes Wissen sollte vertieft und für Problemlösungen nutzbar gemacht werden.
- Bei spezifischen Schwierigkeiten sollten diese durch unterschiedliche Zugänge und mit unterschiedlichen Darstellungsmitteln bearbeitet werden.

Ausgehend von dem Gedanken, dass die Diagnosefähigkeiten ein Teilaspekt der Förderfähigkeiten sind, zeigt sich, dass letztere als umfassender einzuordnen sind. Demnach wäre eine Diagnose ohne Förderkompetenz also durchaus denkbar, eine Förderung ohne Diagnosekompetenz jedoch nicht. Dieser Gedanke ist vor allem deshalb interessant, weil spätestens seit den Analysen und Ergebnissen aus Vergleichsstudien, wie zum Beispiel TIMMS und PISA, die Forderungen nach einer Kompetenzentwicklung von Lehrpersonen im Bereich der Diagnose immer stärker in den Fokus gerückt sind. Lehrpersonen, welche diagnostizieren können, müssen nicht zwangsläufig auch fördern können. In diesem Zusammenhang bemerken Hesse und Latzko (2017):

> Es ist keinesfalls trivial, dass zum Gelingen einer Förderung die Feststellung der Ausgangslage unbedingt erforderlich ist. Eine differenzierte Wissens- und Könnensanalyse des Schülers und die Aufdeckung von Knotenpunkten der Lücken im Lernstoff, die situations- und fallangemessene Prüfung der Lernvoraussetzungen sind notwendige, aber nicht hinreichende Voraussetzungen, um effektiv fördern zu können. (S. 57)

Es sollte also mindestens eine Weiterentwicklung von Diagnose- und Förderkompetenzen angestrebt werden. Ein Blick auf das Kompetenzmodell der COACTIV-Studie macht außerdem deutlich, dass der Kompetenzbereich des fachdidaktischen Wissens als Facette das Erklärungswissen beinhaltet. Diese Kompetenzfacette wird nicht nur für die Diagnose, sondern vor allem für die

Förderung benötigt. Lernende können sich nicht immer alle Fachinhalte selbst erschließen. Erklärungen durch die Lehrperson sind im Förderprozess unerlässlich. Das bedeutet, für eine adaptive Förderung werden teilweise andere und vor allem mehr Kompetenzen benötigt, als für die Diagnose (vgl. Abbildung 4.3).

Diagnostische Fähigkeiten und Förderfähigkeiten weisen also starke Überschneidungen, aber auch Unterschiede auf. Obwohl die Förderfähigkeiten auch große Teile der diagnostischen Fähigkeiten umfassen, lohnt es sich aus wissenschaftlicher Sicht die beiden Konstrukte getrennt zu betrachten. Diese Betrachtungsweise ermöglicht eine Fokussierung auf die doch vorhandenen Unterschiede, wie zum Beispiel das Erklärungswissen und die Unterschiede bezüglich des Wissens über unterschiedliche Aufgabenstellungen. Außerdem verdeutlicht dies, dass die beiden Prozesse theoretisch getrennt voneinander ablaufen. Das heißt, zunächst sollte eine umfassende und gründliche Diagnose erfolgen. Erst im zweiten Schritt werden passende Fördermaßnahmen durchgeführt, die dann, um die Adaptivität zu gewährleisten, auch immer wieder auf neue Diagnosen zurückgreifen. Würden die beiden Konstrukte zusammen erfasst, bestünde die Möglichkeit, dass nur die diagnostischen Fähigkeiten beziehungsweise nur die Förderfähigkeiten erhoben werden oder eine Vermischung erfolgt.

Wie die obige Darstellung zeigt, handelt es sich bei den Kompetenzen, welche für eine adäquate Förderung benötigt werden, um mehrere Fähigkeiten. Deshalb wird in dieser Arbeit, analog der Argumentation zu den diagnostischen Fähigkeiten, der Begriff der Förderfähigkeiten genutzt. Der Begriff der Förderkompetenz ist zu eng gefasst und wird oft nur mit dem Wissen über mathematische Aufgaben in Verbindung gebracht. Der Begriff der Förderexpertise wiederum ist zu weit gefasst, da er weitere Aspekte des Wissens und Könnens in Bezug auf Förderung einschließt. Hier werden unter Förderfähigkeiten die Fähigkeiten verstanden welche benötigt werden, um Schülerinnen und Schülern ein passgenaues, also adaptives, Förderangebot zu machen, das sie befähigen kann, sich durch Lernprozesse weiter zu entwickeln. Dazu ist es zunächst nötig, ein Wissen über das mathematische Denken von Schülerinnen und Schülern zu haben. Ebenso wird ein Wissen über mathematische Aufgaben und deren Potential für die Förderung und ein Erklärungswissen benötigt.

Krammer (2009) verweist auf die Schwierigkeiten, das Konstrukt der Adaptivität zu operationalisieren und zu erfassen. In Anlehnung an die beschriebenen Kompetenzen wird in dieser Studie versucht, die Förderfähigkeiten der Lehrpersonen über das Wissen in Bezug auf passende Fördermaßnahmen bei Schwierigkeiten beim Rechnenlernen zu operationalisieren. Dabei soll dieses Wissen, analog zum diagnostischen Wissen, möglichst handlungsnah erfasst werden, um

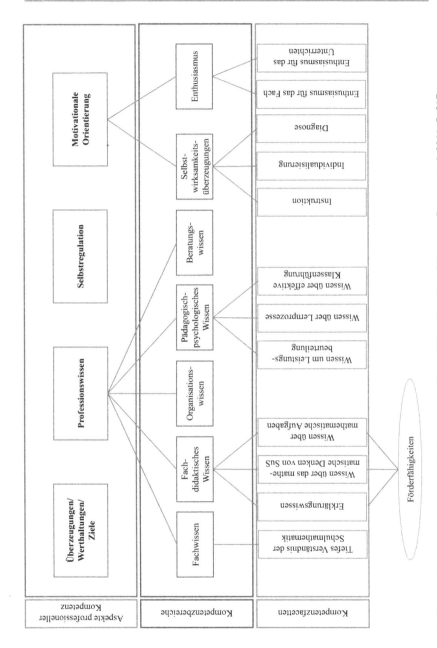

Abbildung 4.3 Aspekte professioneller Kompetenz – Förderfähigkeiten (in Anlehnung an Brunner et al. 2011, S. 217)

den Begriff der Kompetenz als eine Zusammensetzung aus Wissen und Kön-
nen möglichst nahe zu kommen. Zunächst sollen aber ausgewählte Befunde zu
Förderfähigkeiten berichtet werden. Inhaltliche Ausführungen in Bezug auf das
Thema Rechenschwäche erfolgen in Kapitel 5.

4.4   Studien zu diagnostischen Fähigkeiten und Förderfähigkeiten

Im Folgenden werden ausgewählte Forschungsergebnisse zu diagnostischen
Fähigkeiten und Förderfähigkeiten von Mathematiklehrpersonen dargestellt.

4.4.1 Ausgewählte Ergebnisse aus quantitativen Studien

Eine Untersuchung, in welcher die diagnostischen Fähigkeiten vor allem quantitativ in den Blick genommen wurden, ist die COACTIV-Studie (Baumert et al.,
2011; vgl. auch Abschnitt 2.4.4). Diese Studie war in die nationale Ergänzung der
Vergleichsstudie PISA (Prenzel et al., 2006) der OECD eingebunden. Lernende
der Klassen 9 und 10 bearbeiteten sowohl Leistungstests als auch Fragebögen zur
Lernmotivation und zur Unterrichtsqualität. Die Daten der Lehrpersonen wurden
mittels Fragebögen und Tests erhoben. Die Analysen erfolgten auf Grundlage
der Angaben von 331 Mathematiklehrpersonen. Die Stichprobengröße kann allerdings, je nach Fragestellung, variieren (Brunner et al., 2011). In der Studie wurde
vor allem untersucht, wie akkurat Mathematiklehrpersonen der Sekundarstufe I
das Leistungsniveau, die Leistungsstreuung und die Leistungsbereitschaft ihrer
Klasse einschätzen (Brunner et al., 2011). Die dazu eingesetzten Instrumente
lassen sich hinsichtlich ihrer Zielsetzung in zwei Bereiche unterscheiden. Zum
einen zielen sie auf den Urteilsgegenstand (Motivation oder Schülerleistung,
Leistung bei einer bestimmten Mathematikaufgabe oder Leistung im gesamten
Mathematiktest) und zum anderen auf die Urteilsebene (individuelle Schülerinnen
und Schüler oder Gesamtklasse) ab. Die Instrumente sollen an zwei Beispielen
verdeutlicht werden. In Bezug auf die Gesamtklasse wurden die Lehrpersonen
beispielsweise um folgende Beurteilungen gebeten:
    „Bitte beurteilen Sie das *Leistungsniveau* Ihrer PISA-Klasse in Mathematik im
Vergleich zu einer durchschnittlichen Klasse derselben Schulform", „Bitte beurteilen Sie die *Leistungsstreuung* Ihrer PISA-Klasse in Mathematik im Vergleich
zu einer durchschnittlichen Klasse derselben Schulform" und „Bitte beurteilen Sie
die *Leistungsbereitschaft* Ihrer PISA-Klasse in Mathematik im Vergleich zu einer

durchschnittlichen Klasse derselben Schulform" (Brunner et al., 2011, S. 219 [Hervorhebung im Original]). Zur Beurteilung von Aufgabenanforderungen wurden den Lehrpersonen vier Aufgaben vorgelegt, für die sie die Lösungshäufigkeit ihrer Klasse einschätzen sollten.

Für die Auswertung wurden die von den Lehrpersonen getroffenen Einschätzungen jeweils zu den Schüler- beziehungsweise Aufgabenmerkmalen der eigenen Klasse in Beziehung gesetzt. Es wurde interpretiert: Je genauer die Einschätzung der Lehrperson mit den tatsächlichen Merkmalen übereinstimmte, desto stärker ist eine bestimmte diagnostische Kompetenz (Brunner et al., 2011). Dabei zeigte sich, dass die Genauigkeit mit der die Lehrpersonen das Leistungsniveau, die Leistungsheterogenität und die Leistungsbereitschaft ihrer Klasse einschätzten, relativ gering war.

Insgesamt ergaben die Auswertungen, dass die meisten Lehrpersonen ihre Klasse in den verschiedenen Bereichen eher unterschätzen. Dies ging mit einer großen Varianz zwischen den Lehrpersonen einher. „Die Akkuratheit, wie gut Mathematiklehrkräfte das Leistungsniveau, die Leistungsheterogenität und die Leistungsbereitschaft ihrer Klassen einschätzen können, ist relativ gering" (Brunner et al., 2011, S. 230). Auch konnte nachgewiesen werden, dass es sich bei den diagnostischen Fähigkeiten von Lehrpersonen um ein mehrdimensionales Konstrukt handelt und dass diese Fähigkeiten einen positiven Einfluss auf die Leistungen der Schülerinnen und Schüler im Fach Mathematik haben.

Dass Expertinnen und Experten die Leistungen von Schülerinnen und Schülern bisweilen unterschätzen, wurde auch in weiteren Untersuchungen dokumentiert. Bereits in den 1990er Jahren wurden dazu Untersuchungen zur Leistungseinschätzung von Schulanfängern durchgeführt. In diesem Zusammenhang wurde zwar nicht von diagnostischen Kompetenzen gesprochen, aber dennoch wurden Expertinnen und Experten gebeten, die Lösungshäufigkeiten von Schulanfängerinnen und -anfängern zu bestimmten Aufgaben vorauszusagen. So hat beispielsweise Selter (1995), aufbauend auf einer Studie aus den Niederlanden (Heuvel-Panhuizen & Gravemeijer, 1990), in seiner Untersuchung 245 Studierende für das Lehramt-Primarstufe (Hauptstudium) circa 130 Lehramtsanwärterinnen und 51 praktizierende Lehrerinnen um eine Vorabeinschätzung gebeten, wieviel Prozent der Erstklässlerinnen und Erstklässler zu Schuljahresbeginn richtige Lösungen für die gestellten Aufgaben angeben. Die Personengruppen konnten zwar den relativen Schwierigkeitsgrad der einzelnen Aufgabenstellungen richtig einzuschätzen, der Schätzwert fiel allerdings ausnahmslos geringer aus als die von den Erstklässlerinnen und Erstklässlern demonstrierten Kompetenzen. Auch wenn die Lehrpersonen hier Einschätzungen mit geringerer Abweichung zeigten, blieben auch sie hinter den von den Kindern gezeigten Kompetenzen zurück (Selter, 1995).

Sowohl in der COACTIV-Studie (Brunner et al., 2011), als auch in der Studie von Selter (1995) wird aufgezeigt, inwieweit Lehrpersonen die Leistungen ihrer Schülerinnen und Schüler sowie Aufgabenanforderungen einschätzen können. Es werden jedoch keine Hinweise darauf gegeben, ob diagnostische Fähigkeiten vorhanden sind, die es erlauben eine prozess- und kompetenzorientierte Diagnose durchzuführen. D. h., ob Lehrpersonen in der Lage sind spezifische Schwierigkeiten von Schülerinnen und Schülern zu erkennen.

Außerdem können anhand der diagnostischen Fähigkeiten, wie sie hier gemessen werden, keine Aussagen über die Kompetenzen der Lehrpersonen im Hinblick auf eine adaptive Förderung gemacht werden. Deshalb werden im Folgenden Studien vorgestellt, die einen inhaltsspezifischeren Blick aufweisen, sich zudem mit Förderkompetenzen beschäftigen und auf die Kompetenzen in Bezug auf große Schwierigkeiten beim Rechnenlernen fokussieren.

4.4.2 Ausgewählte Ergebnisse aus qualitativen Studien

Im Gegensatz zu den quantitativen Studien lassen sich qualitative Studien im Zusammenhang mit dem Thema Rechenschwäche finden.

Einen Blick auf die diagnostischen Fähigkeiten und Förderfähigkeiten erfolgt beispielsweise in der Arbeit von Schulz (2014). Er untersucht qualitativ die diagnostischen Fähigkeiten und Förderkompetenzen von Lehrpersonen anhand von besonderen Problemen beim Rechnenlernen. Dabei fokussiert er auf die zwei Hauptsymptome *verfestigte zählende Strategien* und *Schwierigkeiten beim Stellenwertverständnis*. Die Kompetenzen und Fähigkeiten der 15 befragten Lehrpersonen wurden durch Interviews, bestehend aus offenen und fokussierten Fragen, auch mit Blick auf didaktisches Material (Hunderterrechenrahmen, Mehrsystemblöcke, Hundertertafel) und mit Blick auf vorgelegte Schülerdokumente und einem Video erfasst.

Im Zusammenhang mit den vorgelegten Schülerdokumenten und einem gezeigten Video wurden die Lehrpersonen aufgefordert, die Schülerinnen- und Schülerlösungen und das mögliche Zustandekommen der Lösung zu beschreiben. Im Zusammenhang mit den Materialien wurden sie gefragt, woran sie erkennen, ob ein Kind Probleme mit dem Material hat. Daran anknüpfend wurden die Lehrpersonen aufgefordert zu beschreiben, wie sie dem betreffenden Kind helfen würden.

Wie sich in der Analyse der Ergebnisse zeigt, wurden auf die offenen Fragen nach besonderen Problemen beim Rechnenlernen in erster Linie allgemeine

Aussagen zu möglichen Indizien gemacht. Die beiden Hauptsymptome von Kindern, die besondere Schwierigkeiten beim Rechnenlernen haben, wurden aber von mehr als der Hälfte der Lehrpersonen genannt: Alle nannten die verfestigten Zählstrategien und die Hälfte die Schwierigkeiten bei der Erarbeitung des Stellenwertsystems.

Weiterhin stellt Schulz (2014) fest, dass bei der Frage nach möglichen Indizien für die Schwierigkeiten beim Rechnenlernen, ein großer Anteil der Lehrpersonen nur ein oder gar kein inhaltlich-spezifisches Merkmal nennt. Nur vereinzelt werden spezifische Indizien genannt. „Beim Vergleich der Aussagen zu den Indizien für die beiden Hauptsymptome für besondere Probleme beim Rechnenlernen kann festgestellt werden, dass die befragten Lehrkräfte sehr viel *mehr inhaltlich-spezifische Aussagen* zum verfestigten zählenden Rechnen machen als zu Problemen beim Stellenwertverständnis" (Schulz, 2014, S. 220).

Ähnliche Ergebnisse liefert die Analyse der Förderfähigkeiten. Die Lehrpersonen machen mehr allgemeine, unspezifische Aussagen als konkrete Inhalte oder Übungsformen zu benennen. Insgesamt konnten die Lehrpersonen deutlich weniger Fördermöglichkeiten angeben als Indizien für besondere Probleme beim Rechnenlernen. Schulz (2014) schließt aus den Aussagen der Lehrpersonen, dass „der Einsatz von didaktischen Materialien von den Lehrkräften als günstig und notwendig erachtet wird, dass aber konkrete materialgestützte Übungs- und Erarbeitungsformate nicht als handlungsnahes Wissen der Lehrkräfte abrufbar sind" (S. 233). Ebenso konnten, wie im Bereich der Diagnose, auch für die Förderung mehr Förderformate für die verfestigten Zählstrategien gemacht werden, als für die Erarbeitung des Stellenwertsystems.

Insgesamt stellt Schulz (2014) fest, dass sich das handlungsnahe Wissen der Lehrpersonen bezüglich des zählenden Rechnens und den Problemen bei der Erarbeitung des Stellenwertverständnisses stark unterscheidet. Aufgrund der vorliegenden Untersuchungsergebnisse vermutet er, dass das fachdidaktische Wissen von Lehrpersonen auch in Teilaspekten inhaltsspezifisch ist. „Selbst in einem inhaltlich engen Rahmen, nämlich beim Vergleich zweier Teilbereiche des Arithmetikunterrichts der ersten beiden Grundschuljahre, unterscheidet sich das handlungsnahe Wissen von Lehrkräften deutlich" (Schulz, 2014, S. 404). Die Befunde zeigen, dass insgesamt mehr konkrete und inhaltlich adäquate Aussagen zur Diagnose und Förderung zum Bereich der verfestigten Zählstrategien getroffen werden konnten. Daraus leitet er die Forderung ab „die Fähigkeiten einer Lehrkraft, die sie zum erfolgreichen Unterrichten von Mathematik befähigen, inhaltlich differenzierter zu betrachten und zu untersuchen" (Schulz, 2014, S. 405).

Die Befunde zeigen aber nicht nur einen Unterschied zwischen den beiden Inhaltsbereichen, sondern offenbaren auch einen Fortbildungsbedarf von Lehrpersonen in eben diesen Bereichen. Schulz formuliert deshalb die Forderung, in der Lehrpersonenaus- und Lehrpersonenfortbildung die Kompetenzen der Lehrpersonen im Bereich der besonderen Probleme beim Rechnenlernen zu fördern, insbesondere im Hinblick auf das Wissen und die Diagnose um die Entwicklung des Stellenwertverständnisses und den darauf abgestimmten Fördermaßnahmen.

In einem zweiten Schwerpunkt geht Schulz (2014) der Frage der Zielorientierung pädagogischer Diagnosen nach, indem er die Passung zwischen genannten Lernschwierigkeiten und darauf abgestimmter Fördermaßnahmen untersucht. Insgesamt stellt er dabei „eine *mäßige bis schwache Passung* [Hervorhebung im Original] zwischen den genannten Indizien bzw. Erklärungen für besondere Probleme beim Rechnenlernen und genannten Unterstützungsmaßnahmen" (Schulz, 2014, S. 406) fest. Da die Nennung typischer Indizien für Lernschwierigkeiten nicht automatisch zu angemessenen Unterstützungsmaßnahmen führt, erachtet Schulz eine erweiterte Sicht auf die diagnostischen Fähigkeiten von Lehrpersonen für sinnvoll und verweist auf den Nutzen dieser Erkenntnis für die Lehrpersonenaus- und Lehrpersonenortbildung. Es sollte keine isolierte Betrachtung von Wissen über Lernschwierigkeiten und Wissen über Unterstützungsmaßnahmen vermittelt werden. Stattdessen sollte „sowohl die diagnostische Beobachtung von Schülerhandlungen als auch die daran anschließende Formulierung und Durchführung von Unterstützungsmaßnahmen" (Schulz, 2014) integriert werden.

Den dritten Schwerpunkt der Untersuchung bildet der Einsatz von Arbeitsmitteln beziehungsweise Materialien bei der Unterstützung von Kindern mit Schwierigkeiten beim Rechnenlernen. Alle befragten Lehrpersonen gaben an, die Schülerinnen und Schüler mit besonderem didaktischem Material unterstützen zu wollen. Konkrete und vor allem die zielführende Verwendung von Materialien zur Unterstützung der Kinder konnten nur in Einzelfällen genannt werden. Dieses Ergebnis spiegelt sich auch im Zusammenhang mit den vorgelegten Schülerdokumenten wider. Hier wurden kaum geeignete materialgestützte Interventionen genannt. Zwei Drittel der Lehrpersonen gaben zwar Übungsformen zur Verinnerlichung der Struktur des Rechenrahmens an, nannten aber keine Aktivitäten, die zur Verinnerlichung von Handlungen geeignet sind (Schulz, 2014). Aus den Aussagen der Lehrpersonen folgert Schulz (2014), dass das Potential der zwei im Interview vorgelegten Materialien (Rechenrahmen und Zehnersystemmaterial) nicht ausgeschöpft wird. Analog zu den diagnostischen Fähigkeiten der Lehrpersonen, wird vor allem im Hinblick auf die Erarbeitung des Stellenwertsystems, das Potential des Zehnersystemmaterials nicht erkannt. Schulz vermutet, dass das „handlungsnahe Wissen von Lehrkräften bezogen auf die Entwicklung und Erarbeitung eines tragfähigen Stellenwertverständnisses eher schwach aus-geprägt ist" (Schulz, 2014). Diese Befunde werden als Hinweise gewertet in der Lehrpersonenaus- und Lehrpersonenfortbildung den Fokus auf die Lehrerolle im Zusammenhang mit Materialhandlungen zu legen. Ebenso wichtig scheint es dabei zu sein, auf Konzepte zu bauen, die Handlungen verinnerlichen.

Auch wenn die von Schulz (2014) getroffenen Aussagen und Befunde auf-grund der kleinen Stichprobe nicht generalisierbar sind, lassen sich doch mögliche Tendenzen erkennen. Interessant ist die Erkenntnis beziehungsweise Bestäti-gung, dass fachdidaktisches Wissen bereichs- und inhaltsspezifisch ist. Obwohl durch die Interviews nicht die handlungsleitenden Kognitionen der Lehrper-sonen im Unterricht erfasst werden konnten, scheint das Instrument dennoch das handlungsnahe Wissen abzubilden. Schulz (2014) verweist darauf, dass das von ihm entwickelte Instrument dazu dienen kann, Veränderungen in diesem Wissensbereich bei Lehrpersonen zu erfassen.

Eine weitere Untersuchung, in welcher diagnostischen Fähigkeiten und För-derfähigkeiten von Lehrpersonen im Zusammenhang mit Schwierigkeiten beim Rechnenlernen analysiert werden, stammt von Lesemann (2015). Im Fokus ste-hen dabei unter anderem die Evaluation einer Lehrpersonenfortbildung und die Umsetzung der Fortbildungsinhalte im Förderunterricht. Ebenso werden Verän-derungen der Leistungen hinsichtlich der Symptome für Schwierigkeiten beim Rechnenlernen auf Schülerebene erfasst. Ein weiterer Inhalt ist die Evaluation einzelner Elemente der Fortbildung. „Damit ist die Einschätzung und Bewertung der Fortbildung durch die Teilnehmerinnen und Teilnehmer gemeint" (Lesemann, 2015, S. 144).

Zur Klärung dieser Fragen greift Lesemann (2015) auf eine Stichprobe von 18 Lehrpersonen zurück. Davon stammen 11 Lehrpersonen aus der Untersu-chungsgruppe und 7 aus der Kontrollgruppe. Die Daten wurden mittels eines Prä-Post-Tests per Fragebogen und Interview erhoben. Bei der Befragung per Interview kamen außer einem strukturierten Leitfaden auch Videovignetten zum Einsatz, um das handlungsnahe Wissen der Lehrpersonen zu erfassen. In ers-ter Linie wird in der Untersuchung auf die Erfassung der Veränderungen des fachdidaktischen Wissens durch eine Lehrpersonenfortbildung abgezielt. Dennoch lassen sich auch einige Erkenntnisse zum aktuellen Stand der diagnostischen Fähigkeiten der Lehrpersonen vor der Fortbildung ziehen. Insbesondere in der qualitativen Auswertung der Ergebnisse zeigt sich, dass Anzeichen von *Rechenschwäche* im verfestigten zählenden Rechnen gesehen werden. Darüber „hinaus besteht kein klares Verständnis zu besonderen Schwierigkeiten beim Mathematiklernen" (Lesemann, 2015). Befragt nach den Anzeichen für Stellen-wertprobleme, konnten die meisten Lehrpersonen Zahlendreher als Anzeichen angeben. Eine geeignete Vorgehensweise zur Unterstützung der Ablösung von konkreten Materialhandlungen konnte von den Lehrpersonen nicht formuliert werden (Lesemann, 2015).

Obwohl in dieser Studie vorrangig der Fortbildungserfolg von Lehrpersonen erfasst wurde und dabei auf eine Stichprobengröße von N = 11 zurückgegriffen wurde, lässt sich doch zumindest die von Schulz (2014) gemachte Aussage bestätigen, dass die diagnostischen Fähigkeiten der untersuchten Lehrpersonen in Bezug auf spezifische Schwierigkeiten beim Rechnenlernen eher schwach ausgeprägt scheinen und hier Fortbildungsbedarf besteht.

4.5   Zusammenfassung – Diagnose und Förderung

Das Professionswissen von Lehrpersonen umfasst die Bereiche des Fachwissens, des fachdidaktischen Wissens, des Organisationswissens, des pädagogisch-psychologischen Wissens und des Beratungswissens. Da aus zeitlichen und organisatorischen Gründen in dieser Arbeit nicht alle Bereiche betrachtet werden können, wird auf ausgewählte Aspekte des fachdidaktischen Wissens fokussiert. Um diese operationalisieren zu können, wurden dabei die wichtigen Facetten der diagnostischen Fähigkeiten und der Förderfähigkeiten in den Blick genommen.

Gesellschaftliche und bildungspolitische Entwicklungen haben zu der Forderung geführt, Kompetenzen von Lehrpersonen im Bereich Diagnostizieren und Fördern zu stärken. Mittlerweile gelten diese Fähigkeiten gar als grundlegende Qualifikationen von Lehrpersonen und als ein wichtiger Schlüssel, um erfolgreich zu unterrichten (Lorenz & Artelt, 2009; Moser Opitz & Nührenbörger, 2015; Selter et al., 2019; Spinath, 2005).

Hesse und Latzko (2017) weisen auf die Notwendigkeit und Zielführung diagnostischer Fragestellungen hin:

> Diagnostische Fragestellungen zu Lernvoraussetzungen [...] sind immer dann geboten, wenn es um die Ursachensuche für hervorragende oder unzureichende Leistungen, um Lernplateaus, um die Vorbereitung und Begleitung von Schullaufbahnübergängen und um die genaue Feststellung von interindividuellen und intraindividuellen Unterschieden von Schülern in der heterogenen Vielfalt geht, um adaptiven und individualisierten Unterricht lernwirksam gestalten zu können. (S. 56)

Demnach sind Diagnosen ein wichtiger Schlüssel, um Kinder mit großen Schwierigkeiten beim Rechnenlernen zu unterstützen. Nur eine genaue Diagnose der Lernausgangslage ermöglicht auch eine Förderung, welche an die Kompetenzen der Lernenden anknüpft und ihnen ermöglicht in ihrem Lernprozess voranzu-schreiten. Eine solche Diagnose, welche auf das Ziel der Förderung ausgerichtet ist, knüpft an die Idee der Förderdiagnostik an. Aufgrund der begrifflichen Schwierigkeiten, wird Diagnose, wie sie in dieser Arbeit verstanden wird, als eine handlungsleitende Diagnose betrachtet (Moser Opitz & Nührenbörger, 2015). Eine solche handlungsleitende Diagnose ist nicht mit standardisierten Test-instrumenten durchführbar (Häsel-Weide & Prediger, 2017; S. Kaufmann & Wessolowski, 2017; Kuhn, 2017; Ricken & Fritz, 2007; Thomas, 2007). Diese Instrumente geben wenig Aufschluss über die Denkprozesse und spezifischen Schwierigkeiten der Kinder. Noch weniger lassen sich daraus konkrete Ansätze für die Förderung ableiten, da produktorientierte Tests allenfalls problematische Inhaltsbereiche, nicht aber die für die Lernentwicklung maßgeblichen erfolg-reichen und defizitären Prozesse aufzeigen. Daher sollte die Diagnose an den Lernprozessen der Schülerinnen und Schüler ansetzen. Eine solche prozessori-entierte Diagnose kann zum Beispiel durch diagnostische Gespräche oder der Methode des lauten Denkens erfolgen. Neben der Prozessorientierung bildet die kompetenzorientierte Diagnose eine wichtige Grundlage für die Förderung (Hascher, 2011; Jordan & vom Hofe, 2008; Selter et al., 2017; Wartha & Schulz, 2012). Nur wenn bekannt ist, auf welche Grundlagen aufgebaut werden kann, ist es möglich, eine Förderung zielführend durchzuführen. Somit ist eine Beschränkung auf ein reines Diagnostizieren von Lerndefiziten nicht hilfreich.

Die Durchführung solcher Diagnosen fordert von Lehrpersonen, dass sie über die benötigten Kompetenzen verfügen. Diese setzen sich aus mehreren Fähigkei-ten zusammen und ermöglichen es so, den genauen Lernstand der Schülerinnen und Schüler zu diagnostizieren und deren Lernprozesse sichtbar zu machen und zu verstehen. Aus diesem Grund sind für die vorliegende Studie das Wissen über das mathematische Denken von Lernenden und das Wissen über mathematische Aufgaben zentrale Aspekte (Brunner et al., 2011). Diagnosen, welche auf Grund-lage dieser Wissensbasis durchgeführt werden, ermöglichen die Entwicklung und Durchführung passgenauer Förderungen (Jordan & vom Hofe, 2008).

Der Begriff der Förderung wird oft als Sammelbegriff verstanden, der unter verschiedenen Blickwinkeln (z. B. organisatorisch, methodisch, lernbezogen) betrachtet werden kann und sich somit einer exakten Definition entzieht (Sel-ter et al., 2019; Tenorth & Tippelt, 2012). Aus diesem Grund wird der Begriff der Förderung in dieser Arbeit über das zentrale Kriterium der Adaptivität definiert (Arnold & Richert, 2008). Dafür ist die Passung zwischen dem aktu-ellem Lernstand des Kindes und ausgewählten Förderformaten entscheidend. Der organisatorische Rahmen in der die Förderung stattfindet, wie beispielsweise

Einzelförderung, Gruppenförderung oder Förderung im Klassenverband, bleibt weitgehend unberücksichtigt.

Die für die Förderung benötigten Fähigkeiten setzen sich, wie bei der Diagnose auch, aus mehreren Fähigkeiten zusammen. Da dafür kein mathematikdidaktisches Kompetenzmodell vorliegt, wird zunächst an die von Beck et al. (2008) vorgeschlagenen Kompetenzbereiche angeknüpft und diese auf das Kompetenzmodell der COACTIV-Studie (Brunner et al., 2011) übertragen. Dabei zeigt sich, dass für eine erfolgreiche Förderung ein Teil des diagnostischen Wissens vorhanden sein sollte. Das bedeutet, analog zu den oben gemachten Ausführungen, dass Lehrpersonen für die Förderung ein Wissen über das mathematische Denken von Lernenden und ein Wissen über mathematische Aufgaben benötigen. Einerseits um zu diagnostizieren, anderseits auch um fördern zu können. Unterschiede können sich vor allem bei dem Wissen über mathematische Aufgaben ergeben. Hier werden für die Förderung teilweise andere Formate benötigt als bei der Diagnose. Weiterhin enthalten die Förderfähigkeiten zusätzlich ein Erklärungswissen.

Daraus ergibt sich, dass Förderfähigkeiten und diagnostische Fähigkeiten starke Überschneidungen haben und eine Förderung ohne diagnostische Fähigkeiten nur schwer möglich ist. Dennoch ist es wichtig die beiden Konstrukte getrennt zu betrachten um die gezeigten Unterschiede erfassen zu können.

Ein Forschungsdesiderat ist die Identifizierung der Entstehensbedingungen und Wissensgrundlagen von domänenspezifischen diagnostischen Kompetenzen (Lorenz & Artelt, 2009).

In Bezug auf typische Hürden beim Rechnenlernen wird durch Studien belegt, dass sowohl die diagnostischen Fähigkeiten als auch die Förderfähigkeiten von Lehrpersonen, nicht in ausreichendem Maße vorhanden sind (Lenart et al., 2010; Lesemann, 2015; Schulz, 2014). Dabei lassen sich Unterschiede zwischen den Hürden *verfestigte Zählstrategien* und *Schwierigkeiten beim Verständnis des Stellenwertsystems* ausmachen. Dies deutet darauf hin, dass die Fähigkeiten nicht nur domänenspezifisch sind, sondern auch innerhalb der Domäne unterschieden werden müssen (Schulz, 2014).

Deshalb ist es wichtig, diese Fähigkeiten unter einem inhaltlich bereichsspezifischen Fokus zu betrachten, weshalb im folgenden Kapitel 5, die hier zur Diagnose und Förderung getroffenen Aussagen unter dem Aspekt besondere Schwierigkeiten beim Rechnenlernen betrachtet werden.

Diagnose und Förderung bei besonderen Schwierigkeiten beim Rechnenlernen

5

Im bisherigen Verlauf der vorliegenden Arbeit wurden die diagnostischen Fähigkeiten und Förderfähigkeiten innerhalb der Domäne Mathematik unter einem allgemeinen Fokus betrachtet. Forschungsergebnisse zeigen jedoch, dass diese Fähigkeiten nicht nur domänenspezifisch, sondern inhaltlich bereichsspezifisch sind (Schulz, 2014). Diese Annahme erfordert also eine Spezifizierung der betrachteten Inhalte. Aus diesem Grund werden die Diagnose und Förderung unter dem inhaltlichen Fokus von besonderen Schwierigkeiten beim Rechnenlernen betrachtet.

In Abschnitt 5.1 zunächst das Phänomen der Rechenschwäche beschrieben und eine Begriffsfindung beziehungsweise Begriffsklärung vorgenommen. Als typische Hürden von Kindern mit besonderen Schwierigkeiten beim Rechnenlernen wird in Abschnitt 5.2 auf die verfestigte Nutzung zählender Strategien und in Abschnitt 5.3 auf ein unzureichendes Verständnis des Stellenwertsystems eingegangen. In beiden Abschnitten wird jeweils auch auf die Diagnose und Förderung bei Vorliegen dieser Schwierigkeiten eingegangen. Insbesondere im Zusammenhang mit der Förderung spielen didaktische Materialien eine wichtige Rolle, die in Abschnitt 5.4 besprochen werden. In Abschnitt 5.5 folgt eine Zusammenfassung wichtiger Aspekte von Diagnose und Förderung bei Kindern mit besonderen Schwierigkeiten beim Rechnenlernen.

5.1 Rechenschwäche – besondere Schwierigkeiten beim Rechnenlernen

5.1.1 Begriffliche Unterschiede bei der Beschreibung von Problemen beim Rechnenlernen

Begriffliche Unterschiede
Lernfortschritte können nicht nur durch Assimilation, sondern auch durch Akkommodation erzielt werden. Dies bedeutet, dass Schwierigkeiten zu einem erfolgreichen Lernprozess dazu gehören (Schipper, 2010). So ist es auch bei mathematischen Lernprozessen möglich und sogar wahrscheinlich, dass Kinder auf Hindernisse und Schwierigkeiten stoßen, welche das Weiterlernen erschweren können.

Schwierigkeiten beim Mathematiklernen zeigen sich immer in unterschiedlicher Form und auch in unterschiedlicher Ausprägung. Sie können bei einzelnen Schülerinnen und Schülern bei spezifischen Themen und nur temporär auftreten, sie können sich bei bestimmten Aufgaben zeigen oder aber sich in tiefgreifenden Problemen äußern, die zu großen stofflichen Lücken und damit verbunden zu einem großen Leistungsrückstand führen. (Scherer & Moser Opitz, 2010, S. 13)

Viele dieser Schwierigkeiten können durch die Lernenden selbst oder durch direkte Unterstützungsmaßnahmen behoben werden. Auf Hindernisse, die sich in einem solchen Zusammenhang zeigen, wird im weiteren Verlauf nicht eingegangen. Vielmehr wird auf Schwierigkeiten fokussiert, welche nicht durch kurzfristige Interventionen überwunden werden können und daher fundierte und besondere Unterstützungsmaßnahmen durch die Lehrperson erfordern.

Für diese spezifischen, bestimmte Inhaltsbereiche betreffenden Schwierigkeiten beim Mathematiklernen gibt es keine allgemeingültig definierten und anerkannten Umschreibungen oder Begriffe (Kuhn, 2017; S. Kaufmann & Wessolowski, 2017). Oft werden sie als Rechenstörung, Dyskalkulie, Rechenschwäche, Rechenschwierigkeiten, mathematische Lernstörung, mathematische Lernschwäche, mathematische Schulleistungsschwäche oder ähnlichem bezeichnet (vgl. Moser Opitz, 2013).

Die Vielzahl der hier dargestellten, in der Literatur und im allgemeinen Sprachgebrauch genutzten Begriffe ist unter anderem auf die Verwendung in verschiedenen Disziplinen zurückzuführen, die sich mit dem Themenspektrum *besondere Schwierigkeiten beim Rechnenlernen* auseinandersetzen. So wird beispielsweise aus medizinisch-neurologischer Perspektive versucht, sich mit der Identifikation und Beschreibung unterschiedlicher Erklärungsfaktoren für das

Zustandekommen einer Rechenschwäche, meist unter neurologischen Aspekten, zu beschäftigen. In der Psychologie liegt ein Schwerpunkt auf Entwicklungsmodellen der Zahlverarbeitung sowie der Vorhersage von Rechenleistungen durch kognitive und nicht-kognitive Prädiktoren und in der Mathematikdidaktik werden individuelle rechenbezogene Vorstellungen und Denkprozesse betrachtet. Außerdem werden in der letztgenannten Disziplin unterrichtliche Praktiken, die Schwierigkeiten beim Rechnenlernen begünstigen oder vermeiden können, analysiert (Kuhn, 2017). Neben den verschiedenen Disziplinen können auch die von Käpnick (2014) genannten Theorieansätze wie der psychodiagnostische, der sonderpädagogische und der denkpsychologische Ansatz zu unterschiedlichen Begriffen und deren Nutzung führen. Nach Schipper (2010) ergibt sich in der Praxis folgende Klassifizierung:

> Der Begriff Dyskalkulie wird vor allem im Kontext […] sonderpädagogisch und psychologisch orientierter Ausführungen sowie in den Medien benutzt, die Begriffe Rechenschwäche und Rechenstörung sind eher im Kontext Schule und Mathematikdidaktik gebräuchlich. Häufig werden die Begriffe synonym verwendet. Tendenziell erkennbar ist aber, dass mit den Begriffen Rechenschwäche und Rechenstörung eher die besonderen Schwierigkeiten im Inhaltsbereich Rechnen charakterisiert werden sollen, während die Begriffe Dyskalkulie und Arithmasthenie das Vorhandensein einer Krankheit suggerieren. (S. 105)

Diese Ansicht bestätigt Lorenz (2003), der darauf hinweist, dass der Begriff Dyskalkulie eher von Privatinstituten genutzt wird und damit den Themenbereich in die Nähe der Medizin rückt und ihm dadurch einen Krankheitswert zubilligt. Rechenstörung und Rechenschwäche betrachtet er eher der pädagogischen und mathematikdidaktischen Diskussion zugehörig.

Den Begriff Rechen- beziehungsweise Lernschwierigkeiten lehnen sowohl S. Kaufmann und Wessolowski (2017) als auch Schipper (2010) ab. Beide sehen die Verwendung des Begriffs kritisch, da durch ihn nicht vermittelt wird, dass außerordentliche Schwierigkeiten vorliegen, die nur mit besonderer Unterstützung überwunden werden können. Um diese außerordentlichen Schwierigkeiten, zu verdeutlichen schlägt Schipper (2010) stattdessen die Verwendung der Formulierung *besondere Schwierigkeiten beim Erlernen des Rechnens* vor. Gleichzeitig weist er darauf hin:

> Da die [oben] genannten Begriffe wissenschaftlich nicht geklärt sind, insbesondere eine nicht-willkürliche Grenzziehung zwischen den Begriffen gegenwärtig nicht möglich ist, gibt es zur Zeit auch keine Möglichkeit einer begrifflichen Unterscheidung, die von den an dem Problembereich arbeitenden Wissenschaftsdisziplinen allgemein

anerkannt würde. Aus der mathematikdidaktischen Perspektive liegen die Schwierigkeiten im Erlernen des Rechnens in einem Kontinuum zwischen mathematischen Spitzenleistungen einerseits und absolutem Versagen beim Rechnen andererseits. Jeder Versuch einer Klasseneinteilung innerhalb dieses Kontinuums setzt das Setzen von Grenzen voraus, die letztlich willkürlich sein müssen, weil sie wissenschaftlich nicht begründbar und abzusichern sind. (Schipper, 2010, S. 105)

Ebenso beschreiben Landerl et al. (2017): „Rechenleistung ist kein dichotomes, sondern ein kontinuierliches Merkmal, so dass das Setzen eines eindeutigen Cut-off-Wertes, ab dem ein Kind eine Dyskalkulie-Diagnose erhalten soll, in gewisser Weise willkürlich bleiben muss" (S. 103). Das Konstrukt Rechenschwäche, so Käpnick (2014), lässt sich aufgrund der unterschiedlichen Sichtweisen kaum umfassend mit einem Begriffswort und einer kurzen Definition kennzeichnen.

In der vorliegenden Arbeit wird das Phänomen als *besondere Schwierigkeiten beim Rechnenlernen* umschrieben oder als *Rechenschwäche* bezeichnet. Dies ist vor allem dem mathematikdidaktischen Schwerpunkt der vorliegenden Arbeit geschuldet. Schipper (2009) bemerkt, dass es sich bei den Schwierigkeiten beim Mathematiklernen um Probleme im schulisch-mathematischen Kontext handelt, dessen Lösung ebenso in die Schule und damit in den Kompetenzbereich der Mathematiklehrerinnen und -lehrer fällt. Auch Käpnick (2014) verweist darauf, dass es aus Sicht der Mathematikdidaktik „vor allem um eine Erklärung des Zahl- und Rechenerwerbs, einschließlich der Entwicklung von Vorstellungen zu Zahlen, Zahlbeziehungen und den vier Grundrechenoperationen" (S. 204) geht. Begriffe wie Dyskalkulie oder andere werden in dieser Arbeit bewusst nicht mit aufgenommen, da sie in der Regel eher einen medizinisch-psychologischen Aspekt betonen und den genannten Anforderungen nicht gerecht werden.

Begriffsklärung Rechenschwäche
So vielfältig wie die verwendeten Begrifflichkeiten zeigen sich auch die diesbezüglichen Beschreibungen und Definitionen. Eine oft zitierte Definition findet sich in der ‚Internationalen statistischen Klassifikation der Krankheiten und verwandter Gesundheitsprobleme' der Weltgesundheitsorganisation (WHO) (2016). Hier wird die Rechenstörung auch als entwicklungsbedingtes Gerstmann-Syndrom, Entwicklungsstörung des Rechnens oder Entwicklungs-Akalkulie bezeichnet und findet sich unter den umschriebenen Entwicklungsstörungen schulischer Fertigkeiten. Die WHO definiert eine Rechenstörung folgendermaßen:

Diese Störung besteht in einer umschriebenen Beeinträchtigung von Rechenfertigkeiten, die nicht allein durch eine allgemeine Intelligenzminderung oder eine unangemessene Beschulung erklärbar ist. Das Defizit betrifft vor allem die Beherrschung grundlegender Rechenfertigkeiten, wie Addition, Subtraktion, Multiplikation und

Division, weniger die höheren mathematischen Fertigkeiten, die für Algebra, Trigonometrie, Geometrie oder Differential- und Integralrechnung benötigt werden. (Deutsches Institut für Medizinische Dokumentation und Information, 2016, S. 326)

Explizit von dieser Definition ausgeschlossen werden dort die Akalkulie, also die Unfähigkeit Zahlen zu verarbeiten, kombinierte Störungen schulischer Fertigkeiten sowie Rechenschwierigkeiten durch inadäquaten Unterricht. Eine Rechenstörung ist demnach eine unzureichende Beherrschung der Grundrechenarten im Verhältnis zur Intelligenz und in Abhängigkeit von einer angemessenen Beschulung. Durch diese *Diskrepanzdefinition* (Moser Opitz, 2013) ist es möglich, dem ermittelten Punktwert Standardabweichungen zuzuordnen und diese Werte als Ergebnis einer Diagnostik zu interpretieren. Das heißt, es wird dargestellt, wie stark sich die Leistungen eines Kindes in Mathematik von einer festgelegten Norm unterscheiden. Zeigt ein Kind aus klinisch-diagnostischer Sicht eine normale Intelligenz (IQ > 85) und liegen die Rechenleistungen deutlich unter der alters- und klassentypischen Leistung sowie deutlich unter dem individuellen Intelligenzniveau, wird von einer Rechenstörung oder Dyskalkulie gesprochen. Dazu abgegrenzt wird die Lernbehinderung. Hier müssen neben den Rechenschwierigkeiten außerdem eine unterdurchschnittliche Intelligenz (IQ ≤ 85) und weitere Lernbeeinträchtigungen vorliegen (Kuhn, 2017). Zur Diagnostik einer, nach obiger Definition, vorliegenden Rechenstörung, werden in der Regel standardisierte und normierte Mathematiktests eingesetzt (vgl. Abschnitt 4.2.2).

Nach Limbach-Reich und Pitsch (2015) ist die Aufnahme der Definition beziehungsweise die Aufnahme des Bereichs der umschriebenen Entwicklungsstörungen schulischer Fertigkeiten in ein solches Klassifikationssystem grundsätzlich kritisch zu werten:

Problematisch erscheint die Aufnahme ‚umschriebener Entwicklungsstörungen schulischer Fertigkeiten' (F81) in einem Klassifikationssystem, das sich primär Krankheiten und ursprünglich Todesursachen widmete. Unter F81.0 »Lese- und Rechtschreibstörung«, F81.1 »isolierte Rechtschreibstörung«, F81.2 »Rechenstörung«, F81.3 »kombinierte Störungen schulischer Fertigkeiten« sowie den beiden Restkategorien F81.8 »sonstige Entwicklungsstörungen schulischer Fertigkeiten« und F81.9 »nicht näher bezeichnete Entwicklungsstörungen schulischer Fertigkeiten« wird einer ungebremsten Pathologisierung schulischer Lernleistungsdefizite das Feld bereitet. Die hier skizzierte Ausweitung des Krankheitsbegriffs auf schulische Leistungsbereiche birgt in sich die Gefahr, dass pädagogische Förderung durch medizinische und psychopharmakologische Behandlung ersetzt wird. Wir müssen befürchten, dass die Werbung für Neuroenhancer (Medikamente zur Steigerung der kognitiven Leistungsfähigkeit) noch zusätzlich diese Tendenz verstärken mag. (Limbach-Reich & Pitsch, 2015, S. 89)

Neben dieser pädagogischen Sichtweise lassen sich aber auch aus mathematik-didaktischer Sicht zahlreiche Kritikpunkte an der Definition der WHO (2016) finden, die unter anderem das Intelligenzkriterium, die Diskrepanz zur Lese- und Rechtschreibleistung, den Diskrepanzbegriff und den Begriff der Teilleistungsstörung betreffen (Landerl et al., 2017). Nach Landerl et al. (2017) wird bei dieser Definition der Sachverhalt, dass „bereits die altersgemäße Beherrschung der Grundrechenarten das komplexe Zusammenwirken einer ganzen Reihe von mathematischen Teilfertigkeiten" (S. 102) erfordert, nicht berücksichtigt. Außerdem erachten sie „die Festmachung an Defiziten in den Grundrechenarten" (Landerl et al., 2017, S. 102) als nicht zufriedenstellend. Gerade auf den letzten Punkt bezogen zeigt sich die Definition der WHO (2016) als zu unspezifisch. Eine unzureichende Beherrschung der Grundrechenarten könnte demnach beispielsweise von einem Nichtbeherrschen des schriftlichen Algorithmus der Addition bis zu nicht tragfähigen Grundvorstellungen reichen (zum Begriff der Grundvorstellungen vgl. z. B. vom Hofe, 1992; Griesel, vom Hofe & Blum, 2019).

Auf eine Schwierigkeit in Bezug auf das Diskrepanzkriterium weisen Bzufka, von Aster und Neumärker (2014) hin. Sie monieren, dass bei einer geminderten Intelligenz die Diskrepanz oft nicht erreicht wird. „Dies bedeutet dann, dass beispielsweise Lernbehinderte kaum eine umschriebene Störung schulischer Fertigkeiten haben dürften, dem widerspricht aber die klinische Erfahrung. Leider kann dann wegen administrativer Hindernisse eine spezifische Förderung oft nicht erfolgen" (Bzufka et al., 2014, S. 82).

Gaidoschik (2015b) bemängelt an obiger Auslegung unter anderem die Defizitorientierung. Diese richtet den Fokus nur darauf, was die Kinder nicht können und nicht darauf, über welche Kompetenzen sie bereits verfügen. Dadurch findet keine inhaltliche Auseinandersetzung mit den Lernprozessen rechenschwacher Kinder statt.

> Tatsächlich aber zeigt eine solche inhaltliche Beschäftigung, dass die Fehler rechenschwacher Kinder ganz und gar nicht zufällig passieren. Dass hier eine innere Logik am Werke ist, welche es – bei allen Unterschieden im Einzelnen – erlaubt, von ‚typischen Fehlerbildern' rechenschwacher Kinder zu sprechen. (Gaidoschik, 2015b, S. 13)

Schipper (2010) stellt deshalb gar die These auf, dass die Definition der WHO „für eine wissenschaftliche Begriffsklärung unbrauchbar und für die Förderung der Kinder eher kontraproduktiv" (S. 106) sei. Nach dieser These ist die oben genannte Festlegung zumindest für die tägliche praktische Arbeit der Lehrerinnen und Lehrer nicht hilfreich. Besonders problematisch scheint in diesem

Zusammenhang, dass keine adäquaten Fördermaßnahmen aufgrund der genannten Definition abgeleitet werden können. Anstatt also den Fokus auf die Diskrepanzen zu legen, ist es sinnvoller, die Grundlagen auf denen die Rechenfertigkeiten aufbauen, mit dafür geeigneten Aufgabenstellungen zu überprüfen. Diesem Ansatz folgend scheint für die schulische Praxis, wenn überhaupt, eine phänomenologische Definition sinnvoller zu sein. „Die Fehler der Kinder mit besonderen Schwierigkeiten beim Mathematiklernen unterscheiden sich in ihrer Art nicht von denjenigen, die auch leistungsstärkere Kinder machen" (Schipper, 2009, S. 331). Unterschiede bestehen lediglich im Hinblick auf die Häufigkeit, das Lernen aus den Fehlern und deren Überwindung.

Aufgrund der Kritik an der Definition der WHO (Deutsches Institut für Medizinische Dokumentation und Information, 2016) und mit Blick auf den Schwerpunkt dieser Arbeit scheint eine Fokussierung auf mathematikdidaktische Beschreibungen sinnvoll. Beispielhaft können hier die beiden Definitionen von S. Kaufmann und Wessolowski (2017) und Gaidoschik (2015b) angeführt werden. S. Kaufmann und Wessolowski (2017) schreiben: „Wir wollen unter Rechenstörungen bzw. Rechenschwäche verstehen, dass Kinder auf Grund (noch) fehlender Voraussetzungen kein Verständnis für Zahlen, Rechenoperationen und Rechenstrategien aufbauen konnten" (S. 9). Gaidoschik (2015b) beschreibt Rechenschwäche auf der Ebene des kindlichen Denkens als einen klar beschreibbaren „Zusammenhang von Fehlvorstellungen, fehlerhaften Denkweisen und letztlich nicht zielführenden Lösungsmustern zu den ‚einfachsten' mathematischen Grundlagen" (S. 13). Diese Darstellungen entziehen sich obiger Kritik weshalb sie als Grundlage einer inhaltlichen Beschreibung von besonderen Schwierigkeiten beim Rechnenlernen für die vorliegende Arbeit verstanden werden.

Nach von Aster und Lorenz (2014) stellen Rechenstörungen „kein einheitliches Phänomen dar, sondern können sehr verschiedenartig in Erscheinung treten. Deshalb gibt es auch keine einfachen, immer zutreffenden Erklärungen und Konzepte. Rechnen stellt eine hochkomplexe geistige Tätigkeit dar, die aus zahlreichen Kompetenzen zusammengesetzt ist beziehungsweise zusammengesetzt wird" (S. 7).

Dennoch können typische Hürden identifiziert werden, die für ein erfolgreiches Rechnenlernen überwunden werden müssen. Kindern, denen das nicht gelingt, haben besondere Schwierigkeiten beim Rechnenlernen, die sie ohne gezielte Unterstützung kaum überwinden können. Zu den typischen Hürden zählen vor allem die verfestigte Verwendung von Zählstrategien und ein unzureichendes Verständnis des Stellenwertsystems (Schipper & Wartha, 2017). In den folgenden Abschnitten werden diese beiden Hürden näher beschrieben.

5.1.2 Typische Hürden beim Rechnenlernen

Als typische Hürde, die das Erlernen operativer Rechenstrategien und damit den Aufbau flexiblen Rechnens verhindert, gilt die *verfestigte Verwendung von Zählstrategien*. Eine *fehlende Einsicht in den Aufbau des Stellenwertsystems* stellt eine weiter Hürde beim Erlernen des Rechnens dar (Gaidoschik, 2010; 2018; Scherer & Moser Opitz, 2010; Schipper & Wartha, 2017). Der Begriff Hürde beziehungsweise Lernhürde findet im Kontext der Rechenschwäche vielfach Verwendung in der mathematikdidaktischen Literatur (z. B. Lesemann, 2015; Schulz, 2014). Er scheint auf den ersten Blick gut geeignet um den Sachverhalt zu benennen, denn er verdeutlicht, dass es um Schwierigkeiten geht, die überwunden werden können und müssen, um Fortschritte beim Rechnenlernen zu erreichen. Im Zusammenhang mit Diagnose und Förderung bietet sich der Begriff *Symptome* an, der in diese Arbeit analog verwendet wird. Da die Lernhürden, *verfestigte Verwendung von Zählstrategien* und *fehlendes Verständnis des Stellenwertsystems*, bekannt sind, geht es vielmehr darum den aktuellen Lernstand zu diagnostizieren um ihn als Grundlage für die Förderung zu nutzen. Schipper (2009) nutzt in diesem Kontext den Begriff *Symptome*. „Mit diesem Begriff sind nicht nur einzelne Fehler wie Zahlendreher oder Rechenfehler um plus oder minus eins gemeint. Die Symptome erklären vielmehr ganze Klassen solcher Fehler" (Schipper, 2009, S. 334). Damit kann der Begriff auch in einem bildungssprachlichen Verständnis im Sinne von Merkmal oder Zeichen, aus dem etwas erkennbar ist, verwendet werden und eignet sich besonders für die Diagnose von spezifischen Schwierigkeiten beim Rechnenlernen und der darauf aufbauenden Förderung. Besonders für die Diagnose gilt: Es werden Merkmale erfasst, die darauf hindeuten, dass ein Kind eine Lernhürde nicht überwindet. Da sich die Begriffe Hürden und Symptome aber nicht immer klar trennen lassen und gerade der erst genannte oft verwendet wird, werden sie in dieser Arbeit synonym genutzt.

Um also Schwierigkeiten beim Rechnenlernen zu diagnostizieren und passende Interventionsmaßnahmen auswählen zu können, ist es für Lehrpersonen wichtig diese Symptome zu kennen. In den folgenden Abschnitten werden sie näher beschrieben.

5.2 Das Symptom der verfestigten Nutzung von Zählstrategien

Besondere Schwierigkeiten beim Rechnenlernen können an konkreten Inhalten festgemacht werden, welche für die Lernenden eine Hürde darstellen. Eine Hürde, die in diesem Zusammenhang identifiziert wurde, ist das verfestigte zählende Rechnen.

> Eine Vielzahl an Studien hat sich in den letzten Jahren mit den Besonderheiten mathematischer Lernschwierigkeiten auseinandergesetzt. Unabhängig von den diversen Ausrichtungen und Empfehlungen sind sich die Autorinnen und Autoren im Wesentlichen einig, dass das verfestigte zählende Rechnen beim Lösen von (Kopf-) Rechenaufgaben ein zentrales Merkmal für Rechenschwäche ist. (Scherer & Moser Opitz, 2010, S. 92)

Diese Einschätzung teilt auch Gaidoschik (2017), und bemerkt: „Wenn Kinder beim Addieren und Subtrahieren noch in höheren Grundschulstufen auf Zählstrategien angewiesen sind, so wird dies interdisziplinär und international weitgehend einheitlich als ein Hauptmerkmal sogenannter ‚Rechenschwäche' bzw. als ‚mathematics learning disability' betrachtet" (S. 111).

Kinder, die ausschließlich das Zählen als Weg zur Lösungsfindung nutzen, können dadurch in ihrem weiteren mathematischen Lernprozess behindert werden (Gaidoschik, 2010; Häsel-Weide & Prediger, 2017; Landerl et al., 2017; Schäfer, 2005; Schipper & Wartha, 2017).

Sarama und Clements (2009) weisen darauf hin, dass zahlreiche Kinder in höheren Grundschulklassen auf ineffiziente Zählstrategien zurückgreifen:

> [...] longitudinal studies suggest that in spite of the gains many younger children make through adopting efficient mental strategies for computation in the first years of school, a significant proportion of them still rely on inefficient counting strategies to solve arithmetical problems mentally in the upper years of primary school. (S. 116)

Um zu klären, was sich hinter der Beschreibung des verfestigten zählenden Rechnens verbirgt, werden zunächst Begriffsklärungen vorgenommen. Anschließend erfolgt eine kurze Darstellung verschiedener Zählstrategien und die Klärung, warum verfestigte Zählstrategien eine Hürde im mathematischen Lernprozess darstellen können.

5.2.1 Begriffsklärung Strategie

Schülerinnen und Schülern können auf verschiedene Art und Weise die Lösung von Additions- und Subtraktionsaufgaben ermitteln. In diesem Zusammenhang wird oft von Lösungsstrategien, Rechenstrategien, Faktenabruf und Zählstrategien gesprochen. Für die Verwendung der Begriffe Lösungsstrategien und Rechenstrategien wird auf die Ausführungen von Gaidoschik (2010) zurückgegriffen.

Er beschreibt Lösungsstrategien als beobachtbare Handlungen und erschließbare geistige Akte, welche Kinder als Mittel anwenden um bestimmte Aufgaben zu bewältigen. „Handelt es sich dabei um eine Rechenaufgabe (also darum, die Summe c einer Addition a + b = c bzw. die Differenz f einer Subtraktion d − e = f zu ermitteln), so wird auch der engere Begriff ‚Rechenstrategie' verwendet" (Gaidoschik, 2010, S. 21). Padberg und Benz (2011) geben zum Beispiel als Rechenstrategien im Zwanzigerraum Analogieaufgaben, Nachbaraufgaben, Halbierungsaufgaben, schrittweises Rechnen und Umkehraufgaben an. Als Rechenstrategien im Hunderterraum nennen beide schrittweises Rechnen, stellenweises Rechnen, Mischformen, Analogieaufgaben, Umkehraufgaben und Nachbaraufgaben. Eine weitere Lösungsstrategie ist das Auswendigwissen von Aufgaben und deren Lösungen. Hinter diesem, oft als Faktenabruf bezeichneten Vorgehen, verbirgt sich das direkte Abrufen einer Lösung aus dem Gedächtnis (Gaidoschik, 2010). Das Auswendigwissen von Aufgaben wird in dieser Arbeit dem Oberbegriff Lösungsstrategien zugeordnet, auch wenn es sich hierbei nicht unbedingt um eine Strategie im oben beschriebenen Sinne handelt.

5.2.2 Begriffsklärung verfestigte Zählstrategien

Bestimmen Kinder die Lösung einer Aufgabe über Zählprozesse, findet in der aktuellen fachdidaktischen Forschung und Diskussion meist der Begriff des *zählenden Rechnens* Verwendung (z. B. Häsel-Weide, 2013; Lesemann, 2015; Schulz, 2014).

   Möglicherweise wirkt diese Begrifflichkeit auf den ersten Blick widersprüchlich. Während unter Rechnen in der Regel ein Anwenden von Rechengesetzen und auswendig gewussten Zahlensätzen, beziehungsweise eine flexible Verknüpfung von beidem verstanden wird, ist zählendes Rechnen ein Lösungsfindungsprozess mit Rückgriff auf Zahlenrepräsentanten (Schulz, 2014). „Wenn dynamisch abgezählt wird (verbal, mit den Fingern oder an Material), werden die Glieder einer Rechenaufgabe nicht als Einheiten wahrgenommen, sondern in ‚Einzelteile' zerlegt. Dadurch findet kein eigentlicher Rechenvorgang, sondern ein Zählvorgang statt" (Moser Opitz, 2013, S. 100). Wenn dieser Prozess als einzige Alternative zu anderen Rechenstrategien zur Ermittlung von Lösungen genutzt wird, bietet es sich an, ihn als zählendes Rechnen zu bezeichnen. Dadurch wird verdeutlicht, dass es sich um eine Strategie zur Lösung von Rechenaufgaben handelt. Weiterhin wird seine Verwendung durch die große Verbreitung dieses Begriffs in der fachdidaktischen Literatur nahegelegt.

Gleichzeitig besteht die Gefahr, dass er aber gerade die eigentliche Tatsache verschleiert, dass die Kinder eben nicht im eigentlichen Sinne rechnen, sondern zählen. Da das Zählen eine Strategie zur Lösungsfindung ist, soll hier von Zählstrategien oder zählenden Lösungsstrategien gesprochen werden. Beherrschen Kinder darüber hinaus keine weiteren Strategien, so wird von verfestigten Zählstrategien gesprochen. Aufgrund seiner weiten Verbreitung kann aber auch der Begriff des verfestigten zählenden Rechnens genutzt werden. Gemeint ist damit eine dauerhafte Anwendung von Zählstrategien als einzig mögliche oder zumindest einzig angewandte Lösungsstrategie.

5.2.3 Darstellung verschiedener Zählstrategien

Das sichere Beherrschen der Zahlwortreihe ist eine Voraussetzung für das erste zählende Rechnen (2017). Das Aufsagenkönnen der Zahlwortreihe alleine gilt dabei nicht als Zählen (Benz, Peter-Koop & Grüßing, 2015; Kaufmann & Wessolowski, 2017). Erst wenn die Zählprinzipien ihre Anwendung finden, kann von Zählen im eigentlichen Sinne gesprochen werden. Gelman und Galistel (1986) legen diesem Prozess fünf Prinzipien zugrunde (vgl. auch: Benz et al., 2015):

- das Eindeutigkeitsprinzip (one-one-principle)
  Jedes Zahlwort und jedes zu zählende Element wird nur einmal berücksichtigt. Durch eine Eins-zu-Eins-Zuordnung wird dabei ein Zahlwort genau einem Element zugeordnet.
- das Prinzip der stabilen Ordnung (stable-order-principle)
  Die Zahlwortreihe muss in der richtigen Reihenfolge durchlaufen werden, wodurch sie jederzeit in der gleichen Reihenfolge wiederholbar ist.
- das Kardinalzahlprinzip (cardinal principle)
  Das letztgenannte Zahlwort gibt die Mächtigkeit der Menge der gezählten Elemente an.
- das Abstraktionsprinzip (abstraction principle)
  Alle bisher aufgeführten Prinzipien können, unabhängig von Art und Eigenschaften der einzelnen Elemente, auf jede beliebige Menge angewandt werden.
- das Prinzip der Irrelevanz der Anordnung (order-irrelevant principle)
  Für den Zählprozess spielt die Anordnung der Elemente keine Rolle. Es kann bei jedem beliebigen Element begonnen werden, solange obige Prinzipien eingehalten werden.

Auf Basis dieser Zählprinzipien kann für den Zählvorgang auf unterschiedliche Zählstrategien zurückgegriffen werden: Alleszählen, Weiterzählen vom ersten Summanden, Weiterzählen vom größeren Summanden und Weiterzählen vom größeren Summanden in größeren Schritten.

Soll zum Beispiel die Aufgabe 4 + 5 durch die Strategie *Alleszählen* gelöst werden, so werden 4 Objekte und 5 Objekte abgezählt und anschließend die Gesamtmenge ebenfalls zählend bestimmt. Nach Häsel-Weide (2016) gilt als eine weitere Variante des *Alleszählens*, dass nach dem Auszählen des ersten Summanden auch direkt weitergezählt werden kann. Das Weiterzählen ab dem zweiten Summanden erfolgt dabei gleichzeitig mit dem Auszählen. Im Gegensatz zum *Alleszählen*, kann beim *Weiterzählen* vom ersten Summanden aus weitergezählt werden. *Weiterzählen* ist somit eine Weiterentwicklung des *Alleszählens*. Eine weitere Möglichkeit ist das Weiterzählen ab dem *größeren* Summanden, also in obigem Beispiel bei der 5 beginnend. Ebenso kann von einem der Summanden aus in größeren Schritten weitergezählt werden (vgl. z. B. Gaidoschik, 2010; Padberg & Benz, 2011; Schipper, 2009).

Schulz (2014) benennt neben den Zählstrategien zusätzlich die *Nutzung von Zahlenmustern* als Lösungsstrategie. Dabei handelt es sich genau genommen zwar nicht um zählendes Rechnen, doch weist diese Strategie eine Nähe zum *Alleszählen* auf. Kinder nutzen zur Lösung von Aufgaben ihnen bekannte Zahlenmuster beziehungsweise -bilder. Sie können beispielsweise beide Summanden an den Fingern nichtzählend darstellen und ebenso nichtzählend die Lösung bestimmen Bei der Aufgabe 5 + 4 würde zunächst die 5 nichtzählend mit den Fingern dargestellt werden. Ebenso würde mit der 4 verfahren. Das Ergebnis wiederum wird dann ebenfalls nichtzählend anhand der Zahldarstellung erkannt (vgl. auch Gaidoschik, 2010). Auch wenn hier kein Zählen im herkömmlichen Sinne stattfindet, besteht die Möglichkeit, dass Kinder, welche diese Strategie anwenden, kein Verständnis für Zahlen und ihre Beziehungen haben. Ein flexibles Rechnen wäre dann nicht möglich. Um diese mögliche Schwäche zu entdecken, müssen gegebenenfalls weitere Diagnoseaufgaben gestellt werden.

5.2.4 Verfestigte Zählstrategien als Hürde im mathematischen Lernprozess

Das Zählen in einem Zahlenraum ist zunächst eine unabdingbare Voraussetzung für die Rechenfertigkeit in diesem Zahlenraum (Hasemann & Gasteiger, 2014; S. Kaufmann & Wessolowski, 2017). Die Zählkompetenzen sind grundlegend für die Entwicklung aller weiterer arithmetischen Fertigkeiten und Fähigkeiten (Schipper & Wartha, 2017). Deshalb wird die zählende Lösungsfindung, im Zusammenhang mit Additions- und Subtraktionsaufgaben bei Schulanfängern also durchaus als akzeptables und zielführendes Vorgehen gewertet (Gaidoschik, 2010; Schipper, 2009; Schulz, 2014). „Jeder Mensch war irgendwann in seiner mathematischen Entwicklung zählender Rechner" (Lorenz, 2016, S. 48). Schwierigkeiten ergeben sich erst, wenn Kinder dauerhaft an Zählstrategien festhalten.

> Kinder, die an zählenden Rechenstrategien festhalten, machen nicht nur häufiger Fehler und belasten ihr Arbeitsgedächtnis in höherem Maße als andere. Sie laufen vor allem Gefahr, Zahlen nicht als Zusammensetzungen aus anderen Zahlen, sondern vorwiegend als Stationen innerhalb der Zählreihe zu verinnerlichen und Zahlbeziehungen sowie Zusammenhänge zwischen einzelnen Aufgaben nicht zu erkennen. (Gaidoschik, Fellmann, Guggenbichler & Thomas, 2016, S. 96)

Auch Moser Opitz (2013) berichtet, dass die dauerhafte Verwendung von Zählstrategien fehleranfällig ist, die Entwicklung von Ableitungsstrategien verhindert und nur Einzelfakten liefert, welche den Rechenweg nicht mehr nachvollziehen lassen. Häsel-Weide (2013) bestätigt: „Gerade Kinder mit Schwierigkeiten im Mathematiklernen verfügen kaum über Einsichten in mathematische Strukturen und lösen Aufgaben auch weit über die Schuleingangsphase hinaus, indem sie diese isoliert voneinander lösen und dabei häufig zählend rechnen" (S. 22). Auch Gaidoschik (2010) weist darauf hin, dass Kinder bei der Strategie des Zählens keine Gesamtzahl wahrnehmen, sondern in Einzelschritten denken.

Ebenso können verfestigte zählende Strategien das Erkennen von Mustern und Strukturen verhindern (Schipper & Wartha, 2017). So zeigt beispielsweise Lüken (2010; 2012) die besondere Bedeutung von Muster- und Strukturkompetenzen für das frühe Mathematiklernen durch eine starke Korrelation zwischen diesen Kompetenzen und der allgemeinen Zahlbegriffsentwicklung auf. „Kinder, die zählend rechnen, operieren meistens mit Einerschritten. Sie fassen Zahlen nicht zu größeren Einheiten zusammen, und Anzahlen werden nicht strukturiert erfasst" (Scherer & Moser Opitz, 2010, S. 93).

Zudem verhindern oder erschweren die verfestigten Zählstrategien den Aufbau von Grundvorstellungen zu Strategien, Zahlen und Operationen (Wartha & Schulz, 2011).

Gaidoschik (2010) hat in einer Untersuchung aufgezeigt:

„Die Gewohnheit des schnellen Weiterzählens ohne Reflexion der Gesamtaufgabe wie auch ohne Reflexion der operativen Zusammenhänge mit anderen Aufgaben behindert vermutlich die Speicherung im Langzeitgedächtnis und trägt dadurch zum relativ hohen Anteil von Zählstrategien noch am Ende des ersten Schuljahres bei" (S. 465).

Bleibt die Verwendung von zählenden Strategien also die einzige Lösungsmöglichkeit, oder zumindest die vorrangig genutzte Strategie, stellt sie eine besondere Hürde im Lernprozess dar und kann als eines der Hauptsymptome verstanden werden (Häsel-Weide, 2016; Schipper, 2009; Wartha & Schulz, 2011). Für die Beibehaltung dieser Lösungsstrategie können zwei maßgebliche Gründe vermutet werden. Zum einen bieten die Zählstrategien eine vermeintliche Sicherheit, zum anderen haben die betroffenen Kinder keine Einsicht in Muster und Strukturen mathematischer Inhalte und sind somit nicht in der Lage andere Strategien zur Lösungsfindung zu erlernen.

Nach Gaidoschik et al. (2016) besteht in der deutschsprachigen Fachdidaktik Einigkeit darüber, dass Kinder sich bis zum Ende des ersten Schuljahres, zumindest im Zahlenraum bis 10, von zählenden Strategien gelöst haben sollten. Schulz (2014) setzt den Zeitraum bereits etwas früher an und weist darauf hin, dass ein Beibehalten dieser Strategie über die Mitte des ersten Schulhalbjahres hinaus problematisch sein kann. Schipper (2009) spricht von einem verfestigten zählenden Rechnen als Symptom, wenn die Kinder nach der Wiederholung der Behandlung des Zehnerübergangs, in der Regel am Anfang des zweiten Schuljahres, dieses nicht durch andere operative Strategien ersetzt haben. Insgesamt herrscht aber in der fachdidaktischen Diskussion Konsens darüber, dass ein Verhaften in zählenden Strategien die Entwicklung anderer, tragfähiger Strategien verhindert, was wiederum zu einer Verstärkung der Zählstrategien führt (Schipper, 2009; Moser Opitz, 2013).

Gerade deshalb sollten mögliche Probleme bei der Verwendung dieser Strategien in den Blick genommen werden.

5.2.5 Diagnose von verfestigten Zählstrategien

„Die Ablösung vom zählenden Rechnen gilt in der aktuellen deutschsprachigen Mathematikdidaktik als wesentliches Ziel im Arithmetikunterricht bereits des ersten Schuljahres. Befunde lassen vermuten, dass dieses Ziel derzeit von einem beträchtlichen Anteil der Kinder nicht erreicht wird" (Gaidoschik et al., 2016, S. 94). Umso wichtiger erscheint es, dass Lehrpersonen diese Kinder identifizieren und ihre spezifischen Kompetenzen und Schwierigkeiten diagnostizieren.

Grundsätzlich baut die Diagnose auf den in Abschnitt 4.2 dargestellten Überlegungen auf. Vor allem ein prozessorientiertes Vorgehen, um die Denkprozesse der Kinder sichtbar zu machen und den aktuellen Lernstand zu erfassen, ist bei der Diagnose zu berücksichtigen.

Um Lernende mit verfestigten Zählstrategien zu identifizieren, sollten Lehrpersonen zudem über fachdidaktische Fähigkeiten verfügen die eine genaue Diagnose ermöglichen. Dazu wird vor allem fachdidaktisches Wissen über das mathematische Denken von Schülerinnen und Schülern und über mathematische Aufgaben benötigt (vgl. Abschnitt 2.4.4). Für die Diagnose von verfestigten Zählstrategien ist also entscheidend, dass Lehrpersonen wissen, welche Anzeichen zur Identifizierung beobachtet und in welchen Inhaltsbereichen diese überprüft werden können. Dies erfordert unter anderem ein Wissen über mögliche Indizien, die auf die Nutzung von Zählstrategien hinweisen können. In diesem Zusammenhang wird vor allem auf solche Indizien zurückgegriffen, wie sie beispielsweise Schulz (2014) und Lesemann (2015) in ihren Untersuchungen herausgearbeitet haben.

Feststellung von Indizien

Ein Anzeichen für zählendes Rechnen ist das (offensichtliche/beobachtbare) Zählen. Dass Zählprozesse beim Rechnen ein Hinweis auf verfestigte Zählstrategien sein können, scheint offenkundig. Eine spezifischere Fragestellung ist deshalb: *An welchen Anzeichen lassen sich diese Zählprozesse erkennen?* Ein auffälliges Merkmal ist das offensichtliche Benutzen der Finger oder eines Arbeitsmittels, mit dessen Hilfe (ab)gezählt werden kann (Lesemann, 2015; Schulz, 2014). Da das Anwenden von zählenden Strategien ohne Repräsentanten in der Regel eine hohe Konzentration erfordert, bieten Finger und Materialien den Kindern eine Hilfestellung und Entlastung (vgl. auch Abschnitt 5.4).

Beispielsweise werden an einem Rechenrahmen für die Aufgabe 17 + 8 alle Perlen einzeln abgezählt. Erst die 17, dann 8 weitere. Zur Lösungsfindung wird dann entweder von der 17 weitergezählt oder es werden noch einmal alle Perlen gezählt. Strukturen, wie beispielsweise 10 Perlen in einer Reihe oder der Farbwechsel nach 5 Perlen, werden von den Kindern nicht genutzt. Dementsprechend wird auch kein Wissen über Zahlzerlegungen (17 + 3 + 5) aktiviert und angewandt. Die Kinder nutzen das Arbeitsmittel dabei meist als Lösungshilfe und nicht als Lernhilfe.

Eine besondere Hürde beim Erkennen dieser Indizien kann es sein, wenn die genutzten Hilfen nicht offensichtlich verwendet werden. Oft versuchen Kinder diese Handlungen verdeckt durchzuführen. So werden die Hände zum Beispiel unter dem Tisch benutzt, oder es werden weniger offensichtliche Hilfen als Zahlrepräsentanten verwendet (Schipper, Schroeders & Wartha, 2011). Dies kann dann dazu führen, dass Handlungen während des Zählprozesses von der Lehrperson nicht mehr oder nur sehr gezielt wahrgenommen werden können. Manchmal kann diese Wahrnehmung auch akustisch sein. Möglicherweise ist das Zählen deutlich oder auch nur sehr leise zu hören. Dieser Sachverhalt darf aber nicht dazu führen, dass nun jegliche Regung oder verbale Äußerung des Kindes als Hinweis auf die Nutzung von Zählstrategien gedeutet wird. Hier gilt es, differenzierte Unterscheidungen zu treffen. So können beispielsweise Lippenbewegungen alleine, ohne die Fähigkeit des Lippenlesens, höchstens eine Hypothese über mögliche Zählprozesse liefern. Nutzen die Kinder aber beispielsweise von ihnen räumlich entfernte Repräsentanten als Zählhilfe oder stellen sie sich die Repräsentanten im Kopf vor, kann das dazu führen, dass sie rhythmisch mit dem Kopf nicken. Da ein regelmäßiges und rhythmisches Kopfnicken nur selten mit anderen Handlungen im Unterricht in Verbindung gebracht werden kann, ist dies möglicherweise ein Hinweis für die Verwendung zählender Strategien (Häsel-Weide, 2016; Hasemann & Gasteiger, 2014). Es gibt also Handlungen von Kindern, an denen das Zählen konkret beobachtet werden kann und welche somit als Indizien für die Diagnose verwendet werden können.

Fehlerhäufigkeit und spezifische Fehler

Als weitere Möglichkeit zur Diagnose verfestigter Zählstrategien wird das Erkennen von Fehlern und deren Häufigkeit diskutiert (Lesemann, 2015; Schulz, 2014). Beispielsweise weist Schulz (2014) mit Bezug auf Benz (2005) in diesem Zusammenhang auf eine erhöhte Fehlerquote als Indiz hin.

Festzustellen ist, dass Zählstrategien, insbesondere das vollständige Auszählen, aber auch das Weiterzählen, als besonders fehleranfällig gelten (Häsel-Weide, 2016; Padberg & Benz, 2011; Scherer & Moser Opitz, 2010; Schulz, 2014). Das vermehrte Aufkommen von fehlerhaften Lösungen beim Zählen ist vor allem darauf zurückzuführen, dass zählendes Rechnen in der Regel eine höhere Konzentration erfordert als andere Lösungsprozesse. Zusätzlich erschwert wird die Lösungsfindung dadurch, dass oft mehrere Zählprozesse im Kopf ablaufen müssen (Schipper, 2009; Schulz, 2014), welche bei der Subtraktion sogar gegenläufig sind (Gaidoschik, 2010; Hasemann & Gasteiger, 2014; Schipper, 2009). Deshalb passieren Kindern, die dauerhaft auf Zählstrategien zurückgreifen, häufiger Fehler als anderen (Häsel-Weide, 2013). Das Ergebnis eines zählenden Lösungsprozesses kann sowohl materialgestützt als auch nicht materialgestützt ermittelt werden. Dem Material kommt hier die Funktion einer Gedächtnisstütze zu. Fehlt diese Stütze, erfordert dies abermals eine höhere Konzentrationsfähigkeit und zeigt sich deshalb als sehr fehleranfällig (Schulz, 2014). Besonders deutlich wird dieser Sachverhalt beim Alleszählen. Da die Probleme hierbei kaum zu bewältigen sind, kommt ein Alleszählen ohne Material allerdings nur selten vor (Schipper, 2009).

Doch auch die Nutzung von Material, welches eine vermeintliche Sicherheit bietet, kann zu Fehlern führen. Dies mag unter anderem daran liegen, dass leistungsschwache Kinder Schwierigkeiten beim Umgang mit Material haben (Benz, 2005). Schulz (2014) nennt als Faktoren für die sichere Ergebnisfindung am Material die *Anordnung der zu zählenden Objekte* und die *Unsicherheiten bei einer eindeutigen Zuordnung des Zahlworts zum Objekt*.

Ein typischer Fehler, der sowohl mit als auch ohne Nutzung von Material häufig vorkommt, ist ein um ± 1 abweichendes Ergebnis (vgl. z. B. Fuson, 1984; Gaidoschik, 2015b; Häsel-Weide, 2016; Schipper, 2009). Werden 10er oder 100er gezählt, folgt analog ein Verzählen um 10 oder 100. Diesem Fehler liegt die Vermischung eines kardinalen und eines ordinalen Zahlverständnisses zugrunde (Gaidoschik, 2015b). Schulz (2014) stellt die Entstehung von Plus-Minus-Eins-Fehlern übersichtlich in einer Tabelle dar (vgl. Tabelle 5.1).

Neben dem Plus-Minus-Eins-Fehler können weitere Zählfehler, insbesondere durch die Nichteinhaltung der Zählprinzipien entstehen (Lesemann, 2015).

Obwohl die Ausführungen zur Fehlerhäufigkeit zunächst darauf hindeuten, dass diese ein gutes Indiz für verfestigtes Zählen sind, muss hier eine klare Einschränkung vorgenommen werden. So schreiben Kaufmann und Wessolowski (2017) beispielsweise:

Aufmerksam auf mögliche Lernschwierigkeiten eines Kindes in Mathematik werden Lehrerinnen und Eltern häufig durch eine hohe Anzahl von Fehlern. Doch dieser quantitative Aspekt weist nur auf mögliche Probleme hin, er kann sie nicht inhaltlich beschreiben und gibt keine Hinweise für die Förderung, was aber wesentliches Ziel einer Diagnostik sein muss. (S. 18)

Dazu passen auch die Ausführungen von Benz (2005): „Bei den Kindern […] ist […] festzustellen, dass alle Fehlermuster mit abnehmender Leistungsstärke zunehmen" (S. 249). Das bedeutet, dass bei leistungsschwachen Kindern die Fehler insgesamt zunehmen, also ebenso beispielsweise die Fehler durch Anwendung falscher Operationen. Nach Jacobs und Petermann (2012) machen Kinder mit besonderen Problemen beim Rechnenlernen zwar weitaus mehr Fehler als andere Kinder, ein rechenschwaches Kind „lässt sich jedoch nicht über typische Fehler identifizieren, da alle Kinder beim Erwerb von Rechenfertigkeiten Fehler machen, insbesondere wenn neue Inhalte erlernt werden" (S. 12).

Diese Argumente zeigen auf, warum die Fehlerhäufigkeit nicht als Hinweis für verfestigte Zählstrategien ausreichend ist. Jedoch kann der Plus-Minus-Eins-Fehler als spezifischer Fehler, der mit dieser Strategie in starkem Zusammenhang steht, als Indiz gelten.

Tabelle 5.1 Entstehung von Plus-Minus-Eins-Fehlern am Beispiel der Aufgaben 3 + 5 und 8 – 5; (in Anlehnung an Schulz, 2014, S. 100)

	Rückwärtszählen (8 – 5)	Weiterzählen (3 + 5)
Plus-Eins-Fehler	Erstes Zahlwort (Minuend) wird beim Kontrollieren des Zählprozesses mitgenannt, der Zählprozess beginnt mit 8 (kardinaler Ansatz), das letztgenannte Zahlwort beim Rückwärtszählen liefert das Ergebnis: 4 (ordinaler Ansatz).	Erstes Zahlwort (1. Summand) wird beim Kontrollieren des Zählprozesses *nicht* mitgenannt, der Zählprozess beginnt also mit 4, nach abgeschlossenem Zählprozess liefert das nächste Zahlwort beim Weiterzählen das Ergebnis: 9 (Übertragung der Regel vom Rückwärtszählen, kardinaler Ansatz).
Minus-Eins-Fehler	Erstes Zahlwort (Minuend) wird beim Kontrollieren des Zählprozesses *nicht* mitgenannt, der Zählprozess beginnt bei 7 (ordinaler Ansatz), nach abgeschlossenem Zählprozess liefert das nächste Zahlwort beim Rückwärtszählen das Ergebnis: 2 (kardinaler Ansatz).	Erstes Zahlwort (1. Summand) wird beim Kontrollieren des Zählprozesses mitgenannt, der Zählprozess beginnt also mit 3 (Übertragung der Regel vom Rückwärtszählen, kardinaler Ansatz), das letztgenannte Zahlwort beim Weiterzählen liefert das Ergebnis: 7.

Unzureichende Automatisierung von Basisfakten und Grundaufgaben

Ein Indiz, welches in starkem Zusammenhang mit verfestigten Zählstrategien steht, ist eine unzureichende Automatisierung beziehungsweise ein fehlendes Auswendigwissen von Grundaufgaben. Automatisierung und Auswendigwissen bedeutet, dass „die betreffende Lösung ohne das Nutzen von Zahlbeziehungen oder Rechengesetzen automatisiert abgerufen werden kann" (Schulz, 2014, S. 101). Das Auswendigwissen der Grundaufgaben ist eine Voraussetzung für die Entwicklung von Rechenstrategien und Ableitungsstrategien (Gaidoschik, 2010). „Für erfolgreiches Mathematik-Treiben auf höherer Stufe ist wichtig, dass gewisse „Basisfakten" relativ früh automatisiert werden, möglichst schon im Laufe des ersten Schuljahres. Das betrifft jedenfalls die Zahlzerlegungen, Additionen und Subtraktionen im Zahlenraum bis 10" (Gaidoschik, 2018, S. 280). Eine wichtige Stellung nehmen in diesem Zusammenhang Verdopplungs- und Halbierungsaufgaben ein (Gaidoschik, 2010; Lesemann, 2015; Schulz, 2014).

Verdopplungs- und Halbierungsaufgaben sollen früh auswendig gewusst werden. Sollen beispielsweise Aufgaben wie 7 + 9 über das Verdoppeln (z. B. 7 + 7 =

14; $14 + 2 = 16$) gelöst werden, müssen die Verdopplungsaufgaben auswendig beherrscht werden. „Fehlt dieses Wissen, dann können diese Verfahren nicht genutzt werden; es besteht die Gefahr, dass auf Dauer gezählt wird" (Schipper, 2009, S. 349). Umgekehrt kann somit die fehlende Automatisierung ein Hinweis auf zählende Lösungsstrategien sein.

Als mindestens ebenso wichtig erweist sich das Auswendigwissen der Zahlzerlegungen bis 10. „Das Auswendigwissen der Zerlegungen aller Zahlen bis 10 ist eine Basiskompetenz für das schrittweise Rechnen über den ersten und die weiteren Zehner [...]. Nahezu alle Kinder, die auf Dauer zählend rechnen, besitzen diese Kenntnisse nicht" (Schipper, 2009, S. 348). Diese Beobachtung wird auch von Gerster (2009) gemacht:

> Viele „rechenschwache" Kinder wissen nicht Bescheid über die Zusammensetzung von 48 aus 40 und 8. Dies ist nicht ein Symptom schlechter Merkfähigkeit oder einer Wahrnehmungs- oder Analogieschwäche, sondern ein Hinweis auf ein besonderes Zahlverständnis der Kinder. [...] Zahlen und Rechenoperationen werden von ihnen durch Vor- und Zurückzählen auf der Reihe der Zahlwörter verwirklicht. „40 + 8" bedeutet für sie, von 40 um acht Schritte weiterzuzählen [...]. (S. 261)

Die Ausführungen von Gerster (2009) zeigen, dass die Kinder im Wesentlichen auf eine ordinale Zahlvorstellung zurückgreifen. Schipper und Wartha (2017) bemerken dazu:

> Zählverfahren stützten sich vor allem auf den ordinalen Zahlaspekt. Die einzigen Zahlbeziehungen, die den Kindern dadurch bewusst werden können, sind die Vorgänger- und Nachfolgerrelation im Zählprozess. Die Entwicklung von Grundvorstellungen für Zahlen als Anzahlen, für Teil-Ganzes-Beziehungen [...], für Doppeltes und Hälfte, für die Nähe von Zahlen zueinander sowie zu Zehner- und Hundertvielfachen wird dadurch erschwert oder gar verhindert. (S. 423)

Damit zusammenhängend, aber nicht unbedingt identisch ist die Automatisierung von Aufgaben aus dem kleinen Einspluseins. Schülerinnen und Schüler, die nicht darüber verfügen, müssen die nicht gewussten Aufgaben oft zählend lösen (Schipper, 2009).

Im Umkehrschluss bedeutet dies, dass eine fehlende Automatisierung von Basisfakten, wie der Zahlzerlegung und von Grundaufgaben mit den Verdopplungs- und Halbierungsaufgaben als Indiz für ein zählendes Rechnen gewertet werden können.

Probleme beim Erkennen von Beziehungen zwischen Zahlen und Aufgaben
Nach Lesemann (2015) können *Probleme beim Erkennen von Beziehungen zwischen Zahlen und Aufgaben* als Anzeichen für zählendes Rechnen gedeutet

werden. Darunter werden vor allem Schwierigkeiten beim Erkennen von Strukturen verstanden.

Lüken (2010) verweist darauf, dass zählende Verfahren das Erkennen von Mustern und Strukturen verhindern können (vgl. auch Schipper & Wartha, 2017). Scherer und Moser Opitz (2010) schreiben über diesen Sachverhalt:

> Zählendes Rechnen erschwert die Einsicht in die dezimalen Strukturen unseres Zahlsystems. Da die Kinder immer nur in Einerschritten zählen, fällt ihnen das Erkennen von größeren Einheiten wie z. B. der Zehnerbündel schwer. Umgekehrt werden mangelnde Einsichten ins Stellenwertsystem dazu führen, dass nur zählende Rechenstrategien verwendet werden. (S. 93)

Ebenso bestätigt Gaidoschik (2018), dass das Verstehen und Nutzen von Beziehungen zwischen Rechnungen damit zusammenhängt, wie Zahlen gedacht und verwendet werden. „Beim zählenden Rechnen werden Zahlen als Positionen in der Zahlwortreihe behandelt. „Sieben" kommt dabei „nach fünf", die Fünf wird aber nicht als Teil mitgedacht. Die Zahlen stehen vielmehr jeweils für sich" (Gaidoschik, 2018, S. 283; vgl. auch Scherer & Moser Opitz, 2010).

Schipper et al. (2011) weisen auf die Notwendigkeit zur Nutzung von strukturierten Materialien hin sowie darauf, dass Kinder diese Struktur verinnerlicht haben müssen. Im Umkehrschluss lässt sich also festhalten, dass Kinder bei der Handlung an Materialien die Anzahlen (quasi)simultan wahrnehmen können müssen. Andernfalls kann die Struktur nicht genutzt werden, weshalb die Schülerinnen und Schüler gezwungen sind, die Anzahlen zählend zu bestimmen. „Werden die Elemente einer Menge einzeln wahrgenommen, ist die Strategie ‚Alleszählen' die einzige Möglichkeit, die Anzahl zu bestimmen" (Schöner, 2017, S. 106). Dass dieser Sachverhalt eine Schwierigkeit ist, ist unbestritten. Können Kinder keine (quasi)simultane Anzahlbestimmung vornehmen, müssen sie zählend rechnen.

5.2.6 Förderung bei verfestigten Zählstrategien

Diagnosen sind Grundlage für die Entscheidung über konkrete Fördermaßnahmen. Damit eine Diagnose nicht wirkungslos bleibt, ist eine adaptive Förderung unabdingbar (vgl. Abschnitt 4.3). „Inhaltlich werden Fördermaßnahmen nachhaltig, wenn sie stetig auf den Ausbau von für das Mathematiklernen unabdingbaren Vorstellungen zu Zahlen und Operationen sowie deren Beziehungen untereinander fokussiert werden. Im Kern geht es um die Entwicklung eines tragfähigen Verständnisses des mathematischen Basisstoffs" (Heß & Nührenbörger, 2017,

S. 276). Dieses Zitat verdeutlicht die beiden unterschiedlichen Zielsetzungen von Diagnose und Förderung. Während eine prozessorientierte Diagnose versucht, die aktuellen Kompetenzen des Kindes zu erfassen, zielt die Förderung auf die Entwicklung von Kompetenzen ab. Letzteres bedarf eines fachdidaktischen Wissens darüber, wie Kinder rechnen lernen und durch welche Ansätze und Übungsformate sie dabei unterstützt werden können.

> Will man der Entstehung von Rechenschwächen vorbeugen, müssen *im Unterricht von Anfang an* die meisten Kinder erst dazu angeregt werden, [..] Vorstellungen von Zahlen und vom Rechnen zu entwickeln, die günstigere Rechenstrategien nahelegen – und das sind vor allem *nichtzählende* Rechenstrategien. Entsprechendes gilt für Fördermaßnahmen bei älteren Kindern, die bereits eine Rechenschwäche entwickelt haben. (Gerster, 2014, S. 204 [Hervorhebungen im Original])

Um diese Ziele zu erreichen und Kinder, welche verfestigt zählende Strategien anwenden, adaptiv zu fördern, ist es erforderlich an die in Abschnitt 5.2.5 ausgemachten Indizien anzuknüpfen.

Zählprozesse offenlegen
Verwenden Kinder Zählstrategien, insbesondere im Zusammenhang mit offensichtlichen Zählprozessen, wie dem Nutzen von Fingern, stellt sich die Frage, wie damit umgegangen werden soll.

Bisweilen wird in der Praxis angeregt, die Nutzung von Fingern oder Hilfsmitteln jeglicher Art zu verbieten oder gar ein grundsätzliches Zählverbot auszusprechen. Das Verbot von Hilfsmitteln dürfte dabei allerdings kaum zur Lösung des Problems führen. Hilfsmittel werden von den Lernenden als Lösungshilfe genutzt. Kinder, die nur über zählende Strategien verfügen, müssen, um zur Lösung einer Aufgabe zu kommen, zählen. Dies werden sie auch weiterhin tun, gegebenenfalls auch ohne Hilfsmittel und damit unter erhöhtem Denkaufwand (S. Kaufmann & Wessolowski, 2017; vgl. auch Schulz, 2014). Zu einem grundsätzlichen Zählverbot bemerken Gerster und Schultz (2004):

> Es nützt wenig, zählendes Rechnen, insbesondere Fingerbenutzung, zu verbieten. Es ist eine natürliche Methode, die Kinder bereits im Vorschulalter spontan entwickeln und die vermutlich häufig von Eltern gefördert wird. Verbote führen nur dazu, dass Fingerrechnen heimlich angewandt wird und Lösungswege nur noch schwer erkennbar und zu optimieren sind. Der wohl einzige erfolgversprechende Weg ist, effektivere Strategien so zu vermitteln, dass sie von Kindern als leichter, sicherer, wirksamer erlebt werden. (S. 363)

Wie durch dieses Zitat verdeutlicht wird, scheint es geboten, die Nutzung der Finger und anderer Hilfsmittel nicht zu untersagen, sondern stattdessen bei den Vorkenntnissen der Lernenden, unter zu Hilfenahme von geeignetem didaktischem Material,

anzusetzen. Ebenso wäre ein Verbot im Sinne der Prozessorientierung kontraindiziert, denn nur, wenn Kinder ihre Lösungswege und Denkprozesse offenlegen,
können genaue Diagnosen der Lernausgangslage vorgenommen werden.

Vorkenntnisse erarbeiten
Eine Erarbeitung, Erweiterung oder Festigung des Vorwissens kann es Kindern
ermöglichen, weitere Strategien aufzubauen. Schipper und Wartha (2017) sprechen
in diesem Zusammenhang von operativen Rechenstrategien. Gemeint sind damit
Ableitungsstrategien, welche immer spezifische Vorkenntnisse voraussetzen. „Ohne
diese Vorkenntnisse kann die Erarbeitung der Strategien nicht gelingen; die Kinder
bleiben bei ihren Zählverfahren" (Schipper & Wartha, 2017, S. 423).

In Abschnitt 5.2.5 wurden zentrale Inhalte identifiziert, welche als Voraussetzung
für die Erweiterung des Strategierepertoires benötigt werden.

Beispielsweise ist für die Ablösung von zählenden Rechenstrategien die Förderung einer strukturierten Zahlauffassung und Zahldarstellung unabdingbar. „Konkret bedeutet dies, dass ein Ziel für zählend rechnende Kinder darin besteht, *Zahlen
als strukturierte Anzahlen zu erkennen, zu zerlegen, darzustellen, zu beschreiben
und dann quasi-simultan zu erfassen*" (Häsel-Weide, 2016 [Hervorhebungen im
Original]). Hasemann und Gasteiger (2014) bemerken dazu: Eine nicht-zählende
Anzahlerfassung „sollte von den Kindern ganz bewusst gefordert werden, um ihnen
eine Chance zu geben, vom zählenden Rechnen wegzukommen" (S. 158). Nach
S. Kaufmann und Wessolowski (2017) ist für die Erarbeitung einer strukturierten Zahlauffassung und Zahldarstellung die Verwendung von Arbeitsmaterialien
unerlässlich (zur Rolle der Materialien vgl. auch Abschnitt 5.4):

> Häufiger Umgang mit Material und bildlichen Darstellungen soll dazu führen, dass
> sich die Kinder die Zahlen irgendwann – ohne Material oder vorliegende Darstel-
> lung – vorstellen können, also ein ‚inneres Bild' davon aufgebaut haben. Quasi-
> simultanes Erfassen muss geübt werden, denn Kindern fällt es oft schwer, die für
> Erwachsene ganz offensichtliche Struktur zu erkennen und zu nutzen. (S. 61)

Als konkrete Übungen nennen S. Kaufmann und Wessolowski (2017) beispielsweise
für die Durchführung mit Rechenschiffchen

- eine Anzahl kurz zu zeigen oder abzudecken und nach der Anzahl zu fragen (Wie
  viele hast du gesehen? Wie viele fehlen bis 5/10/15/20?),
- genannte Anzahlen auf verschiedene Arten darstellen zu lassen oder
- Darstellung einer Zahl (gezeigt oder nicht gezeigt) beschreiben zu lassen.

Als eine weitere wichtige Voraussetzung für die Ablösung von verfestigten zählenden Lösungsstrategien wird der Aufbau einer sicheren und flexiblen Zählkompetenz,
als Grundlage um den Anzahlbegriff zu erwerben, genannt (Scherer & Moser Opitz,
2010). Dazu sollten insbesondere das rückwärts Zählen und das Zählen in Schritten
gefördert werden.

> Dabei geht es zum einen um eine Sicherung der Zählkompetenzen, so dass Fehler
> beim Abzählen in geringerem Umfang gemacht werden. Zum anderen ermöglicht das
> (verbale) Zählen in größeren Schritten (Zweier-, Fünfer- und Zehnerschritte) erste
> Einsichten in Zahlbeziehungen insbesondere in die Fünfer- und Zehnerstruktur des
> Zahlensystems. (Häsel-Weide, 2016, S. 33)

Zahlvorstellungen sollten dabei allerdings nicht nur auf einem einzelnen Zahla-
spekt beruhen, sondern sollten mindestens ein ordinales und kardinales Verständnis
umfassen (Häsel-Weide, 2016).

Als weiteres inhaltliches Beispiel für die Erarbeitung der Vorkenntnisse gilt
die Beherrschung der Zahlzerlegungen. Für eine Ablösung von verfestigten Zählstrategien ist dies eine unverzichtbare Grundlage. Dabei geht es nicht nur um das
Kennenlernen der Zerlegungen, sondern auch darum, diese zu automatisieren. Wartha, Hörhold, Kaltenbach und Schu (2019) verweisen darauf, dass ein explizites
Lernen der Zahlzerlegungen oft zu kurz kommt und der Übergang zur Automatisierung zu schnell erfolgt. „Wenn Lernende die Zahlzerlegungen jedoch noch teilweise
zählend ermitteln, dann besteht die Gefahr, dass bei zu frühem Automatisieren eher
das Zählen ‚geübt und verfestigt' wird" (Wartha et al., 2019, S. 20).

In engem Zusammenhang mit den Zahlzerlegungen steht auch die Automatisierung von Grundaufgaben. Gaidoschik (2018) bemerkt dazu:

> Jede bereits automatisierte Rechnung kann verwendet werden, um andere „abzulei-
> ten". Aus $3 + 3 = 6$ folgt, dass $6 - 3 = 3$. Es folgt aber nur für diejenigen, die den
> Zusammenhang von Addition und Subtraktion verstanden haben. Aus $3 + 3 = 6$ lässt
> sich auch $3 + 4 = 7$ (Nachbaraufgabe) ableiten, so wie $2 + 4 = 6$ (gegensinnige
> Veränderung bei gleichbleibender Summe). (S. 283)

Um die Vorteile des Ableitens gegenüber den zählenden Strategien erkennen zu
können, wird vorgeschlagen, Kinder mit Aufgaben zu konfrontieren, bei denen
diese Vorteile deutlich werden. Dazu ist es sinnvoll, Ableitungsstrategien systematisch zu erarbeiten, herausfordernde Aufgaben und dazu unterschiedliche Strategien
anzubieten und diese zu reflektieren. Außerdem kann sich das Ableiten im Sinne des
Nutzens operativer Strukturen, beispielsweise bei operativen Päckchen, als nützliche
Vorgehensweise zeigen (Häsel-Weide, 2016).

Zu den oben aufgeführten Inhaltsbereichen lassen sich in der Literatur zahlreiche ausgearbeitete Vorschläge und Förderformate finden, um Kinder bei der Ablösung vom zählenden Rechnen zu unterstützen (Gaidoschik, 2015b; 2019; Gerster, 2014; Götze, Selter & Zannetin, 2019; Häsel-Weide et al., 2017; Herdermeier, 2012; S. Kaufmann & Wessolowski, 2017; Scherer & Moser Opitz, 2010; Wartha et al., 2019; Wittmann & Müller, 2015). Lehrpersonen sollten, um Förderformate gezielt auswählen zu können, um die beschriebenen Inhalte und Möglichkeiten der Umsetzung wissen.

Konzepte verändern
Neben der Förderung von Kindern mit verfestigten Zählstrategien durch konkrete Übungsformate gilt es, einen bereits oben im Zitat von Gerster und Schultz (2004) angedeuteten weiteren Aspekt zu beachten. Lernende, die an Zählstrategien festhalten, haben bereits ein Grundlagenwissen erworben, welches sie zu einer zählenden Lösung von mathematischen Aufgaben befähigt. Dieses Lösungsverfahren lässt sich, zumindest in bestimmten Grenzen, erfolgreich anwenden. Nach Hasemann und Gasteiger (2014) greifen Kinder besonders bei schwierigen Aufgaben auf für sie sichere Strategien zurück.

> Man sollte anerkennen, dass aus kindlicher Perspektive sehr viel für die Beibehaltung des zählenden Rechnens spricht: die seit dem Kindergarten gewachsene Gewohnheit; damit verbunden eine gewisse Sicherheit; schließlich der Erfolg im Sinne von (zumeist) richtigen Ergebnissen. Die Kinder können im ersten Schuljahr nicht wissen, dass zählendes Rechnen ihnen später, in höheren Zahlenräumen, immer schwerer fallen wird. (Gaidoschik, 2017, S. 119)

Gerade weil das zählende Rechnen gegenüber Veränderungen äußerst resistent ist (Scherer & Moser Opitz, 2010), ist es wichtig, betroffene Kinder in ihrem Veränderungsprozess zu unterstützen. Sollen Kinder sich vom Zählen lösen, so ist es also erforderlich, ihnen die Möglichkeit zu bieten, ihre bisher erworbenen und verfestigten Konzepte zu verändern. Betroffenen müssen Wege aufgezeigt werden, wie Ergebnisse auf Dauer erfolgreicher und schneller ermittelt werden können. Letztendlich ist hier eine Veränderung von bereits vorhandenen Vorstellungen im Sinne der piagetschen Akkommodation erforderlich. Diese geschieht in der Regel nicht abrupt, sondern graduell.

> Es bedarf also weniger Überlegungen darüber, welche Aktivitäten entfaltet werden müssen, welche Handlungen Kinder durchführen sollten, als vielmehr: Wie veranlasse ich das Kind, wie ermögliche ich dem Kind, mit Hilfe seines bisherigen Wissens und mit seinen bisher entwickelten Begriffen über Zusammenhänge zu reflektieren und damit seine Denkstrukturen zu verändern? (Lorenz, 2016, S. 106)

Dieses bisherige Wissen der Schülerinnen und Schüler soll nach Neuhaus, Urhahne und Ufer (2019) nicht als Defizit begriffen werden, sondern als Lerngelegenheit, auf dessen Grundlage die überwiegend in den Naturwissenschaften erforschte Strategie des Konzeptwechsels (Conceptual Change) ermöglicht werden kann. Nach Kunter und Pohlmann (2015) „ist davon auszugehen, dass sich Konzepte und Überzeugungen nur dann verändern, wenn zum einen die bisher bestehenden alten Konzepte nicht reichen, um beobachtete Phänomene zu erklären, und zum anderen neue Konzepte zur Verfügung stehen, die plausibel und erklärungsmächtig sind" (S. 272). Neuhaus et al. (2019) berichten, dass es bei dieser Strategie darum geht, Unzufriedenheit „mit der aktuellen Vorstellung hervorzurufen und die neue Vorstellung verständlich (intelligible), plausibel (plausible) und gedanklich fruchtbar (fruitful) in den Unterricht einzuführen" (S. 146).

Dies kann inhaltlich an einem Beispiel aus den im vorhergehenden Abschnitt gemachten Ausführungen zur Erarbeitung des Vorwissens verdeutlicht werden. So bemerkt Häsel-Weide (2016): „Um Kinder zum Rechnen mit Beziehungen, also zum Ableiten des Ergebnisses einer Aufgabe aus einer bereits gelösten oder automatisierten Aufgabe anzuregen, muss diese, für verfestigt zählende Kinder herausfordernde und anstrengende, Strategie Vorteile mit sich bringen" (S. 35). Dazu schlägt sie vor, herausfordernde Aufgaben zu stellen, bei denen die bisher vertrauten Strategien versagen oder beschwerlich sind. Also Aufgaben, bei denen Kinder die Vorteile des Ableitens gegenüber zählenden Strategien erfahren können (vgl. dazu auch die Ausführungen im Abschnitt *Vorkenntnisse erarbeiten*).

Ein weiteres Beispiel ist die Erarbeitung von Strukturen, die den Kindern die Möglichkeit bietet, ein Bewusstsein für günstige und verlässliche strukturelle Deutungen zu entwickeln, so „dass zählend rechnende Kinder zentrale Darstellungen einer Menge von fünf oder zehn in strukturierten Anordnungen erkennen und automatisieren" (Häsel-Weide, 2016, S. 33).

Im Rahmen dieser Arbeit wird die Theorie des Konzeptwechsels oder die konzeptuelle Veränderung nicht weiter vertieft. Eine ausführliche Darstellung findet sich beispielsweise bei Mietzel (2017) oder Neuhaus et al. (2019). Hier dient dieser Verweis vor allem der Unterstützung oben gemachter Aussagen. Sollen Lernende nicht dauerhaft auf zählende Strategien zurückgreifen, sondern weitere Strategien lernen, ist es nicht ausreichend, ihnen diese aufzuzeigen. Vielmehr sollten sie die Vorteile der neuen und die Nachteile der bisherigen Strategien erfahren, um einen Konzeptwechsel vollziehen zu können. Dazu ist es nötig, dass die Kinder die neuen Strategien verstehen und deren Anwendung überzeugend ist.

5.3   Das Symptom eines unzureichenden Verständnisses des Stellenwertsystems

Wie im vorhergehenden Abschnitt gezeigt wurde, kann das Fehlen von Erkenntnissen zu Strukturen von mathematischen Inhalten zu Schwierigkeiten führen, indem Kinder zählende Strategien verfestigen und keine weiteren Lösungsstrategien entwickeln. Wenn Lernende Strukturen nicht flexibel nutzen können, kann dies aber auch Schwierigkeiten beim Verstehen des Stellenwertsystems mit sich bringen.

> Will man in unserem Zahlzeichensystem erfolgreich operieren, so muss man seine Struktur auch verstehen. Das bedeutet, dass Schülerinnen und Schüler das dezimale Stellenwertsystem nicht nur für gewisse Operationen anwenden und nutzen, sondern seine Struktur verstehen sollen. Die Entwicklung eines profunden Stellenwertverständnisses […] gehört daher zu den Kernaufgaben der Grundschulmathematik […]. (Herzog, Fritz & Ehlert, 2017, S. 268)

Um sich diesen Schwierigkeiten zu nähern, werden in diesem Abschnitt zunächst die grundlegenden Prinzipien des Stellenwertsystems dargestellt (Abschnitt 5.3.1) und anschließend der Begriff des Stellenwertverständnisses beziehungsweise eines nicht voll ausgeprägten Stellenwertverständnisses geklärt (Abschnitt 5.3.2). Danach werden zwei Modelle zur Entwicklung desselben vorgestellt (Abschnitt 5.3.3) sowie Schwierigkeiten für den Aufbau eines Stellenwertverständnisses dargestellt (Abschnitt 5.3.4). Das Wissen über die Entwicklungsmodelle und die Schwierigkeiten bildet eine wichtige Grundlage für die Diagnose, die deshalb danach beschrieben wird (Abschnitt 5.3.5). Auf Basis dieser Diagnose sollte eine Förderung erfolgen, wie sie im anschließenden Abschnitt besprochen wird (Abschnitt 5.3.6).

5.3.1   Prinzipien des Stellenwertsystems

Das Stellenwertsystem ist im Wesentlichen ein Notationssystem, mit dessen Hilfe Zahlen eindeutig dargestellt werden können. Außerdem erleichtert es das Rechnen mit diesen Zahlen (zur fachwissenschaftlichen Darstellung vgl. z. B. Beutelspacher, 2018; Padberg & Büchter, 2015). In dieser Arbeit ist mit dem Stellenwertsystem stets das Dezimalsystem gemeint.

Kern des Stellenwertsystems sind die Prinzipien der *fortgesetzten Bündelung* und der *Stellenwerte* (Krauthausen, 2018; Padberg & Büchter, 2015; Scherer &

Moser Opitz, 2010). Dazu wird im dezimalen Stellenwertsystem in Zehnereinheiten gebündelt. Sind zehn Bündel erreicht, werden wieder Zehnereinheiten
zu einer Bündelung höherer Ordnung zusammengefasst. Aus diesen einzelnen
Bündelungseinheiten entstehen die Stellenwerte (10^0, 10^1, 10^2, 10^3 ...). Für die
Benennung dienen die ersten drei Bündelungseinheiten (Einer, Zehner, Hunderter)
im festen Dreierrhythmus als Grundlage. Die Benennung der weiteren Bündelungseinheiten greift darauf zurück (Tausender, Zehntausender, Hunderttausender,
Millionen, Zehnmillionen, Hundertmillionen usw.). Die Bedeutung einer Ziffer ist
je nach ihrer Stellung im Zahlwort verschieden (Padberg & Büchter, 2015). Deshalb müssen nicht besetzte Stellen bei der Notation in Ziffernschreibweise mit
einer Null gekennzeichnet werden. Dies bedeutet, der Zahlenwert einer Ziffer
gibt die Anzahl der Bündel an. Innerhalb des Zahlwortes gibt die Stellung der
Ziffer die zugehörige Bündelungseinheit an (Padberg & Benz, 2011). Dadurch
müssen die Bündelungseinheiten nicht mehr explizit aufgeführt werden, da ihr
Wert von rechts nach links steigt. Deshalb ist es möglich, alle Zahlen im dezimalen Stellenwertsystem durch die Ziffern von 0 bis 9 darzustellen (Padberg &
Büchter, 2015).

Nach Padberg und Benz (2011) ist die Berücksichtigung des Stellenwertes ein
entscheidendes Charakteristikum unserer heutigen Zahlschrift, bei dem aber zwischen der Wortform und der Ziffernnotation unterschieden werden muss. Es gibt
drei Arten von Zahlrepräsentationen: *Zahlzeichen*, *Zahlwort* und *Zahldarstellung*
(Fromme, 2017).

5.3.2 Begriffsklärung Stellenwertverständnis

Der Aufbau eines tragfähigen Stellenwertverständnisses ist eine zentrale Aufgabe
des Mathematikunterrichts. Für den arithmetischen Lernprozess wird ein Ver-
ständnis für das dekadische Stellenwertsystem als wichtiger Bestandteil betrachtet
(Fromme, 2017; Schipper, 2009). Eine ausführliche Auseinandersetzung mit dem
Begriff des Stellenwertverständnisses findet sich bei Fromme (2017). In diesem
Abschnitt wird im Wesentlichen darauf Bezug genommen.

Zentrale Bestandteile des Stellenwertverständnisses sind die Übersetzungen zwischen den unterschiedlichen Zahlrepräsentationen *Zahlwort*, *Zahlzeichen*
und *Zahldarstellung* sowie das Operieren mit einzelnen Zahlrepräsentationen
(Fromme, 2017).

Dies bedeutet, der Begriff des Stellenwertverständnisses beschreibt „ein
Inhalte übergreifendes effektives Nutzen von dezimalen Strukturen. Dieses effektive Nutzen von dezimalen Strukturen bezieht sich auf Übersetzungen zwischen

Zahlrepräsentationen, aber vor allem auf gegenseitige Entsprechungen der einzelnen Repräsentationen und wird daher als repräsentationsübergreifend angesehen" (Fromme, 2017, S. 221). Damit ist ein Stellenwertverständnis nicht an bestimmte Sachverhalte und Zusammenhänge gebunden, sondern kann auch auf neue Kontexte übertragen werden.

Die gegenseitigen Entsprechungen und Übersetzungen werden in Abbildung 5.1 verdeutlicht (1) bis(6). So können beispielsweise zu einem Zahlwort entsprechende Mengen gelegt werden (1), diese Mengen als Zahlsymbol notiert (3) und diese Zahlsymbol vorgelesen werden (5) (Wartha & Benz, 2021).

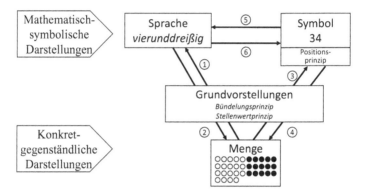

Abbildung 5.1   Stellenwertverständnis (in Anlehnung an Wartha & Benz, 2021, S. 20)

Ein unzureichendes Stellenwertverständnis beschreibt Fromme (2017) hingegen als unreflektiert angewandte Kenntnisse zum dezimalen Stellenwertsystem, wobei in erster Linie zählende Strategien Verwendung finden und vorrangig eine Orientierung an den Strukturen des Zahlwortsystems erfolgt. Außerdem zeigen sich geringe Kenntnisse zu Entsprechungen der drei Zahlrepräsentationen *Zahlzeichen*, *Zahldarstellung* und *Zahlwort*. In der vorliegenden Arbeit wird unter den verwendeten Beschreibungen *mangelndes Stellenwertverständnis, unzureichendes Verständnis des Stellenwertsystems* und *Schwierigkeiten beim Erlernen des Stellenwertsystems* die oben aufgezeigte Charakteristik zugrunde gelegt.

5.3.3 Modelle zur Entwicklung eines Stellenwertverständnisses

In der Vergangenheit wurden zahlreiche Modelle zum Erwerb des Stellenwertverständnisses in der Mathematikdidaktik, der pädagogischen Psychologie und der Entwicklungspsychologie sowie in den Neurowissenschaften entwickelt (z. B. Baroody, 1990; Baturo, 1997; Fromme, 2017; Fuson et al., 1997; Herzog et al., 2017; Ross, 1989).

> Das Stellenwertverständnis entwickelt sich allmählich in Stufen, die nicht leicht zu beschreiben sind. Das liegt u. a. daran, dass die mathematische Analyse der Stellenwerte, die man in wenigen Sätzen festhalten kann [...], für die Analyse der vom Kind zu leistenden Neustrukturierung seines Zahlverständnisses nur wenig hilfreich ist. (Gerster & Schultz, 2004, S. 94)

Um die Entwicklung des Stellenwertverständnisses bei Kindern zu verstehen, werden im Folgenden beispielhaft die Modelle von Ross (1989) und Fromme (2017) synoptisch dargestellt.

Nach dem Modell von Ross (1986; 1989) entwickelt sich die numerische Bewusstheit schrittweise. Sie gliedert den Aufbau des Stellenwertverständnisses im Anschluss an eine empirische Untersuchung mit 60 Kindern in fünf Stufen:

- Stufe 1 (whole numeral): Zu Beginn betrachten Kinder Zahlzeichen als Ganzes. Den einzelnen Stellen wird keine besondere Bedeutung beigemessen. Es wird keine Beziehung zwischen Ziffern im Zahlzeichen und einer Menge hergestellt.
- Stufe 2 (positional property): Auf der zweiten Stufe können die Kinder eine erste Unterscheidung treffen. Ihnen ist bewusst, dass bei einer zweistelligen Zahl die rechte Ziffer an der Einerstelle und die linke Ziffer an der Zehnerstelle steht. Ihnen ist aber nicht bewusst, was die Position der Ziffern über die Mächtigkeit der Menge aussagt.
- Stufe 3 (face value): Auf dieser Stufe können Kinder den Ziffern Werte, Worte oder Gegenstände (z. B. Würfel und Zehnerstangen) zuordnen. Ihnen ist nicht bekannt, dass ein Zehner aus zehn Einern besteht und zehn Einer zu einem Zehner gebündelt werden können.
- Stufe 4 (construction zone): Den Kindern ist nun bewusst, dass die linke Ziffer Zehnerbündel repräsentiert und die Einer von der rechten Ziffer repräsentiert werden. Allerdings ist dieses Wissen noch nicht gefestigt und kann unter Umständen bei bestimmten Aufgaben noch nicht zuverlässig angewandt werden.

– Stufe 5 (understanding): Die Kinder haben nun das sichere Verständnis dafür, dass die Ziffern in einer Zahl die Aufteilung in Zehnerbündel und Einer repräsentieren.

Das Modell von Ross (1986; 1989) legt einen Schwerpunkt auf die Zahlzeichen. Im Gegensatz dazu knüpft Fromme (2017) an die theoretischen Grundlagen von Bauersfeld (1983) und damit an die subjektiven Erfahrungsbereiche an und entwickelt ein erweitertes Modell für den Aufbau eines Stellenwertverständnis, welches vier Stufen umfasst.

Stufe 1: Zunächst erlernen Kinder die Zahlwortstruktur und machen damit erste Erfahrungen zur dezimalen Zahlenstruktur. Dabei werden auch Inhaltsbereiche wie die Zahlzerlegungen der 10 oder Übersetzungen zwischen Zahlwörtern und Zahlzeichen gelernt. Auf dieser Stufe ist das Erlernte abhängig vom Arbeitsmittel beziehungsweise der Situationen des Erlernens. Es werden einzelne subjektive Erfahrungen in unterschiedlichen Bereichen gemacht und gespeichert (vgl. Abbildung 5.2).

Stufe 2: Auf der zweiten Stufe werden von den Kindern „inner- und außersystematische Parallelen bzw. Entsprechungen" (Fromme, 2017) erkannt, weshalb mehrere Einzelerfahrungen zu einem subjektiven Erfahrungsbereich zusammengefasst werden. So kann ein Kind möglicherweise in Zehnerschritten zählen und diese auch notieren, aber diese Strategie nicht immer zur Lösungsfindung einsetzen.

Stufe 3: Auf dieser Stufe können Kinder Gemeinsamkeiten von Sachverhalten und dezimalen Strukturen erkennen. Dies befähigt sie dazu, über verwendete Strukturen zu reflektieren und diese auf unterschiedliche Sachverhalte zu übertragen. Sie nutzen Strategien, die sie aus Zusammenhängen kennen.

Stufe 4: Die vierte Stufe beschreibt den effektiven Einsatz von dezimalen Strukturen auf verschiedene mathematische Inhalte. Die Kinder orientieren sich dabei an den Inhalten und nicht an äußeren Bedingungen wie der Präsentation der Aufgabe.

Fromme (2017) betrachtet die hier dargestellte Entwicklung des Stellenwertverständnisses als *grobe Richtlinie für Zustandsbeschreibungen*. Das „Stellenwertverständnis kann demnach anhand der Erfahrungen der Kinder beschrieben werden. Je effizienter der Einsatz von dezimalen Strukturen ist, umso eher kann ein Verständnis für den einzelnen Inhalt unterstellt werden" (Fromme, 2017, S. 226). Dabei ist es möglich, dass die unterschiedlichen Bereiche im Modell auch bei den Lernenden unterschiedlich weit entwickelt sind.

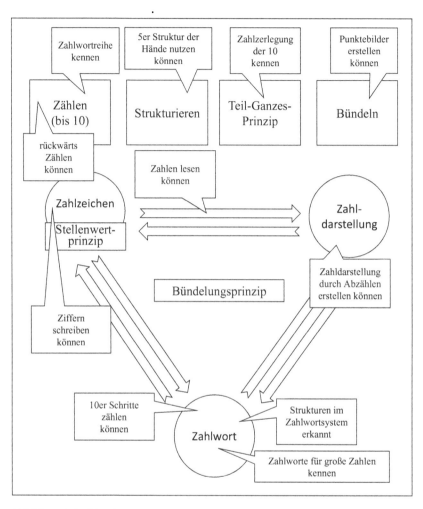

Abbildung 5.2 Einzelne subjektive Erfahrungen in unterschiedlichen Bereichen (in Anlehnung an Fromme, 2017, S. 225)

Vor dem Hintergrund der hier dargestellten Entwicklungsmodelle wird aber auch deutlich, dass der Aufbau eines Stellenwertverständnisses komplex ist und dass dabei Schwierigkeiten auftreten können.

5.3.4 Schwierigkeiten beim Erlernen des Stellenwertsystems

Das Stellenwertsystem zu verstehen und ein Stellenwertverständnis aufzubauen, ist weder trivial noch einfach. „Die kognitiven Anforderungen, die für ein tragfähiges Verständnis dieses Prinzips notwendig sind, sind vielschichtig und komplex" (Schulz, 2014, S. 145). Thompson (2003) bemerkt aus geschichtlicher Perspektive zur Entwicklung des Stellenwertsystems: „The fact that it took such a long time for mankind to invent this important idea signals the fact that it is going to prove to be a difficult concept for children to understand" (S. 181). Auch Scherer (2014) zeigt anhand der Betrachtung verschiedener Studien auf, dass es sich um einen sehr anspruchsvollen mathematischen Inhalt handelt.

Dabei haben rechenschwache Kinder verstärkt Probleme bei diesem Themenfeld (Scherer, 2014). Gaidoschik (2015b) spricht in diesem Zusammenhang von *programmierten Stolperfallen*. Beispielsweise greifen Kinder, die nicht über ein ausreichendes Stellenwertverständnis verfügen, bei der Addition und Subtraktion mehrstelliger Zahlen häufig auf schriftliche Lösungsverfahren zurück (Carpenter, Franke, Jacobs, Fennema & Empson, 1998). Eine Untersuchung von Kamii (1986) zeigt auf, dass selbst Kinder in höheren Klassen nicht über ein vollständig entwickeltes Stellenwertverständnis verfügen. Ein Ergebnis, das auch MacDonald, Westenskow, Moyer-Packenham und Child (2018) in einer neueren Untersuchung bestätigen:

> The third-, fourth-, and fifth-grade students in this study struggled with foundational aspects of place value relationships within multi-digit numbers. This was associated with their inability to flexibly operate on numbers and use their knowledge of place value between millennial numbers. (S. 26)

Gerster und Schultz (2004) beschreiben die größte Schwierigkeit für den Aufbau eines Stellenwertverständnisses wie folgt:

> Bevor Kinder ein Stellenwertkonzept erwerben, gründet ihr Zahlverständnis auf einerweisem Abzählen einer ansonsten ungegliederten Menge diskreter, gleicher Elemente. Die schwierigste Erkenntnis beim Erwerb von *Stellenwertverständnis* ist, dass die Zahl auch eine durch Zehnergruppen und Einzelne strukturierte Menge symbolisiert. Zehnergruppen müssen mit einerweise abgezählten Mengen verknüpft werden. (S. 82)

Neben den hier bereits genannten Schwierigkeiten, wie beispielsweise der fehlenden Einsicht in das Bündelungsprinzip, gibt es weitere mögliche Hürden beim Aufbau eines Stellenwertverständnisses. Fromme (2017) unterscheidet diese Schwierigkeiten in *typische Fehler* und *problematische Prozesse*.

Typische Fehler und problematische Prozesse
Fromme (2017) stellt in einer Übersicht (vgl. Abbildung 5.3) *typische Fehler* und *problematische Prozesse* dar, welche beim Erlernen des Stellenwertsystems auftreten können. Dabei weist sie darauf hin, dass sich problematische Prozesse von Fehlern unterscheiden, weil „durch sie keine fehlerhaften Ergebnisse entstehen [müssen]. Sie können jedoch auf fehlendes Verständnis hinweisen" (S. 65).

Neben dieser Aufteilung unterscheidet Fromme (2017) zwischen den verschiedenen Repräsentationsebenen Zahlwort, Zahlzeichen und Zahldarstellung. Schwierigkeiten beim Erlernen des Stellenwertsystems können innerhalb einer Zahlrepräsentation, zwischen Zahlrepräsentationen und repräsentationsübergreifend entstehen oder sichtbar werden.

Fromme (2017) beschreibt neben den in Abbildung 5.3 angegebenen typischen Fehlern und problematischen Prozessen zusätzlich Vorkenntnisse, über die Kinder verfügen sollten um ein tragfähiges Stellenwertverständnis zu entwickeln. Dazu zählt sie die Kenntnis der Zahlen bis 12 und der Zehnerzahlen, das Erkennen von Strukturen, ein Teile-Ganzes-Verständnis und das Bündeln.

Im Folgenden werden diese Schwierigkeiten und Vorkenntnisse beispielhaft dargestellt. Eine ausführliche Auseinandersetzung und Erarbeitung dieser Inhalte finden sich bei Fromme (2017).

Schwierigkeiten bei den Zahlen bis 12
Als eine Voraussetzung, um ein Stellenwertverständnis entwickeln zu können, müssen Kinder die ersten Wörter der Zahlwortreihe auswendig wissen. Dies trifft in einigen Sprachen bis 9 zu, in der deutschen Sprache bis 12 (Fromme, 2017; Fuson et al., 1997). Kennen Kinder die Zahlen bis 12 nicht, ist es schwierig, ein Stellenwertverständnis aufzubauen.

Hinzu kommt eine Unregelmäßigkeit bei den Zahlwörtern *elf* und *zwölf*. Bei ihnen wird der Zusammenhang zwischen der Menge und dem Zahlwort nicht ersichtlich. Außerdem wird die Rolle der 10 als Bündelungseinheit geschwächt, weil diese nicht das letzte zu lernende Zahlwort ist (Schulz, 2014).

Schwierigkeiten durch Unregelmäßigkeiten bei der Bildung von Zahlwörtern
Aufgrund ihrer unregelmäßigen Bildung müssen die Zehnerzahlen ebenfalls gelernt werden. „Die komplexe und inkonsistente Zahlwortbildung wird als wichtige Anforderung beim Erwerb des Stellenwertverständnisses betrachtet" (Herzog et al., 2017, S. 269). Durch Musterbildung beziehungsweise Analogien können dann die weiteren Zahlwörter erschlossen werden. Dabei erschwert die deutsche Zahlwortbildung durch einige Besonderheiten den Erwerb der Zahlwortreihe.

Verortung im Modell →	Beschreibung (allgemein) →	Beschreibung (speziell) →	Beispiel →
Zahlwort		Zehnerübergang	... 34, 33, 32, 31, 20, ...
		Dekadenname (Zehnerzahl) unbekannt oder falsch	... 27, 28, 29, 50, ...
	Zählfehler	systematisch Zahlen auslassen „Schnapszahlen"	... 17, 18, 19, 20, 21, 23, 24, ...
		unsystematisch Zahlen auslassen	... 17, 19, 20, 21, ...
		Zahlwortbildungsfehler	zehnundzwanzig oder elfundzwanzig
	Zählen in Zehnerschritten nicht möglich		(keine Analogiebildung in Zahlenraum bis 10 möglich)
	Zahlendreher		sechsundfünfzig als fünfundsechzig
Zahlzeichen	inverse Schreibweise		35 (erst 5, dann 3)
	lautgetreue Schreibweise		dreihundertfünfzig als 30050
	Zahlendreher		35 statt 53
Übersetzungen im Zusammenhang mit einer Zahldarstellung		Stellenwertfehler (Umbündelung missachtet)	4Z 13E als 413
		Zeilenfehler	3Z 5E als 45
	Bündelungs- und Stellenwertfehler	Übergeneralisierung	3Z 5E als 8
		Bündelungsfehler	35 als 30Z 5E
		Ziffernweise Interpretation	35 als 8E
		Stellenwertfehler (Stelle missachtet)	35 identisch zur 53
	Nicht-Nutzung von Bündelungen		3Z 5E in E-Schritten zählen
	Zahlendreher		3Z 5E als 53 oder dreiundfünfzig

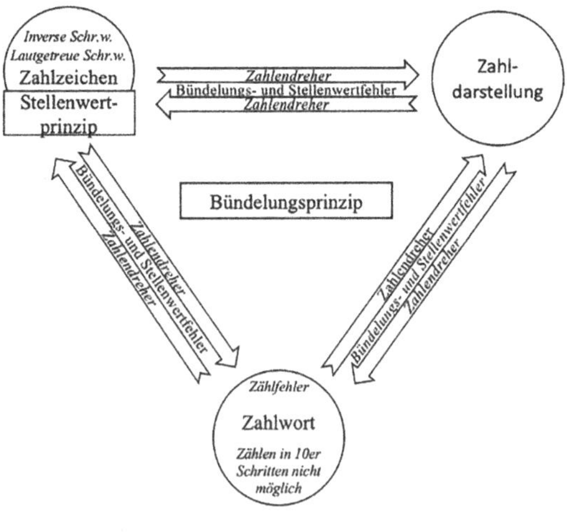

Abbildung 5.3 Typische Fehler und problematische Prozesse (in Anlehnung an Fromme, 2017, S. 73)

Die Ergebnisse zahlreicher Studien legen nahe, dass Unregelmäßigkeiten bei der Zahlwortbildung einen negativen Einfluss auf die Entwicklung des Stellenwertverständnisses haben können (vgl. z. B. Bauersfeld, 2009; Dehaene, 1999; Fromme, 2017; Moser Opitz & Schindler, 2017; Sarama & Clements, 2009). „Insbesondere die nicht einheitliche Bildung der Zahlworte zwischen zehn und zwanzig führt zu Fehlern beim Erlernen der Zahlwortreihe und resultiert in einer falschen Bildung der Zahlworte" (Herzog et al., 2017, S. 269). Exemplarisch kann hier das Fehlen des additiven *und* bei den Zahlwörtern zwischen 13 bis 19, im Gegensatz zu den Zahlen ab 21, genannt werden (vierzehn, vier*und*zwanzig, vier*und*dreißig). „Diese Unregelmäßigkeit wird z. B. besonders auffällig bei den vollen Hundertern, bei denen das Fehlen des ‚und' auf eine multiplikative Verknüpfung hinweist (dreihundert = 3 • 100, aber dreizehn = 3 + 10)" (Wartha & Schulz, 2012, S. 53).

Eine weitere Unregelmäßigkeit ist die Endung bei vollen Zehnern. Hier wird die Endsilbe *-zig* verwendet und nicht *-zehn*.

Schwierigkeiten durch die inverse Zahlwortbildung

Auch beim Lesen und Schreiben von Zahlen können sich Schwierigkeiten aus der inversen Zahlwortbildung entwickeln (Herzog et al., 2017; Scherer & Moser Opitz, 2010; Schipper, 2009; Zuber, Pixner, Moeller & Nuerk, 2009).

> In vielen Sprachen (z. B. Arabisch, Dänisch, Deutsch) stellt sich das Problem der Inversion: Das heißt, dass sich beim Schreiben und Sprechen die Reihenfolge der Stellenwerte unterscheidet. Bei der Zahl 57 steht die 5 für die fünf Zehner vorne, zuerst gesprochen wird jedoch die 7. (Moser Opitz & Schindler, 2017, S. 144).

Entgegen der Konvention von links nach rechts zu lesen, wird bei zweistelligen Zahlen also von rechts nach links gelesen – zuerst die weiter rechtsstehende Ziffer und dann die linke Ziffer.

> Die inverse Sprechweise hat direkte Auswirkungen darauf, wie Kinder das Zählen in Schritten zu 10, 100 usw. lernen. Solche Zählfertigkeiten ermöglichen es Kindern, Additions- und Subtraktionsaufgaben im zwei- und mehrstelligen Bereich zählend zu lösen [...]. Es muss daher davon ausgegangen werden, dass Kinder trotz guter (zählender) Rechenleistungen kein konzeptuelles Verständnis des Stellenwertsystems besitzen. (Herzog et al., 2017, S. 269; vgl. auch Ross, 1989)

Die inverse Zahlbildung kann aber auch Auswirkungen auf die Notation von Zahlen haben (Padberg & Benz, 2011). Das inverse Schreiben, also wenn sich die Notationsreihenfolge an der Abfolge des gesprochenen Zahlwortes orientiert, wird oft als problematischer Prozess angesehen und mit einem mangelnden Stellenwertverständnis in Verbindung gebracht (Fromme, 2017). Schipper et al. (2011) stellen fest, dass in der Regel nicht alle Zahlen konsequent invers geschrieben werden und stellen eine Verknüpfung zu Zahlendrehern her. „Die Zahlen 11 bis 19 und volle Zehner werden auch von Kindern, die sonst Zahlen mehrheitlich invers schreiben, oft in der richtigen Reihenfolge notiert. Dieser Wechsel der Schreibrichtung bei unterschiedlichen Zahlen erhöht das Risiko von Zahlendrehern" (Schipper et al., 2011, S. 20). Dies allein bedeutet jedoch nicht, dass das inverse Schreiben grundsätzlich als Schwierigkeit beim Stellenwertverständnis angesehen werden muss, zumal eine Untersuchung von Schulz (2016) zeigt:

> Bezogen auf den von der Lehrkraft berichteten Leistungsstand der Kinder schreiben sowohl leistungsschwache (95 %), durchschnittliche (71 %) als auch leistungsstarke (47 %) Schülerinnen und Schüler beim Zahlendiktat invers: das inverse Schreiben nimmt dabei mit zunehmender Leistung ab, ist aber kein Alleinstellungsmerkmal schwacher Schülerinnen und Schüler. (S. 885)

Die inverse Schreibweise kann aber besonders bei der Erweiterung des Zahlenraums oder der Nutzung eines Taschenrechners oder PC zu Schwierigkeiten führen (Fromme, 2017, S. 67).

Schwierigkeiten durch Zahlendreher
In engem Zusammenhang mit der inversen Zahlwortbildung können Zahlendreher gesehen werden. Darunter wird im Allgemeinen ein Vertauschen der Zehner und Einer beim Schreiben, Sprechen oder Darstellen einer Zahl am Material verstanden (vgl. Abbildung 5.4).

Nach Moser Opitz und Schindler (2017) stellen die Übersetzung vom Verbalen ins arabisch-indische Zahlsystem eine besondere Herausforderung dar, welche zu einer Inversion, also dem Vertauschen von Stellenwerten, führen kann.

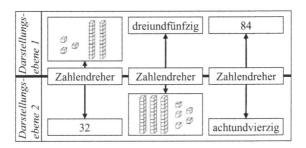

Abbildung 5.4 Zahlendreher bei Übersetzungsprozessen (in Anlehnung an Wartha & Schulz, 2012, S. 57)

„Zahlendreher können auf Probleme beim Stellenwertverständnis verweisen. Dieses Problem kann damit zusammenhängen, dass nicht alle Übersetzungen zwischen den Darstellungen einer Kardinalzahl (symbolisch gesprochen, symbolisch geschrieben und ikonisch/enaktiv veranschaulicht) gelingen [...]" (Schipper et al., 2011, S. 105).

Das Vertauschen von Ziffern gilt als typischer Fehler bei Kindern mit einem mangelnden Stellenwertverständnis (Herzog et al., 2017). Nach von Aster (2014) handelt es bei 25 % der Fehler, die deutsche Zweitklässler beim Schreiben von zweistelligen Zahlen machen, um Zahlendreher.

Schulz (2016) stellt in Interviews mit 109 Grundschulkindern fest, dass alle Kinder, welchen im Verlauf eines Zahlendiktats Zahlendreher unterlaufen, invers schreiben.

Schipper et al. (2011) weisen darauf hin, dass es keinen Kontrollmechanismus gibt um die Zahlzeichen zu überprüfen. Er stellt fest, dass wenn

> [...] statt ‚BAUM' das Wort ‚MUAB' geschrieben würde, würden wohl die meisten Kinder stutzen, weil diese Inversion von „BAUM in der deutschen Sprache keinen Sinn macht. Wenn dagegen eine zweistellige Zahl wie 87 invers als 78 geschrieben wird, wird zwar die falsche Zahl geschrieben, aber eine, die es durchaus gibt. Es gibt keine Veranlassung zu stutzen. (S. 20)

Nach Fromme (2017) können Zahlendreher bei Übersetzungen zwischen allen drei Repräsentationsformen, *Zahlwort*, *Zahlzeichen* und *Zahldarstellungen*, vorkommen. Schulz (2014) hält fest: „Wenn einem Kind Zahlendreher unterlaufen, ist davon auszugehen, dass es noch nicht sicher zwischen Zahlwort, Zahlzeichen und entsprechender Menge bzw. Zahldarstellung am Material übersetzen kann. Diese sichere Übersetzung ist jedoch kennzeichnend für ein tragfähiges Stellenwertverständnis" (S. 179).

In der Regel treten Zahlendreher in einer frühen Entwicklungsphase des Stellenwertverständnisses auf, nämlich dann, wenn Kinder die Konventionen der Zahlennotation noch nicht berücksichtigen (Ross, 1989). Die Entstehung des Fehlers ist möglicherweise auf eine Orientierung an der deutschen Zahlwortstruktur zurückzuführen.

> Ein Kind wird keine tragfähigen und sicheren Verknüpfungen zwischen Zahlwort, Zahlzeichen und Menge bzw. Darstellung am Material entwickeln können, wenn es sich bei einer gegebenen Zahl nicht sicher ist, aus wie vielen Zehnern bzw. Einern diese Zahl besteht und woran es dies erkennen könnte. (Schulz, 2014, S. 179)

Schwierigkeiten bei der stellengerechten Notation

Weitere Schwierigkeit können beim Verständnis für die Konvention der stellengerechten Notation auftreten (Scherer & Moser Opitz, 2010; Wartha & Schulz, 2012). Bei der Bildung der Zahlwörter wird die jeweilige Bündelungseinheit mitgesprochen (z. B. vier*hundert*siebenundfünf*zig*). Dadurch ergibt sich für die Notation von Zahlen ein Informationsverlust, da der Bündelungsaspekt nicht mehr offensichtlich ist (Wartha & Schulz, 2012). Stattdessen spielt nun der Stellenwertaspekt eine Rolle. Es muss also bekannt sein, an welcher Stelle die Einer, Zehner, und so weiter stehen (Padberg & Benz, 2011). „Die Verbindung bzw. Übersetzung zwischen Zahlzeichen und Zahlwort bzw. zwischen Zahlzeichen und Mengen ist daher abstrakter als die Übersetzung zwischen Menge und Zahlwort" (Wartha & Schulz, 2012, S. 55). Dadurch ist es möglich, dass es beim Schreiben von Zahlen zu Übertragungen von den Strukturen des Zahlworts in die Notation kommt. Wird beispielsweise die Zahl 34 nicht den entsprechenden Stellenwerten zugeordnet, sondern lautgetreu geschrieben, so kann die Zahl 304 entstehen, vorausgesetzt die Notation erfolgt den Konventionen entsprechend mit den Einern rechts. Ist dies nicht der Fall, kann dies zu der Zahl 430 führen. In diesem Zusammenhang wird in der Literatur der Hinweis gegeben, dass gerade Kinder mit Problemen in der Unterscheidung von rechts und links Schwierigkeiten bei der Entwicklung des Stellenwertverständnisses bekommen können (vgl. z. B. Schipper, 2009; Wartha & Schulz, 2012).

Schwierigkeiten durch ziffernweise Interpretation

Das ziffernweise Rechnen gilt als Indikator für ein eingeschränktes Verständnis von zweistelligen Zahlen. Kinder nehmen diese vornehmlich als Zusammensetzung einzelner Ziffern war (Schulz, 2014). Bei der ziffernweisen Interpretation werden also das Bündelungs- und Stellenwertprinzip nicht beachtet und die Ziffern ungeachtet ihrer Position in der Zahl miteinander verrechnet. Schulz (2014) bemerkt, dass dies auch schon vor der Einführung der schriftlichen Rechenverfahren vorkommt. Für die Diagnose ist allerdings unerheblich, ob die Rechenstrategie ziffernweises Rechnen bereits eingeführt wurde oder nicht. Vielmehr ist entscheidend, dass Kinder hier nicht auf Bündelungen und Stellenwerte achten, sondern die Ziffern *unreflektiert* miteinander verrechnen. Diese Vorgehensweise dürfte vor allem mit dem Erkennen bzw. dem Nichterkennen von Strukturen und einem mangelnden Teile-Ganzes-Verständnis einhergehen.

Schwierigkeiten beim Erkennen von Strukturen und mangelndes Teile-Ganzes-Verständnis

Das Erkennen von Strukturen und ein Teile-Ganzes-Verständnis gilt ebenfalls als Voraussetzung für den Erwerb eines tragfähigen Stellenwertverständnisses

(Fromme, 2017). Die Entwicklung des Stellenwertverständnisses erfolgt durch das Erkennen von Strukturen, also die Art und Weise, wie Teile eines Ganzen untereinander und zu einem Ganzen verbunden sind und wie die Teile eines Gefüges wechselseitig voneinander abhängen (Fromme, 2017; Lüken, 2012). Das bedeutet, dass ein Stellenwertverständnis nur aufgebaut werden kann, wenn Kinder Strukturen wahrnehmen und diese auch nutzen können. Dabei gibt es einen starken Zusammenhang zum Teile-Ganzes-Verständnis „Das Teile-Ganzes-Verständnis junger Kinder spiegelt das Verständnis über die Zerlegung einer Menge in Teilmengen und die Zusammenfügung dieser Teilmengen zur ganzen Menge" (Benz et al., 2015, S. 136). Um ein Verständnis von Zehnern erarbeiten zu können, sollten die Schülerinnen und Schüler *Einer* verstanden haben. „Soll heißen: Die Kinder müssen die Zahlen bis 9 oder 10 verstanden haben als *Zusammensetzungen aus anderen Zahlen*" (Gaidoschik, 2010b, S. 183 [Hervorhebung im Original]). Darüber hinaus müssen Kinder lernen

> „Zahlen als Zusammensetzungen von Zehnern und Einern zu begreifen, und dass es mehr als eine Partition in Zehner und Einer gibt […]. So kann ‚24' als zwei Zehner und vier Einer betrachtet werden, aber zugleich auch als ein Zehner und 14 Einer, von denen wiederum zehn Einer einen Zehner ergeben. (Herzog et al., 2017, S. 270)

Die im Zitat gemachte Aussage ist auch in starkem Zusammenhang mit dem Bündeln zu verstehen (vgl. Abschnitt *Schwierigkeiten* beim Bündeln).

Die Bedeutung des Teil-Ganzes-Verständnisses gilt mittlerweile als unumstritten und wird auch von anderen Autoren betont (vgl. z. B. Fromme, 2017; Resnick, 1983; Wartha & Schulz, 2012). Dabei erfolgt oft der Hinweis, dass es sich nicht nur um einen reinen Faktenabruf handelt, sondern um eine flexible Zerlegung der Zahlen auf viele verschiedene Arten (z. B. Padberg & Benz, 2011).

Schwierigkeiten beim Bündeln

Als weitere Voraussetzung um eine Stellenwertverständnis entwickeln zu können gilt das Bündeln, also das Gruppieren von Anzahlen (Fromme, 2017). Für das dezimale Stellenwertsystem werden dabei immer Bündel von zehn Objekten gebildet. „Dieses *Zusammenfassen von Objekten bzw. Bündeln* in gleich- oder ungleichmächtigen Gruppen kann angesehen werden als Voraussetzung und Bestandteil des Bündelungsprinzips" (Fromme, 2017). Damit ist das Bündeln eine Voraussetzung der fortgesetzten Bündelung, welche bereits gebündelte Objekte zu neuen Bündeln zusammenfasst und ist somit eine Grundlage für die Entwicklung eines Stellenwertverständnisses.

Schwierigkeiten durch sprachliche Besonderheiten

Weitere mögliche Hürden für den Aufbau eines Stellenwertverständnisses können sich beispielsweise durch das Weglassen von Buchstaben- oder Silben (sechzig – sechszig, siebzig – siebenzig) und die Veränderung von Lauten (dreißig – dreizig) ergeben. Auch phonetische Ähnlichkeiten (z. B. vierzehn und vierzig), können beim Verstehen gesprochener Zahlwörter zu Schwierigkeiten führen. Erschwert wird dies noch durch seine Flüchtigkeit: „Innerhalb eines Sekundenbruchteils ist oft nicht mehr belastbar zu rekonstruieren, welche Zahl gerade genannt wurde („Du hast aber vierzehn gesagt", „Nein, ich habe vierzig gesagt")" (Wartha & Schulz, 2012, S. 53). Dies kann auch zu Unsicherheiten führen, ob zum Beispiel 45 oder 54 gehört wurde.

Gaidoschik (2015a) weist darauf hin, dass „Missverständnisse und Verständnislücken im Bereich des Dezimalsystems […] weitreichende Konsequenzen auf den arithmetischen Kompetenzaufbau" haben und „einen Kernbereich anhaltender Lernschwierigkeiten im Mathematikunterricht" (S. 164) bilden.

Um Menschen eine angemessene Teilhabe am gesellschaftlichen und beruflichen Leben zu ermöglichen, ist es eine Aufgabe der Lehrerinnen und Lehrer auf diese Schwierigkeiten zu reagieren und entsprechende Fördermaßnahmen einzuleiten. Ein Erkennen von allgemeinen Schwierigkeiten reicht aber oft nicht aus. Vielmehr ist eine möglichst genaue Diagnose nötig.

Spezifische Schwierigkeiten beim Zählen

Fromme (2017) gibt spezifische Zählfehler als Hinweis auf ein unzureichendes Stellenwertverständnis an. Dazu zählen beispielsweise Fehler beim Zehnerübergang, Fehler durch unbekannte oder falsche Dekadennamen, das Auslassen von Zahlen und Zahlwortbildungsfehler.

Resnick (1983) berichtet beispielsweise davon, dass Kinder häufig bei Zahlen die auf eine 9 oder 0 enden (z. B. 29 oder 40) aufhören zu zählen, und teilweise ganze Dekaden auslassen (… 27, 28, 29, 50 …). Ein Auslassen von Zahlen erfolgt häufig, wenn eine Zahl aus gleichen Ziffern besteht (z. B. 44) (vgl. Schipper et al., 2011).

Außerdem zeigt sich, dass die Unfähigkeit in Zehnerschritten zu zählen als starker Hinweis auf ein mangelndes Stellenwertverständnis gewertet werden kann (Fuson et al., 1997; Kamii, 1986; Ross, 1986).

Diese hier aufgezeigten typischen Fehler und problematischen Prozesse stehen in einem engen Zusammenhang mit der Diagnose eines unzureichenden Stellenwertverständnisses, wie sie in Abschnitt 5.3.5 beschrieben wird. Fromme (2017) stellt fest, dass diese Schwierigkeiten als Indizien für ein mangelndes Stellenwertverständnis gewertet werden können und das Wissen darüber Grundlage einer Diagnose ist.

5.3.5 Diagnose eines unzureichenden Stellenwertverständnis

Ein unzureichendes Verständnis des Stellenwertsystems stellt neben der verfestigten Nutzung von Zählstrategien eine weitere große Hürde beim Mathematiklernen dar (vgl. Abschnitt 5.1.2 und 5.2). Deshalb ergibt sich auch in diesem Bereich die Notwendigkeit, die Schwierigkeiten von Lernenden zu diagnostizieren und zu deuten. Eine wichtige Grundlage um Auffälligkeiten auszumachen und einordnen zu können bildet dabei die Prozessorientierung (vgl. Abschnitt 4.2). Durch die Aufteilung von Fromme (2017) in typische Fehler und problematische Prozesse (vgl. Abschnitt 5.3.4) beim Erlernen des Stellenwertsystems, wird besonders die Bedeutung der Prozessorientierung (zur Produkt- und Prozessorientierung vgl. Abschnitt 4.2) für die Diagnose hervorgehoben. Es kann zwar zunächst *produktorientiert* vorgegangen und auf spezifische Fehler geachtet werden, aber Informationen über die Denkweise der Kinder liefert diese Vorgehensweise kaum. Ein möglicher Fehler, der als Indikator für Schwierigkeiten gilt, ist beispielsweise der Zahlendreher. Wird ein Zahlendreher bemerkt (beispielsweise hat das Kind 35 statt 53 aufgeschrieben), kann dies auf ein unzureichendes Stellenwertverständnis hindeuten. Welche genauen Vorstellungen das Kind hat oder ob der Fehler bei Übersetzungsprozessen zwischen verschiedenen Repräsentationsebenen wie dem Zahlwort, Zahlzeichen und Zahldarstellung auftritt, kann nicht beurteilt werden. Das bedeutet nicht, dass nicht auf Zahlendreher geachtet werden soll – vielmehr geht es darum, zu beobachten, wie und in welchen Zusammenhängen diese auftreten.

Sollen also auch fehlerhafte Prozesse erkannt werden, erfordert dies ein *prozessorientiertes* Vorgehen. Da die Schwierigkeiten innerhalb einer Zahlrepräsentation, zwischen Zahlrepräsentationen und repräsentationsübergreifend vorkommen, beziehungsweise sichtbar werden können, sollten in der Diagnose auch immer Übersetzungen zwischen verschiedenen Ebenen eingefordert werden (2017).

Sichtbar werden können Merkmale für ein noch nicht ausgebildetes Stellenwertverständnis in *Einzel- bzw. Diagnosegesprächen* zwischen Lehrkraft und Kind, die den Zweck haben, den Lernstand des jeweiligen Kindes gezielt zu ermitteln. Diese Gespräche können dann aussagekräftig sein, wenn die Fragen der Lehrkraft auf die

Übersetzungen zwischen Zahlzeichen, Zahlwort und am Material dargestellter Menge konzentriert sind. (Schulz, 2014)

Dabei ist es für eine zielgerichtete Diagnose „wichtig, dass die Lehrkraft die beobachteten Auffälligkeiten *spezifisch deuten* und in das komplexe Modell des sich entwickelnden Stellenwertverständnisses *einordnen* kann" (Schulz, 2014). Deshalb benötigen Lehrpersonen ein fachdidaktisches Wissen sowohl über die Entwicklung des Stellenwertverständnisses (vgl. Abschnitt 5.3.3) als auch über typische Schwierigkeiten, welche bei der Erarbeitung des Stellenwertsystems auftreten können (vgl. Abschnitt 5.3.4).

Um spezifische Probleme der Schülerinnen und Schüler sichtbar zu machen und ein unzureichendes Stellenwertverständnis diagnostizieren zu können, empfehlen Schipper und Wartha (2017) folgende Beobachtungsschwerpunkte:

- Treten Zahlendreher beim Darstellen und Auffassen von Zahlen auf?
- Werden die Stellenwerte sicher zugeordnet?
- Wird passend ge- und entbündelt?
- Werden beim Rechnen die Stellenwerte konkret verknüpft (S. 427)?

Um diese Inhalte, aber auch die in Abschnitt 5.3.4 genannten Schwierigkeiten, wie beispielsweise die Zahlenkenntnis oder das Teil-Ganzes-Verständnis, zu überprüfen und mögliche Probleme beobachten zu können, sind Diagnoseaufgaben erforderlich, welche die typischen Fehler und die damit verbundenen Vorstellungen der Lernenden sichtbar machen.

Hasemann und Gasteiger (2014) schlagen beispielsweise Zählaktivitäten vor, wie das Vorwärtszählen bis zu einer bestimmten Zahl oder das Rückwärtszählen ab einer bestimmten Zahl, um die Kenntnisse der Zahlen und die Zählfähigkeit zu überprüfen.

Weitere Aufgaben werden von Wartha und Schulz (2012) genannt. Sie schlagen zum Beispiel vor, Zahlen schreiben oder vergleichen zu lassen (Welche Zahl ist größer: 74 oder 56?), um zu überprüfen, ob Zahlendreher auftreten. Weitere Diagnoseaufgaben finden sich unter anderem bei Wartha & Schulz (2012), Wartha et al., (2019) oder Schipper & Wartha, (2017).

Um Kinder, bei denen aufgrund dieser Diagnose Schwierigkeiten festgestellt wurden in ihrem Lernprozess zu unterstützen, ist eine Förderung des Aufbaus eines Stellenwertverständnisses notwendig.

5.3.6 Förderung zum Aufbau eines Stellenwertverständnisses

Verfügen Schülerinnen und Schüler über keine oder nur geringe Einsichten in das Stellenwertsystem, ist ein erfolgreicher arithmetischer Lernprozess kaum möglich – für das arithmetische Lernen fehlt eine wichtige Basis (Scherer & Moser Opitz, 2010).

Wurde ein unzureichendes Stellenwertverständnis bei Kindern diagnostiziert, ist also eine an den Kompetenzen des Kindes anschließende Förderung unerlässlich. Diese Förderung sollte ein grundlegendes Verständnis des Stellenwertsystems ermöglichen. Van de Walle, Karp und Bay-Williams (2013) bemerken dazu: „Place-value understanding requires an integration of new and sometimes difficult-to-construct concepts of grouping by tens (the base-ten concept) with procedural knowledge of how groups are recorded in our place-value scheme, how numbers are written, and how they are spoken" (S. 193).

Bislang sind darüber, wie adäquate Konzepte zu mehrstelligen Zahlen aufgebaut und gefestigt werden können, kaum empirisch abgesicherte Erkenntnisse vorhanden (Gaidoschik, 2018). Damit eine Einsicht in das Bündelungsprinzip und das Stellenwertsystem entstehen kann, empfehlen Scherer und Moser Opitz (2010) eine ganzheitliche und nicht kleinschrittige Erarbeitung des Zahlenraums. Dies bedeutet nicht, dass „die Schülerinnen und Schüler diesen gleich in vollem Umfang verstehen müssen, sondern der Überblick über ‚das Ganze' soll helfen, die einzelnen Schritte besser zu verstehen" (Scherer & Moser Opitz, 2010, S. 140).

Mit Blick auf die in den vorhergehenden Abschnitten dargestellten Entwicklungsmodelle, typischen Fehler und problematischen Prozesse im Zusammenhang mit dem Aufbau eines Stellenwertverständnisses können die von Schulz (2014) vorgeschlagenen Inhalte Ansatzpunkte einer Förderung sein:

- das Prinzip der fortgesetzten Bündelung und der Stellenwerte erarbeiten
- die Notation von Zahlen erarbeiten
- die Sprechweise von Zahlen erarbeiten

Im Folgenden werden diese Inhaltspunkte überblickshaft besprochen. Für konkrete Förderformate, welche den Aufbau des Verständnisses unterstützen, finden sich in der Literatur zahlreiche Beispiele (z. B. Gaidoschik, 2015b; 2019; Götze et al., 2019; Herdermeier, 2012; S. Kaufmann & Wessolowski, 2017; Schipper, 2009; Wartha et al., 2019; Wartha & Schulz, 2012).

Prinzip der fortgesetzten Bündelung erarbeiten
Konnte durch eine Diagnose festgestellt werden, dass eine Schülerin oder ein
Schüler das Prinzip der fortgesetzten Bündelung noch nicht verstanden hat, ist es
notwendig dieses zu erarbeiten um den Aufbau eines tragfähigen Stellenwertver-
ständnisses zu fördern. Das Verstehen der Vorgänge *Bündeln* und *Entbündeln* gilt
als wichtiger Schritt für eine Einsicht in das Stellenwertsystem (Freesemann, 2013;
Gaidoschik, 2018; Gerster & Schultz, 2004; Sarama & Clements, 2009; Scherer &
Moser Opitz, 2010; Schipper & Wartha, 2017).

Dazu ist es sinnvoll, den Kindern ausreichend Zeit zu geben und Gelegenheiten zu
bieten in denen sie Bündelungen und Entbündelungen am Material selbst vornehmen
und diese zur selbstständigen Lösung von Aufgaben einsetzen können (Gaidoschik,
2018).

Die Erarbeitung der Bündelungsidee kann zunächst anhand von Zählaufgaben
mit größeren Mengen von unstrukturierten Materialien erfolgen, deren Anzahlen
dann in Stellenwerttafeln notiert werden (Freesemann, 2013; Scherer & Moser
Opitz, 2010). „Es scheint Konsens darüber zu bestehen, dass Aktivitäten des
eigenständigen Bündelns von zunächst ungeordnet vorliegenden Objekten mit
anschließendem Eintragen der Anzahlen gebündelter und nicht gebündelter Einheiten in eine Stellentabelle grundlegend für die Entwicklung erster Einsichten ins
Zehnersystem sind" (Gaidoschik, 2015a, S. 173).

Schipper und Wartha (2017) schlagen vor, umständliche Mengendarstellungen
zu vereinfachen, indem nichtkanonische Zahldarstellungen (z. B. 4 Zehner, 28
Einer) durch Bündeln so umzuwandeln sind, dass „eine kanonische Zahldarstellung
entsteht und die Zahl schnell notiert und genannt werden kann" (S. 432).

Eine Ablösung von den unstrukturierten Materialien sollte anschließend durch
die Verwendung von Arbeitsmitteln erfolgen, welche das Prinzip der fortgesetzten
Bündelung in ihrer Struktur berücksichtigen. Entscheiden bei dieser Arbeit ist es, die
Rolle der Zehn als Basiszahl unseres Stellenwertsystems zu thematisieren (Schulz,
2014). Die Notwendigkeit einer Bündelung kann dann „bei Diskussionen deutlich
werden, wie die Anzahl sicher bestimmt und übersichtlich dargestellt werden kann"
(Schipper & Wartha, 2017, S. 431).

Gaidoschik (2015b) empfiehlt für Übungen zum *Bündeln* Material zu verwenden,
welches „auch fehlerhafte Lösungen wie 75 + 5 = 710 zulässt" (S. 96). Er verweist
darauf, dass daran der Grundgedanke *an einer Stelle höchstens 9* besprochen und
erarbeitet werden kann. Dadurch können insbesondere solche Fehler zur Klärung
beitragen. „Zielführend in diesem Zusammenhang erweisen sich in weiterer Folge
Aufgabenstellungen, in denen das Kind seine ganze Aufmerksamkeit der Frage
‚Bündeln oder nicht?' widmen kann – unter Ausklammerung jedes weitergehenden
rechnerischen Problems" (Gaidoschik, 2015b, S. 96). Dazu schlägt er vor, dem

Kind mehrere Aufgaben mit einer Addition mit 1 vorzulegen. Nur bei einem Teil der Aufgaben ergibt sich dabei die Notwendigkeit einer Bündelung (z. B. 75 + 1; 69 + 1; 40 + 1; 37 + 1; 49 + 1). Entscheidend für die Förderung ist die Anweisung: Es geht nicht um das Ergebnis, sondern darum, bei welchen Aufgaben der Zehner eingetauscht werden muss (Gaidoschik, 2015b).

Neben den Bündelungsaktivitäten sind aber auch Aufgaben zum Entbündeln notwendig. „Zur Förderung von Einsicht ins Dezimalsystem sind meines Erachtens Aufgaben, die eine *Ent*bündelung fordern, mindestens so wichtig wie Aktivitäten, bei denen *ge*bündelt wird" (Gaidoschik, 2015a, S. 175 [Hervorhebung im Original]).

Als Aktivität zum Entbündeln schlägt Freesemann (2013) folgende Aufgabenstellung vor: „Das ist der Tausenderwürfel. Du sollst nun einen Einerwürfel wegnehmen. Wie kannst du das machen? Für die Lösung darfst du das ganze Dienes-Material verwenden, aber keine Säge und keinen Hammer" (S. 105). Ausgehend von dieser Aufgabe können die Kinder dann das Prinzip des Tauschens erarbeiten: „ein Tausender wird getauscht in zehn Hunderterplatten, eine Hunderterplatte wird getauscht in zehn Zehnerstäbe, ein Zehnerstab wird getauscht in zehn Einerwürfel" (Freesemann, 2013, S. 105).

Gaidoschik (2015a) weist darauf hin, dass es wenig hilfreich ist, das Bündelungsprinzip und die Irregularität der Zahlwortbildung gleichzeitig mit den Schülerinnen und Schülern zu besprechen. Die Erarbeitung der Zahlwortbildung kann in einem zweiten Schritt erfolgen.

Sprechweise von Zahlen erarbeiten

Zeigen sich Schwierigkeiten bei der Zuordnung von Stellenwerten im gesprochenen Zahlwort, z. B. Zahlendreher, so sollte eine Förderung hier ansetzen.

„Die verdrehte Zahlensprechweise muss expliziter und ausführlicher thematisiert werden, als dies derzeit vermutlich oft passiert" (Gaidoschik, 2018, S. 285). Deshalb weist Gaidoschik (2018) darauf hin, dass Kinder das Bündelungs- und Positionsprinzip verstanden haben müssen um Zahlwörter auf ihre Stellenwerte hin zu analysieren (vgl. Abschnitt *Prinzip der fortgesetzten Bündelung erarbeiten*).

Nach Schulz (2014) ist es erforderlich, mit den Kindern die Regeln und Unregelmäßigkeiten der Zahlwortbildung zu thematisieren. Dies ermöglicht deren Wahrnehmung als mögliche Hürden und als Grundlage zur Klärung von Folgefehlern. Ebenso ist, genauso wie bei der Erarbeitung der Notation, eine materialgestützte Aneignung der Zahlwörter wichtig.

Van de Walle et al. (2013) schlagen vor, eine base-ten language zu verwenden und diese mit der konventionellen Aussprache zu verbinden:

The way we say a number such as ‚fifty-three‘ must also be connected with the grouping-by-tens concept. The counting methods provide a connection. The count by tens and ones results in saying the number of groups and singles separately: ‚Fives tens and three‘. This is an acceptable, albeit nonstandard, way of naming this quantity. Saying the number of tens and singles separately in this fashion can be called *base-ten language*. Students can associate the base-ten language with the standard language: ‚five tens and three – fifty-three‘. (S. 194 [Hervorhebung im Original])

Das im Zitat besprochene Beispiel wird zwar anhand der englischen Sprache erläutert, lässt sich aber in den deutschen Sprachraum übertragen. So kann die Menge *dreiundfünfzig* anstatt, wie in der konventionellen Sprechweise, als *fünf Zehner und Drei* beschrieben werden.

Schipper und Wartha (2017) schlagen Übungen zum Hören von Stellenwerten vor. Beispielsweise soll die Schülerin oder der Schüler aus den gesprochenen Zahlwörtern nur die Zehner oder Einer heraushören und diese dann legen oder notieren.

Nach Gaidoschik (2018) kann eine nachhaltige Lösung der mit der verdrehten Zahlwortbildung verbundenen Schwierigkeiten „nur gelingen, wenn Kinder Bündelungs- und Positionsprinzip verstanden haben und es sich auf dieser Grundlage zur Gewohnheit machen, Zahlwörter nach Stellenwerten zu analysieren" (S. 285)

Notation von Zahlen erarbeiten

Eng verbunden mit den Schwierigkeiten bei der Sprechweise von Zahlen ist deren Notation. Auch hier können Zahlendreher in der Diagnose ein wichtiger Hinweis sein. Notiert die Schülerin oder der Schüler die Ziffern verdreht, also beispielsweise die Ziffer für die Einer vorne und die Ziffer für die Einer hinten, ist eine Förderung in diesem Bereich erforderlich.

Die Zifferndarstellung einer Zahl wird bestimmt durch ihren *Nenn-* und *Stellenwert*. Der *Nennwert* gibt die Anzahl der jeweiligen Bündelungseinheiten an, der *Stellenwert* wird durch die Position bestimmt, an der der Nennwert notiert wird, und zwar rechts beginnend, wobei die Bündelungseinheiten (Zehnerpotenzen) nach links ansteigen. (Schulz, 2014, S. 187)

Damit sind zwei grundlegende Aspekte angesprochen, die mit den Lernenden im Zusammenhang mit der Notation von Zahlen thematisiert und vertieft werden sollten. Die Regeln der Notation sollten materialgestützt erarbeitet werden. „Physical models for base-ten concepts play a key role in helping students develop the idea of ‚a ten‘ as both a single entity and as a set of ten units" (Van de Walle et al., 2013, S. 195). Dazu empfehlen sich Materialien, welche enaktiv genutzt und symbolisch dargestellt werden können. Dabei ist es von Vorteil, wenn, entsprechend der Schreibweise, die Zehner links und die Einer rechts dargestellt werden können (Schulz, 2014). Schulz (2014) schlägt einen stetigen „Übergang von der materialgestützten Schreibweise zur Stellenschreibweise, unter Nutzung einer Stellenwerttafel" (S. 191) vor. Bei allen Prozessen ist es erforderlich, die inverse Sprechweise und gegenläufige Schreibweise zu thematisieren.

In Bezug auf die verschiedenen Darstellungsformen bemerken Van de Walle et al. (2013): „The symbolic scheme that we use for writing numbers must be coordinated with the grouping scheme. Activities can be designed so that students physically associate a tens and ones grouping with the correct recording of the individual digits" (S. 194).

Zur Erarbeitung des Notationsverständnisses schlägt Lesemann (2015) Zahlendiktate vor. Diese sollten materialgestützt und unter Verwendung einer Stellenwerttafel erfolgen.

5.4   Die Rolle didaktischer Materialien in der Förderung

5.4.1   Materialien und Rechnenlernen

Arbeitsmittel spielen grundsätzlich eine wichtige Rolle für das Mathematiklernen (Hasemann & Gasteiger, 2014; Käpnick, 2014; Lorenz, 2011; Schipper, 2009; Schulz, 2014). Nach S. Kaufmann und Wessolowski (2017) stützt sich das Rechnenlernen „auf konkrete Handlungen, zunächst häufig mit realen Alltagsgegenständen und deren zeichnerischer Darstellung, die dann durch didaktische Arbeitsmittel ergänzt bzw. abgelöst werden" (S. 43). Lorenz (2016) bemerkt: „Nun, mathematische Lernprozesse basieren auf Handlungen, Denkstrukturen sind verinnerlichte Handlungen, wie schon Piaget feststellte. Sie bedürfen mannigfaltiger Erfahrung, die in aktive Umstrukturierung bisheriger Begriffs- und Denkformen münden" (S. 184).

Aus diesen Überlegungen heraus dürften *didaktische Materialien* auch und vielleicht gerade im Zusammenhang mit einer gezielten Förderung von Kindern mit Schwierigkeiten beim Rechnenlernen eine wichtige Rolle spielen. Nach Scherer und Moser Opitz (2010) nehmen Arbeitsmittel und Veranschaulichungen „in der mathematischen Förderung einen zentralen Stellenwert ein und sollen Schülerinnen und Schülern helfen, Einsicht und Verständnis in mathematische Strukturen aufzubauen bzw. die mathematische Begriffsbildung zu unterstützen" (S. 75). Gerade dieser Bereich, die Befähigung Strukturen zu erkennen und zu nutzen, macht die Arbeit mit den didaktischen Materialien so bedeutsam für die Förderung von Kindern, die verfestigt zählend rechnen oder ein unzureichendes Verständnis des Stellenwertsystems haben.

Insbesondere in Bezug auf die Überwindung von Zählprozessen und dem Aufbau eines Stellenwertverständnisses, ist die Diskussion über didaktische Materialien wichtig. Aus diesem Grund wird hier ein kurzer Abriss zu diesem Thema gegeben. Eine ausführliche Beschreibung findet sich beispielsweise bei Schulz (2014). Zunächst wird in Abschnitt 5.4.2 geklärt, was unter didaktischen Materialien verstanden werden kann. In Abschnitt 5.4.3 werden Kriterien für deren Klassifizierung beschrieben und in Abschnitt 5.4.4 wird auf die Ablösung von didaktischen Materialien eingegangen.

5.4.2   Begriffsklärung didaktische Materialien

In der Fachliteratur werden zahlreiche unterschiedliche Begrifflichkeiten für Materialien im Zusammenhang mit Mathematiklernen genannt. Ein einheitlicher Begriff liegt nicht vor. „Je nach Quelle und Autor sind Begriffe wie Arbeitsmittel, Arbeitsmaterialien, Lernmaterialien. (mathematische) Materialien, Lernhilfen. Veranschaulichungen, Anschauungshilfen oder mathematische Darstellungen anzutreffen" (Scherer & Moser Opitz, 2010).

Krauthausen (2018) schlägt vor, den Begriff *Arbeitsmittel* zu verwenden, da dieser die Begriffe *Veranschaulichungsmittel* und *Anschauungsmittel* umfasst. „Erstere würden (im traditionellen Sinne) hauptsächlich von der Lehrerin eingesetzt, um bestimmte (mathematische) Ideen oder Konzepte zu illustrieren oder zu visualisieren" (Krauthausen, 2018, S. 310). Letztere hingegen sind eher „in der Hand der Lernenden zu sehen, als Werkzeuge ihres eigenen Mathematiktreibens" (Krauthausen, 2018, S. 310). Der Begriff Arbeitsmittel umfasst die beiden genannten Begriffe und damit auch deren obliegende Funktionen. Verstanden werden darunter Materialien, wie beispielsweise Wendeplättchen, Cuisenaire-Stäbe, Mehrsystemblöcke, Rechenrahmen und ähnliches. Es geht also um *konkretes* Material, das von Veranschaulichungen wie Diagrammen, Tabellen oder Rechenstrichen und digitalen Medien abgegrenzt wird.

Nach Schipper (2009) können unter den Begriffen Material und Veranschaulichungen „konkret-gegenständliche Darstellungen, die Kindern im arithmetischen Anfangsunterricht bei der Entwicklung und Festigung von Zahl- und Operationsverständnis helfen sollen" (S. 288) verstanden werden.

Schulz (2014) nutzt den Begriff *didaktische Materialien* und versteht darunter haptische Materialien und zweidimensionale Darstellungen, welche die oben genannten Anforderungen von Veranschaulichungsmitteln und Anschauungsmitteln erfüllen. Außerdem beschreibt er als charakteristische Merkmale, dass die Materialien mathematische Sachverhalte nicht ausschließlich auf der Ebene der Zahl- und Rechenzeichen repräsentieren, sondern stattdessen auf mathematische Begriffe und Zusammenhänge fokussieren.

In der vorliegenden Arbeit wird der Argumentation von Schulz (2014) gefolgt und deshalb ebenfalls den Begriff der *didaktischen Materialien* verwendet.

5.4.3 Kriterien für die Klassifizierung didaktischer Materialien

Für den Einsatz im Mathematikunterricht und in der Förderung stehen zahlreiche didaktische Materialien zur Verfügung. „Gerade für den‚Aufbau des Zahlenraums bis 100' bieten Schulbücher und Lehrmittelhandel eine Fülle von Veranschaulichungen, von […] Zehnerstangen und Einerwürfeln über Hundertertafel, Hunderterfeld, Zahlenstrahl zu Rechengeld und weiteren Versuchen, Kindern das Verstehen zweistelliger Zahlen zu erleichtern" (Gaidoschik, 2018, S. 285).

Verschiedene Autoren (z. B. S. Kaufmann & Wessolowski, 2017; Lorenz, 2016; Schipper, 2009) weisen darauf hin, dass die Verwendung zu vieler Materialien besonders bei Schülerinnen und Schülern mit Schwierigkeiten beim Rechnenlernen problematisch ist.

Die Handlung, die für eine Rechenoperation an einem Veranschaulichungsmittel durchgeführt wird, fällt bei dem nächsten anders aus. Man vergleiche die Handlung für 28 + 30 am Rechenrahmen, am Zahlenstrahl, an der Hundertertafel und den Mehr-System-Blöcken. Die Handlungen sind nicht übertragbar, sie sind grundverschieden. (Lorenz, 2016, S. 183)

„Tatsächlich zeigt fachdidaktische Forschung, dass jede dieser Veranschaulichungen zunächst einmal für sich selbst verstanden werden muss. Die den Darstellungen innewohnenden dezimalen Strukturen sind nicht selbsterklärend, sie müssen von Kindern erst aktiv erarbeitet, können auch missverstanden werden" (Gaidoschik, 2018, S. 285). Der Einsatz einer Vielzahl an didaktischen Materialien erfordert also, dass jedes Material und die daran auszuführenden Handlungen neu zu erlernen sind, wodurch es einen eigenen Unterrichtsgegenstand darstellt. „Gerade rechenschwachen Kindern fällt es schwer, die mathematische Äquivalenz verschiedener Veranschaulichungen zu erkennen" (S. Kaufmann & Wessolowski, 2017, S. 43).

Es kommt also nicht auf die Vielzahl der Materialien an, sondern „auf ein *bewusstes Auswählen einiger weniger, didaktisch wohlüberlegter* und sinnvoller Arbeitsmittel und Veranschaulichungen" (Krauthausen, 2018, S. 333 [Hervorhebung im Original]). In der Literatur werden zahlreiche Kriterien und Aspekte für die Auswahl von didaktischen Materialien, teilweise in Form von Checklisten, angegeben (vgl. z. B. Hasemann & Gasteiger, 2014; Käpnick, 2014; Scherer & Moser Opitz, 2010; Schipper, 2009). Eine solche Liste findet sich auch bei Krauthausen (2018):

1. Wird die jeweilige mathematische Grundidee angemessen verkörpert?
2. Wird die Simultanerfassung von Anzahlen bis fünf bzw. die strukturierte (Quasi-Simultan-)Erfassung von größeren Anzahlen unterstützt?
3. Ist eine Übersetzung in grafische (auch von Kindern leicht zu zeichnende) Bilder möglich (Ikonisierung)?
4. Werden die Ausbildung von Vorstellungsbildern und das mentale Operieren unterstützt?
5. Wird die Verfestigung des zählenden Rechnens vermieden bzw. die Ablösung vom zählenden und der Übergang zum denkenden Rechnen unterstützt?
6. Werden verschiedene individuelle Bearbeitungs- und Lösungswege zu ein und derselben Aufgabe ermöglicht?
7. Wird die Ausbildung heuristischer Rechenstrategien unterstützt?
8. Wird der kommunikative und argumentative Austausch über verschiedene Lösungswege unterstützt?
9. Ist eine strukturgleiche Fortsetzbarkeit gewährleistet?
10. Ist ein Einsatz in unterschiedlichen Inhaltsbereichen (anstatt nur für sehr begrenzte Unterrichtsinhalte) möglich?
11. Ist ein Einsatz im Rahmen unterschiedlicher Arbeits- und Sozialformen möglich?
12. Ist eine ästhetische Qualität gegeben?
13. Gibt es neben der Variante für Kinderhände auch eine größere Demonstrationsversion?
14. Ist die Handhabbarkeit auch für Kinderhände und ihre Motorik angemessen?
15. Ist eine angemessene Haltbarkeit auch unter Alltagsbedingungen gegeben?
16. Ist die organisatorische Handhabung alltagstauglich (schnell bereitzustellen bzw. geordnet wegzuräumen)?
17. Sind ökologische Aspekte angemessen berücksichtigt?
18. Stimmt das Preis-Leistungs-Verhältnis (S. 334)?

Schulz (2014) kritisiert an solchen Checklisten, dass einzelne Punkte auf bestimmte Materialien nicht zutreffen, obwohl die Materialien vielleicht zum Erlernen eines speziellen mathematischen Inhaltsbereichs geeignet wären. Außerdem weist er darauf hin, dass nicht alle Kriterien mit der gleichen Gewichtung angelegt werden sollten.

> Im Hinblick auf Unterrichtsplanung ist das Verständnis von Kriterienkatalogen als „Checklisten" aus diesen Gründen vielleicht zu überdenken – denn *Check*listen sind diese Listen gerade nicht. Es geht weder darum, *ein* Material anhand aller Punkte dieser Listen durchzuchecken, noch kann es darum gehen, eine große Materialsammlung anzulegen, damit alle Punkte *der Liste* abgehakt sind. (Schulz, 2014, S. 79)

Weiterhin weist Schulz (2014) darauf hin, dass es „keine allgemeingültigen Kriterienkataloge für *das* Material und für *den* Arithmetikunterricht geben kann, und dass es bei der Materialauswahl keine „Alles-oder-Nichts-Entscheidungen" bezüglich des auszuwählenden Materials geben sollte" (S. 80). Vielmehr schlägt er vor, die Materialauswahl in erster Linie nach mathematikdidaktischen Kriterien zu treffen und erst in zweiter Linie nach ästhetischen, ökologischen, ökonomischen Aspekten.

Daraus leitet Schulz (2014) zwei konkrete Forderungen an die Auswahl des didaktischen Materials ab:

– die Passung zwischen Material und Inhalt beziehungsweise dem langfristigen Unterrichtsziel und
– die Passung zwischen dem Vorwissen des Kindes und den strukturellen Eigenschaften des Materials.

Einschränkend weisen Scherer und Moser Opitz (2010) darauf hin, dass nicht jedes Material für dieselbe Operation beziehungsweise Rechenaufgabe gleich gut ist und ein einziges Arbeitsmittel oder eine einzige Veranschaulichung nicht das ganze Spektrum eines Begriffes oder einer Operation abdecken kann. Deshalb ist es entscheiden, dass die Lehrperson Materialien auswählt, an denen Handlungen möglich sind, welche die angestrebten Vorstellungen unterstützen.

> Wenn beispielsweise die Kinder lernen sollen, die Aufgabe ‚7 + 8' schrittweise ‚im Kopf' über ‚sieben, zehn, fünfzehn' zu lösen, kann nicht erwartet werden, dass die unausweichlichen Verfahren des Alleszählens mit Wendeplättchen oder Steckwürfeln zu dieser mentalen Struktur führen. Schon die Materialhandlung muss die Struktur des angestrebten Kopfrechenwegs enthalten. (Schipper & Wartha, 2017, S. 428)

Die Auswahl eines Arbeitsmittels kann also nicht generell erfolgen. Dennoch sollen hier exemplarisch Materialien dargestellt werden, die mit Blick auf die typischen Hürden des verfestigten zählenden Rechnens und eines unzureichenden Stellenwertverständnisses helfen können Grundprinzipien zu verdeutlichen, Strukturen zu nutzen und mentale Vorstellungsbilder zu entwickeln.

Didaktische Materialien die bei der Förderung zum Aufbau eines Stellenwertverständnisses hilfreich sein können, sind zum einen unstrukturierte Materialien und zum anderen Mehrsystemblöcke. Während das Bündeln zu Zehnerbündeln zunächst mit unstrukturierten Materalen erfolgen kann, ist es sinnvoll in einem „nächsten Schritt die Zehner und Hunderter nicht jeweils selbst bündeln zu lassen, sondern Mehrsystemblöcke zu verwenden (Gaidoschik, 2015a). Dieses Arbeitsmittel verdeutlicht einprägsam das dezimale Stellenwertsystem. „Ein wichtiger Vorzug der Mehr-System-Blöcke ist die sukzessive ‚Erweiterung' der Stellenwertdarstellungen bis 1000, evtl. auch bis 10000 mit einer Zehnerstange aus zehn Tausenderwürfeln, bei Beibehaltung der Grundstruktur" (Käpnick, 2014, S. 168). Gaidoschik (2015a) schlägt vor, das Bündeln in Form des *Tauschens* damit fortzusetzen, indem 10 einer Einheit in die nächstgrößere Einheit *getauscht* werden.

> Dabei könnten Kinder bald auch z. B. 153 Einer zunächst in 15 Zehner und 3 Einer und im nächsten Schritt in 1 Hunderter, 5 Zehner und 3 Einer umtauschen und in der Stellentabelle notieren. Ebenso können und sollen auch z. B. 35 oder 43 oder 62 Zehner das Material für die Frage hergeben: Wie schreibt man das auf? (Gaidoschik, 2015a, S. 174)

Wie diese Beispiele zeigen, eignen sich Mehrsystemblöcke also besonders zum Verdeutlichen und Visualisieren der Grundprinzipien des dezimalen Stellenwertsystems (Käpnick, 2014).

Im Gegensatz zur Erarbeitung eines Stellenwertverständnisses, bieten sich Mehrsystemblöcke zur Förderung im Zusammenhang mit verfestigten Rechenstrategien weniger an, da zum Beispiel keine Fünferstrukturierung vorhanden ist (vgl. dazu Wartha und Schulz, 2012). Deshalb können, je nach diagnostizierter Schwierigkeit, weitere didaktische Materialien zum Einsatz kommen. Zum Lernen der Zahlzerlegungen schlagen Wartha et al. (2019) beispielsweise die Verwendung von *Punktestreifen* vor, mit deren Hilfe Zählprozesse durch Strukturnutzung überwunden werden sollen. Besonders die Fünferstrukturierung ermöglicht dabei eine quasi-simultane Zahlauffassung. „Die Quasi-Simultanerfassung ist nicht förderlich als isolierte Fähigkeit zum Erkennen von Punktemustern, sondern dann, wenn ein Kind in diesen Punktemustern *Zahlstrukturen* und auf dieser Grundlage *Zusammenhänge zwischen Zahlen* erkennt" (Gaidoschik, 2010,

S. 495). Um diese Zusammenhänge zu erarbeiten finden sich, neben einer aus-
führlichen Beschreibung der Punktestreifen, zahlreiche Förderformate bei Wartha
et. al., (2019).

5.4.4 Ablösung vom didaktischen Material

Die Verwendung didaktischer Materialien in der Förderung verfolgt das Ziel,
den Aufbau verinnerlichter Handlungen zu unterstützen (Hasemann & Gasteiger,
2014; Käpnick, 2014; Lorenz, 2011; Schipper, 2009; Schulz, 2014). „Wichtig
ist, dass der Automatisierungsphase eine hinreichend lange Erarbeitungsphase
vorausgeht, in der – gestützt auf konkrete Materialien und bildliche Darstellungen – Einsicht und Verständnis erarbeitet sowie mentale Bilder und das
Operierenkönnen mit ihnen aufgebaut werden" (S. Kaufmann & Wessolowski,
2017, S. 36).

Nach Schulz (2014) geschieht dies durch die „Fokussierung auf die mathematischen Strukturen, die dem Material und den Materialhandlungen zugrunde
liegen und durch eine schrittweise Ablösung vom Material" (S. 90). Schipper und Wartha (2017) schreiben: „Die konkrete Handlung am Arbeitsmittel ist
der Ausgangspunkt für einen Lernprozess, der dahingehend unterstützt wird, die
Handlungen zunehmend in der Vorstellung durchzuführen" (S. 429). Scherer und
Moser Opitz (2010) bemerken: „Der Einsatz von Arbeitsmitteln ist nur dann sinnvoll, wenn gleichzeitig auch auf die Ablösung vom Material hin gearbeitet wird"
(S. 85). Das Handeln und Manipulieren der konkreten Objekte führen aber, insbesondere bei rechenschwachen Kindern, nicht automatisch zu entsprechenden
Anschauungsbildern. „Die Handlungen durchzuführen und die numerischen Ver-
änderungen dabei zu sehen, reicht nicht aus. Es ist ein pädagogischer Irrtum zu
glauben, in dieser Weise gelange etwas in den Kopf, denn es ist ein wechselweiser
Akt der Wahrnehmung und Erkenntnis" (Lorenz, 2013, S. 188).

Um den Prozess des schrittweisen Ablösens vom Material zu unterstützen,
schlagen Wartha und Schulz (2012) ein *Vierphasenmodell* vor (vgl. Tabelle 5.2).
Dieses Modell wird im Folgenden beschrieben.

In der 1. Phase wird der mathematische Inhalt vom Lernenden am Material
dargestellt und gleichzeitig einer Partnerin oder einem Partner verbal beschrieben. „Wichtig ist [...], dass die Handlungen am Arbeitsmittel sprachlich begleitet
werden. Durch die Beschreibung von dem, was getan wird oder wurde, erfolgt
ein erster Schritt hin zur Abstraktion, und die Handlung wird bewusster gemacht"
(Scherer & Moser Opitz, 2010, S. 86).

Tabelle 5.2 Vierphasenmodell (in Anlehnung an Wartha und Schulz, 2012)

1	Das Kind handelt am geeigneten Material. Die mathematische Bedeutung der Handlung wird beschrieben. Versprachlichen der Handlung und der mathematischen Symbole.
2	Das Kind beschreibt die Handlung mit Sicht auf das Arbeitsmittel. Es handelt jedoch nicht mehr selbst, sondern diktiert einem Partner die Handlung und kontrolliert den Handlungsprozess.
3	Das Kind beschreibt die Materialhandlung ohne Sicht auf das Material. Für die Beschreibung der Handlung ist es darauf angewiesen, sich den Prozess am Material vorzustellen. Die Handlung wird – für das Kind nicht sichtbar – noch konkret durchgeführt.
4	Das Kind beschreibt die Materialhandlung „nur" in der Vorstellung. Bei symbolisch formulierten Aufgaben wird der Handlungszusammenhang aktiviert.

Ist der Lernende in der Lage sein Vorgehen zu verbalisieren, kann er in der 2. Phase der Partnerin oder dem Partner die auszuführenden Handlungen beschreiben. Die Partnerin oder der Partner führt die Handlungen stellvertretend aus, während der Lernende den Vorgang mit Sicht auf das Material kontrolliert.

Um die Materialhandlung zunehmend mental durchführen zu können, wird in der 3. Phase für den Lernenden die Sicht auf das Arbeitsmittel verdeckt. Er beschreibt analog zur 2. Phase der Partnerin oder dem Partner, welche Handlungen ausgeführt werden sollen. Sie oder er führt die Handlungen am für den Lernenden verdeckten Material aus.

Die 4. Phase erfolgt ohne Material und konkrete Handlungen. Der Lernende wird jedoch daran erinnert und aufgefordert, sich die Ausführung vorzustellen (Schipper und Wartha, 2017; Wartha & Schulz, 2012).

Nach Wartha und Schulz (2012) soll dieses Modell nicht als Stufenmodell verstanden werden, sondern als „Leitfaden für die Organisation von Lernumgebungen und zur Dokumentation von Lernfortschritten bei der Förderung besonders leistungsschwacher Kinder und Jugendlicher" (S. 65). Diese Sichtweise unterstützt den Gedanken, das vorgeschlagene Modell nicht schematisch anzuwenden. Vielmehr als um das Durchlaufen der einzelnen Phasen geht es um das Erkennen der Zusammenhänge.

Damit es im kindlichen Denken zu den mathematischen Objekten kommt, bedarf es der Aufmerksamkeitsfokussierung auf die Zahlzusammenhänge, die sich während der Handlung verändern. Aus diesem Grund ist für die Ausbildung von geeigneten arithmetischen Vorstellungsbildern nicht die Handlung mit dem Veranschaulichungsmittel selbst so wesentlich, sondern […] das Nachdenken darüber. Dieses Nachdenken wird sogar eher provoziert, wenn die Materialien entzogen werden und stattdessen beschrieben werden muss, wie die unterbrochene Handlung denn fortgeführt werden müsste. (Lorenz, 2013, S. 190)

Aus diesen Überlegungen heraus ergeben sich weitreichende Konsequenzen für die Förderung. Diese sollte sich nicht in der Wiederholung des aktuellen Stoffs erschöpfen und sich nicht als Trainingsprogramm zum Einüben von Verfahren darstellen, sondern muss die begleitende Erkennens- und Entscheidensleistung bezüglich der Strategienutzung fördern (Lorenz, 2013). Die Verwendung didaktischer Materialien kann diesen Lernprozess unterstützen.

5.5 Zusammenfassung – Diagnose und Förderung bei besonderen Schwierigkeiten beim Rechnenlernen

Grundsätzlich zeigen sich Schwierigkeiten beim Rechnenlernen in unterschiedlicher Form und Intensität (Scherer & Moser Opitz, 2010). Dabei lassen sich spezifische Probleme herauskristallisieren, welche nicht durch kurzfristige Interventionen überwunden werden können. Für diese Schwierigkeiten gibt es in der Literatur keinen eindeutigen Begriff (Kuhn, 2017; S. Kaufmann & Wessolowski, 2017). In der vorliegenden Arbeit wird im Wesentlichen auf den Begriff *Rechenschwäche* oder die Umschreibung *besondere Schwierigkeiten beim Rechnenlernen* zurückgegriffen. Inhaltlich wird, unter Anlehnung an S. Kaufmann und Wessolowski (2017) und Gaidoschik (2015b), darunter verstanden, dass Kinder über ein noch nicht ausreichendes Wissen verfügen um ein Verständnis für Zahlen, Rechenoperationen und Rechenstrategien zu entwickeln und deshalb oft auf Fehlvorstellungen und fehlerhafte Denkweisen zurückgreifen.

Obwohl sich das Phänomen der Rechenschwäche unterschiedlich zeigen kann, lassen sich typische Hürden ausmachen und benennen. Im Rahmen der vorliegenden Arbeit wird exemplarisch auf zwei zentrale und typische Hürden beim Rechnenlernen fokussiert: Das Symptom der *verfestigten Nutzung von Zählstrategien* und das Symptom eines *unzureichenden Verständnisses des Stellenwertsystems* (Gaidoschik, 2010; Scherer & Moser Opitz, 2010; Schipper & Wartha, 2017).

Von einer *verfestigten Nutzung von Zählstrategien* kann dann gesprochen werden, wenn Lernende über keine weiteren Möglichkeiten zur Lösungsfindung von Rechenaufgaben verfügen, als die Verwendung zählender Strategien. Aufgrund seiner weiten Verbreitung kann für dieses Phänomen auch der Begriff des *zählenden Rechnens* Verwendung finden.

Vor beziehungsweise zu Beginn der Schulzeit ist die zählende Lösungsfindung ein durchaus adäquates Vorgehen (Gaidoschik, 2017; Schulz, 2014). Als schwierig gestaltet es sich erst, wenn diese auf Dauer die einzige Möglichkeit bleibt, Ergebnisse zu ermitteln, und keine weiteren Rechenstrategien gekonnt und genutzt werden. Lernende die diese Symptome zeigen, sehen Zahlen oft als Stationen einer Zählreihe und nicht als Zusammensetzung aus anderen Zahlen. Meist verfügen sie auch nicht über Einsichten in mathematische Strukturen (Häsel-Weide, 2013). Gleichzeitig können Zählstrategien auch das Erkennen von Mustern und Strukturen und den Aufbau von Grundvorstellungen zu Strategien, Zahlen und Operationen verhindern (Gaidoschik, 2010; Lüken, 2012; Schipper & Wartha, 2017).

Da nicht allen Schülerinnen und Schülern die Ablösung von verfestigten Zählstrategien im Arithmetikunterricht gelingt (Gaidoschik et al., 2016), ist es sinnvoll, die spezifischen Schwierigkeiten der betreffenden Kinder zu diagnostizieren.

Dazu benötigen Lehrpersonen Kenntnisse über Indizien, die auf verfestigte Zählstrategien hinweisen können. Indizien, die mit dem zählenden Rechnen in Zusammenhang stehen können, sind beispielsweise

- das (offensichtliche/beobachtbare) Zählen
- spezifische Fehler (z. B. Plus-Minus-Eins-Fehler)
- eine unzureichende Automatisierung von Basisfakten und Grundaufgaben,
- Probleme beim Erkennen von Beziehungen zwischen Zahlen und Aufgaben.

Gelingt es Schülerinnen und Schüler nicht, Rechenstrategien flexibel anzuwenden und greifen sie stattdessen dauerhaft auf zählende Strategien zurück, ist eine Förderung notwendig. Grundsätzlich ist es hilfreich, die Kinder zu ermutigen, ihre Zähl- und Denkprozesse offenzulegen um im Sinne der Prozessorientierung eine Einsicht in das Denken der Kinder zu bekommen und um an ihre bisher erworbenen Kompetenzen anknüpfen zu können. Auf dieser Basis sollten vor allem die nötigen Vorkenntnisse erarbeitet werden, um flexible Rechenstrategien zu erlernen und anwenden zu können. Zu diesen Vorkenntnissen zählen beispielsweise

- die strukturierte Zahlauffassung und Zahldarstellung
- eine sichere und flexible Zählkompetenz
- die Beherrschung der Zahlzerlegung.

Da sich das zählende Rechnen verfestigt hat, ist eine Veränderung bei den Betroffenen nur schwer zu erreichen (Scherer & Moser Opitz, 2010). Deshalb sollten den Schülerinnen und Schülern Strategien aufgezeigt werden, wie sie Ergebnisse schneller und erfolgreicher ermitteln können.

Neben der Verwendung verfestigter Zählstrategien lässt sich ein unzureichendes Stellenwertverständnis als weitere Hürde im Lernprozess identifizieren. Unter Stellenwertverständnis kann das Nutzen von dezimalen Strukturen insbesondere bei Übersetzungen zwischen unterschiedlichen Zahlrepräsentationen verstanden werden. Orientieren sich Lernende vorrangig an den Strukturen des Zahlwortsystems und wenden sie die Kenntnisse zum dezimalen Stellenwertsystem nur unvollständig an, kann von einem unzureichenden Stellenwertverständnis gesprochen werden (Fromme, 2017). Bei der Ausbildung eines Stellenwertverständnisses gilt es zahlreiche Schwierigkeiten zu bewältigen. Dabei zeigen sich typische Fehler und problematische Prozesse (vgl. Abschnitt 5.3.4). Insbesondere der Aufbau des deutschen Zahlwortsystems bietet einige Fallstricke. Die Schwierigkeiten beim Verständnis des Dezimalsystems können weitreichende Konsequenzen für den Aufbau arithmetischer Kompetenzen haben (Gaidoschik, 2015a; Schulz, 2014).

Mögliche Indizien, welche auf ein mangelndes Stellenwertverständnis hinweisen werden von Fromme (2017) genannt:

– Schwierigkeiten bei den Zahlen bis 12
– Schwierigkeiten durch Unregelmäßigkeiten bei der Bildung von Zahlwörtern
– Schwierigkeiten durch die inverse Zahlwortbildung
– Schwierigkeiten durch Zahlendreher
– Schwierigkeiten bei der stellengerechten Notation
– Schwierigkeiten durch Ziffernweise Interpretation
– Schwierigkeiten beim Erkennen von Strukturen und fehlendes Teile-Ganzes-Verständnis
– Schwierigkeiten beim Bündeln
– Schwierigkeiten durch sprachliche Besonderheiten
– Spezifische Schwierigkeiten beim Zählen.

Das Wissen über diese typischen Fehler und problematischen Prozesse ist eine wichtige Grundlage für Lehrpersonen, um durch gezielte Diagnosen die Schwierigkeiten der Schülerinnen und Schüler zu identifizieren.

Sind die Schwierigkeiten identifiziert, sollte die Förderung an den diagnostizierten Inhalten ansetzen. Die genauen Förderschwerpunkte sind abhängig von den spezifischen Schwierigkeiten des Kindes. Als zentrale Aspekte der Förderung zählen beispielsweise

- die Erarbeitung des Prinzips der fortgesetzten Bündelung und der Stellenwerte
- die Erarbeitung der Notation von Zahlen
- die Erarbeitung der Sprechweise von Zahlen.

Sowohl zur Förderung in Bezug auf verfestigte Zählstrategien als auch in Bezug auf ein unzureichendes Stellenwertverständnis finden sich in der Literatur zahlreiche konkrete Vorschläge und Übungsformate (z. B. Gaidoschik, 2015b; 2019; Götze et al., 2019; Herdermeier, 2012; S. Kaufmann & Wessolowski, 2017; Scherer & Moser Opitz, 2010; Schipper, 2009; Wartha et al., 2019; Wartha & Schulz, 2012).

Eine entscheidende Rolle in der Förderung kommt didaktischen Materialien zu, da der mathematische Lernprozess auf mathematischen Handlungen basiert und Denkstrukturen als verinnerlichte Handlungen gelten (Hasemann & Gasteiger, 2014; Käpnick, 2014; Lorenz, 2011; Schipper, 2009; Schulz, 2014). Didaktische Materialien und Darstellungen können einmal der Veranschaulichung durch die Lehrperson aber auch als Anschauungsmittel durch die Lernenden dienen. Ein weiteres Charakteristikum der Materialien ist es, dass sie sich nicht ausschließlich auf die Darstellung von Zahl- und Rechenzeichen beschränken (Krauthausen, 2018; Schulz, 2014).

Durch die Verwendung von didaktischen Materialien soll der Aufbau verinnerlichter Handlungen unterstützt werden. Gleichzeitig ist der Einsatz von Materialien aber nur sinnvoll, wenn neben dem Aufbau der Vorstellungen auch an der Ablösung vom Material gearbeitet wird (Scherer & Moser Opitz, 2010). Eine Möglichkeit zur Ablösung bei gleichzeitiger Entwicklung mentaler Vorstellungsbilder schlagen Wartha und Schulz (2012) in einem Vierphasenmodell vor. Dabei werden die Handlungen geübt und versprachlicht und das Arbeitsmittel den Lernenden sukzessiv entzogen.

Das in Kapitel 5 dargestellte Wissen ist Voraussetzung, um typische Hürden beim Rechnenlernen zu erkennen und passende Förderformate auswählen zu können. Untersuchungen von Lenart et al. (2010), Schulz (2014) und Lesemann (2015) zeigen aber, dass dieses Wissen bei Lehrpersonen nicht in ausreichendem Maße vorhanden ist. Hier können Fortbildungen einen wesentlichen Beitrag leisten, um den Aufbau dieser Wissensbereiche zu fördern und Lehrerinnen und Lehrer zur Anwendung dieses Wissens zu befähigen.

Wirksamkeit von Lehrpersonenfortbildungen

Um Schwierigkeiten beim Rechnenlernen angemessen und sinnvoll begegnen zu können, werden fachlich versierte Lehrerinnen und Lehrer benötigt, die in der Lage sind, Rechenschwierigkeiten zu diagnostizieren und Förderangebote zu erstellen und durchzuführen (Gaidoschik, 2015b). Das fachdidaktische Wissen von Lehrpersonen in Bezug auf das Thema Rechenschwäche scheint aber trotz wissenschaftlicher Ausbildung nicht in ausreichendem Maße vorhanden zu sein (vgl. Lenart et al., 2010; Lesemann, 2015; Schulz, 2014). Allerdings können Wissen und Fähigkeiten erlernt und vermittelt werden (Baumert & Kunter, 2011a). Wie derartiges Wissen und Können bei Lehrpersonen im Schuldienst gezielt aufgebaut werden kann, ist hingegen nicht ausreichend geklärt.

> This knowledge cannot be picked up incidentally, but as our finding on different teacher-training programs show, it can be acquired in structured learning environments. One of the next great challenges for teacher research will be to determine how this knowledge can best be conveyed to both preservice and inservice teachers. (Baumert et al., 2010, S. 168)

Wie Analysen zeigen, können Lehrpersonenfortbildungen das Wissen von Lehrpersonen erweitern und Wirkungen auf das Lernen der Schülerinnen und Schüler haben (z. B. Lipowsky, 2019).

Deshalb fordert auch die Kultusministerkonferenz der Länder (KMK – Sekretariat der ständigen Konferenz der Kultusminister der Länder in der Bundesrepublik Deutschland, 2015), dass Lehrpersonen in der Grundschule ihre bisher erworbenen Kompetenzen durch regelmäßige Fortbildungen, nicht nur in den studierten Fächern, erweitern sollen. „Lehrkräfte nehmen Fort- und Weiterbildungsangebote in Fächern wahr, die nicht Bestandteil ihrer grundständigen Ausbildung sind"

(KMK – Sekretariat der ständigen Konferenz der Kultusminister der Länder in der Bundesrepublik Deutschland, 2015, S. 20).

Im vorliegenden Kapitel sollen formale und organisatorische Aspekte zu Lehrpersonenfortbildungen näher betrachtet werden. Dazu findet in Abschnitt 6.1 zunächst eine Begriffsklärung statt. Anschließend wird der Aspekt der Professionalisierung im Kontext von Fortbildungen für Lehrpersonen in den Fokus genommen (Abschnitt 6.2). Daran schließt sich die Darstellung von Modellen und Befunden zur Wirksamkeit von Fortbildungsmaßnahmen (Abschnitt 6.3) und eine Übersicht über die Merkmale wirksamer Fortbildungen an (Abschnitt 6.4). Abschließend folgt eine Zusammenfassung zur Wirksamkeit von Lehrpersonenfortbildungen (Abschnitt 6.5).

6.1   Fortbildungen für Lehrpersonen – Begriffsklärung und Ziele

Die in der Literatur verwendeten Begriffe für Fortbildungsmaßnahmen im weitesten Sinne sind so vielfältig, dass im Folgenden nur exemplarisch auf einige ausgewählte Begriffe eingegangen werden soll, bevor die in dieser Arbeit zugrunde liegende Sichtweise beschrieben wird.

Die Lehrpersonenausbildung in Deutschland gliedert sich in der Regel in drei Phasen. In der ersten Phase erfolgt eine wissenschaftliche Ausbildung an einer Hochschule, gefolgt von einer meist schulpraktischen Ausbildung in der zweiten Phase. Als dritte Ausbildungsphase wird vorwiegend das Lernen während der Berufsausübung bezeichnet. Die hier angesiedelten Lerngelegenheiten lassen sich auf sehr unterschiedliche Weise konzeptionalisieren. Je nach Zugang, zum Beispiel begrifflich, kontextuell, institutionell, historisch oder ideengeschichtlich, ergeben sich unterschiedliche Nuancen bezüglich der verwendeten Begrifflichkeiten für die Lerngelegenheiten in der dritten Phase (vgl. Weil & Tettenborn, 2017). Diese Aufführungen zeigen exemplarisch, wie komplex und vielfältig dieser Themenbereich und die damit verbundene Begriffsfindung sind. Im Kontext der vorliegenden Arbeit ist es wenig zielführend auf alle Zugänge einzugehen. Für die Weiterarbeit findet deshalb zunächst eine Beschränkung auf oft in der Literatur verwendete Begriffe statt, die das Lernen von Lehrpersonen in der dritten Phase beschreiben.

Drei Begriffe, die in der Literatur häufig Verwendung finden sind Lehrerfortbildung, Lehrerweiterbildung und Lehrerbildung. Oft wird bei der Auseinandersetzung mit beruflichem Weiterlernen in der dritten Phase auf die Unterschiede zwischen diesen Begriffen hingewiesen (vgl. Daschner, 2004; Oelkers, 2009a;

Törner, 2015). Eine einheitliche Definition der Begriffe liegt jedoch nicht vor. Dennoch lassen sich einige Zuschreibungen machen, die sich im Wesentlichen auf die Verwendung der Begriffe in der Literatur begründen. Zum Beispiel beschreibt der Begriff der Lehrerbildung genau genommen die Lehrerausbildung insgesamt. Häufig wird unter Lehrerbildung aber auch nur die universitäre Lehrerausbildung verstanden. „Wenn von Lehrerbildung die Rede ist, bezieht sich dies fast immer nur auf die erste Phase der Lehrerausbildung, das Lehramtsstudium" (Deutscher Verein zur Förderung der Lehrerinnen und Lehrerfortbildung e. V., 2018, S. 8). Die Verwendung dieses Begriffs kann deshalb schnell zu Missverständnissen führen, wird nicht explizit auf die Verkürzung hingewiesen. Außerdem wird dadurch die Frage der Wertigkeit von Fortbildungen für Lehrpersonen aufgeworfen. Oft wird diese vernachlässigt, obwohl die Professionsforschung auf die Wichtigkeit einer organisierten Qualifizierung der Berufsfertigkeiten während der beruflichen Praxis hinweist (Deutscher Verein zur Förderung der Lehrerinnen und Lehrerfortbildung e. V., 2018). „Lehrerfortbildung und Lehrerweiterbildung wären neben der *Lehrerausbildung* somit die wesentlichen Komponenten einer Lehrerbildung" (Törner, 2015, S. 198 [Hervorhebung im Original]).

Der Begriff Lehrerweiterbildung wird oft von der Schuladministration für Maßnahmen verwendet, welche dem Erwerb einer zusätzlichen Lehrbefähigung oder Unterrichtserlaubnis oder der berufsbegleitenden Nachqualifikation von im staatlichen Schuldienst eingestellten Lehrpersonen dient (Oelkers, 2009a). Daschner (2004) schreibt dazu: „Lehrerfortbildung zielt – im Unterschied zur Lehrerweiterbildung, die auf den Erwerb zusätzlicher Kompetenzen gerichtet ist – auf die Aktualisierung der in der Erstausbildung grundgelegten beruflichen Kompetenzen von Lehrerinnen und Lehrer" (S. 290). Diese Beschreibung greift allerdings zu kurz, da es bei Lehrpersonenfortbildungen oft nicht nur um eine Aktualisierung der Wissensbestände geht, sondern auch eine Erweiterung und Vertiefung dieses Wissens erfolgt. Insgesamt erscheint also eine weitergefasste Unterscheidung sinnvoll. In Abgrenzung zum Begriff Fortbildung, der in Bezug auf die Ausübung der bestehenden Tätigkeit verwendet wird, wird der Begriff der Weiterbildung meist als umfassender angesehen. Dieser muss nicht zwingend einen direkten Bezug zur bestehenden beruflichen Tätigkeit aufweisen (Weil & Tettenborn, 2017).

Die Diskussion um die Begrifflichkeiten, insbesondere auch zwischen den Begriffen Fortbildung und Weiterbildung, soll hier, aus oben genannten Gründen, bewusst nicht weiter vertieft und fortgeführt werden. Traditionell wird in Deutschland eher der Begriff der Lehrerfortbildung verwendet. Während die Kultusministerkonferenz durchgängig den Begriff Lehrerbildung benutzt, bei welchem auch nicht nach Geschlecht unterschieden wird, wird in der Schweiz beispielsweise von Lehrerinnen- und Lehrerfortbildungen gesprochen (Oelkers, 2009b). Um möglichst vielen Personengruppen gerecht zu werden, werden in dieser Arbeit meist die Begriffe Lehrpersonenfortbildung, Fortbildung oder Fortbildungsmaßnahme verwendet. Unabhängig vom verwendeten Wort liegt dieser Arbeit zunächst ein vorläufiges Begriffsverständnis zugrunde, wie es Fussangel, Rürup und Gräsel (2016) beschreiben. Demnach geht es bei Fortbildungen für Lehrpersonen um Lernangebote, die Lehrpersonen in ihrer aktuellen Berufspraxis Unterstützung bieten und auf die Erweiterung oder Vertiefung professioneller Kompetenz abzielen. In diesem Sinne sind diese Ziele im Einklang mit der Sichtweise Daschners (2004): Die Fortbildung für Lehrpersonen „dient der Erhaltung und Erweiterung der beruflichen Kompetenz der Lehrpersonen und trägt dazu bei, dass Lehrerinnen und Lehrer den jeweils aktuellen Anforderungen ihres Lehramtes entsprechen und den Erziehungs- und Bildungsauftrag der Schule erfüllen können" (S. 291).

Ein solcher Bildungsauftrag wurde unter anderem von der Kultusministerkonferenz (KMK – Sekretariat der ständigen Konferenz der Kultusminister der Länder in der Bundesrepublik Deutschland, 2004) für das Fach Mathematik festgelegt. Diese schreibt beispielsweise: „Der Mathematikunterricht der Grundschule […] entwickelt […] grundlegende mathematische Kompetenzen. Auf diese Weise wird die Grundlage für das Mathematiklernen in den weiterführenden Schulen und für die lebenslange Auseinandersetzung mit mathematischen Anforderungen des täglichen Lebens geschaffen" (S. 6). Die Forderung, grundlegende mathematische Kompetenzen zu entwickeln, gilt besonders für Kinder, welche besondere Schwierigkeiten beim Rechnenlernen haben. Aus diesem Grund wurden Fortbildungsangebote für Lehrpersonen mit den entsprechenden Inhalten konzeptionalisiert und bereitgestellt. Diese Lehrpersonenfortbildungen zielen auf die Erweiterung und Vertiefung professioneller Kompetenzen der Lehrenden ab, um sie zu befähigen Rechenschwierigkeiten zu diagnostizieren und adaptive Förderformate zu entwickeln.

Biehler und Scherer (2015) weisen darauf hin, dass Lehrpersonenfortbildungen für die Mathematikdidaktik eine praktische und eine theoretische Herausforderung sind.

Die Fachdidaktik hat sich immer schon praktisch an Lehrerfortbildungen beteiligt und diese auch initiiert und theoretisch konzipiert. Die theoretische Herausforderung bezieht sich einerseits auf die Entwicklung von nachhaltig wirksamen Konzepten für Lehrerfortbildung auf der Basis von Forschungen sowie auf die Konzipierung von Wirkungsforschungen (Biehler & Scherer, 2015, S. 191).

Diese theoretische Herausforderung wird in der vorliegenden Arbeit mit dem Ziel der Professionalisierung von Lehrpersonen operationalisiert.

6.2 Lehrpersonenfortbildungen im Kontext der Professionalisierung für den Lehrberuf

Die berufsbiografisch orientierte Lehrpersonenforschung zeigt, dass eine hinreichende Qualifizierung für den Beruf durch die Erstausbildung nicht gewährleistet werden kann (Bonsen, 2010). Ebenso weisen beispielsweise Oelkers (2009b) und Messner und Reusser (2000) darauf hin, dass die Staatsexamen keine abschließend geformte professionelle Kompetenz beschreiben und sich alle Schulformen und somit alle Lehrämter auf die permanente Entwicklung ihres Personals einstellen müssen.

> Wenngleich die grundlegende Ausbildung, Qualifizierung und Zertifizierung von Lehrerinnen und Lehrern in Deutschland im Rahmen eines Hochschulstudiums (erste Phase) und des Vorbereitungsdienstes (zweite Phase) erfolgt [...], ist in der Forschung zum Lehrerberuf unbestritten, dass sich die gesamte Berufsbiografie von Lehrerinnen und Lehrern mit der Notwendigkeit fortwährenden Lernens im Beruf verbindet. (Johanmeyer, 2019, S. 17)

Dies gilt auch für das Thema Schwierigkeiten beim Rechnenlernen. „Die meisten praktizierenden Lehrkräfte hatten wegen fehlender Lernangebote in den beiden ersten Lehrerbildungsphasen keine Chance, sich fundiert über Konzepte der Diagnostik und Förderung bei besonderen Schwierigkeiten beim Rechnenlernen zu informieren" (Schipper & Wartha, 2017, S. 418). Erschwerend mag hinzukommen, dass, wie der IQB-Bildungstrend (Rjosk, Hoffmann, Richter, Marx & Gresch, 2017) über die dort untersuchten Klassen berichtet, 31 % der Lehrpersonen in Grundschulen Mathematik fachfremd unterrichten. Dabei variieren die Anteile deutlich zwischen den einzelnen Bundesländern zwischen 70 % im Saarland und 1 % in Thüringen.

Die geforderte permanente Entwicklung beziehungsweise Professionalisierung findet aber nicht unbedingt automatisch und mit zunehmender Berufserfahrung statt. Schrader (2009) gibt an, dass die Berufserfahrung im Lehrberuf nicht mit dem Professionswissen zusammenhängt. Hesse und Latzko (2017) bestätigen dies im Kontext der diagnostischen Expertise von Lehrpersonen. Diese bildet sich nicht von allein im Laufe der Berufsjahre über die schulische Alltagserfahrung aus.

Aus der Lehrerexpertiseforschung kann geschlussfolgert werden, dass es keinen signifikanten Zusammenhang zwischen Merkmalen der Berufserfahrung und der Diagnosekompetenz von Lehrern gibt. Solide diagnostische Kompetenz oder Expertise von Lehrkräften setzt demnach einen systematischen und angeleiteten Erwerb sowohl diagnostischen Wissens und Könnens als auch pädagogisch-psychologischen Wissens über das Lehren und Lernen voraus. (Hesse & Latzko, 2017, S. 27)

Für die Förderfähigkeiten wurden keine empirischen Erkenntnisse recherchiert. Da es sich dabei aber um Professionswissen handelt und dieses große Überschneidungen mit den diagnostischen Fähigkeiten aufweist (vgl. Abschnitt 4.3), kann ebenfalls davon ausgegangen werden, dass sie sich nicht allein durch Alltagserfahrungen der Lehrpersonen ausbilden. Borko (2004) weist aber darauf hin, wie wichtig die professionelle Entwicklung von Lehrpersonen ist: „Teacher professional development is essential to efforts to improve our schools" (S. 3). Deshalb ist die „Frage der Erlernbarkeit, Veränderbarkeit bzw. Trainierbarkeit von diagnostischen Kompetenzen […] nicht nur in praktischer, sondern auch in theoretischer Hinsicht eminent wichtig" (F.-W. Schrader, 2009, S. 243).

Um die diagnostischen Fähigkeiten und die Förderfähigkeiten von Lehrpersonen im Zusammenhang mit Schwierigkeiten beim Rechnenlernen zu erweitern, können Fortbildungen eine wirksame Maßnahme sein (Lesemann, 2015).

Kauffeld Paulsen und Ulbricht (2016) beschreiben, dass durch kontinuierliche Fortbildungen die Kompetenzen der Professionellen auf aktuellem Stand gehalten werden sollen, damit „sich deren Handeln an den Anforderungen des jeweiligen Berufs, der modernen Wissensgesellschaft sowie des ethischen Selbstverständnisses messen lassen kann" (S. 464).

Dass Lehrpersonenfortbildungen eine Bedeutung im Gesamtgefüge der Lehrerbildung haben, ist spätestens seit dem Ende der 1970er beziehungsweise Anfang der 1980er Jahre durch die Forschung zum sogenannten Praxisschock bekannt (Günther & Massing, 1980; Mitter, 1978; vgl. auch Johanmeyer, 2019). In Studien und Metaanalysen von zum Beispiel Hattie (2014) und Lipowsky (2014; 2019; Lipowsky & Rzejak, 2017) wird aufgezeigt, dass Fortbildungen für Lehrpersonen ein wirksames Mittel zur Förderung des Lehrpersonenwissens, zur Verbesserung des Unterrichts und zur Förderung von Schülerinnen und Schülern sein können. Auch wenn weitestgehend Einigkeit darüber besteht, dass Fortbildungen für Lehrpersonen bedeutend sind und ihnen ein zentraler Stellenwert im Rahmen der Professionalisierung zukommt, kann die „Forschung zur Phase der Fort- und Weiterbildung von Lehrerinnen und Lehrern […] im Vergleich zu Studien im Umfeld zur ersten und zweiten Phase der Lehrerbildung als marginalisiert gelten" (Johanmeyer, 2019, S. 18).

Damit Forschungen zu Lehrpersonenfortbildungen gewinnbringend sein können, ist es daher sinnvoll über Referenzrahmen zu verfügen, die eine Systematisierung und Vergleichbarkeit der Forschungsergebnisse ermöglichen.

6.3 Modelle und Befunde zur Wirksamkeit von Fortbildungen

Um Forschungsergebnisse vergleichbar zu machen und systematisch einord-
nen zu können, ist es notwendig, Referenzrahmen aufzuzeigen und zu nutzen.
Als Referenzrahmen für die Fortbildungsforschung können im Wesentlichen das
Angebots-Nutzungs-Modell und das Ebenenmodell verwendet werden.

6.3.1 Angebots-Nutzungs-Modell als Grundlage für die Fortbildungsforschung

Die Frage, ob Fortbildungen wirksam sind, steht schon länger im Interesse von
Firmen, Weiterbildungsinstitutionen und der Wissenschaft. Auch Lehrpersonenfortbildungen und deren Wirkungen werden untersucht (z. B. Besser & Leiss,
2015; Lesemann, 2015; Reinold, 2016). Als Wirkungen von Fortbildungen für
Lehrpersonen können dabei all jene intendierten und nicht-intendierten Folgen
des Lehrens und Lernens Erwachsener bezeichnet werden, die sich empirisch
feststellen lassen (J. Schrader, 2018). Diese Folgen beziehungsweise Wirkungen
können von zahlreichen Variablen beeinflusst werden. Die Bedingungen und Prozesse im Zusammenhang mit der Wirksamkeit von Lehrpersonenfortbildungen
stellen somit ein sehr komplexes Feld dar. Lipowsky (2019; vgl. auch Lipowsky,
2014 und Lipowsky & Rzejak, 2017) zeigt diese Bedingungen, Voraussetzungen
und Verbindungen in einem Angebots-Nutzungs-Modell (vgl. Abbildung 6.1) auf,
das in Anlehnung an Modelle aus der Unterrichtsforschung entwickelt wurde.
Es bildet einen Referenzrahmen und ermöglicht eine systematische Einordnung
aktueller Befunde der Forschung zu Fortbildungen für Lehrpersonen.

Zentraler Punkt des Modells ist die Qualität und Quantität der Lerngelegenheiten während der Fortbildung. Hier spielen die Konzeption, der inhaltliche Fokus
und Merkmale der Fortbildung sowie Transferstrategien eine wichtige Rolle
(Lipowsky, 2019). Einen wesentlichen Einfluss auf die Qualität und damit auf die
Lerngelegenheiten dürfte die Fortbildungsleitung haben. Als wichtige Merkmale
der Fortbildnerinnen und Fortbildner gelten zum Beispiel Wissen, Überzeugungen, die Fähigkeit zur Verdeutlichung der Relevanz der Fortbildungsinhalte und

Motivationsfähigkeit (Lipowsky, 2019). Für den Fortbildungserfolg wird außerdem die Wahrnehmung und Nutzung der angebotenen Lerngelegenheiten durch die Teilnehmerinnen und Teilnehmer erachtet. Die Wahrnehmung und Nutzung wiederum sind stark mit den personenbezogenen Voraussetzungen der Lernenden verknüpft. Hier gelten unter anderem kognitive, motivationale und soziale Voraussetzungen der Lehrpersonen als wichtige Faktoren (Lipowsky, 2019).

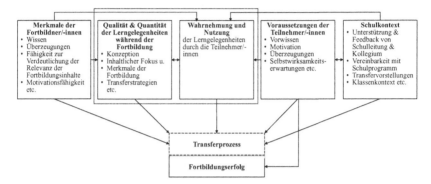

Abbildung 6.1 Angebots-Nutzungs-Modell zur Erklärung des Lernens von Lehrpersonen im Rahmen von Fortbildungen (Abbildung in Anlehnung an Lipowsky, 2019)

Zu den kognitiven Voraussetzungen gehören beispielsweise bestehende Überzeugungen und Konzepte sowie das fachdidaktische und pädagogische Wissen. Als einer der wichtigsten personenbezogenen Einflussfaktoren für das Lernen in Fortbildungen gehören motivationale Orientierungen der Lehrpersonen, (Colquitt, LePine & Noe, 2000; Lipowsky, 2014), wie beispielsweise die Selbstwirksamkeitserwartungen und der Enthusiasmus (vgl. Kapitel 3). Lipowsky (2014) weist darauf hin, dass für Lehrpersonen

> […] keine aktuelleren größeren Studien vorliegen, die sich mit der Frage beschäftigen, was Lehrpersonen überhaupt bewegt, Fort- und Weiterbildungen zu besuchen, daran ausdauernd teilzunehmen und den eigenen Unterricht weiterzuentwickeln. Auf der Basis von Erwartungs-Wert-Modellen, die bislang vor allem zur Erklärung der Motivation von Schülern herangezogen werden, lässt sich postulieren, dass Lehrpersonen dann bereit sein dürften, mit Ausdauer und Engagement an Weiterbildungsmaßnahmen teilzunehmen, wenn sie erwarten, dass mit der Teilnahme bestimmte Verbesserungen, Erleichterungen, Vergünstigungen oder Erfolge verbunden sind und wenn sie diesem angestrebten Ziel einen hohen Wert bzw. eine hohe Relevanz beimessen. (S. 399)

Guskey (2010) schreibt dazu:

> What attracts teachers to professional development, therefore, is their belief that it will expand their knowledge and skills, contribute to their growth, and enhance their effectiveness with students. But teachers also tend to be quite pragmatic. What they hope to gain through professional development are specific, concrete, and practical ideas that directly relate to the day-to-day operation of their classrooms. (S. 382)

Als weitere persönliche Voraussetzung für die Wahrnehmung und Nutzung von Lerngelegenheiten gelten volitionale und persönlichkeitsbezogene Voraussetzungen wie die Ausdauer, die Hartnäckigkeit und die Gewissenhaftigkeit (Lipowsky, 2014).

Lipowsky (2014) weist darauf hin, dass, obwohl die personenbezogenen Voraussetzungen aus theoretischer Sicht äußerst wichtige Faktoren für den Lern- und Transferprozess der Teilnehmerinnen und Teilnehmer darstellen, es weitgehend unerforscht ist, welche Merkmale einer Lehrperson ihr Lernen beeinflussen und wie sie mit Merkmalen der Fortbildung und des Schulkontextes zusammenwirken.

Die Wahrnehmung und Nutzung ebenso wie die Voraussetzungen der Teilnehmerinnen und Teilnehmer, dürften auch vom Schulkontext beeinflusst werden. „Angenommen werden kann, dass sich das Schulklima, die Unterstützung der Fortbildungsteilnehmer(inne)n durch Schulleitung und Kollegium, die Kohärenz zwischen Fortbildungsinhalten und Schwerpunkten des Schulprogramms, realistische Vorstellungen über Bedingungen und Hindernisse des Transfers und darauf abgestimmte Maßnahmen auf den Transferprozess auswirken" (Lipowsky, 2019, S. 145). Auch Guskey (2002) weist darauf hin, dass mangelnde organisatorische Unterstützung berufliche Entwicklung hemmen kann, auch wenn alle einzelnen Aspekte berücksichtigt werden. So ist es beispielsweise möglich, dass das Ausbleiben von Fortbildungserfolgen nicht unbedingt an mangelnder Ausbildung oder unzureichendem Lernen liegen, sondern vielmehr an Organisationsrichtlinien, die die Umsetzungsbemühungen erschweren.

In der vorliegenden Studie können nicht alle der in diesem Rahmenmodell theoretisch angenommenen Bedingungsfaktoren von Fortbildungserfolg untersucht werden. Deshalb erfolgt eine Fokussierung auf exemplarisch ausgewählte zentrale Elemente. Dies sind neben den Wissenselementen, in diesem Fall die fachdidaktischen Fähigkeiten in Bezug auf Schwierigkeiten beim Rechnenlernen (vgl. Kapitel 4), auch die motivationalen Orientierungen, Selbstwirksamkeitserwartungen und Enthusiasmus (vgl. Kapitel 3).

6.3.2 Modelle zur Erfassung der Wirksamkeit von Fortbildungen für Lehrpersonen

Für die Erfassung der Wirksamkeit von Fortbildungen wurden zunächst Modelle entwickelt, welche sich nicht auf den schulischen Kontext bezogen.

Beispielsweise entwickelte Kirkpatrick (1956) bereits in den 1950er Jahren auf Grundlage der vier Bewertungsschritte nach Raymond A. Katzell, eines der bekanntesten Modelle, um die Wirksamkeit von Weiterbildungsmaßnahmen zu untersuchen. Er publizierte sein *Vier-Ebenen-Evaluationsmodell* erstmals in den Jahren 1959 und 1960. Es fokussiert auf die Wirkungs-Dimensionen von Weiterbildungsmaßnahmen und in seiner Grundstruktur blieb es bis heute unverändert. Die vier Stufen der Evaluation gliedern sich in (nach Gessler & Sebe-Opfermann, 2011):

- Stufe 1: reaction (Zufriedenheit)
- Stufe 2: learning (Lernerfolg)
- Stufe 3: behavior (Transfererfolg)
- Stufe 4: results (Geschäftserfolg).

Auf der ersten Stufe werden unmittelbare Reaktionen der Teilnehmerinnen und Teilnehmer auf eine Weiterbildungsmaßnahme erfasst. Dabei können sowohl individuelle Kommentare als auch die Zufriedenheit eine Rolle spielen (Birgmayer, 2011; Gessler & Sebe-Opfermann, 2011). Auf der zweiten Stufe soll der Lernerfolg, also der Zuwachs an Wissen oder Fähigkeiten der Teilnehmerinnen und Teilnehmer, erfasst werden. Der Transfererfolg wird auf der dritten Stufe des Modells gemessen. Dabei geht es darum, ob das erworbene Wissen oder die erworbenen Fähigkeiten tatsächlich in der beruflichen Praxis angewandt werden (Birgmayer, 2011). Die Messung der Auswirkungen des Gelernten auf den möglichen Geschäftserfolg findet auf der vierten Stufe statt. Anwendung findet dieses Modell häufig in wirtschaftlich ausgerichteten Unternehmen (Aldorf, 2016).

Lipowsky (2010; 2019) knüpft an die Ideen von Kirkpatrick (1956) an und überträgt das Modell auf den Kontext von Lehrpersonenfortbildungen. Anhand des Modells lassen sich die Wirkungen von Fortbildungen nach ihrer Reichweite in vier Ebenen einteilen:

- Ebene 1: unmittelbare Reaktionen und Einschätzungen der teilnehmenden Lehrpersonen, Zufriedenheit und Akzeptanz
- Ebene 2: Veränderung von Kognitionen, zum Beispiel Erweiterung des Wissens von Lehrpersonen, aber auch Überzeugungen und subjektive Theorien

- Ebene 3: Veränderungen im unterrichtspraktischen Handeln der Lehrpersonen
- Ebene 4: Veränderungen auf Seiten der Schülerinnen und Schüler, zum Beispiel höherer Lernerfolg, günstige Motivationsentwicklung, verändertes Lernverhalten.

Dieses Modell wird in der deutschsprachigen Literatur und Forschung zur Lehrpersonenfortbildung häufig zitiert und angewandt (Johanmeyer, 2019; Lesemann, 2015; Reinold, 2016).

Ein weiteres Modell, das sich ebenfalls auf Fortbildungen für Lehrpersonen bezieht, stammt von Guskey (2002). Er gliedert die Wirkungen von Lehrpersonenfortbildungen in fünf Levels:

- Level 1: Participants' Reactions
- Level 2: Participants' Learning
- Level 3: Organization Support and Change
- Level 4: Participants' Use of New Knowledge and Skills
- Level 5: Student Learning Outcomes.

Das erste Level der Bewertung betrachtet die Reaktionen im Hinblick auf die Zufriedenheit der Teilnehmerinnen und Teilnehmer mit der Fortbildung. Level 2 fokussiert auf die Messung des Wissens und der Fähigkeiten, welche die Teilnehmerinnen und Teilnehmer erworben haben. Auf Level 3 verlagert sich der Fokus auf die Organisationsebene und die damit verbundenen Unterstützungsmaßnahmen. Auf dem vierten Level wird die Veränderung des unterrichtlichen Handelns und auf dem fünften Level die Effekte auf die Schülerinnen und Schüler in den Blick genommen.

Im Vergleich der beiden Modelle von Lipowsky (2019) und Guskey (2002) zeigen sich einige inhaltliche Überschneidungen. Auf unterster Ebene werden bei beiden Modellen die unmittelbaren Reaktionen der Fortbildungsteilnehmerinnen und -teilnehmer eingeordnet. Das Level 2 entspricht in etwa der Ebene 2, denn es geht um die Messung der Kenntnisse und Fähigkeiten, welche die Teilnehmerinnen und Teilnehmer erworben haben. Eine Unterscheidung der Modelle ergibt sich vor allem in Bezug auf das dritte Level. Hier fokussiert Guskey (2002) auf die Organisation, also die Schule, und bemerkt, dass Schwierigkeiten auf diesem Level Wirkungen auf Level 1 und 2 aufheben können. „That's why professional development evaluations must include information on organization support and change" (Guskey, 2002, S. 47). Dieses Level findet keine explizite Entsprechung im Modell von Lipowsky (2019).

Das vierte Level hingegen findet seine Entsprechung in der dritten Ebene. Dabei wird auf Veränderungen in der Unterrichtspraxis der Fortbildungsteilnehmerinnen und -teilnehmer fokussiert. Hier zeigt sich die Besonderheit, dass diese Informationen nicht am Ende einer Fortbildung erfasst werden können, da die Teilnehmerinnen und Teilnehmer die neuen Ideen und Praktiken in ihrem Unterricht anwenden sollen. Da die Implementierung oft ein schrittweiser und ungleichmäßiger Prozess ist, muss der Fortschritt möglicherweise in mehreren Zeitabständen gemessen werden (Guskey, 2002).

Level 5 fokussiert darauf, welche Wirkungen sich auf Seiten der Schülerinnen und Schüler ergeben. Dabei sind die Lernergebnisse der Schülerinnen und Schüler von den spezifischen Zielen der Fortbildung abhängig. Ebenso wie Lipowsky (2019), weist Guskey (2002) darauf hin, dass nicht nur Kognitionen erfasst werden können:

> Measures of student learning typically include cognitive indicators of student performance and achievement, such as portfolio evaluations, grades, and scores from standardized tests. In addition, you may want to measure affective outcomes (attitudes and dispositions) and psychomotor outcomes (skills and behaviors). Examples include students' self-concepts, study habits, school attendance, homework completion rates, and classroom behaviors. (S. 49)

In der nationalen Forschung zur Lehrpersonenfortbildung findet das Modell nach Lipowsky (2010) häufig Anwendung. Törner (2015) weist unter Berufung auf Lipowsky (2010) und Cramer (2012) darauf hin, dass Untersuchungen über die gesamte Wirkungskette, also von der Fortbildung der Lehrperson, bis zur nachgewiesenen Wirksamkeit bei Schülerinnen und Schülern, aufgrund ihres Umfangs und der zahlreichen sie beeinflussenden Faktoren, zum einen umstritten und zum anderen nur in Einzelfällen durchführbar sind. Dennoch gibt es einige Untersuchungen auf den einzelnen Ebenen, von denen im Folgenden ausgewählte Befunde vorgestellt werden.

6.3.3 Ausgewählte Befunde der Fortbildungsforschung

In nahezu allen schulischen und nichtschulischen Bereichen der Fort- und Weiterbildung wird die Zufriedenheit der Teilnehmerinnen und Teilnehmer (Ebene 1) erfasst (Lipowsky, 2010). Dies hat nicht nur Tradition, sondern wird, zumindest im wirtschaftlichen Bereich, von den in der Weiterbildung etablierten Qualitätsmanagementsystemen oft explizit gefordert (Gessler & Sebe-Opfermann, 2011). Auch Wirkungen von Lehrpersonenfortbildungen werden häufig auf dieser Ebene erfasst. „This is the most common form of professional development evaluations, and the easiest type of information to gather and analyze" (Guskey, 2002, S. 46). Bestimmende Faktoren für die Zufriedenheit im Zusammenhang mit Fortbildungen seien eine Nähe zur Praxis, in diesem Fall zum Unterricht der Lehrpersonen. Aber auch die Möglichkeit, sich mit anderen Teilnehmerinnen und Teilnehmern auszutauschen, die Möglichkeit zur aktiven Teilnahme und zum Feedback sowie die wahrgenommene Kompetenz der Fortbildungsleiterinnen und -leiter spielen dabei eine wichtige Rolle (Lipowsky, 2010). „Demnach bemessen Teilnehmer den Nutzen einer Fortbildung primär daran, inwiefern sie neue Impulse und Anregungen für ihren alltäglichen Unterricht erhalten" (Lipowsky & Rzejak, 2012, S. 237). Bisher gibt es keine Nachweise darüber, dass die Zufriedenheit der Lehrpersonen bezüglich der Fortbildung einen Einfluss auf deren unterrichtliches Handeln nach sich zieht.

> Nach allem, was bislang bekannt ist, hängen Angaben über die Zufriedenheit und Akzeptanz aber kaum mit Veränderungen und Weiterentwicklungen auf den anderen Ebenen zusammen, wobei die meisten hierzu vorliegenden Befunde jedoch aus der Trainingsforschung stammen und damit nicht an Lehrpersonen gewonnen wurden. (Lipowsky, 2019, S. 146)

In einem solchen Kontext schreiben Gessler und Sebe-Opfermann (2011) zum Beispiel:

> Die empirische Überprüfung der Wirkungsannahmen im Vier-Ebenen-Evaluationsmodell von KIRKPATRICK ergab, dass die Einschätzung, die Zufriedenheit der Teilnehmenden sei ein hinreichendes (Output-)Maß, um die Qualität erbrachter Dienstleistungen einschätzen zu können, unzutreffend ist, da die Zufriedenheitswerte keinen Zusammenhang aufweisen mit dem Lernerfolg, respektive Transfererfolg, und damit keinen Aufschluss geben über den tatsächlich erreichten Lernerfolg, respektive Transfererfolg. (S. 277 [Hervorhebung im Original])

Im Umkehrschluss resümiert Lipowsky (2012) „kann angenommen werden, dass eine geringe Zufriedenheit die Bereitschaft, die Fortbildungsinhalte anzuwenden und in das eigene Handeln zu integrieren, nicht befördern dürfte" (S. 237). Berghammer und Meraner (2012) betonen darüber hinaus, dass die Zufriedenheit eine Grundvoraussetzung ist, um Lernprozesse bei den Lehrpersonen anzuregen. Und Guskey (2002) bemerkt dazu: „But measuring participants' initial satisfaction with the experience can help you improve the design and delivery of programs or activities in valid ways" (S. 46). Durch eine Studie zur Kompetenzerfassung bei Studierenden wird belegt, dass Studierende den Kompetenzerwerb und die Zufriedenheit in beziehungsweise mit einer Lehrveranstaltung als unterschiedlich wahrnehmen und als zwei unterschiedliche, aber zusammenhängende Konstrukte beurteilen (Braun, Gusy, Leidner & Hannover, 2008).

Ebenfalls im Rahmen der ersten Ebene wird die Relevanz der Fortbildungsinhalte für die eigene Arbeit der Lehrpersonen erfasst. Lipowsky (2014) hält fest: „Die allgemeine Trainingsforschung weist schwache bis moderate Zusammenhänge zwischen der wahrgenommenen Relevanz einer Fort- und Weiterbildung einerseits und einem Zuwachs an Wissen bzw. einem veränderten beruflichen Verhalten der Fortbildungsteilnehmer andererseits nach" (S. 402). Ergebnisse von Untersuchungen im Zusammenhang mit Lehrpersonenfortbildungen zeigen einen Einfluss der Relevanz auf die Teilnahmemotivation und auf die Partizipation von Lehrpersonen an Fortbildungsaktivitäten (Kwakman, 2003; vgl. auch Lipowsky, 2014).

Insbesondere im Fach Mathematik räumen Forschungsergebnisse dem fachlichen und dem fachdidaktischen Wissen eine große Bedeutung für den Erfolg von Schülerinnen und Schülern in der Schule ein (vgl. Abschnitt 2.3). Dieses Wissen beziehungsweise der Lernzuwachs der teilnehmenden Lehrpersonen kann auf der zweiten Ebene gemessen werden. Um die Wirkungen nachweisen zu können, müssen Indikatoren für erfolgreiches Lernen vor Beginn der Aktivitäten bestimmt werden. Diese Informationen können als Grundlage für die Verbesserung von Inhalt, Format und Organisation der Lehrpersonenfortbildung verwendet werden (Guskey, 2002). Lipowsky (2012) weist darauf hin, dass dies nicht nur für kognitive Merkmale, wie Wissen und Überzeugungen gilt, sondern ebenso für affektiv-motivationale Dimensionen, wie zum Beispiel die Selbstwirksamkeit. „Auf der *zweiten Ebene* […] geht es – bezogen auf Lehrpersonen – um die Weiterentwicklung von Wissen, Überzeugungen und motivationalen Voraussetzungen und Wertorientierungen" (Lipowsky, 2019, S. 146).

Die Analyse empirischer Befunde zeigt, dass Fortbildungen das Potential haben, das Wissen und die Überzeugungen von Lehrpersonen zu verändern. Dabei können allerdings nicht in allen Studien Effekte auf die Schülerinnen und Schülerleistungen nachgewiesen werden. Ein großes Forschungsdefizit besteht insbesondere bezüglich der Beeinflussung affektiv-motivationaler variablen von Lehrpersonen (Lipowsky & Rzejak, 2012).

Zu Veränderungen im unterrichtlichen Handeln von Lehrpersonen auf der dritten Ebene, liegen aufgrund methodischer Herausforderungen kaum Studien vor. In aktuelleren Studien werden die Veränderungen komplexer Unterrichtsmerkmale untersucht. Dazu zählt zum Beispiel die Intensivierung kognitiv herausfordernden und aktivierenden Unterrichts. Die Erfassung der Veränderungen erfolgt über Unterrichtstagebücher, Befragung der Lernenden und Videographie. Eine von Lipowsky und Rzejak (2012) vorgenommene Analyse dieser Studien zeigt, dass Wirkungen von Lehrpersonenfortbildungen auf das unterrichtliche Handeln von Lehrpersonen aufgezeigt werden konnten.

Ebenso konnten Wirkungen auf der vierten Ebene nachgewiesen werden. Beispielsweise zeigen Zusammenfassungen von Forschungsergebnissen von Timperley et al. (2007) und Lipowsky (2010; 2019), dass die Teilnahme an Fortbildungen für Lehrpersonen Auswirkungen auf das Lernen von Schülerinnen und Schülern haben kann. Empirischen Ergebnisse von Dreher, Holzäpfel, Leuders und Stahnke (2017) weisen nach, dass „Wirkungen auf der Schülerebene dann eintreten können, wenn die Lehrkräfte das, was ihnen in Fortbildungen vermittelt wurde (in diesem Fall unterstützt durch Handreichungen), im Unterricht auch umsetzen" (S. 251). Lipowsky (2019) kommt bei seinen Analysen zu dem Schluss, dass Lehrpersonenfortbildungen nicht grundsätzlich eine hohe Wirksamkeit beanspruchen können, denn die in den Metaanalysen ausgewerteten Studien ergeben „kein repräsentatives Bild von der Wirksamkeit staatlich organisierter Fortbildung in der Breite, sondern verdeutlichen, was im Optimalfall möglich ist, wenn Wissenschaftler(innen) an der Konzeption einer Fortbildung mitarbeiten" (S. 147). Auch weisen Lipowsky und Rzejak (2012) darauf hin, dass im Gegensatz zu Befunden zu Lernleistungen der Schülerinnen und Schüler zu den Wirkungen auf affektiv-motivationale Entwicklungen, ein uneinheitlicher und schmaler Forschungsstand existiert.

Im Folgenden werden exemplarisch zwei Studien im Zusammenhang mit mathematikdidaktischen Fortbildungen berichtet, um Wirkungen von Fortbildungen aufzuzeigen. Da im Bereich der Rechenschwäche aktuell kaum Studien vorliegen, wird hier auch eine Fortbildung zum Bereich des Problemlösens dargestellt.

Ergebnisse zu spezifischen Fortbildungen zum Thema Rechenschwäche liegen aktuell von Lesemann (2015) vor. Die Studie und ausgewählte Ergebnisse wurden bereits in Abschnitt 4.4.2 vorgestellt, weshalb an dieser Stelle nur kurz darauf eingegangen wird. Lesemann (2015) untersuchte die Wirkungen einer Fortbildung zum Thema Rechenschwäche sowohl auf der Ebene der Lehrpersonen, als auch auf Ebene der Schülerinnen und Schüler. Die Studie basiert auf einer Stichprobe von 11 Lehrpersonen aus der Untersuchungsgruppe und 7 Lehrpersonen aus der Kontrollgruppe. Die Ergebnisse zeigen, dass sich die Lehrpersonen Wissen zur Diagnose und Förderung aneignen konnten. Dieses zeigte sich vor allem daran, dass zum zweiten Messzeitpunkt mehr konzeptkonforme Inhalte genannt wurden. „Die Fortbildung scheint vor allem Möglichkeiten der Umsetzung von Fördermaßnahmen aufgezeigt zu haben" (Lesemann, 2015, S. 301). Auf Ebene der Schülerinnen und Schüler konnte festgestellt werden, dass die Leistungen der

Untersuchungsgruppe zum ersten Messzeitpunkt niedriger waren als die Leistungen der Kontrollgruppe. Zum zweiten Messzeitpunkt waren die Leistungen der Gruppen oft vergleichbar.

Ob die Ergebnisse auf Schülerinnen- und Schülerebene mit den Wirkungen der Fortbildung in Zusammenhang stehen, konnte nicht nachgewiesen werden. Ebenso konnte nicht geklärt werden, ob die Veränderungen bei den Lehrpersonen und Schülerinnen und Schüler „allein auf die Teilnahme an FörSchL [Name der Fortbildung, M. S.] zurückzuführen sind oder ob andere Umstände hierfür ursächlich sind" (Lesemann, 2015, S. 299).

In einer Studie von Besser, Leiss und Blum (2015b) wurde untersucht, inwieweit zwei Fortbildungen den Aufbau spezifisch-fachdidaktischen Wissens fördern. Sie erfolgte auf Basis einer Stichprobe von 67 Lehrpersonen, welche an zwei unterschiedlichen Fortbildungen teilnahmen. Während in der einen Fortbildung Inhalte zum „Diagnostizieren und Fördern von Schülerinnen- und Schülerleistungen am Beispiel des mathematischen Modellierens" (Untersuchungsbedingung A) bearbeitet wurden, ging es in der anderen Fortbildung um „zentrale Ideen mathematischen Problemlösens und Modellierens" (Untersuchungsbedingung B). Im Gegensatz zu Untersuchungsbedingung B fand in der zuerst genannten Fortbildung (Untersuchungsbedingung A) zu keinem Zeitpunkt eine Auseinandersetzung mit Ideen mathematischen Problemlösens statt. Um eine aktive Mitarbeit der Lehrpersonen zu gewährleisten, wurden möglichst kleine Gruppengrößen angestrebt und deshalb je Fortbildung zwei Untergruppen mit identischen Untersuchungsbedingungen gebildet. Durch die kleinere Gruppengröße soll die Kommunikation in Kleingruppen unterstützt und damit die Aktivierung aller Teilnehmenden optimiert werden. Zeitlich erstreckten sich die Fortbildungen jeweils über einen Zeitraum von zwei Dreitagesblöcken (genauere Zeitangaben werden nicht berichtet) zu Beginn beziehungsweise zum Ende der Maßnahmen. Die Blöcke wurden mit einem Abstand von zehn Wochen durchgeführt, um den Teilnehmerinnen und Teilnehmern die Implementation zentraler Fortbildungsinhalte in den eigenen Unterricht zu ermöglichen. Für eine erfolgreiche Durchführung wurden die Fortbildungen anhand theoretischer Rahmenbedingungen aufgebaut. Inhaltlich fand in den Untersuchungsgruppen dazu eine Auseinandersetzung mit konkreten Arbeitsmaterialien, Schulbuchaufgaben, videografierten Unterrichtsstunden und/oder Schülerhandlungen statt. (Besser, Leiss & Blum, 2015b).

Zur Überprüfung der Wirksamkeit der Fortbildungen wurden zwei unterschiedliche Tests zur Erfassung des fachdidaktischen Wissens genutzt. Zu Beginn der Fortbildungen wurde das allgemein-fachdidaktische Wissen der Lehrpersonen erhoben und im Anschluss an die Fortbildungen ein „fortbildungssensitives spezifisches-fachdidaktisches Wissen zum mathematischen Problemlösen" (Besser, Leiss & Blum, 2015b, S. 298). Es fand demnach keine klassische Pretest-Posttest-Messung statt. Die Erhebung des allgemein-fachdidaktischen Wissens fand mittels eines fortbildungsunabhängigen mathematikdidaktischen Tests des Forschungsprojekts COACTIV statt. Die Messung des fortbildungssensitiven spezifisch-fachdidaktischen Wissens erfolgte über ein neu entwickeltes Instrument. Durch den Test wird anhand von sechs Items Basiswissen für die Initiierung unterrichtlicher Problemlöseprozesse erhoben.

Die Auswertungen der Ergebnisse zeigen, dass sich das allgemein-fachdidaktische und das fortbildungsunabhängige Wissen zu Beginn der Fortbildungen zwischen den beiden Gruppen nicht unterscheiden. Ein Unterschied im fortbildungssensitiven spezifisch-fachdidaktischen Wissen konnte jedoch im Post-Test festgestellt werden. D. h. die Teilnehmerinnen und Teilnehmer, die bei den Veranstaltungen in Bezug auf das mathematische Problemlösen teilgenommen haben, konnten in diesem Bereich deutlich höhere Werte erzielen. Besser, Leiss und Blum (2015b) stellen fest:

> Zwar impliziert dies keineswegs bereits einen unmittelbaren Einfluss der Fortbildungen auf die (Weiter-) Entwicklung des spezifisch-fachdidaktischen Wissens der Lehrkräfte, legt einen solchen jedoch nahe – lassen sich doch ergänzend keine signifikanten Unterschiede im allgemein-fachdidaktischen Wissen beider Gruppen nachweisen. Und insbesondere die Tatsache, dass in Untersuchungsbedingung A zu keinem Zeitpunkt Ideen mathematischen Problemlösens diskutiert wurden und dass diese Bedingung daher als „klassische Kontrollgruppe" verstanden werden kann, lässt einen Zusammenhang von Fortbildung und spezifisch-fachdidaktischem Wissen zum mathematischen Problemlösen vermuten. (S. 303)

Weiterhin zeigt die Untersuchung, dass nur bei Untersuchungsbedingung B ein Zusammenhang zwischen allgemein-fachdidaktischem Wissen zu Beginn der Fortbildung und spezifisch-fachdidaktischen Wissen zum Problemlösen nach der Fortbildung festgestellt werden kann. Das bedeutet: Allgemein-fachdidaktisches Wissen scheint den Aufbau spezifisch-fachdidaktischen Wissens zu begünstigen. Außerdem zeigen sich im spezifisch-fachdidaktischen Wissens zum Problemlösen große Unterschiede bei den Lehrpersonen. „So verfügen einzelne Lehrkräfte, die keine Fortbildungen zum mathematischen Problemlösen erhalten haben, über ein stärker ausgeprägtes Wissen bzgl. mathematischen Problemlösens als manche Teilnehmerinnen und Teilnehmer am Ende entsprechender Fortbildungsangebote" (Besser, Leiss & Blum, 2015b, S. 307).

Auch wenn in dieser Studie aufgezeigt werden konnte, dass das fachdidaktische Wissen durch Fortbildungen gefördert werden kann, so lassen sich keine generellen Schlüsse zur Wirksamkeit von Fortbildungen ziehen. Aufgrund der inhaltlich stark eingeengten Fortbildungsangebote stellt sich die Frage nach der Übertragbarkeit auf andere mathematikdidaktische Fortbildungen. Auch sind weitere Darstellungen zu den Unterschieden der Fortbildungen in der Originalliteratur nicht ausführlich dargestellt.

Zusammenfassend kann zum einen festgehalten werden, dass die hier exemplarisch dargestellten Beispiele den oben beschriebenen Sachverhalt bestätigen, dass Fortbildungen das Wissen der Lehrpersonen erweitern können. Dies gilt offensichtlich für verschiedene mathematikdidaktische Themenbereiche. Dennoch bleibt beispielsweise die Frage nach der Übertragbarkeit der Ergebnisse auf andere mathematikdidaktische Inhalte offen. Dies gilt auch für den Bereich der besonderen Schwierigkeiten beim Rechnenlernen, da sich die konzeptkonformen Inhalte aus der Studie von Lesemann (2015) von anderen Fortbildungen zur Rechenschwäche unterscheiden können. Ebenfalls unbeantwortet bleiben Fragen nach den Faktoren für die Wirksamkeit von Fortbildungen.

6.3.4 Zugrunde gelegtes Modell zur Erfassung der Wirksamkeit von Fortbildungen von Lehrpersonen

Aufgrund der Analyse der in Abschnitt *Ausgewählte Befunde der Fortbildungsforschung* dargestellten Ergebnisse und der im Folgenden dargestellten theoretischer Überlegungen, wird dieser Arbeit ein Modell zugrunde gelegt, das inhaltlich an das Ebenenmodell von Lipowsky (2010) anknüpft. Dabei spielen für die Erfassung der Wirksamkeit von Fortbildungen zwei zentrale Aspekte eine entscheidende Rolle. Zum einen die Personengruppen und zum anderen die Selbsteinschätzungen und Wissensabfragen (z. B. durch Wissenstests oder Beobachtungen).

Die Wirksamkeit von Lehrpersonenfortbildungen kann im Wesentlichen an zwei Personengruppen überprüft werden. Zum einen an den Lehrpersonen und zum anderen an den Schülerinnen und Schülern. Je nach Thema der Fortbildung (z. B. Elterngespräche) könnten Wirkungen auch an anderen Gruppen untersucht werden. Da dies aber für den Inhalt der vorliegenden Arbeit keine Relevanz hat, wird auf weitere Ausführungen dazu verzichtet. Innerhalb der jeweiligen Personengruppen kann der Fortbildungserfolg durch Einschätzungen und Wissensabfragen erfasst werden (vgl. Abschnitt 8.5.2). Aus diesen Überlegungen lässt sich die untenstehende Matrix ableiten (vgl. Tabelle 6.1)

Innerhalb dieser Matrix wird unterschieden zwischen Personengruppen (Lehrpersonen, Schülerinnen und Schüler) einerseits und den Erhebungsmethoden

Tabelle 6.1 Matrix zur
Erfassung des
Fortbildungserfolgs

	Einschätzungen	Wissensabfrage
Lehrpersonen	X	X
Schülerinnen und Schüler	X	X

(Einschätzungen, Wissensabfrage) andererseits. Die Messung der Wirksamkeit von Fortbildungen kann grundsätzlich in allen sich daraus ergebenen Verknüpfungen ermittelt werden.

In der vorliegenden Arbeit wird auf die durch Fortbildungen hervorgerufenen Veränderungen bei Lehrpersonen fokussiert. Die Veränderungen bei Schülerinnen und Schülern wird hier nicht weiter berücksichtigt. Dies ist vor allem auf die Schwierigkeiten der Erfassung zurückzuführen. Da Unterricht sehr komplex und von zahlreichen Faktoren abhängig ist, lassen sich Wirkungen auf Schülerinnen und Schüler nur schwer messen. Auch die Kontrolle von Faktoren die auf Unterricht einwirken erweist sich häufig als sehr komplex. Oft können Effekte nur mit einem sehr großen zeitlichen und finanziellen Aufwand erfasst werden. Lipowsky (2010) bemerkt dazu:

> Der Transfer von Fortbildungsinhalten in die Unterrichtspraxis und damit auch dessen Erforschung erweist sich jedoch als ein komplexer und anspruchsvoller Prozess, da neben den Komponenten der Fortbildung auch eine Vielzahl von Merkmalen auf Seiten der lernenden Lehrpersonen und der schulischen Kontextbedingungen auf diesen Prozess einwirkt. (S. 51)

Um Wirkungen von Fortbildungen auf Lehrpersonen festzustellen, werden oft Einschätzungen zur Fortbildung erhoben. Dabei konnte nicht für alle Bereiche (z. B. Zufriedenheit) nachgewiesen werden, dass Einschätzungen und Reaktionen der fortgebildeten Lehrpersonen eine Auswirkung auf deren Lernen, ihre Handlungen oder gar auf die unterrichteten Schülerinnen und Schüler haben (vgl. Abschnitt 6.3.3). Ein Ebenenmodell könnte jedoch suggerieren, dass diese Bedingung erfüllt sein muss, um die nächste Ebene zu erreichen. Das würde bedeuten, dass bei Lehrpersonen erst dann eine Erweiterung des Wissens stattfindet, wenn diese zufrieden sind. Auch wenn angenommen werden kann, dass eine geringe Zufriedenheit einen Einfluss auf die Bereitschaft, die Fortbildungsinhalte anzuwenden, haben kann, fehlen gesicherte Evidenzen (Lipowsky & Rzejak, 2012). Es besteht also die Möglichkeit, dass auch unzufriedene Lehrpersonen einen Wissenszuwachs erfahren.

Insgesamt kann bei Ebenenmodellen und insbesondere Stufenmodellen (Kirkpatrick, 1956) der Eindruck eines Ursache-Wirkungs-Zusammenhangs gewonnen
werden. Bei der Komplexität von Faktoren (z. B. Schulklima oder Wissen der
Fortbildungsleitung), die im Zusammenhang mit der Wirksamkeit von Lehrpersonenfortbildungen einhergehen (Lipowsky, 2019), können diese jedoch nicht
ausreichend erklärt werden. Darüber hinaus sollten sich solche Zusammenhänge
empirisch nachweisen lassen. Auch hier liegen nicht genügend Forschungsergebnisse vor. Deshalb wird für die vorliegende Arbeit ein Modell zugrunde
gelegt, indem die Einschätzungen und die Wissensabfrage nebeneinanderstehen
(vgl. Abbildung 6.2). Einschätzungen von Lehrpersonen werden somit nicht als
Bedingung für eine Entwicklung ihres Wissens angesehen, sondern als Konstrukt, welches auch unabhängig vom Wissen sein kann. Dabei wird nicht der
Anspruch erhoben, dass ihnen damit derselbe Stellenwert zukommen muss. Das
bedeutet, dass eine positive Einschätzung nicht zu den gleichen Wirkungen (z. B.
Veränderung des Unterrichts) führen muss, wie die Erweiterung des Wissens.

Bei Untersuchungen zur Wirksamkeit von Fortbildungen durch Einschätzungen der Lehrpersonen werden oft Konstrukte wie beispielsweise Zufriedenheit
und Relevanz abgefragt (Lipowsky, 2010). Kaum Berücksichtigung finden Einschätzungen zur eigenen Person wie beispielsweise im Hinblick auf das erworbene Wissen oder die Erweiterung der eigenen Kompetenzen. Diese werden in
bisherigen Modellen (vgl. Abschnitt 6.3.2) oft der zweiten Ebene zugeschrieben.
Allerdings sind Einschätzungen jedoch weniger valide gegenüber Beobachtungen und Urteilen durch außenstehende Personen. „In der Forschung wird von
verschiedenen Autoren auf einen Self-Serving-Bias, eine selbstwertdienliche
Urteilstendenz, als systematische Fehlerquelle bei Selbstbeurteilungen hingewiesen" (Tartler, Goihl, Kroeger & Felfe, 2003, S. 13). Auch Bonsen (2010) bemerkt,
dass sich ein Wirksamkeitsnachweis auf Grundlage von Selbstauskünften allenfalls annähernd belegen lässt. „Trotzdem basieren auch einschlägige Forschungs-
arbeiten auf selbst berichteten Kompetenzzuwächsen und (selbst berichteten)
Veränderungen der Unterrichtspraxis von Lehrkräften" (Bonsen, 2010, S. 6).

Obwohl empirisch abgesicherte Erkenntnisse fehlen, könnte, ebenso wie bei
der Zufriedenheit, angenommen werden, dass eine positive Einschätzung der
eigenen Kompetenz Auswirkungen auf das (Lern-)Verhalten von Lehrpersonen
haben kann. Theoretisch besteht zumindest die Möglichkeit, dass eine Veränderung der Einschätzungen von Lehrerinnen und Lehrern eine Voraussetzung für
eine Veränderung von Einstellungen und Handlungen darstellt. Auch wenn hierzu
konkrete Evidenzen in Bezug auf Lehrpersonenfortbildungen fehlen, scheint

eine Unterteilung in selbsteingeschätzte Kompetenzen und gemessene Kompetenzen angebracht. Aus diesen Überlegungen ergibt sich die in Abbildung 6.2 dargestellte Aufteilung.

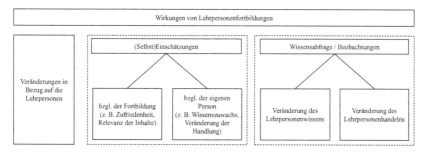

Abbildung 6.2 Modell zur Erfassung von Wirkungen von Lehrpersonenfortbildungen (in Anlehnung an Lipowsky, 2010; 2019)

Wirkungen von Fortbildungen können sich durch Veränderungen in Bezug auf die Lehrpersonen zeigen. Diese Veränderungen können in zwei Bereichen stattfinden beziehungsweise durch zwei Methoden erhoben werden. Zum einen können Wirkungen bezüglich der Einschätzungen von Lehrpersonen und zum anderen konkrete Veränderungen im Wissen und Handeln der Fortbildungsteilnehmerinnen und -teilnehmer erfasst werden. Die Einschätzungen der Lehrpersonen können sich sowohl auf die eigene Person (z. B. Einschätzung des Wissenszuwachs), als auch auf die Fortbildung (z. B. Einschätzungen zu den Inhalten oder zur Organisation) an sich beziehen. Die Veränderungen, die eine Fortbildung hervorrufen kann, können eine Veränderung des Wissens und eine Veränderung des Handelns der Lehrpersonen bedeuten. Damit knüpft das Modell auch an den in Abschnitt 2.2 beschriebenen Kompetenzbegriff im Sinne von Wissen und Können an.

Das Handeln der Lehrpersonen kann eine Veränderung auf Schülerinnen- und Schülerebene hervorrufen. Es ist, wenn auch nicht ausreichend empirisch belegt, denkbar, dass auch die (Selbst-)Einschätzungen zu einer Veränderung im unterrichtlichen Handeln führen können. Eine Möglichkeit wäre beispielsweise, dass eine Person, welche sich als kompetenter einschätzt, selbstbewusster auftritt und dadurch Handlungsroutinen verändert, indem unreflektierte Handlungsroutinen neu bewertet und didaktische Entscheidungen bewusster und fundierter getroffen werden.

Auch wenn das dargestellte Modell die Wechselwirkungen der einzelnen Elemente noch nicht vollständig abbildet und der Erweiterung bedarf, kann es dennoch als Rahmenmodell für die Erforschung von Wirkungszusammenhängen von Lehrpersonenfortbildungen dienen. Das Modell bietet einen weiteren Vorteil: Mit ihm werden dem Expertenparadigma (vgl. Abschnitt 2.1.3) folgend die Einstellungen, das Wissen und die Handlungen der Lehrpersonen in den Fokus der Aufmerksamkeit gerückt. Damit bietet es auch einen Beschreibungsansatz für die Merkmale wirksamer Lehrpersonenfortbildungen, wie sie im folgenden Abschnitt 6.4 dargestellt werden.

6.4   Merkmale wirksamer Lehrpersonenfortbildungen

Fortbildungen können zur Professionalisierung von Lehrpersonen während ihres Berufslebens beitragen (vgl. Abschnitt 6.2). „Allerdings führt nicht jede besuchte Fortbildung zu nachhaltigen Auswirkungen auf die Professionalisierung der Teilnehmer(innen)" (Gebauer, 2019, S. 162).

Obwohl der Forschungsstand insgesamt eher gering ist, lassen sich dennoch bestimmte Faktoren herleiten, welche einen maßgeblichen Einfluss auf die Wirkung von Lehrpersonenfortbildungen haben können. Im Wesentlichen auf den Analysen und Auswertungen von Lipowsky (2014; 2019; Lipowsky & Rzejak, 2012) basierend, sollen in diesem Abschnitt mögliche Faktoren wirksamer Fortbildungen für Lehrpersonen dargestellt werden.

Eine zentrale Rolle für die Wirksamkeit von Lehrpersonenfortbildungen spielt die Dauer der Fortbildung. Als kaum relevant können dabei sehr kurze Fortbildungen betrachtet werden, welche häufig an einem Nachmittag stattfinden.

„Though research has not yet identified a clear threshold for the duration of effective PD models, it does indicate that meaningful professional learning that translates to changes in practice cannot be accomplished in short, one-off workshops" (Darling-Hammond, Hyler & Gardner, 2017, S. 15). Damit sich Handlungsroutinen und Überzeugungen von Lehrpersonen verändern, bedarf es offenbar längerer Fortbildungen. Allerdings kann durch die Forschung kein linearer Zusammenhang zwischen der Dauer einer Fortbildung in Stunden und ihrer Wirksamkeit bestätigt werden (Lipowsky, 2019). Yoon, Duncan, Lee, Scarloss und Shapley (2007) zeigen auf, dass sich bei Fortbildungen unter 14 Stunden Dauer keine signifikanten Wirkungen auf das Lernen von Schülerinnen und Schülern zeigen lassen. Auch Timperley (2007) sieht einen längeren Zeitrahmen als erforderlich an, damit substanzielles Lernen stattfinden kann. Allerdings verweist sie auch auf zwei Ausnahmen: „The first was that, in some cases, powerful ideas formed the basis of new practice and had a high impact on student outcomes even though the training was relatively short" (S. xxviiii). Diese Wirkung schien besonders dann zu gelten, wenn die Lehrpersonen mit Schülerinnen und Schülern arbeiteten, die wenig Erfolg hatten. Die zweite Ausnahme bestand darin, dass kurze Sitzungen ausreichten, um die Leistungen der Schülerinnen und Schüler zu erhöhen, wenn enge Lehrplanziele angestrebt wurden.

Einen weiteren Einfluss auf die Wirksamkeit von Lehrpersonenfortbildungen scheint die Fokussierung auf das fachliche, fachdidaktische und diagnostische Wissen von Lehrpersonen sowie auf die Lernprozesse der Schülerinnen und Schüler zu haben (Borko, 2004). Lipowsky (2014) weist aufgrund der Analyse mehrerer Einzelstudien darauf hin, dass „Fort- und Weiterbildungsmaßnahmen dann wirksam sind, wenn sie an bestehenden Kognitionen, Konzepten und Wissensbeständen der Lehrpersonen anknüpfen und wenn sie Gelegenheiten bieten, diese weiterzuentwickeln" (S. 403). Darling-Hammond et al. (2017) bemerken dazu „Professional learning that has shown an impact on student achievement is focused on the content that teachers teach. Content-focused PD generally treats discipline-specific curricula such as mathematics, science, or literacy" (S. 5).

Lipowsky (2019) zeigt drei Möglichkeiten auf, wodurch der Einfluss der fachlichen Fokussierung erklärt werden kann. Eine Möglichkeit ist, dass das fachliche Lernen von Schülerinnen und Schülern im Mittelpunkt der Fortbildungen für Lehrpersonen steht und es damit die zu beeinflussende Zielgröße darstellt. Dadurch sind inhaltliche und fachspezifische Aspekte bedeutsamer als fachunspezifische. Als weitere Möglichkeit führt er auf:

> Weil es den Fortbildner(inne)n und den teilnehmenden Lehrpersonen bei einer fachlich fokussierten Fortbildung eher gelingt, fachlich in die Tiefe zu gehen, d. h. die Ideen, Konzepte und Schwierigkeiten der Lernenden zu untersuchen und in ihrer Unterschiedlichkeit wahrzunehmen sowie auch die Lernentwicklungen der Schüler(innen) bewusst zu erkennen, zu diagnostizieren und hieraus Fördermaßnahmen abzuleiten. (Lipowsky, 2019, S. 149)

Zum dritten ist es möglich, dass die Lehrpersonen die Fortbildungsinhalte in ihrem Unterricht erproben und umsetzen können.

Ein Wirksamkeitserleben der Fortbildungsteilnehmerinnen und -teilnehmer gilt ebenfalls als Einfluss auf den Fortbildungserfolg. Dabei wird davon ausgegangen, dass das Erleben von Veränderungen im unterrichtlichen Handeln, welches mit Veränderungen bei Schülerinnen und Schülern einhergeht, sich positiv auf die Lernmotivation von Lehrpersonen auswirkt (Lipowsky & Rzejak, 2012). Nach

Guskey (2010) tritt ein signifikanter Wandel der Einstellungen und Überzeugungen von Lehrpersonen erst ein, nachdem sie die Wirksamkeit beim Lernen der Schülerinnen und Schüler erlebt haben.

> The crucial point is that it is not the professional development per se, but the experience of successful implementation that changes teachers' attitudes and beliefs. They believe it works because they have seen it work, and that experience shapes their attitudes and beliefs. (Guskey, 2010, S. 383)

Dieses Erleben dürfte auch Auswirkungen auf die intrinsische Motivation haben und dadurch auf die weitere Teilnahme der Fortbildung wirken. Außerdem kann davon ausgegangen werden, dass die Relevanz der Fortbildung höher eingeschätzt wird und die Lehrpersonen deshalb zu größerer Anstrengung bereit sind, um die Fortbildungsinhalte umzusetzen (Lipowsky, 2019).

Als weiterer Faktor für die Wirksamkeit von Lehrpersonenfortbildungen kann außerdem die Verschränkung von Input-, Erprobungs- und Reflexionsphasen gewertet werden. Die Lehrpersonen müssen die Möglichkeit haben „neues Wissen aufzubauen, ihre Handlungsmuster zu verändern, diese zu erproben und darüber mit anderen Fortbildungsteilnehmern und der Fortbildungsleitung zu reflektieren" (Lipowsky & Rzejak, 2012, S. 242). Außerdem weist Lipowsky (2019) darauf hin, dass „eine solche Verschränkung von Input-, Erprobungs-, Feedback- und Reflexionsphasen Zeit benötigt und nicht an einem Nachmittag zu verwirklichen ist" (S. 147).

Damit eng verknüpft ist eine Rückmeldung an die Fortbildungsteilnehmerinnen und -teilnehmer. Auch diese kann mit einer Veränderung im Lehrpersonenhandeln einhergehen (Lipowsky & Rzejak, 2012). Lipowsky (2019) nennt in diesem Zusammenhang drei Formen der Rückmeldung: das Feedback durch Fortbildnerinnen und Fortbildner sowie Kolleginnen und Kollegen, das Feedback durch die Analyse von Videografien aus dem eigenen Unterricht und das Feedback durch die Rückmeldung von Leistungsdaten der Schülerinnen und Schüler. Besonders häufig finden Coaching-Elemente, also Rückmeldungen durch einen Experten Berücksichtigung bei Fortbildungsstudien. Allerdings weist Lipowsky (2019) auch darauf hin, dass einzelne Studien nicht immer eindeutig diesen drei Formen zugeordnet werden können.

Damit Lehrpersonenfortbildungen wirksam sein können, sollten sie den Fokus weniger auf oberflächliche Merkmale von Unterricht (z. B. bestimmte Arbeitsformen) legen und vor allem auf „Merkmale der Tiefenstruktur von Unterricht" (Lipowsky & Rzejak, 2012, S. 243). Das bedeutet, Inhalte der Fortbildungen sollten sich auf den Verstehensaufbau und -prozess der Schülerinnen und Schüler beziehen. Kognitionspsychologische Aspekte des Lernprozesses sollten dabei die zentrale Rolle spielen (Lipowsky & Rzejak, 2012).

Ein weiterer Wirksamkeitsfaktor könnte die Bildung professioneller Lerngemeinschaften sein. Diese zeichnen sich durch

> […] einen Grundkonsens der Lehrpersonen in Ansichten und Einstellungen zum Lehren und Lernen aus, begreifen sich als verantwortlich für das Lernen der Schüler(innen), analysieren den eigenen Unterricht, seine Qualität und seine Wirkungen, realisieren gegenseitige Unterrichtshospitationen, sehen wechselseitiges Feedback vor und fokussieren auf die Förderung und Unterstützung der Lernenden. (Lipowsky, 2019, S. 154)

Im Idealfall können solche Lerngemeinschaften das Lernen der Schülerinnen und Schüler positiv beeinflussen (Lipowsky, 2019). Lipowsky und Rzejak (2012) weisen aber auch darauf hin, dass dies nicht zwingend zu einer Veränderung im Lehrerhandeln führen muss, insbesondere bei fehlender externer Expertise.

„Die empirischen Studien, in denen sich diese Merkmale erfolgreicher und praxiswirksamer Fortbildungen in der deutschen Fortbildungslandschaft nachweisen lassen, haben allerdings eine Gemeinsamkeit: Sie beziehen sich allesamt auf komplexe und z. T [sic] höchst aufwändige Qualifizierungsformate" (Deutscher Verein zur Förderung der Lehrerinnen und Lehrerfortbildung e. V., 2018, S. 13). Zwar können die hier dargestellten Faktoren und Befunde einen Hinweis auf positive Effekte im Hinblick auf die Wirkungen von Lehrpersonenfortbildungen haben, gleichzeitig liefert die Fortbildungsforschung aber nicht immer eindeutige und vor allem eindeutig interpretierbare Ergebnisse. Die Wirksamkeit einer Fortbildung hängt von zahlreichen Faktoren ab. Guskey (2002) bemerkt dazu: „Nearly all professional development takes place in real-world settings. The relationship between professional development and improvements in student learning" (S. 50). Weiterhin bemerkt er, dass darüber hinaus viele Schulen versuchen, mehrere Innovationen gleichzeitig umzusetzen. Dadurch ist die Isolierung der Auswirkungen einer einzelnen Fortbildung in der Regel nicht möglich.

Eine weitere Schwierigkeit für den Vergleich und die Einordnung der Ergebnisse resultiert aus den verschiedenen Fortbildungsinhalten. Eine Fortbildung für Lehrpersonen, in der beispielsweise vertiefendes mathematisches Fachwissen oder fachdidaktisches Wissen vermittelt wird, zeigt andere Wirkungen als eine Fortbildung zum Thema Umgang mit Autismus, Schulentwicklung oder zu Elterngesprächen.

6.5   Zusammenfassung – Wirksamkeit von Lehrpersonenfortbildungen

Die erste und zweite Ausbildungsphase von Lehrpersonen kann eine Qualifizierung für den Beruf nicht in ausreichendem Maße gewährleisten (Bonsen, 2010; Messner & Reusser, 2000; Oelkers, 2009b). Die Entwicklung der benötigten Kompetenzen findet allerdings auch nicht automatisch mit zunehmender beruflicher Erfahrung statt. Die Forschung zeigt beispielsweise keinen Zusammenhang zwischen den diagnostischen Kompetenzen und der Berufserfahrung (Hesse & Latzko, 2017). Dieser Sachverhalt kann auch für die Förderkompetenzen angenommen werden. Deshalb werden Fortbildungen benötigt die das Wissen und die Fähigkeiten von Lehrpersonen fördern. Analysen von Forschungsergebnissen zeigen, dass Lehrpersonenfortbildungen Erfolge in Bezug auf das Wissen von Lehrpersonen und auf das Lernen von Schülerinnen und Schüler haben können (Lipowsky, 2019).

Unter Fortbildungen für Lehrpersonen werden Lernangebote verstanden, die Lehrpersonen in ihrer aktuellen Berufspraxis Unterstützung bieten. Dabei zielen sie auf die Erweiterung und Vertiefung professioneller Kompetenzen ab.

Um Forschungsergebnisse aus der Lehrpersonenforschung nutzbar zu machen, können Modelle eine Hilfestellung zur Systematisierung und Strukturierung bieten. Das Angebots-Nutzungs-Modell nach Lipowsky (2014; 2019; Lipowsky & Rzejak, 2017) zeigt die Vielzahl der Variablen auf, welche einen Einfluss auf den Fortbildungserfolg von Lehrpersonen haben können. Als Kern werden dabei die Qualität und Quantität der Lerngelegenheiten während der Fortbildung betrachtet. Aber auch Merkmale der Fortbildnerinnen und Fortbildner, die Wahrnehmung und Nutzung der vermittelten Inhalte durch die Teilnehmerinnen und Teilnehmer, deren individuelle Voraussetzungen und deren Schulkontext können einen entscheidenden Einfluss auf den Erfolg einer Fortbildung haben.

Gemessen werden kann der Erfolg von Fortbildungsmaßnahmen für Lehrerinnen und Lehrer auf zwei Ebenen: Auf der Ebene der Lehrpersonen und auf der Ebene der Schülerinnen und Schüler. Auf der Ebene der Lehrpersonen können zum einen selbsteingeschätzte Ergebnisse, wie zum Beispiel Zufriedenheit und Relevanz der Inhalte, aber auch selbsteingeschätzte Kompetenzen erfasst werden. Zum anderen können Messungen mit validen, objektiven und reliablen Instrumenten durchgeführt werden. Da in der vorliegenden Studie nur auf dieser Ebene agiert wird, wird auf eine Ausarbeitung und Darstellung der Schülerinnen- und Schülerebene verzichtet.

Metaanalysen von Lipowsky (2019; Lipowsky & Rzejak, 2017) konnten folgende Merkmale extrahieren, die eine Einfluss auf den Fortbildungserfolg haben können:

- der zeitliche Umfang der Lehrpersonenfortbildung
- die Fokussierung auf fachliche beziehungsweise fachdidaktische Inhalte
- das Wirksamkeitserleben der Fortbildungsteilnehmerinnen und -teilnehmer
- die Verschränkung von Input-, Erprobungs- und Reflexionsphasen
- ein Feedback an die Fortbildungsteilnehmerinnen und -teilnehmer
- eine Fokussierung auf die Tiefenstruktur von Unterricht
- die Bildung professioneller Lerngemeinschaften

Auch wenn bereits Erkenntnisse zu diesen Merkmalen vorliegen, bedarf es zusätzlicher Untersuchungen und Analysen um diese weiter zu fundieren und auszuschärfen, denn die Ergebnisse der Fortbildungsforschung sind nicht immer eindeutig. Insbesondere im Zusammenhang mit Fortbildungen zum Thema Rechenschwäche liegen noch keine empirischen Ergebnisse zu den genannten Merkmalen vor.

Diese sind aber erforderlich um beispielsweise zu untersuchen, inwieweit in diesem Zusammenhang die *Fokussierung auf fachdidaktische Inhalte* Wirkungen zeigen. Die Relevanz dies für Fortbildungen zum Thema Rechenschwäche zu untersuchen, ergibt sich aus der Domänenspezifität und der inhaltlichen Bereichsspezifität der fachdidaktischen Kompetenzen (Klieme et al., 2007; Lorenz & Artelt, 2009; Schulz, 2014; vgl. auch Abschnitt 2.2). Das heißt, dass dieser Sachverhalt für verschiedene Domänen und Inhaltsbereiche überprüft werden sollte.

Als interessanter Forschungsansatz zeigt sich außerdem das Merkmal der *zeitlichen Dauer*. Auch wenn einige Forschungsergebnisse zeigen, dass Fortbildungen längerer Dauer eher Wirkungen auf das Lernen von Schülerinnen und Schülern haben (Darling-Hammond et al., 2017), gibt es doch auch spezifische Ausnahmen (Timperley, 2007). Das macht es erforderlich diesen Sachverhalt für Fortbildungen zum Thema Rechenschwäche zu prüfen.

Dabei bietet es sich ebenfalls an, die *Verschränkung von Input-, Erprobungs- und Reflexionsphasen* in den Blick zu nehmen, da diese in Zusammenhang mit der zeitlichen Dauer von Fortbildungen steht (Lipowsky, 2019).

Untersucht werden können diese Merkmale durch den Vergleich von Fortbildungen zum Thema Rechenschwäche mit unterschiedlichen Fortbildungskonzeptionen. Dazu werden im folgenden Kapitel 7 Forschungsfragen formuliert, die auf den in Kapitel 2 bis 6 gemachten theoretischen Ausführungen und Überlegungen aufbauen.

Forschungsdesiderat und Forschungsinteresse

7

In der vorliegenden Arbeit wird die *Professionalisierung von Lehrpersonen durch Fortbildungen zum Thema Rechenschwäche* untersucht. Dabei steht vor allem die Entwicklung fachdidaktischer Fähigkeiten im Bereich der Diagnose und Förderung von Kindern mit besonderen Schwierigkeiten beim Rechnenlernen im Mittelpunkt des Interesses. Unter diesem Blickwinkel wird auf die beiden typischen und zentralen Hürden *verfestigte Zählstrategien* und ein *unzureichendes Stellenwertverständnis* fokussiert (vgl. Abschnitt 5.1.2). Zusätzlich wird die Entwicklung motivationaler Orientierungen in den Blick genommen (vgl. Kapitel 3). Die Analyse dieser Veränderungen erfolgt anhand zweier unterschiedlich konzeptionierter Fortbildungen. (vgl. Abschnitt 8.4)

7.1 Fachdidaktische Fähigkeiten, Diagnose- und Förderfähigkeiten

In Zusammenhang mit der Professionalisierung von Lehrpersonen stehen unter anderem die Kompetenzen im Sinne von *Wissen* und *Können* (vgl. Abschnitt 2.2). Um Einblicke in diese Kompetenzen zu gewinnen und sie operationalisierbar zu machen, wurden in der nationalen und internationalen Forschung unterschiedliche Modelle entwickelt und verschiedene Kompetenzbereiche und -facetten herausgearbeitet (vgl. Abschnitt 2.3 und 2.4). Ein Modell, das diese Bereiche und Facetten theoretisch und empirisch begründet und strukturiert darstellt, ist das Kompetenzmodell der COACTIV-Studie (Baumert & Kunter, 2011a). In der vorliegenden Arbeit wird dieses als Referenzmodell zugrunde gelegt (vgl. Abschnitt 2.5).

Innerhalb dieses Modells nehmen die fachdidaktischen Fähigkeiten eine zentrale Stellung ein. Theoretische Überlegungen und empirische Untersuchungen haben gezeigt, dass diese einen wichtigen Bereich der Kompetenzen von Lehrpersonen darstellen (Ball et al., 2008; Baumert & Kunter, 2011a; Blömeke, Kaiser & Lehmann, 2010a; Bromme, 1997; Krauss et al., 2008; Shulman, 1987). Zu den fachdidaktischen Fähigkeiten zählen die diagnostischen Fähigkeiten und die Förderfähigkeiten. Diese werden als grundlegende Qualifikationen von Lehrpersonen angesehen und bilden eine Basis für erfolgreiches Unterrichten von Schülerinnen und Schülern (Moser Opitz & Nührenbörger, 2015; Selter et al., 2019; Spinath, 2005). Da dazu fachbezogene Fähigkeiten und fachbezogenes Wissen benötigt werden, gelten diese Kompetenzen in hohem Maße als domänenspezifisch (Klieme et al., 2007; Lorenz & Artelt, 2009). Gleichzeitig wird in der Literatur aber auch darauf hingewiesen, dass die Domänenspezifität noch nicht hinreichend untersucht ist (Seifried & Ziegler, 2009). Es ist unter anderem nicht geklärt, welche Bedeutung der Domäne zukommt und welche Aspekte (z. B. Adressatengruppe, Lerninhalt) einer Domäne dominieren. Schulz (2014) schließt aus seinen Befunden, dass fachdidaktische Fähigkeiten inhaltlich bereichsspezifisch sind. Das bedeutet, dass Lehrpersonen ein Wissen und Können über spezifische Inhaltsbereiche benötigen, um kompetent handeln zu können. Aus diesen Überlegungen heraus sind Untersuchungen erforderlich, die auf einzelne Bereiche einer Domäne fokussieren und damit Antworten geben auf die Fragen nach der Bereichsspezifität sowie möglicherweise auch auf die Bedeutung zentraler Aspekte.

7.2   Instrumente zur Erfassung von Diagnose- und Förderfähigkeiten

In bisherige Untersuchungen werden diagnostische Fähigkeiten im Fach Mathematik häufig durch die Einschätzungen von Lehrpersonen über Schülerleistungen (z. B. Brunner et al., 2011) erfasst. Dadurch können jedoch keine Hinweise auf die tatsächlichen diagnostischen Fähigkeiten im Sinne einer kompetenz- und prozessorientierten Diagnose gewonnen werden, da solche Einschätzungen keinen Aufschluss über spezifische Schwierigkeiten der Kinder zulassen (vgl. Abschnitt 4.2). Deshalb bieten sie auch kaum Anknüpfungspunkte für eine sich anschließende passgenaue Förderung (vgl. Abschnitt 4.2). Förderfähigkeiten werden in den Untersuchungen in der Regel nicht erhoben. Benötigt werden also Studien, die diagnostische Fähigkeiten und Förderfähigkeiten von Lehrpersonen, unter Berücksichtigung der Kompetenz- und Prozessorientierung, analysieren.

Dabei sollten die zur Diagnose und Förderung erforderlichen spezifischen Kenntnisse der Lehrpersonen im Mittelpunkt stehen, da diese den Kern professionellen Handelns bilden.

Ein solcher Ansatz wird in den qualitativen Studien von Schulz (2014) und Lesemann (2015; vgl. Abschnitt 4.4.2) verfolgt. In beiden Untersuchungen wurden sowohl diagnostische Fähigkeiten als auch Förderfähigkeiten im Zusammenhang mit dem Thema Rechenschwäche erfasst. Durch die Untersuchungen werden bereits erste Einblicke in die fachdidaktischen Fähigkeiten von Lehrpersonen gegeben. Allerdings basieren die Ergebnisse aufgrund des qualitativen Ansatzes und der dabei verwendeten Instrumente nur auf kleinen Stichproben. Um weitere Aussage über die diagnostischen Fähigkeiten und Förderfähigkeiten von Lehrpersonen zum Thema Rechenschwäche treffen zu können, ist es sinnvoll, Analysen auf eine größere Datenbasis zu stützen. Wünschenswert sind deshalb Untersuchungen, welche die diagnostischen Fähigkeiten und die Förderfähigkeiten in diesem Themengebiet quantitativ erheben. Zur Erfassung solcher quantitativen Daten konnten nach ausgiebiger Recherche keine vorhandenen Instrumente gefunden werden.

7.3   Entwicklung von Diagnose- und Förderfähigkeiten durch Lehrpersonenfortbildungen

Die Ergebnisse bisheriger Untersuchungen zeigen, dass das fachdidaktische Wissen und die fachdidaktischen Fähigkeiten von Lehrpersonen in Bezug auf Rechenschwierigkeiten nicht in ausreichendem Maße vorhanden sind (Lenart et al., 2010; Lesemann, 2015; Schulz, 2014). Dies mag daran liegen, dass die erste und zweite Ausbildungsphase eine Qualifizierung für den Beruf nicht in vollem Umfang gewährleisten kann (Bonsen, 2010; Messner & Reusser, 2000; Oelkers, 2009b). Hieraus ergibt sich die Frage, wie diese Qualifizierung erfolgen kann.

Da fachdidaktische Fähigkeiten, also auch Diagnose- und Förderfähigkeiten, erlernt und vermittelt werden können, indem deklaratives Wissen erworben und zunehmend in prozedurales Wissen überführt wird (Baumert & Kunter, 2011a), bieten Lehrpersonenfortbildungen hier einen Ansatz. Diese können einen Einfluss auf das Wissen von Lehrerinnen und Lehrern und auf das Lernen von Schülerinnen und Schülern haben (Lipowsky, 2019). Über die Beschreibung und Erklärung von Entstehensbedingungen und Wissensgrundlagen von fach- beziehungsweise domänenspezifischen diagnostischen Kompetenzen ist wenig bekannt (Lorenz & Artelt, 2009).

Für Fortbildungen zum Thema Rechenschwäche liegt bisher nur die bereits oben erwähnte Untersuchung von Lesemann (2015) vor (vgl. auch Abschnitt 4.4.2 und 6.3.2). Darin wurden Wirkungen mit einer Treatmentgruppe von N = 11 Personen untersucht. Die Ergebnisse zeigen, dass Fortbildungen in diesem Themengebiet Erfolge im Zusammenhang mit diagnostischen Fähigkeiten und Förderfähigkeiten erzielen können. Die Studie von Lesemann (2015) liefert damit bereits erste Erkenntnisse über die Wirkung von Fortbildungen zum Thema Rechenschwäche. Allerdings wäre auch hier wünschenswert die Ergebnisse auf eine größere Datenbasis zu begründen. Außerdem konnte nicht in ausreichendem Maße geklärt werden, inwieweit die Veränderungen bei den Lehrpersonen tatsächlich auf die Fortbildung zurückzuführen sind (Lesemann, 2015). Dies macht weitere Untersuchungen erforderlich, die erforschen, ob fachdidaktische Fähigkeiten von Lehrpersonen durch Fortbildungen entwickelt werden können.

Trotz umfangreicher Recherchen konnten keine weiteren Untersuchungen von Fortbildungen zum Thema Rechenschwäche gefunden werden. Offen bleibt deshalb auch, welche Merkmale den Erfolg von Fortbildungen zum Thema Rechenschwäche begünstigen. Hier fehlen unter anderem Erkenntnisse in Bezug auf die *Fokussierung auf fachdidaktische Inhalte*, auf die *Dauer* von Fortbildungen und auf die *Verschränkung von Input-, Erprobungs- und Reflexionsphasen* (vgl. Abschnitt 6.4 und 6.5).

Untersucht werden können diese Merkmale durch den Vergleich von Fortbildungen zum Thema Rechenschwäche mit unterschiedlichen Fortbildungskonzeptionen. Dabei sollten die Konzeptionen sich in den beschriebenen Merkmalen unterscheiden.

7.4   Entwicklung von motivationalen Orientierungen durch Lehrpersonenfortbildungen

Neben den beschriebenen fachdidaktischen Fähigkeiten nehmen im Zusammenhang mit den Kompetenzen von Lehrpersonen die motivationalen Orientierungen eine zentrale Stellung ein. Innerhalb dieser Kompetenzfacette zeigt sich, dass die Selbstwirksamkeitserwartungen und der Enthusiasmus einen Einfluss auf das Lernen und Arbeiten von Lehrpersonen haben können (Bandura, 1977; 1997; Kunter, 2011; Mietzel, 2017).

Die Selbstwirksamkeitserwartungen gelten als bereichsspezifisch (Schwarzer & Warner, 2014), weshalb Untersuchungen im Zusammenhang mit bereichsspezifischen Fortbildungen erforderlich sind. Hierzu konnten zum Thema Rechenschwäche, trotz ausgiebiger Recherche, keine Untersuchungen

gefunden werden. Die Selbstwirksamkeitserwartungen sind in Bezug auf Lehrpersonenfortbildungen vor allem hinsichtlich der Möglichkeiten ihrer Entstehung
und aufgrund der Tatsache, dass sie einen Einfluss auf das Lernen der Lehrpersonen und für die Umsetzung des Gelernten haben, von Interesse (vgl.
Abschnitt 3.2).

In Bezug auf die Entstehung der Selbstwirksamkeit werden in der Literatur vier Quellen angegeben: Erfahrung von Erfolgserlebnissen, Modell- beziehungsweise Beobachtungslernen, verbale Ermutigung und emotionale Erregung
(Barysch, 2016). Dabei stellt sich die Frage, ob Fortbildungen zum Thema
Rechenschwäche einen Einfluss auf die Entwicklung der Selbstwirksamkeitserwartungen haben können und *wie* Fortbildungen konzeptioniert sein müssen, um
diese zu fördern. Dabei dürfte dem oben genannte Merkmal der *Verschränkung
von Input-, Erprobungs- und Reflexionsphasen* eine bedeutende Rolle zukommen.
So könnten Erprobungsphasen positive Erfolgserlebnisse für die Teilnehmerinnen
und Teilnehmer bewirken, Reflexionsphasen verbale Ermutigungen beinhalten
und Inputphasen mit Praxisbeispielen ein Lernen am Modell ermöglichen.

Die Selbstwirksamkeit hat außerdem Einfluss auf den Enthusiasmus. Dieser
wiederum kann, in Zusammenhang mit intrinsischer Motivation, Auswirkungen auf das Lernen von Fortbildungsteilnehmerinnen und -teilnehmern haben.
Ebenso konnte nachgewiesen werden, dass der Enthusiasmus von Lehrpersonen
positive Effekte auf das Unterrichten und die Motivation von Schülerinnen und
Schülern haben kann (vgl. Abschnitt 3.3). Allerdings liegen nur wenige Studien vor, die den Enthusiasmus im Längsschnitt in den Blick nehmen (Bleck,
2019). Gerade längsschnittliche Untersuchungen könnten aber Hinweise auf eine
mögliche Beeinflussung und Veränderung des Enthusiasmus von Lehrpersonen
geben. Hierzu liegen keine ausreichenden Erkenntnisse vor (Kunter et al., 2011b).
Ob Fortbildungen zum Thema Rechenschwäche einen Einfluss auf die Entwicklung haben können und wie diese Fortbildungen gestaltet sein müssen, ist nicht
bekannt.

7.5 Erfassung der Wirksamkeit von Lehrpersonenfortbildungen

Die Wirkungen von Fortbildungsmaßnahmen und die damit zusammenhängenden
Merkmale können in Bezug auf die Lehrpersonen und in Bezug auf die Schü-
lerinnen und Schüler erfasst werden (vgl. Abschnitt 6.3.4). In der vorliegenden
Arbeit erfolgt eine Fokussierung auf die Wirkungen bei Lehrpersonen. Innerhalb

dieser Personengruppe besteht die Möglichkeit (Selbst-)Einschätzungen zu erfassen und Wissenstests durchzuführen. Bisherige Forschungsergebnisse, meist aus der Trainingsforschung, zeigen, dass Einschätzungen, insbesondere zur *Zufriedenheit* und zur *Akzeptanz*, kaum mit Veränderungen des Wissens einhergehen (vgl. Abschnitt 6.3.2). Allerdings fehlen hier Erkenntnisse im Zusammenhang mit Fortbildungen für Lehrpersonen (Lipowsky, 2019). Ebenso fehlen Erkenntnisse zu weiteren Selbsteinschätzungen, wie beispielsweise ob Fortbildungen zum Thema Rechenschwäche einen Einfluss auf die Veränderungen selbsteingeschätzter fachdidaktischer Fähigkeiten haben können und ob diese Veränderungen mit dem durch Wissenstests erhobenen Veränderungen der Fähigkeiten zusammenhängen.

7.6　Forschungsfragen

Die hier skizzenhaft dargestellten Sachverhalte zeigen, dass nur wenige Evidenzen im Zusammenhang mit Fortbildungen zum Thema Rechenschwäche vorliegen. Deshalb wurden Forschungsfragen erarbeitet, deren Beantwortung weitere empirische Erkenntnisse liefern sollen. Die Fragen können unterschiedlichen Bereichen zugeordnet werden. Zum einem geht es um die Entwicklung eines geeigneten Instruments zur quantitativen Erfassung der diagnostischen Fähigkeiten und Förderfähigkeiten (Forschungsfrage A), zum anderen um Einschätzungen der Lehrpersonen zu den Fortbildungen (Forschungsfragen B). Einen weiteren Bereich bilden die Fragen, welche auf die Veränderung einzelner Kompetenzfacetten und dem Zusammenhang der oben beschriebenen Merkmale von Fortbildungen abzielen (Forschungsfragen C). Gerade für die Beantwortung dieser Fragen ist es erforderlich mehrere Fortbildungen in den entsprechenden Merkmalen zu variieren (vgl. Kapitel 8). In einem letzten Fragenbereich geht es um Zusammenhänge zwischen einzelnen Veränderungen der Kompetenzfacetten (Forschungsfragen D).

Forschungsfrage A

– Wie können über ein Testinstrument fachdidaktische Fähigkeiten im Bereich der Diagnose und Förderung quantitativ und an den Lernprozessen der Kinder orientiert erfasst werden?

Forschungsfragen B

– Wie zufrieden sind die Teilnehmerinnen und Teilnehmer mit den Fortbildungs-
maßnahmen und wie unterscheiden sie sich hinsichtlich ihrer Zufriedenheit?
– Welche Relevanz haben die Inhalte der Fortbildungsmaßnahme für die Teilneh-
merinnen und Teilnehmer und wie unterscheiden sich diese hinsichtlich ihrer
Einschätzung der Relevanz der Inhalte?
– Als wie herausfordernd wird die Fortbildung von den Teilnehmerinnen und
Teilnehmern eingeschätzt?

Forschungsfragen C
Welche Veränderungen und Unterschiede zeigen sich bei den Fortbildungsteilnehmerinnen und -teilnehmern hinsichtlich

– ihrer selbsteingeschätzten Prozessorientierung?
– ihres Enthusiasmus für das Fach?
– ihres Enthusiasmus für das Unterrichten?
– ihrer Selbstwirksamkeitserwartungen in Bezug auf die Instruktion?
– ihrer Selbstwirksamkeitserwartungen in Bezug auf die Individualisierung?
– ihrer Selbstwirksamkeitserwartungen in Bezug auf Diagnose?
– ihrer selbsteingeschätzten diagnostischen Fähigkeiten?
– ihrer handlungsnahen diagnostischen Fähigkeiten in Bezug auf die Diagnose
von verfestigten Zählstrategien?
– ihrer handlungsnahen diagnostischen Fähigkeiten in Bezug auf die Diagnose
eines unzureichenden Verständnisses des Stellenwertsystems?
– ihrer handlungsnahen Förderfähigkeiten in Bezug auf die Diagnose von
verfestigten Zählstrategien?
– ihrer handlungsnahen Förderfähigkeiten in Bezug auf die Förderung bei einem
unzureichenden Verständnis des Stellenwertsystems?

Forschungsfragen D

Welche Zusammenhänge bestehen zwischen

– der Veränderung der Prozessorientierung und den Veränderungen der diagnostischen Fähigkeiten und Förderfähigkeiten?
– den Veränderungen der selbsteingeschätzten diagnostischen Fähigkeiten und
den Veränderungen der handlungsnahen diagnostischen Fähigkeiten?

– den Veränderungen der fachdidaktischen Fähigkeiten in Bezug auf verfestigte Zählstrategien und in Bezug auf ein unzureichendes Verständnis des Stellenwertsystems?

Um diese Forschungsfragen beantworten zu können, wurde ein Studiendesign entworfen, das auf Fortbildungsmaßnahmen fokussiert, die in ausgewählten Merkmalen (Fokussierung auf fachdidaktische Inhalte, zeitliche Dauer und Verschränkung von Input-, Erprobungs- und Reflexionsphasen) variieren. In Kapitel 8 werden das Untersuchungsdesign und die methodologischen Überlegungen näher vorgestellt.

Untersuchungsdesign und methodologische Überlegungen

Die vorliegende Arbeit wurde im Rahmen des Projekts *Wirkungen einer Quali-fizierungsmaßnahme zum Thema Rechenstörungen auf das diagnostische Wissen, die Selbstwirksamkeitserwartungen und das unterrichtliche Handeln von Mathe-matiklehrpersonen* (QUASUM) erstellt. QUASUM ist ein Kooperationsprojekt zwischen dem Institut für Mathematik an der Pädagogischen Hochschule Karls-ruhe und dem Institut für Erziehungswissenschaft an der Universität Kassel. Es ist angegliedert an das Promotionskolleg *ProfiL – Professionalisierung im Lehrberuf – Konzepte und Modelle auf dem Prüfstand*, das zwischen 2014 und 2017 durchgeführt und vom Ministerium für Wissenschaft, Forschung und Kunst Baden-Württemberg finanziell unterstützt wurde.

Die wissenschaftliche Beantwortung der in Kapitel 7 dargestellten For-schungsfragen, erfordert eine Einordnung des Forschungsvorhabens in einen entsprechenden methodischen Forschungskontext und die Darlegung des Aufbaus und des Designs. Deshalb wird in Abschnitt 8.1 die Anlage der Untersuchung und in Abschnitt 8.2 der zeitliche Ablauf der Studie dargelegt. Um die Studienergeb-nisse vor dem Hintergrund der untersuchten Stichprobe einordnen zu können, werden in Abschnitt 8.3 ausgewählte Daten berichtet. In Abschnitt 8.4 erfolgt die Darstellung der unterschiedlichen Konzeptionen der untersuchten Fortbildungen. Schließlich werden in Abschnitt 8.5 die verwendeten Instrumente beschrieben.

M. Sprenger, *Wirkungen von Fortbildungen zum Thema Rechenschwäche auf fachdidaktische Fähigkeiten und motivationale Orientierungen*, https://doi.org/10.1007/978-3-658-36799-2_8

8.1 Anlage der Untersuchung

8.1.1 Quantitative Forschungsansätze

In der empirischen Sozialforschung gibt es verschiedene Forschungsansätze. Oft wird dabei zwischen quantitativer und qualitativer Forschung unterschieden (Baur & Blasius, 2019; Döring & Bortz, 2016).

In der quantitativen Forschung werden, in Anlehnung an die Tradition der naturwissenschaftlichen Forschung, strukturierte Methoden der Datenerhebung genutzt. Daraus lassen sich quantitative beziehungsweise numerische Daten gewinnen. Diese wiederum werden in der Regel statistischen Methoden der Datenanalyse unterzogen (Döring & Bortz, 2016).

Die qualitative Forschung steht hingegen eher in der wissenschaftlichen Tradition der Geisteswissenschaften. Sie nutzt unstrukturierte Methoden der Datenerhebung aus denen qualitative beziehungsweise nicht numerische Daten gewonnen und mit interpretativen Methoden der Datenanalyse ausgewertet werden (Döring & Bortz, 2016).

Die bisher einzige Studie zur Entwicklung des fachdidaktischen Wissens zum Thema Rechenschwäche durch Lehrpersonenfortbildungen stammt von Lesemann (2015) und folgt im Wesentlichen einem qualitativen Ansatz. Zur Erweiterung der dort gewonnenen Erkenntnisse wird in der vorliegenden Untersuchung der Schwerpunkt auf die quantitative Erfassung und Auswertung der erhobenen Daten gelegt. Dabei sollen die beiden Forschungsrichtungen nicht als gegensätzliche Forschungsstrategien gedacht werden, sondern als

[…] unterschiedliche Wege der Annäherung an ein Phänomen, die verschiedene Aspekte beschreiben und sich daher gegenseitig validieren können (Triangulation). So können quantitativ orientierte Studien Befunde aus der qualitativ orientierten Forschung auf eine breitere Basis stellen, indem sie die allgemeine Bedeutung und Verbreitung des dort untersuchten Phänomens unterstreichen. (Eckert, 2018, S. 377)

Nach Eckert (2018) hat gerade die „quantitativ orientierte Erwachsenenbildungsforschung […] in der bildungspolitischen wie in der wissenschaftlichen Diskussion an Gewicht zugenommen. Damit ist auch der Anspruch an die sozialwissenschaftliche Methodologie gewachsen, insbesondere was das Design der Studien, die Stichprobengröße oder auch die angewandten Erhebungsmethoden angeht" (S. 376).

Die quantitative Forschung beschäftigt sich dabei vor allem mit der Messung von Ausprägungen von Variablen und deren statistischen Auswertung. Mit der Entscheidung für dieses Forschungsparadigma werden einige Annahmen zugrunde gelegt, wie sie von Döring und Bortz (2016) beschrieben werden: „Der quantitative Forschungsansatz zielt oft auf die Überprüfung theoretisch abgeleiteter Hypothesen, arbeitet mit strukturierten Abläufen sowie standardisierten Datenerhebungsinstrumenten [...]" (S.184).

Für den quantitativen Forschungsprozess schlagen Döring und Bortz (2016) als strukturierten Ablauf ein sequenzielles Verfahren aus neun Stufen vor:

1. Entscheidung für ein Forschungsthema
2. Anknüpfen an den Forschungsstand und theoretischen Hintergrund
3. Untersuchungsdesign festlegen
4. Merkmale in Bezug auf die Forschungsfragen operationalisieren
5. Festlegen der Stichprobe
6. Erhebung der Daten
7. Aufbereitung der Daten
8. Analyse der Daten
9. Präsentation der Ergebnisse

Döring und Bortz (2016) verweisen aber auch darauf, dass diese sequenzielle Darstellung nicht darüber hinwegtäuschen darf, dass alle Phasen inhaltlich eng miteinander verzahnt sind, wodurch sich wiederum in manchen Phasen ein Vor- oder Rückgriff auf Inhalte anderer Phasen ergeben kann. Wie in den einzelnen Abschnitten sichtbar wird, orientiert sich die vorliegende Untersuchung an dieser Sequenzierung. So finden sich die Stufen 1 und 2 zum Großteil in den Kapiteln 1 bis 7 wieder. In Kapitel 8 wird nun das Untersuchungsdesign festgelegt, die Merkmale in Bezug auf die Forschungsfragen operationalisiert und die Stichprobe festgelegt (Stufe 3–5). Die Analyse der Daten erfolgt ebenfalls in Kapitel 8 und Kapitel 9. Gleichzeitig wird hier auch die Stufe 9 – die Präsentation – aufgegriffen. Wie von Döring und Bortz (2016) beschrieben, wird diese Struktur jedoch von Vor- und Rückgriffen durchzogen, da die Stufen eng verzahnt sind.

8.1.2 Evaluationsforschung

Bei der vorliegenden Untersuchung handelt es sich um eine wissenschaftliche Begleitforschung, welche im Wesentlichen auf die Überprüfung der Wirksamkeit von Fortbildungen abzielt. Dadurch bietet sich eine Verortung in der Evaluationsforschung an (Stein, 2019). Nach Schrader (2018) sind Evaluationen in der Erwachsenenbildung und Weiterbildung mittlerweile selbstverständlich (vgl. auch Abschnitt 6.3.2).

„Während man in der Grundlagenforschung vom Untersuchungsgegenstand bzw. Forschungsobjekt (research object) spricht, ist in der Evaluationsforschung analog vom Evaluationsgegenstand bzw. Evaluationsobjekt oder auch vom Evaluandum (evaluation object, evaluand) die Rede" (Döring, 2019, S. 176). Um die Forschungsfragen (vgl. Kapitel 7) beantworten zu können, wurden in der vorliegenden Studie als Evaluationsgegenstand unterschiedlich konzeptionierte Lehrpersonenfortbildungen zum Thema Rechenschwäche gewählt (zur inhaltlichen Beschreibung der Fortbildungen vgl. Abschnitt 8.4).

8.1.3 Längsschnittdesign und Panelstudie

Nach Stein (2019) erfordern Evaluationsstudien ein Längsschnittdesign, so dass die Wirksamkeit einer Maßnahme durch eine Vorher-Nachher-Messung überprüft werden kann. Dazu sind mehrere, zeitlich gestaffelte Untersuchungen zu einem Themenkomplex nötig.

Eine Möglichkeit des Längsschnittdesigns ist die Panelstudie. Panelstudien zeichnen sich dadurch aus, dass sie dieselben Variablen zu mehreren Zeitpunkten, also mindestens zweimal, an denselben Objekten erheben. Sie beziehen sich also auf die drei Aspekte Zeit-Dimension, erhobene Merkmale und Untersuchungseinheiten. Ein Vorteil dieses Vorgehens ist, dass Daten zu mehreren Messzeitpunkten vorliegen und dadurch die Möglichkeit besteht, Entwicklungen zu analysieren (Schupp, 2019). „Veränderungen, die im Zeitverlauf festgestellt werden, können dabei eindeutig bestimmten Untersuchungseinheiten zugerechnet werden, so dass es möglich wird, auch tatsächlich *kausale Zusammenhänge* zu analysieren" (Stein, 2019, S. 134 [Hervorhebung im Original]).

Stein (2019) weist aber auch auf mögliche Probleme bei Längsschnittuntersuchungen im Paneldesign hin: „Es ist einleuchtend, dass eine Erhebung, welche zu mehreren Zeitpunkten durchgeführt wird, aufwendiger, kostenintensiver und fehleranfälliger ist. Vor allem macht sich diese Problematik durch die spezifische Eigenart von Panelstudien bemerkbar, an denselben Personen (Objekten) zu mehreren Zeitpunkten Messungen durchzuführen" (S. 134). Als Probleme werden beispielsweise die im Laufe der Zeit möglichen Bedeutungsverschiebungen bezüglicher Begriffe, die Panelmortalität und die Paneleffekte genannt. Unter letzterem wird eine Veränderung der Teilnehmerinnen und Teilnehmer durch die laufende Teilnahme an der Untersuchung verstanden (vgl. auch Schupp, 2019). Als Panelmortalität wird die Ausfallrate in Bezug auf die Teilnehmenden bezeichnet (Stein, 2019).

Diese Schwierigkeiten können in der vorliegenden Studie nicht ganz ausgeschlossen werden. Insbesondere auf die Panelmortalität ist eine Einflussnahme kaum möglich. Die Bedeutungsverschiebung von Begriffen wird nach Möglichkeit bei der Formulierung der Fragestellungen im Erhebungsinstrument berücksichtigt. Der oben aufgeführte Paneleffekt findet insofern Berücksichtigung, als dass der Großteil der entwickelten Fragen im Zusammenhang mit dem Fortbildungsinhalt stehen. Es ist zu erwarten, dass der Fortbildungsinhalt einen größeren Einfluss auf die Veränderung der Teilnehmerinnen und Teilnehmer hat, als die Befragung an sich.

8.2   Zeitlicher Ablauf der Studie

Zur Beantwortung der Forschungsfragen wurde vor dem Hintergrund der oben dargestellten theoretischen Konzepte und Überlegungen ein Studiendesign ausgearbeitet, auf dessen Grundlage zwei unterschiedlich konzipierte Fortbildungen untersucht wurden (vgl. Abschnitt 8.4). Die Lehrpersonen der Gruppe A nehmen an einer siebentägigen Fortbildung teil (Konzeption A), die Lehrpersonen der Gruppe B an einer eintägigen (Konzeption B). Durch dieses Design wird die interne Validität erhöht.

> Eine Verbesserung der internen Validität lässt sich in quasi-experimentellen Untersuchungen dadurch erzielen, dass neben der Experimentalgruppe eine Kontrollgruppe geprüft wird und somit neben der unabhängigen Variable Messzeitpunkt noch die unabhängige Variable Treatment berücksichtigt wird (zweifaktorieller Plan bzw. im einfachsten Fall: 2x2-Plan). (Döring & Bortz, 2016, S. 739)

Die Validität wird allerdings nicht nur erhöht, wenn ein Kontrollgruppendesign mit einer unbehandelten Gruppe vorliegt – auch die Analyse mehrerer Varianten der Behandlung, wie in dieser Arbeit, führt zu einer Verbesserung der internen Validität (Döring & Bortz, 2016).

Die Datenerhebungen in den beiden Gruppen erfolgten zu zwei beziehungsweise drei Messzeitpunkten (vgl. Abbildung 8.1). Insgesamt fanden die Erhebungen über einen Zeitraum von einem Schuljahr statt. Der erste Messzeitpunkt (MZP t1) wurde auf circa 2 Wochen vor Beginn der Fortbildungsmaßnahmen terminiert. Die zweite Messung (MZP t2) wurde zwischen dem 4. und 5. Fortbildungstag durchgeführt und die dritte Messung (MZP t3) fand circa eine Woche nach Beendigung der Fortbildungsmaßnahme nach Konzeption A statt.

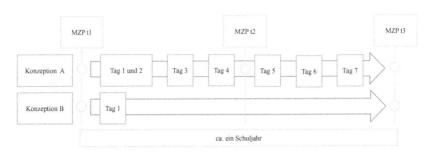

Abbildung 8.1 Zeitliche Anlage der Untersuchung

Die Erhebung zum Messzeitpunkt t2 wurde nur bei den Teilnehmerinnen und Teilnehmern durchgeführt, welche an den Fortbildungen nach Konzeption A teilgenommen haben. Zu den Messungen zu den Messzeitpunkten t1 und t3 wurden alle Lehrpersonen eingeladen.

8.3   Beschreibung der Stichprobe

8.3.1   Art der Stichprobe

Um die Studie forschungsökonomisch realisieren zu können wurde auf eine Gelegenheitsstichprobe zurückgegriffen. Döring und Bortz (2016) weisen darauf hin, dass solche nicht-probabilistischen Stichproben in der quantitativen (und qualitativen) akademischen Sozialforschung ein sehr häufig anzutreffender Stichprobentyp sind.

Dennoch ist die Aussagekraft solcher Stichproben im Rahmen quantitativer Forschung eng begrenzt, weshalb die Ergebnisse nicht als global repräsentativ aufgefasst werden können (Döring & Bortz, 2016). Allerdings unterliegen alle empirischen Studien einer gewissen Selbstselektion, da aus forschungsethischen Gründen eine Teilnahme grundsätzlich freiwillig ist „und es somit bei einem Teil der zu rekrutierenden Personen wegen fehlender Bereitschaft von vorne herein zu einer Teilnahmeverweigerung oder währenddessen zu einem Untersuchungsabbruch kommt" (Döring & Bortz, 2016, S. 306). Für das Arbeiten mit Gelegenheitsstichproben gilt es deshalb die Grenzen ihrer Aussagekraft deutlich zu machen und Überinterpretationen zu vermeiden (Döring & Bortz, 2016). Ein Rückschluss auf die Grundgesamtheit kann also für die Ergebnisse der vorliegenden Arbeit nicht vorgenommen werden.

Der Auswahl der Stichprobe sind, neben der Verfügbarkeit, auch inhaltliche und organisatorische Überlegungen vorausgegangen. Zum einen wurde darauf geachtet, dass die Inhalte so aufbereitet waren, dass eine Vergleichbarkeit zwischen den verschiedenen Fortbildungskonzeptionen möglich ist und zum anderen, dass die Veranstaltungen immer von derselben Person durchgeführt wurden, damit dieser Faktor als Erklärungsansatz für unterschiedliche Wirkungen ausgeschlossen werden kann.

Im Folgenden wird die Stichprobe anhand erhobener Merkmale beschrieben.

Die Basis für die empirische Untersuchung bilden die Teilnehmerinnen und Teilnehmer der verschiedenen Lehrpersonenfortbildungen. Die Fortbildungen wurden in den Bundesländern Bayern, Hessen, Nordrhein-Westfalen und Rheinland-Pfalz durchgeführt. Die Einladungen zur Mitwirkung an der Studie wurden an alle an den Fortbildungen teilnehmenden Personen elektronisch versandt. Lagen personalisierte E-Mailadressen vor, so wurden die Lehrerinnen und Lehrer direkt angeschrieben und zur Studie eingeladen. War dies nicht der Fall, wurden die Einladungen von den Fortbildungsorganisatoren an die Teilnehmerinnen und Teilnehmer versandt. Daher kann keine Aussage über die Anzahl der insgesamt angeschriebenen Personen getroffen werden. Die folgenden zur Beschreibung der Stichprobe gemachten Angaben wurden anhand der Bearbeitung der Fragebögen an den drei Messzeitpunkten ermittelt (vgl. Abschnitt 8.2 und 8.5).

8.3.2 Anzahl an Versuchspersonen

Von den zur Befragung eingeladenen Teilnehmerinnen und Teilnehmern haben 261 Personen mindestens einen der drei Fragebögen begonnen. Davon haben 20 Personen außer dem benötigten Code keine weiteren Angaben gemacht, so dass diese Fragebögen für die Datenanalyse nicht relevant sind und deshalb im weiteren Verlauf der Auswertung unberücksichtigt bleiben. Außerdem wurden für die Analysen zur Beantwortung der Forschungsfragen und der Stichprobenbeschreibung zwei Probanden nicht berücksichtigt, da diese keine Lehrpersonen sind. Dies hat keinen Einfluss auf die Reliabilitätsanalysen. Es verbleiben 239 Personen, die in mindestens einem Fragebogen Angaben gemacht haben, die zur Verwendung herangezogen werden können. Von den 239 Teilnehmerinnen und Teilnehmern nahmen 78 Personen an den Fortbildungen nach Konzeption A (Gruppe A) teil und 161 Personen an dem Fortbildungen nach Konzeption B (Gruppe B).

Eine querschnittliche Betrachtung der Daten zeigt, dass insgesamt 207 Personen den Fragebogen zum Messzeitpunkt t1 begonnen und damit mindestens ein

Item beantwortet haben. Vollständig ausgefüllt wurde der Fragebogen von 170 Teilnehmerinnen und Teilnehmern. Zum Messzeitpunkt t2 wurden nur Lehrpersonen aus der Fortbildungskonzeption A eingeladen. 64 Personen haben diesen Fragebogen begonnen und vollständig ausgefüllt. Mindestens eine Angabe machten zum Messzeitpunkt t3 150 Personen, wovon 121 den Fragebogen vollständig ausfüllten.

Für querschnittliche Analysen können also je nach Messzeitpunkt und dem zu messenden Konstrukt zwischen 64 und 207 Datensätze herangezogen werden. In Tabelle 8.1 wird dargestellt, wie viele Lehrerinnen und Lehrer der jeweiligen Gruppen einen Fragebogen begonnen beziehungsweise abgeschlossen haben.

Tabelle 8.1 Anzahl der Personen die einen Fragebogen begonnen bzw. beendet haben

	MZP t1		MZP t2		MZP t3	
	begonnen	beendet	begonnen	beendet	begonnen	beendet
Gruppe A	65	64	64	64	69	65
Gruppe B	142	106	0	0	81	56
Gesamt	207	170	64	64	150	121

Die Betrachtung der Anzahlen der begonnenen beziehungsweise vollständig ausgefüllten Fragebögen im Längsschnitt ergibt folgendes Bild: insgesamt haben 120 Personen die Fragebögen zu den Messzeitpunkten t1 und t3 begonnen. 98 Personen haben diese Fragebögen vollständig bearbeitet. Davon haben 56 Personen die Fragebögen zu den Messzeitpunkent t1, t2 und t3 begonnen und 54 Personen vollständig abgeschlossen. Das bedeutet, dass im Längsschnitt t1–t3 98 vollständige Datensätze vorliegen, wovon 56 aus der Gruppe A und 42 aus der Gruppe B vorliegen. Für den Längsschnitt t1–t2–t3 liegen 54 vollständige Datensätze vor (vgl. Tabelle 8.2). Der Fragebogen zum Messzeitpunkt t2 wurde nur an die Teilnehmerinnen und Teilnehmer der Qualifizierungsmaßnahme versandt.

Die unterschiedlichen Teilnehmendenzahlen erklären die unterschiedlichen Stichprobengrößen bei der Analyse der Ergebnisse je nach Auswahl des Items beziehungsweise des Messzeitpunktes.

Tabelle 8.2 Anzahl der vollständig ausgefüllten Fragebögen im Längsschnitt

	MZP t1–t2		MZP t1–t3		MZP t1–t2–t3		MZP t2–t3	
	begonnen	beendet	begonnen	beendet	begonnen	beendet	begonnen	beendet
Gruppe A	59	59	58	56	56	54	59	56
Gruppe B	–	–	62	42	–	–	–	–
Gesamt	59	59	120	98	56	54	59	56

8.3.3 Beschreibung ausgewählter Merkmale der Versuchspersonen

In der vorliegenden Studie handelt es sich um eine Gelegenheitsstichprobe, welche nicht repräsentativ sein muss. Um eine bessere Einordnung der Stichprobe im Vergleich zur Grundgesamtheit vornehmen zu können, werden im Folgenden erhobene Daten berichtet und, sofern möglich, im Zusammenhang mit Daten des Statistischen Bundesamtes (2016) dargestellt. Gruppe A bilden die Teilnehmerinnen und Teilnehmern der Fortbildung nach Konzeption A, Gruppe B bilden die Teilnehmerinnen und Teilnehmern der Fortbildung nach Konzeption B.

Zur Auswertung der Daten in Bezug auf die Merkmale der Versuchspersonen erfolgt ein Rückgriff auf die Stichprobe, welche die Fragebögen zum Zeitpunkt t1 und t3 beziehungsweise zum Zeitpunkt t2 vollständig ausgefüllt haben (n = 98). Dadurch sollen ein Überblick und eine Vergleichbarkeit zwischen den einzelnen Angaben und über deren Zusammensetzung gewährleistet werden.

Aus Tabelle 8.3 das angegebene Geschlecht entnommen werden. Dabei zeigt sich, dass die Anzahl der weiblichen Teilnehmerinnen mit 84,7 % deutlich höher war als die Anzahl der männlichen Teilnehmer mit 15,3 %. Im Vergleich zum Bundesdurchschnitt der Grundschullehrerinnen und Grundschullehrer mit 89 % weiblichen und 11 % männlichen Lehrpersonen zeigen sich für Gruppe B nur geringe Abweichungen. Die Unterschiede zu Gruppe A sind vor allem darauf zurückzuführen, dass an den Fortbildungen nach Konzeption A mehr Lehrpersonen aus anderen Schularten teilgenommen haben.

Mit 60,2 % unterrichtet der größte Teil der Fortbildungsteilnehmerinnen und -teilnehmer an Grundschulen. Die weiteren Lehrpersonen verteilen sich wie folgt auf die verschiedenen Schulformen: Hauptschulen 3,1 %, Realschulen 7,1 %, Gesamtschulen 17,3 %, Sekundarschulen 4,1 %, Förderschulen 6,1 %

Tabelle 8.3 Prozentuale Häufigkeit der Teilnehmenden nach Geschlecht

	weiblich	männlich
Gruppe A	82,1	17,9
Gruppe B	88,1	11,9
Gesamt	84,7	15,3
Bundesdurchschnitt Grundschulen	89	11

und andere Schulformen (Schwerpunktschule, an mehreren Schularten parallel) 2,0 % (vgl. Tabelle 8.4). An Fortbildungen nach Konzeption A nahmen mehr Personen aus der Sekundarstufe teil als an Fortbildungen nach Konzeption B. Grundsätzlich werden von dieser Verteilung keine nennenswerten Effekte erwartet, da in beiden Gruppen die Mehrzahl der Teilnehmerinnen und Teilnehmer ihre Qualifikation in einem Lehramtsstudium erworben haben und deshalb über ein grundlegendes Wissen im Bereich des Mathematiklernens verfügen sollten (vgl. Tabelle 8.7). Um falsche Schlussfolgerungen zu vermeiden ist dennoch zu prüfen, inwieweit sich die Eingangsbedingungen der Lehrerinnen und Lehrer in den fachdidaktischen Fähigkeiten unterscheiden. Möglicherweise verfügen Primarstufenlehrpersonen hier über höhere Fähigkeiten, da das grundlegende Rechnenlernen von Kindern häufig Bestandteil ihrer Arbeit ist (zur Unterschiedsprüfung vgl. Abschnitt 9.7.1und 9.8.1).

Tabelle 8.4 Prozentuale Häufigkeit der Schulart an der die Lehrpersonen unterrichten

	Grund-schule	Haupt-schule	Real-schule	Gesamt-schule	Sekundar-schule	Förder-schule	Andere
Gruppe A	35,7	5,4	10,7	30,4	7,1	10,7	0,0
Gruppe B	92,9	0,0	2,4	0,0	0,0	0,0	4,8
Gesamt	60,2	3,1	7,1	17,3	4,1	6,1	2,0

Die Kategorisierung der Teilnehmerinnen und Teilnehmer in Altersgruppen wird in Tabelle 8.5 dargestellt. 25,5 % der Probanden sind zwischen 20 und 29 Jahre alt, 34,7 % zwischen 30 und 39 Jahre, 23,5 % zwischen 40 und 49 Jahre, 11,2 % zwischen 50 und 59 Jahre und 5,1 % sind 60 Jahre oder älter.

Eine vergleichende Analyse der Daten mit dem Bundesdurchschnitt zeigt, dass an den Fortbildungen mehr Lehrpersonen im Alter von 20 bis 39 Jahren teilgenommen haben als deren Anteil an der Grundgesamtheit ist. Daraus könnte geschlossen werden, dass Fortbildungen eher von jüngeren Lehrpersonen besucht werden.

Tabelle 8.5 Prozentuale Häufigkeit der Teilnehmerinnen und Teilnehmer nach Altersgruppen

	20–29 Jahre	30–39 Jahre	40–49 Jahre	50–59 Jahre	60 Jahre oder älter
Gruppe A	32,1	35,7	19,6	10,7	1,8
Gruppe B	16,7	33,3	28,6	11,9	9,5
Gesamt	25,5	34,7	23,5	11,2	5,1
Bundesdurchschnitt Grundschulen	7	24	26	29	14

Eine ähnliche Verteilung zeigt sich bei der Betrachtung der Dienstjahre (vgl. Tabelle 8.6). Von den Befragten gaben 31,6 % an, sich im 1. bis 5. Dienstjahr zu befinden, 24,5 % im 6. bis 10. Jahr und 15,3 % im 11. bis 15. Jahr. Das bedeutet, dass 71,4 % der Befragten in den ersten 15 Jahren ihres Dienstes sind. 28,6 % sind länger als 15 Jahre im Dienst.

Tabelle 8.6 Prozentuale Häufigkeit der Dienstjahre der Probanden

	Dienstjahre								
	01–05	06–10	11–15	16–20	21–25	26–30	31–35	36–40	41–45
Gruppe A	39,3	28,6	14,3	7,1	5,4	1,8	1,8	1,8	0,0
Gruppe B	21,4	19,0	16,7	11,9	14,3	4,8	0,0	9,5	2,4
Gesamt	31,6	24,5	15,3	9,2	9,2	3,1	1,0	5,1	1,0

Im Rahmen des Lehramtsstudienganges haben 74,5 % der Teilnehmerinnen und Teilnehmer Mathematik studiert. 5,1 % haben die Qualifikation anderweitig erworben (z. B. Fachstudium, Zertifikatskurs) und 20,4 % unterrichten das Fach Mathematik fachfremd (vgl. Tabelle 8.7).

Tabelle 8.7 Prozentuale Häufigkeit des Erwerbs der Qualifikation

	Lehramtsstudium	Anderer Studiengang / andere Qualifikation	Fachfremd
Gruppe A	76,8	8,9	14,3
Gruppe B	71,4	0,0	28,6
Gesamt	74,5	5,1	20,4

Von den Probanden, die angaben Mathematik im Lehramt studiert zu haben, studierten 64,4 % das Fach als Haupt- oder Leitfach. Im Neben- oder Erweiterungsfach studierten es 35,6 % der Fortbildungsteilnehmerinnen und -teilnehmer (vgl. Tabelle 8.8).

Tabelle 8.8 Prozentuale Häufigkeit des Fachs Mathematik im Studium

	Hauptfach / Leitfach	Nebenfach / Erweiterungsfach
Gruppe A	83,7	16,3
Gruppe B	36,7	63,3
Gesamt	64,4	35,6

Die hier dargestellten Daten zeigen, dass diese Stichprobe eine breite Streuung und Ähnlichkeiten zur Grundgesamtheit aufweist. Die gewonnenen Ergebnisse sind immer auch vor diesem Hintergrund zu interpretieren.

8.4   Beschreibung der Interventionen

In der vorliegenden Studie werden zwei Fortbildungsmodelle zum Thema Rechenschwäche in den Blick genommen und miteinander verglichen, welche sich vor allem in ihrer zeitlichen Dauer und durch die Verzahnung mit weiteren Bausteinen unterscheiden: Bei Konzeption A handelt es sich um mehrtägige Fortbildungen mit Praxisanteilen und bei Konzeption B um eintägige Lehrpersonenfortbildungen.

8.4.1   Konzeption mehrtägiger Fortbildungen (Konzeption A)

Die Fortbildungen nach Konzeption A erstreckte sich über den Zeitraum eines Schuljahres. Das zugrundeliegende Konzept wurde an der Universität Bielefeld in Zusammenarbeit mit Prof. Dr. Wilhelm Schipper, Prof. Dr. Sebastian Wartha und Dr. Axel Schulz sowie dem Schulamt Gelsenkirchen entwickelt und mehrmals durchgeführt.

Die Fortbildungen verfolgen das Ziel, Lehrpersonen zu befähigen, tragfähige Diagnosen und Förderkonzepte zum Thema Rechenschwäche zu erstellen und diese in der Praxis umzusetzen. Außerdem werden die Lehrpersonen befähigt, als Multiplikatoren beziehungsweise als Ansprechpartnerinnen und Ansprechpartner zum Thema Rechenschwäche zu fungieren. Deshalb wird eine Theorie-Praxis-Verzahnung angestrebt, indem die theoretischen Inhalte durch die Arbeit der Lehrpersonen im Rahmen einer Kleingruppenförderung an der Schule ergänzt werden. Ein weiteres Bindeglied zwischen Theorie und Praxis sind kollegiale Fallberatungen beziehungsweise regelmäßige Intervisionstreffen, in denen die Teilnehmerinnen und Teilnehmer ihre Fälle konkret besprechen. Zusätzlich soll die Förderarbeit dokumentiert und bei den Treffen diskutiert werden.

Die beschriebene Fortbildungskonzeption A kann als Gesamtmaßnahme betrachtet werden, welche aus drei miteinander verzahnten Bausteinen besteht: Fortbildungen, Förderarbeit der Lehrpersonen und Intervisionstreffen der Lehrpersonen (vgl. Abbildung 8.2).

Abbildung 8.2
Fortbildungsbausteine

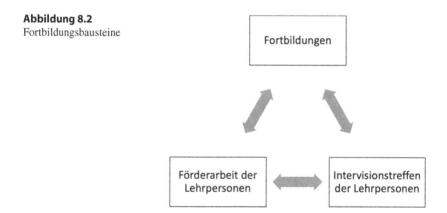

Die Fortbildungen werden an sieben Tagen zu je sechs Stunden angeboten, wobei die ersten beiden an zwei aufeinanderfolgenden Tagen abgehalten werden und die folgenden fünf Termine in regelmäßigen Abständen erfolgen.

Inhaltlich bezieht sich die Fortbildung auf das Thema *Schwierigkeiten beim Rechnenlernen* über verschiedene mathematische Inhaltsbereiche hinweg. Daraus ergeben sich unterschiedliche Schwerpunktsetzungen innerhalb der Reihe. Ein Schwerpunkt liegt auf der Klärung und Erörterung diverser Begriffe, wie beispielsweise Rechenstörung, Dyskalkulie oder Rechenschwäche. Als theoretisches Rahmenkonstrukt werden die mathematischen Grundvorstellungen (vgl. vom Hofe, 1992) als normative und deskriptive Kategorien zur Organisation von Lernumgebungen beziehungsweise zur Dokumentation von Schülerinnen- und Schülerbearbeitungen besprochen. Als weiterer Schwerpunkt werden zentrale Hürden beim Rechnenlernen, wie die Anwendung verfestigter Zählstrategien,

ein unzureichendes Stellenwertverständnis und Grundvorstellungsdefizite (Gaidoschik, 2015b; Schipper, 2009; Wartha & Schulz, 2012) erarbeitet. Daran
anknüpfend erfolgt die Erarbeitung und Analyse von Diagnosemethoden und
Diagnoseinstrumenten, wobei eine kritische Reflexion ausgewählter standardisierter Diagnoseinstrumente und die Erarbeitung konstruktiver Vorschläge für
eigene kompetenz- und prozessorientierte Diagnostik (Häsel-Weide & Prediger,
2017; Jordan & vom Hofe, 2008; Käpnick, 2014; Schipper & Wartha, 2017; Selter & Sundermann, 2013; Wartha & Schulz, 2012;). erfolgt. Dementsprechend
werden Förderkonzepte und Übungsformate, konkretisiert auf die Überwindung
zentraler Hürden, entwickelt und ausgearbeitet (Wartha et al., 2019). Sowohl
die Vermittlung theoretischen Inhalte, vor allem aber die Entwicklung der Diagnosen und Förderformate, erfolgt möglichst praxisnah durch die Analyse von
Fallbeispielen in Form von Videovignetten. Ergänzt wird die Arbeit durch die
kritische Auseinandersetzung mit unterschiedlichen didaktischen Arbeitsmitteln
und Darstellungen (Wartha & Schulz, 2011).

Während die Inhalte des Schwerpunkts der vorliegenden Untersuchung, die
Diagnose und Förderung bei Kindern mit verfestigten Zählstrategien und Kindern mit einem unzureichenden Stellenwertverständnis, an den ersten beiden
Fortbildungstagen behandelt wird, erfolgt an den weiteren Terminen eine inhalt-
liche Ausweitung auf weitere arithmetische Inhalte wie der Multiplikation und
Division. Die Teilnehmerinnen und Teilnehmer sollen ihre bisher erarbeiteten
Förderkonzepte auf das neue Themenspektrum übertragen und praktische Ope-
rationalisierungen in Form von Aufgabenformaten erarbeiten. Daran schließt
sich die Behandlung zum Aufbau von Grundvorstellungen zu den schriftlichen
Rechenverfahren und dem Entgegenwirken von Fehlvorstellungen an.

Eine Erweiterung der behandelten Inhalte erfährt die Fortbildung durch die
Erarbeitung der Themenbereiche Bruchrechnung, Größenvorstellungen und Sach-
rechnen. Hinzu kommt eine methodische Ausweitung, die einen Bezug zu größeren Lerngruppen herstellt und verschiedene Möglichkeiten der Differenzierung
in Fördergruppen und Unterricht aufzeigt.

An der Fortbildung können Lehrpersonen aus der Primar- und der Sekundarstufe teilnehmen. So können beide Gruppen gleichermaßen in Bezug auf Inhalte
und Methoden voneinander profitieren und den Übergang von der Primar- in die
Sekundarstufe für die betroffenen Kinder erleichtern.

Zwischen den einzelnen Fortbildungsterminen sollen die erworbenen Kompetenzen konkret in der Praxis angewandt werden. Dazu werden in den Schulen
der jeweiligen Teilnehmerinnen und Teilnehmer Fördergruppen mit maximal vier
Kindern eingerichtet. Vorgesehen ist eine Förderarbeit von einer Stunde pro
Woche, die Vor- und Nachbereitungen des Förderunterrichts sollen dokumentiert
und reflektiert werden.

Die regelmäßig stattfindenden Intervisionstreffen dienen den Lehrpersonen zum Austausch in Bezug auf ihre Förderarbeit an den Schulen. Hier sollen Reflexionsgespräche oder gegebenenfalls kollegiale Fallberatungen durchgeführt werden.

Die Qualifizierungsmaßnahme orientiert sich damit an den Merkmalen wirksamer Fortbildungen, wie zum Beispiel einer längeren Fortbildungsdauer, Input-, Erprobungs-, und Reflexionsphasen, inhaltliche Relevanz, selbstorganisiertes Lernen und Fokussierung auf domänenspezifische Lern- und Verstehensprozesse von Schülerinnen und Schülern (vgl. Abschnitt 6.4).

Die einjährige Fortbildungsmaßnahme nach Konzeption A wurde bereits mehrfach erprobt und von beteiligten Lehrpersonen positiv evaluiert. Eine systematische Prüfung auf ihre Wirksamkeit fand bislang jedoch nicht statt. Eine strukturell ähnlich angelegte Fortbildung zum Thema Rechenschwäche wurde von Lesemann (2015) untersucht. Ausgewählte Ergebnisse der Studie sind in Abschnitt 4.4.2 dargestellt.

8.4.2 Konzeption eintägiger Fortbildungen (Konzeption B)

Die Konzeption B beschreibt eintägige Fortbildungen mit einer Dauer von 6 Stunden, deren Schwerpunkte eine echte Teilmenge der oben genannten Inhalte der ersten beiden Fortbildungstage darstellen.

Zunächst werden für das Thema *Schwierigkeiten beim Rechnenlernen*, ebenfalls als theoretisches Rahmenkonstrukt, die mathematischen Grundvorstellungen als normative und deskriptive Kategorien zur Organisation von Lernumgebungen und zur Dokumentation von Schülerbearbeitungen dargestellt. Die besonderen Schwierigkeiten beim Mathematiklernen werden an den zentralen Hürden wie die Anwendung verfestigter Zählstrategien, ein unzureichendes Stellenwertverständnis und Grundvorstellungsdefizite im Zahlenraum bis 100 aufgezeigt. Im weiteren Verlauf werden verschiedene Diagnosemöglichkeiten vorgestellt und die Bedeutung von Kompetenz- und Prozessorientierung für Diagnose und Förderung herausgearbeitet. Weiterhin werden Übungsformate und Förderkonzepte beschrieben. Dazu erfolgen eine Präsentation und kritische Analyse verschiedener didaktischer Arbeitsmittel und Darstellungen.

Um die Inhalte möglichst praxisnah zu erarbeiten kommen auch bei Konzeption B Videovignetten von Diagnosesituationen zum Einsatz.

8.4.3　Vergleich der Fortbildungskonzeptionen A und B

Werden nur die Fortbildungselemente in Bezug auf die Überwindung besonderer Schwierigkeiten beim Rechnenlernen betrachtet, unterscheiden sich die beiden hier dargestellten Konzeptionen zunächst im Wesentlichen durch ihre Dauer. Während die Inhalte in Konzeption B in 6 Stunden vermittelt werden, erfolgt die Erarbeitung der nahezu identischen Inhalte im Konzeption A in 12 Stunden. Die unterschiedliche zeitliche Dauer ergibt sich vor allem durch die Anzahl der besprochenen Fallbeispiele, insbesondere im Hinblick auf die Intensität deren Behandlung, aber auch durch die Art der Erarbeitung. Während Konzeption A stärker auf die Eigenarbeit durch die Durchführung und Protokollierung von Förderstunden der Teilnehmerinnen und Teilnehmer setzt, werden in Konzeption B mehr Inhalte in Vortragsform dargeboten.

Darüber hinaus unterscheiden sich die beiden Formate in zusätzlichen Inhalten bei Konzeption A. Für Konzeption A sind die oben beschriebenen weiteren Themengebiete an weiteren Fortbildungstagen vorgesehen, während nach Konzeption B keine weiteren expliziten Inhalte mehr bearbeitet werden. Ein weiterer Unterschied ist durch die strukturelle Anlage gegeben. Konzeption A setzt sich aus den Bausteinen Fortbildungen, Förderarbeit der Lehrpersonen und Intervisionstreffen der Lehrpersonen zusammen, während Konzeption B einzig auf den Bereich Fortbildung setzt.

Ein weiterer Unterschied besteht in der Zusammensetzung der Fortbildungsgruppen. Während an den Fortbildungen nach Konzeption A Einzelpersonen oder Tandems teilnahmen, setzten sich die Gruppen der Fortbildungen nach Konzeption B teilweise aus ganzen Schulkollegien zusammen.

Alle Fortbildungen wurden vom selben Fortbildner durchgeführt.

8.5　Beschreibung der Erhebungsinstrumente

Um das Untersuchungsdesign umzusetzen und die Forschungsfragen zu beantworten wird als Untersuchungsmethode auf eine standardisierte Erhebung in Form eines Fragebogens zurückgegriffen. Im Folgenden soll die Auswahl der Methode begründet und die Vor- und Nachteile, insbesondere zur Interviewmethode als Alternative, dargestellt werden.

8.5.1 Erhebung über Fragebogen

In den empirisch orientierten Disziplinen der Sozial- und Wirtschaftsforschung ist die Befragung eine weit verbreitete Methode. Während in der qualitativen Forschung die nicht- beziehungsweise halb-strukturierten mündlichen Befragungen vorherrschen, wird in der quantitativen Forschung oft auf vollstrukturierte schriftliche Befragungen (auf Basis standardisierter Fragebögen) zurückgegriffen (Döring & Bortz, 2016; Raab-Steiner & Benesch, 2018; Reinecke, 2019).

Nach Reinecke (2019) wird durch die Standardisierung für die Datenauswertung sichergestellt, dass „unterschiedliche Antworten auf eine Frage auch tatsächlich auf unterschiedliche Angaben der befragten Personen zurückzuführen sind und nicht auf unterschiedliche Bedingungen während der Befragungssituation. Die standardisierte Befragung ist eine der gebräuchlichsten Erhebungsmethoden, die zugleich methodologisch am besten erforscht ist" (S. 718).

In Anlehnung an Döring und Bortz (2016) kann unter einer wissenschaftlichen Fragebogenmethode „die zielgerichtete, systematische und regelgeleitete Generierung und Erfassung von verbalen und numerischen Selbstauskünften von Befragungspersonen zu ausgewählten Aspekten ihres Erlebens und Verhaltens in schriftlicher Form" (S. 398) verstanden werden. Als Erhebungsinstrumente können demnach Fragebögen dienen, welche eigenständig beziehungsweise selbstadministriert von den Befragungspersonen ausgefüllt werden.

Vorteile dieser Methode sehen Döring und Bortz (2016) unter anderem darin, dass nicht direkt beobachtbares oder in Dokumenten manifestiertes Verhalten erfasst werden kann. Außerdem wird das Ausfüllen eines Fragebogens von den Befragten als diskreter und anonymer gewertet als beispielsweise eine Interviewsituation. Zusätzlich gilt die Fragebogenmethode durch die Selbstadministration, im Gegensatz zu Interviewtechniken, als viel effizienter.

> In kurzer Zeit können Fragebogenantworten von vielen Befragungspersonen zu sehr vielen Merkmalen gesammelt werden. Es müssen keine Interviewerinnen und Interviewer rekrutiert, geschult und ins Feld geschickt werden. Auch sind viele Menschen eher bereit, einen Fragebogen auszufüllen als einen Interviewtermin zu verabreden und einzuhalten. (Döring & Bortz, 2016, S. 398)

Da in der vorliegenden Studie eine möglichst große Stichprobe befragt werden soll, ist dies ein zentrales Kriterium für die Auswahl der Methode.

Döring und Bortz (2016) nennen aber auch Nachteile der Fragebogenmethode: So erfordert zum Beispiel das Ausfüllen eines Fragebogens Lese- und Schreibkompetenz der Befragten und umfangreiche und komplexe Antworten können schriftlich nicht erwartet werden. Außerdem handelt es sich um eine reaktive

Methode, da sich die Befragten durchaus bewusst sind, dass sie an einer wissenschaftlichen Untersuchung teilnehmen. Ohne den Fragebogen würden die Daten nicht generiert, da sie „maßgeblich von den Eigenschaften des Fragebogens sowie der Situation, in der der Fragebogen bearbeitet wird, abhängig [sind]. Diese Faktoren können die Aussagekraft der gewonnenen Daten einschränken" (Döring & Bortz, 2016, S. 399). Während der Befragung besteht für den Forscher außerdem keine Möglichkeit unmittelbar auf Rückfragen zu reagieren, individuell auf die Befragungsperson einzugehen oder sich einen Eindruck über die Ausfüllsituation und die Befragungsperson zu verschaffen. Dadurch erfolgt die Datenerhebung weniger durchsichtig und gestaltbar als in einem Interview.

Auch wenn nicht alle Kritikpunkte vollständig ausgeräumt werden können, so besteht doch die Möglichkeit einige davon zu widerlegen oder wenigstens zu minimieren. Beispielsweise kann davon ausgegangen werden, dass die Lehrpersonen, welche an der Befragung teilnehmen, über eine ausreichende Lese- und Schreibkompetenz verfügen. Da der Fragebogen im Wesentlichen auf eine quantitative Erhebung der Daten abzielt, werden keine komplexen Antworten erwartet. Gleichzeitig wird der Fragebogen möglichst klar und präzise gestaltet, so dass mögliche Rückfragen reduziert werden. Nicht ausgeschlossen werden kann ein Einfluss der Befragung selbst. Ebenso ist nichts über die Ausfüllsituation bekannt.

Struktureller Testaufbau

„Eine wichtige Entscheidung vor der Konstruktion eines Tests oder Fragebogens ist bezüglich der Testadministration zu treffen, nämlich bezüglich der Art und Weise, wie der Test dargeboten werden soll" (Jonkisz, Moosbrugger & Brandt, 2012, S. 35).

Die Befragung kann in einer persönlichen Situation, postalisch, per Internet oder mobilem Endgerät erfolgen (Döring & Bortz, 2016). Für die vorliegende Studie wurde ein elektronischer Fragebogen verwendet. Dieser lag digital vor und konnte auf einem Computer oder mobilen Endgerät ausgefüllt werden. Dabei handelte es sich um eine Online-Umfrage, welche über das Internet zeit- und ortsunabhängig in vorgegebenen Zeiträumen bearbeitet werden konnte.

Die Automatisierbarkeit der Durchführung, die Möglichkeit der Integration verschiedener Medientypen und die Ökonomie, insbesondere die Zeitökonomie an den Fortbildungstagen, gaben den Ausschlag, dafür die Befragung per Internet durchzuführen (vgl. Jonkisz et al., 2012). Außerdem können Übertragungsfehler durch Lese- oder Tippfehler beim Übertragen der erhobenen Daten ausgeschlossen werden, da alle Daten digital vorliegen und mit dem gleichen Medium verarbeitet werden. Ebenso minimieren sich Interviewffekte und Effekte sozialer Erwünschtheit (vgl. auch Raab-Steiner & Benesch, 2018; Wagner-Schelewsky & Hering, 2019).

Der Fragebogen wurde vorab auf unterschiedlicher Hardware und mit unterschiedlicher Software getestet, um mögliche Kompatibilitäts- und Darstellungsprobleme zu minimieren. Teilweise wurden Vollständigkeits- oder Plausibilitätschecks verwendet. Wagner-Schelewsky und Hering (2019) weisen zwar darauf hin, dass diese sparsam eingesetzt werden sollten, da „immer wiederkehrende Warnhinweise die Befragten irritieren und dadurch Abbrüche provozieren könnten" (S. 794). Gleichzeitig gewährleisten sie aber auch, dass beispielsweise Skalen komplett ausgefüllt und nicht einzelne Items übersehen werden.

Gestaltung des Fragebogens
Der Online-Fragebogen wurde als Einzeltest konzipiert. Der zugrunde gelegte interne Aufbau weist eine komplexe Struktur auf. Die Entwicklung eines Fragebogens ist „eine außerordentlich komplizierte Angelegenheit und kann nur dann zu einem befriedigenden Ergebnis führen, wenn dabei neben Intuition, Sprachgefühl und Erfahrung *auch und vor allem wissenschaftliche Erkenntnisse über die bei der Befragung ablaufenden Prozesse Berücksichtigung finden*" (Porst, 2014, S. 14 [Hervorhebung im Original]). Deshalb wurden wesentliche Aspekte der Fragebogengestaltung (Hollenberg, 2016; Porst, 2014; Raab-Steiner & Benesch, 2018) aufgegriffen und für die vorliegende Studie adaptiert. Nachfolgend werden einige ausgewählte Aspekte dargestellt.

Nach Wagner-Schelewsky und Hering (2019) ist die Qualität von Online-Befragungen von der Teilnahmebereitschaft der Befragten abhängig. Der Fragebogen sollte so gestaltet werden, dass „er sowohl die Ernsthaftigkeit der Forschung vermittelt als auch zur Teilnahme motiviert" (S. 793). Für die Motivation zur Bearbeitung eines Fragebogens ist die Einleitung nicht unwesentlich. „Sie kann z. B. Im positiven Fall Interesse hervorrufen oder im negativen Fall durch ihre Länge abschrecken" (Raab-Steiner & Benesch, 2018, S. 54).

Ähnlich verhält es sich mit der Anordnung der Fragen und Fragebatterien. Diese wurden im verwendeten Fragebogen insgesamt auf mehreren Seiten dargestellt. Dabei wurde darauf geachtet, dass die Items der einzelnen Skalen gemischt präsentiert wurden. Damit die Befragten nicht im Ungewissen über die Gesamtlänge des Fragebogens und des aktuellen Standes waren, wurde während der gesamten Bearbeitung eine Fortschrittsanzeige eingeblendet (vgl. Wagner-Schelewsky & Hering, 2019).

Bei allen Fragen wurde darauf geachtet, dass die Instruktionen klar und verständlich sind. Ebenso wurde auf die zielgruppenspezifische Formulierung der Items geachtet (vgl. dazu Porst, 2019).

Eine wichtige Entscheidung bei der Konstruktion eines Fragebogens bezieht sich auf die Festlegung des Antwortformates. Unterschieden werden kann zwischen dem offenen und dem geschlossenen Format. Das offene Antwortformat bietet den Befragten die Möglichkeit, eine selbst formulierte Antwort niederzuschreiben. Das geschlossene Antwortformat erfordert eine Positionierung der Befragten durch das Ankreuzen einer vorgefertigten Kategorie (Franzen, 2019; Raab-Steiner & Benesch, 2018; für eine Übersicht über verschiedene Antwortformate und die Itemkonstruktion vgl. beispielsweise Jonkisz et al., 2012). Der in der vorliegenden Untersuchung eingesetzte Fragebogen enthält sowohl offene als auch geschlossene Frageformate. Die Entscheidung für das Format erfolgte jeweils inhaltsspezifisch.

8.5.2 Beschreibung der verwendeten Testaufgaben

Der Fragebogen besteht aus mehreren Testaufgaben, die entsprechend der Zielsetzung dieser Untersuchung (vgl. Kapitel 7) generiert beziehungsweise adaptiert wurden. Die Entwicklung des Fragebogens folgte der *rationalen Konstruktionsstrategie*.

> Die *rationale Konstruktionsstrategie* bedient sich der Methode der Deduktion. Voraussetzung ist das Vorhandensein einer elaborierten Theorie über die Differenziertheit von Personen hinsichtlich des interessierenden Merkmals/Konstrukts. Innerhalb des Merkmals orientiert sich die detailliertere Abstufung an der Häufigkeit/Intensität des beobachtbaren Verhaltens, in dem sich die unterschiedlichen Merkmalsausprägungen manifestieren. (Jonkisz et al., 2012, S. 36)

Deshalb wurden zunächst die theoretischen Inhalte aufgearbeitet und die zu erhebenden Konstrukte definiert und spezifiziert (vgl. Kapitel 3 und Kapitel 4). Um eine möglichst reliable Erfassung der Konstrukte zu erreichen, wurden nicht nur einzelne Items verwendet, sondern jeweils mehrere Items zu Skalen zusammengefasst (Jonkisz et al., 2012). Da der Fragebogen mehrere verschiedene Merkmale erfasst, kann er als multidimensionaler Test bezeichnet werden, der sich aus einzelnen unidimensionalen Subtests zusammensetzt (Jonkisz et al., 2012).

In Anlehnung an das Kompetenzmodell der COACTIV-Studie (Baumert et al., 2011) sollen zum einen fachdidaktische Fähigkeiten und zum anderen motivationale Orientierungen erfasst werden. Zur Operationalisierung wurden Testaufgaben adaptiert und konzipiert, die sich an psychologischen Testverfahren orientieren. Psychologische Testverfahren dienen nach Cronbach (1990) der systematischen Beobachtung und Beschreibung des Erlebens und Verhaltens mithilfe von Skalen und Kategorien. „A *test* is a systematic procedure for observing behavior and describing it with the aid of numerical scales or fix categories" (Cronbach, 1990).

Alle eingesetzten Tests zur Erfassung der Wirksamkeit von Fortbildungen beziehen sich auf Veränderungen in Bezug auf die Personengruppe der Lehrpersonen (vgl. Abschnitt 6.3.4). Hier werden Tests eingesetzt, welche zum einen Selbsteinschätzungen und zum anderen handlungsnahe Fähigkeiten erfassen. Darin werden Testaufgaben verwendet, welche einerseits eher auf Leistungsmerkmale (Abschnitt *Testaufgaben zur Erfassung von fachdidaktischen Fähigkeiten*) und andererseits eher auf Persönlichkeitsmerkmale fokussieren (Abschnitt *Testaufgaben zur Erfassung von motivationalen Orientierungen und weiteren Merkmalen*).

Testaufgaben zur Erfassung von fachdidaktischen Fähigkeiten

Zielsetzung
Den fachdidaktischen Kompetenzen von Lehrpersonen wird eine hohe Relevanz für wirksamen Unterricht eingeräumt. Als zentrale Kompetenzfacetten haben sich dabei das *diagnostische Wissen* und das *Wissen über Förderung* gezeigt (vgl. Kapitel 4 sowie Sprenger, Wartha & Lipowsky, 2019).

Die Instrumentarien zur Messung der diagnostischen Kompetenzen und des diagnostischen Wissens von Lehrpersonen konzentrieren sich inhaltlich bislang oft auf eine quantitative Einschätzung von Leistungsergebnissen der Schülerinnen und Schüler, weniger aber auf die qualitative Analyse der zugrundeliegenden Prozesse und Rechenwege. Letztere sind für die Diagnostik von Rechenstörungen und die Entwicklung und Anwendung von Fördermaßnahmen relevanter (Brunner et al., 2011; Jordan und vom Hofe, 2008; Ricken & Fritz, 2007; Scherer & Moser Opitz, 2010; Schipper und Wartha, 2017). Über Kompetenzen für die Förderung rechenschwacher Kinder ist aus der quantitativen Forschung wenig bekannt, so dass hier keine Untersuchungsinstrumente vorliegen. Ergebnisse und Instrumente zur Erfassung diagnostischer Fähigkeiten und Förderfähigkeiten finden sich hingegen in qualitativen Studien (z. B. Lesemann, 2015; Schulz, 2014). Die Erhebung der Kompetenzfacetten erfolgt dabei oft durch leitfadengestützte Interviews. Durch den hohen Zeit- und Kostenaufwand dieser Methode (Döring & Bortz, 2016) kann dabei meist nur auf eine kleine Stichprobe zurückgegriffen werden.

Quantitative Methoden ermöglichen es hingegen auf eine größere Stichprobe zurückzugreifen und die Ergebnisse damit auf eine größere Datenbasis zu stellen. Um fachdidaktische Kompetenzen quantitativ zu erfassen, scheint eine Anlehnung an psychologische Leistungstests angebracht. Diese sind vor allem dadurch gekennzeichnet, dass sich die erfassten Konstrukte auf Dimensionen der kognitiven Leistungsfähigkeit beziehen. Nach Döring und Bortz (2016) handelt es sich bei Leistungstests um Tests, bei „denen die Testpersonen anhand von Testaufgaben (z. B.

Denk- oder Rechenaufgaben) ihre Leistungsfähigkeit durch entsprechende Performanz direkt unter Beweis stellen müssen" (S. 432). Gemeinsam ist Leistungstests, dass immer das maximale Leistungsverhalten gefordert wird und nur eine Dissimulation, eine Verfälschung der Antworten nach unten, möglich ist. Allerdings ist davon für die vorliegende Arbeit nicht auszugehen.

> Üblicherweise kann davon ausgegangen werden, dass die Motivation zur Teilnahme an der Untersuchung gegeben ist und die Probanden um die an sie gestellten Anforderungen wissen. Die Testaufgaben sind meist so formuliert, dass die gegebenen Antworten als im logischen Sinn richtig oder falsch bewertet werden können. (Jonkisz et al., 2012, S. 30)

Vor diesem Hintergrund mussten für die vorliegende Studie Instrumente entwickelt werden, welche eine quantitative Erhebung von qualitativen Diagnosen und den beobachteten Prozessen und Rechenwegen ermöglichen, um die diagnostischen Fähigkeiten und die Förderfähigkeiten der Lehrpersonen erfassen zu können.

Dazu wurden von einer Expertengruppe auf zwei Videovignetten basierende Instrumente ausgearbeitet, die diese Prozesse, ausgehend von typischen Problemen beim Rechnenlernen berücksichtigen (Sprenger et al., 2019).

Videovignetten als Instrument zur Erfassung handlungsnaher Fähigkeiten
Ziel war es, die diagnostischen Fähigkeiten und die Förderfähigkeiten möglichst handlungsnah zu erfassen. Nach Lindmeier (2013) wird eine standardisierte Erhebung von Wissenskonstrukten traditionell über Papier-Bleistift-Tests realisiert. Die Eignung dieser Verfahren in Bezug auf eine Handlungsnähe der Konstrukte wird dabei allerdings kritisch diskutiert. Denn Wissen kann zwar in speziellen Situationen oder auf eine spezielle Art und Weise abgerufen werden, daraus lässt sich jedoch noch nicht schließen, dass dieses Wissen auch in authentischen Situationen abrufbar ist (Lindmeier, 2013). Oser, Heinzer und Salzmann (2010) bemerken, dass „die meisten Diagnoseinstrumente Kompetenz unabhängig vom situativen Kontext zu erfassen versuchen. Das eigentlich Zentrale des Lehrerberufs als Profession – nämlich die Situativität, Authentizität, Komplexität und die Kontextgebundenheit des unterrichtlichen Handelns – wird demnach vernachlässigt" (S. 6; vgl. auch Blömeke, König, Suhl, Hoth & Döhrmann, 2015).

Deswegen wurden für die Erfassung von Kompetenzen mit Bezug zum Unterrichten „Erhebungsverfahren vorgeschlagen, die auf Lehr -Lernsituationen in Form von Videovignetten beruhen. Solchen Verfahren wird das Potential zugeschrieben, im Vergleich zu schriftlichen Maßen eine höhere Validität erreichen zu können" (Lindmeier, 2013, S. 45). Deren Verwendung kann demnach als adäquates Vorgehen gewertet werden, um möglichst handlungsnahes Wissen zu erfassen.

Gleichzeitig sind Vignetten „ein überaus brauchbares Werkzeug in der Programmevaluation […], insbesondere dann, wenn neue Fähigkeiten durch kognitive Vermittlung erworben werden" (Atria, Strohmeier & Spiel, 2006, S. 249). Sie eignen sie sich zur Evaluation von Trainingsmaßnahmen und zur Erfassung von Veränderungen bei Personen. „Auch für diesen Zweck, nämlich der Evaluation von Trainings- und Fördermaßnahmen, ist es möglich, Videos und Videovignetten als Items einzusetzen um zu überprüfen, ob sich Kompetenzen verändern" (Altmann & Kändler, 2018, S. 45). Beck et al. (2008) beschreiben als Vorteile dieser Methode, dass einerseits ein Kontext entsteht, in dem handlungsleitende Kognitionen ausgedrückt werden und andrerseits eine gewisse Distanzierung der Befragten von ihrer eigenen Praxis besteht.

Vor diesem Hintergrund wurden für die Operationalisierung der Diagnose- und Förderfähigkeiten zwei Videovignetten verwendet. Bei Vignetten handelt es sich um kurze Fallbeispiele oder Szenarien in Form von Videobeispielen, Dokumenten oder Transkripten, die Reaktionen auf typische Situationen und bestimmte kognitive Prozesse auslösen sollen (Atria et al., 2006; Barter & Renold, 1999; Beck et al., 2008; M. Hill, 1997). „Die Studienteilnehmer werden aufgefordert, sich in die vorgegebenen Szenarien hineinzuversetzen und ihre (hypothetischen) Reaktionen zu benennen. Aus den Reaktionen können auf Basis theoretischer Vorannahmen Informationen über die provozierten Kognitionen gewonnen werden" (Atria et al., 2006, S. 233). Für die vorliegende Arbeit wurden zwei Videovignetten ausgewählt, bei der eine auf die Diagnose und anschließende Förderung des verfestigt zählenden Rechnens abzielt, während die zweite Vignette auf die Diagnose und anschließende Förderung bei einem unzureichenden Stellenwertverständnis fokussiert.

Aufbau des Instruments zur Erfassung handlungsnaher Fähigkeiten
Um wissenschaftlich fundierte Aussagen treffen zu können ist es wichtig, bei der Konstruktion des Instruments einige Kriterien zu berücksichtigen.

Lindmeier (2013) weist darauf hin, dass die Erfüllung von Testgütekriterien und die Generierung wissenschaftlich fundierter Aussagen einen möglichst hohen Grad an Standardisierung der Instrumente erfordert. Dieser kann durch mehrere Faktoren beeinflusst werden: Zum einen durch eine feste Auswahl an Vignetten und zum anderen durch die Verwendung von Ratingskalen, die an Experteneinschätzungen normiert sind. „Das Gütekriterium der Skalierung betrifft bei Leistungstests vor allem die Forderung, dass eine leistungsfähigere Testperson einen besseren Testwert als eine weniger leistungsfähige erhalten muss, d. h. [sic], dass sich also die Relation der Leistungsfähigkeit auch in den Testwerten widerspiegelt" (Moosbrugger & Kelava, 2012, S. 18).

Nach Atria et al. (2006) sollten Vignetten für die Befragten schnell erfass-
bar, der Inhalt und die dargestellten Ereignisse der Zielgruppe angepasst und
die Ereignisse möglichst konkret sein. Ebenso sollen sie Denkprozesse der Probanden evozieren und nur beobachtbares Verhalten, also keine Interpretationen,
beinhalten. Außerdem sollen die Darstellungen nach Möglichkeit keine Identifi-
kationen mit den Protagonisten der beschriebenen Situation intendieren. Für den
Einsatz von Videovignetten zur Kompetenzmessung sollten diese auf die dazu
notwendigen relevanten Szenen beschränkt werden. „So entstehen Vignetten von
vergleichsweise kurzer Dauer, die oft nur wenige Minuten (und nicht gleich eine
ganze Schulstunde) lang sind, gleichzeitig jedoch für die jeweilige Fragestellung
hinreichend viele Informationen enthalten" (Bruckmaier, 2019 S. 91).

Die in der Untersuchung eingesetzten Videovignetten wurden auf Basis dieser
Kriterien erstellt. Ihre Konstruktion erfolgte nach realen videographierten Dia-
gnosesituationen aus der *Beratungsstelle Rechenstörungen* an der Pädagogischen
Hochschule Karlsruhe. Auf deren Grundlage wurden Drehbuchvorlagen erstellt
und von Laienschauspielerinnen und -schauspielern nachgespielt. Durch dieses
Vorgehen wurde auch den Bestimmungen des Datenschutzes Rechnung getragen
(Seifried & Wuttke, 2016).

In den Videovignetten werden relevante Diagnoseinhalte verdichtet dargestellt.
Inhaltlich fokussieren sie auf zwei typische Schwierigkeiten beim Rechnenlernen: der verfestigten Nutzung von Zählstrategien (vgl. Abbildung 8.3 sowie
Abschnitt 5.2) und einem unzureichenden Stellenwertverständnis (vgl. Abbildung 8.4 sowie Abschnitt 5.3). Im Folgenden werden die beiden Vignettentran-
skripte gezeigt und analysiert.

Bei Vignette 1 handelt es sich um eine Aufgabenbearbeitung, die über einen
Zählprozess zu einem korrekten Ergebnis führt. Dieser Zählprozess wird von
dem Kind an den Fingern kontrolliert. Dazu schaut es auf seine Finger, die
nacheinander leicht bewegt werden. Dieses Vorgehen kann als Indiz für verfestigte Zählstrategien gewertet werden (vgl. Abschnitt 5.2). Durch dieses Vorgehen
gelingt es dem Kind das richtige Ergebnis zu ermitteln. Es wird davon ausgegangen, dass der Zählprozess nur dann beobachtet werden kann, wenn die
diagnostizierende Person weiß, dass nicht auf das Ergebnis, sondern auf den
Bearbeitungsweg geachtet werden soll. Da im Zusammenhang mit Zählstrategien besonders häufig die Finger genutzt werden, sollte eine Fokussierung der
Aufmerksamkeit auf die Fingerbewegungen stattfinden.

Die Bearbeitung der Subtraktionsaufgabe in Vignette 2 findet aufgrund der
raschen Bearbeitung nicht über Zählstrategien, sondern unter Nutzung der Zahlzerlegung (hier: 7) statt. Das Kind subtrahiert, indem es beim Minuenden einen
Zahlendreher macht (sechsundzwanzig statt zweiundsechzig). Der Zahlendreher

[Kind und Interviewer sitzen an einem Tisch. Das Kind hat die Hände auf dem Tisch liegen und schaut den Interviewer an.]

Interviewer: ... und dann...sechsundzwanzig plus acht?

[Kind schaut auf Finger, die Finger werden nacheinander leicht bewegt]

[Kind schaut I an] [freudig]

Kind: Vierunddreißig.

Abbildung 8.3 Transkript Videovignette 1

Kind löst Aufgabe flüssig und ohne Probleme.

[Kurz Zeit lassen, damit die Lehrperson das Setting betrachten kann]

Interviewer: [Kind schaut I an] Wie rechnest du denn die Aufgabe 62 – 7?

Kind: [Kind schaut zur Seite] 62 – 7? [Kind schaut zum I] Ich nehm zuerst die 6 weg [Kind schaut vom I weg] und dann von der 20 [Kind schaut zum I] noch eine 1 weg.

Interviewer: [Kind schaut zum I] Und was ist das Ergebnis dann?

Kind: [Kind schaut vom I weg] Dann ist das Ergebnis [Kind schaut zum I] 19.

Abbildung 8.4 Transkript Videovignette 2

wird zwar nicht genannt, kann aber aufgrund des Rechenweges (sechs weg –
und dann bin ich bei 20) rekonstruiert werden. Auch bei dieser Videovignette
erfordert eine adäquate Diagnose und Förderung nicht nur das Ergebnis zu überprüfen, sondern den Lösungsprozess zu untersuchen. Damit das gelingt ist ein
Wissen über die Indizien im Zusammenhang mit den Schwierigkeiten bei einem
unzureichenden Stellenwertverständnis nötig (vgl. Abschnitt 5.3).

„Zur Kompetenzmessung müssen die Videos Unterrichtssituationen zeigen, in
deren Anschluss die Lehrkräfte gebeten werden, zu den Szenen Stellung zu nehmen" (Bruckmaier, 2019, S. 95). Um das diagnostische Wissen und das Wissen
über Förderung der Lehrpersonen zu erfassen, wurden deshalb zu den Video-
sequenzen inhaltsspezifische Skalen (vgl. Abbildung 8.5) entwickelt. Es gab zu
jeder Videovignette eine Skala zum diagnostischen Wissen und eine Skala zum
Wissen über Förderung.

	Trifft zu	Trifft nicht zu	Keine Aussage möglich
Es wurde Zehner plus Zehner und größerer Einer plus kleinerer Einer gerechnet.	☐	☐	☐
Das Kind bestimmt die Lösung über einen Weiterzählprozess.	☐	☐	☐
Das Kind rechnet richtig, macht aber Zahlendreher.	☐	☐	☐

Abbildung 8.5 Auszug aus der Skala Diagnose zählendes Rechnen

Die Videovignetten wurden in den onlinebasierten Fragebogen eingebettet und
zusätzlich mit Untertiteln versehen. Letztere sollten vor allem Verständnisschwie-
rigkeiten bei möglichen Problemen mit der Audiowiedergabe vorbeugen. Beim
Pretest und beim Posttest wurden die Lehrpersonen mit den identischen Vignetten
konfrontiert. Im Anschluss an die gezeigten Sequenzen sollten die befragten Lehrpersonen ihre Einschätzungen zu den dargebotenen Skalen zur Bewertung der
gesehenen Inhalte angeben. Hierbei wurden sowohl Vorschläge für die Diagnose
(Skala Diagnosefähigkeiten) als auch für adäquate Fördermaßnahmen (Skala Förderfähigkeiten) angeboten. Für jedes Item gab es die Möglichkeit anzugeben, ob
es in Bezug auf den in der Vignette gezeigten Inhalt zutraf, nicht zutraf oder
keine Aussage möglich war. So wurde beispielsweise bei der Skala Diagnose
zählendes Rechnen (vgl. Abbildung 8.5) die Aussage „Das Kind rechnet richtig,
macht aber Zahlendreher" die Einschätzung „trifft nicht zu" als korrekt gewertet.

Richtige Antworten erhielten die Codierung 1, falsche Antworten die Codierung 0. Anschließend wurde für jede Person der Mittelwert über die gesamte Skala errechnet. Quantitative Angaben zu den Skalen, wie beispielsweise die Anzahl der Items, werden im Abschnitt „Überprüfung der Gütekriterien der Testaufgaben" (S. 190) dargestellt.

Neben den in diesem Abschnitt dargestellten Leistungsmerkmalen, sollen in der vorliegenden Arbeit auch Persönlichkeitsmerkmale erfasst werden.

Testaufgaben zur Erfassung von motivationalen Orientierungen und weiteren Merkmalen

Ein Fragebogen kann grundsätzlich als Instrument zur Erfassung von Persönlichkeitsmerkmalen oder Einstellungen angesehen werden (Raab-Steiner & Benesch, 2018). In Anlehnung an die Psychologie können diese durch Persönlichkeitstests erhoben werden.

Persönlichkeitstests erfassen das typische Verhalten einer Person in Abhängigkeit der Ausprägung von Persönlichkeitsmerkmalen. Nach Jonkisz et al. (2012) können unter dem Begriff *Persönlichkeitstests* unterschiedliche Instrumentarien subsumiert werden, die der Erfassung von (stabilen) Eigenschaften oder aktuellen Zuständen, Symptomen oder Verhaltensweisen dienen. Dazu zählen beispielsweise Verfahren zur Messung von Motivation, Interesse, Meinungen und Einstellungen.

> Das Charakteristische an Persönlichkeitstests resp. Persönlichkeitsfragebogen ist, dass von den Befragten keine Leistung, sondern eine Selbstauskunft über ihr typisches Verhalten verlangt wird. Da es keine »optimale« Ausprägung von Persönlichkeitsmerkmalen gibt, werden die Antworten nicht im Sinne von »richtig« oder »falsch« bewertet, sondern danach, ob sie für das Vorhandensein einer hohen Ausprägung des interessierenden Merkmals sprechen oder nicht. (Jonkisz et al., 2012, S. 30)

Die in der vorliegenden Studie verwendeten Instrumente orientieren sich an den sogenannten *objektiven Persönlichkeitstests* (Jonkisz et al., 2012). Zum einen, weil sie standardisiert durchgeführt, ausgewertet und interpretiert werden und zum anderen, weil eine subjektive Verfälschung der gegebenen Antworten (beispielsweise im Sinne der *sozialen Erwünschtheit*) ausgeschlossen oder reduziert wird. Dies erfolgt vor allem durch die Gewährleistung der Augenscheinvalidität (vgl. Abschnitt *Überprüfung der Gütekriterien* der Testaufgaben).

Die Entwicklung und Überprüfung der in den Fragebögen verwendeten Skalen zur Erfassung von motivationalen Orientierungen und weiterer Merkmale erfolgte in mehreren Arbeitsschritten. In einem ersten Arbeitsschritt wurden bereits bestehende Skalen adaptiert und diese gegebenenfalls den besonderen Anforderungen der Untersuchung angepasst. Dies erfolgte durch Ausschluss, Umformulierung oder Ergänzung der Items. Neue Items oder Skalen wurden theoriegeleitet entwickelt und anschließend von Experten auf die Repräsentanz des Konstrukts geprüft. Nach Durchführung der Befragungen wurden in einem dritten Arbeitsschritt für alle Items die Aufgabenschwierigkeiten berechnet und überprüft. Dabei diente zur ungefähren Orientierung für die Auswahl der Items ein Schwierigkeitsindex zwischen pi ≥ 0,20 und pi ≤ 0,80 als Kriterium. In einem weiteren Schritt wurden Skalen anhand der Gütekriterien überprüft (vgl. Abschnitt *Überprüfung der Gütekriterien der Testaufgaben*).

Alle Angaben der Befragten liegen in elektronischer Form vor und wurden bereits während der Erfassung kodiert. Die durch sechsstufige Antwortformate erfassten Einschätzungen wurden intervallskaliert und in einen Zahlencode transferiert. Dabei entspricht 1 dem Wert der geringsten und 6 dem Wert der höchsten Zustimmung. Bei allen Antwortformaten erfolgte eine Beschriftung der Extrema mit *trifft überhaupt nicht zu* beziehungsweise *trifft völlig zu* (vgl. Franzen, 2019).

Überprüfung der Gütekriterien der Testaufgaben
Die einzelnen Überprüfungen der Gütekriterien können je nach Konstrukt voneinander abweichen. Wurden bereits bestehende Skalen unverändert aus Untersuchungen übernommen und lagen zu diesen Skalen bereits Werte vor, wurden diese nicht erneut berechnet. Beispielsweise wurde die Faktorenanalyse nur für neu entwickelte, ergänzte oder veränderte Skalen durchgeführt.

Objektivität
Um die Objektivität eines Tests zu gewährleisten, muss dieser, beziehungsweise dessen Ergebnisse, von der Person des Testanwendenden unabhängig sein. „Ein Test ist objektiv, wenn verschiedene Testanwender bei derselben Testperson zu denselben Testergebnissen gelangen" (Döring & Bortz, 2016, S. 442). Die Objektivität der entwickelten Instrumente wurde im Hinblick auf die Durchführung vor allem durch die Standardisierung und die webbasierte Umsetzung und Durchführung gewährleistet (Krebs & Menold, 2019; Porst, 2019; Reinecke, 2019). Alle Probanden erhielten die identischen Videovignetten und identisch formulierten Items. „Die Objektivität ist bei vollstandardisierten psychologischen Tests (ebenso wie bei vollstandardisierten Fragebögen) ein relativ unkritisches und eigentlich redundantes Testgütekriterium, denn durch die Standardisierung des Instruments bleibt den Testanwendenden eigentlich gar kein Raum für subjektive Abweichungen" (Döring & Bortz, 2016, S. 442). Durch die Objektivität können Messfehler vermieden werden, was sie zu einer Voraussetzung der Reliabilität macht.

Reliabilität
Die Reliabilität eines Tests gibt an, wie stark oder gering dieser durch Messfehler verzerrt ist. Die Messgenauigkeit wurde im vorliegenden Fall durch die Bestimmung der internen Konsistenz ermittelt (Döring & Bortz, 2016). Dazu wurde jedes Item als eigenständiger Testteil angesehen und der Zusammenhang zwischen den Items und der Skalenlänge berücksichtigt (Bühner, 2011). Dies ist eine der am häufigsten verwendeten Methoden der Reliabilitätsprüfung (Döring & Bortz, 2016; Krebs & Menold, 2019). Die Ergebnisse der Reliabilitätsanalyse werden durch das Maß *Cronbachs-Alpha*, mit einem Wert zwischen 0,0 und 1,0 angegeben.

> Ein Reliabilitätskoeffizient von Eins bezeichnet das Freisein von Messfehlern. Eine völlige Reliabilität würde sich bei einer Wiederholung der Testung an derselben Testperson unter gleichen Bedingungen und ohne Merkmalsveränderung darin äußern, dass der Test zweimal zu dem gleichen Ergebnis führt. Ein Reliabilitätskoeffizient von Null hingegen zeigt an, dass das Testergebnis ausschließlich durch Messfehler zustande gekommen ist. Der Reliabilitätskoeffizient eines guten Tests sollte 0.7 nicht unterschreiten. (Moosbrugger & Kelava, 2012, S. 11)

Nach Krebs und Menold (2019) werden Werte von über 0,80 oft als erwünscht und Werte von über 0,70 als akzeptabel angesehen. Sie verweist aber auch darauf, dass es keine allgemeingültigen Aussagen zur Höhe der Reliabilität gibt, da diese von vielen Faktoren abhängt. Döring und Bortz (2016) warnen davor, statistische Reliabilitätsmaße mechanisch zu interpretieren. „Ob die Reliabilität eines Tests als ausreichend akzeptiert werden kann, muss in einem zeitgemäßen Verständnis von Testqualität unter Berücksichtigung der Art des gemessenen Merkmals sowie der methodischen Alternativen differenziert beurteilt werden" (Döring & Bortz, 2016, S. 443). Der Wert von 0,70 wird von den vorliegenden Testinstrumenten nicht unterschritten, weshalb die Reliabilität als gut bewertet werden kann.

Im Folgenden werden Herkunft und Kennwerte der im Fragebogen verwendeten Items und Skalen dargestellt. Dazu werden jeweils die Skalen, die Reliabilität (Cronbachs Alpha) und die, den Berechnungen zugrunde gelegten, Teilnehmerantworten (N) angegeben. Alle Angaben beziehen sich auf den Messzeitpunkt der jeweils ersten Messung, das heißt auf t1, t2 oder t3. Überprüft wurden die Werte aber für alle gemessenen Zeitpunkte.

Kennwerte der Skalen zur Erfassung der Diagnose- und Förderfähigkeiten
Die Diagnose- und Förderfähigkeiten gliedern sich in vier Bereiche. Bei allen Skalen handelt es sich um Neukonstruktionen.

Die Skala *Diagnosefähigkeiten von Lehrpersonen in Bezug auf verfestigte Zählstrategien* (DIAV01) besteht aus neun Items. Die Überprüfung der Reliabilität der Skala ergab einen Wert von $\alpha = 0{,}726$. Die Berechnung erfolgte auf Grundlage von

N = 141 Antworten. Ein Beispielitem lautet: Das Kind bestimmt die Lösung über einen Weiterzählprozess.

Für die Skala *Förderfähigkeiten von Lehrpersonen in Bezug auf verfestigte Zählstrategien* (FÖMV01) mit 14 Items ergab sich bei N = 141 Antworten eine Reliabilität von α = 0,855. Ein Beispielitem lautet: Erarbeitung der Zahlzerlegung [Interventionsmaßnahme].

Aus N = 151 Antworten der Skala *Diagnosefähigkeiten von Lehrpersonen in Bezug auf besondere Schwierigkeiten beim Stellenwertverständnis* (DIAV02) wurde eine Reliabilität von α = 0,775 ermittelt. Die Skala besteht aus elf Items. Ein Beispielitem lautet: Das Kind rechnet Ziffernweise.

Die Skala *Förderfähigkeiten von Lehrpersonen in Bezug auf besondere Schwierigkeiten beim Stellenwertverständnis* (FÖMV02) besteht aus zwölf Items. Die Berechnungen auf Grundlage von N = 151 Antworten ergaben eine Reliabilität von α = 0,708. Ein Beispielitem lautet: Veranschaulichung des Rechenweges an Mehrsystemblöcken [Interventionsmaßnahme].

Kennwerte der Skalen zur Erfassung der Selbstwirksamkeitserwartungen und des Enthusiasmus
Die *Selbstwirksamkeitserwartungen der Lehrpersonen* gliedern sich in drei Bereiche: Instruktion, Individualisierung und Diagnose. Die Items wurden größtenteils von Skaalvik und Skaalvik (2007) adaptiert und mit selbstentwickelten Items ergänzt.

Aus N = 185 Antworten wurde für die *Instruktionsskala* (SWKE01), bestehend aus sechs Items, eine Reliabilität von α = 0,854 ermittelt. Ein Beispielitem lautet: Im Fach Mathematik gelingt es mir, auch bei komplexen Themen das Lernen der Schüler zu fördern (vgl. Skaalvik & Skaalvik, 2007).

Für die Skala *Individualisierung* (SWKE02) mit sechs Items ergab sich bei N = 176 Antworten eine Reliabilität von α = 0,825. Ein Beispielitem lautet: Im Fach Mathematik gelingt es mir trotz der hohen Leistungsheterogenität in den Klassen realistische Herausforderungen für alle Schüler anzubieten (vgl. Skaalvik & Skaalvik, 2007).

Die dritte Skala zur Lehrerselbstwirksamkeitserwartung, Bereich *Diagnose* (SWKE03), besteht aus sieben Items und weist eine Reliabilität von α = 0,855 auf. Die Werte wurden anhand N = 176 Antworten ermittelt. Ein Beispielitem lautet: Im Fach Mathematik schaffe ich es Aufgaben zu formulieren, mit denen ich den Wissenstand sowohl von schwächeren als auch von stärkeren Schülern angemessen überprüfen kann (vgl. Skaalvik & Skaalvik, 2007).

Der Enthusiasmus wurde mit zwei Skalen erfasst, die beide von Neuber, Künsting und Lipowsky (2013) adaptiert wurden. Zum einen mit dem *Enthusiasmus für das*

Fach (ENTH01) und zum anderen mit dem *Enthusiasmus für das Unterrichten* (ENTH02). Die Skala für das Fach besteht aus sechs Items. Die Berechnungen auf Grundlage von N = 185 Antworten ergaben eine Reliabilität von $\alpha = 0{,}910$. Ein Beispielitem lautet: Ich bin so richtig in meinem Element, wenn ich mich mit mathematischen Inhalten beschäftige (vgl. Neuber et al., 2013).

Die Skala Enthusiasmus für das Unterrichten besteht aus sieben Items. Die Auswertung auf Basis von N = 176 Fragebögen ergab eine Reliabilität von $\alpha = 0{,}960$. Ein Beispielitem lautet: Ich freue mich, wenn ich Mathematik unterrichte (vgl. Neuber et al., 2013).

Kennwerte der Skalen zur Erfassung von Selbsteinschätzungen
Die Skala *Zufriedenheit* (ZUFR01) entstammt der Studie von Rezejak und Lipowsky (2013) und enthält vier Items. Auf der Basis von N = 121 Fragebögen ergab sich eine Reliabilität von $\alpha = 0{,}731$. Ein Beispielitem lautet: Mit der Fortbildung war ich zufrieden (vgl. Rzejak & Lipowsky, 2013).

Die aus neun Items bestehende Skala *Relevanz der Inhalte* (REIN01) wurde ebenfalls von Rzejak und Lipowsky (2013) adaptiert. Die Reliabilität von $\alpha = 0{,}892$ wurde auf der Grundlage von N = 121 Datensätzen berechnet. Ein Beispielitem, lautet (umgepolt): Was ich in der Fortbildung gelernt habe, hat wenig mit meinen Aufgaben als Mathematiklehrer zu tun (vgl. Rzejak & Lipowsky, 2013).

Aus acht Items besteht die Skala zum Konstrukt Challenge Appraisal (CHAP01). Sie wurde von Rzejak und Lipowsky (2013) adaptiert und durch neue Generierungen ergänzt. Die Überprüfung der Kennwerte ergab eine Reliabilität von $\alpha = 0{,}826$. Für diese Auswertung konnte auf N = 64 Antworten zurückgegriffen werden. Ein Beispielitem lautet: Die Fortbildung ist interessant, weil ich immer wieder neu herausgefordert werde (vgl. Rzejak & Lipowsky, 2013).

Die Skala zur Erfassung der *selbsteingeschätzten Diagnosekompetenz* (DIAG09) besteht aus sieben Items, welche von Frey et al. (2009) und Rakoczy, Buff und Lipowsky (2005) adaptiert wurden. Die Überprüfung der Reliabilität der Skala ergab einen Wert von $\alpha = 0{,}812$. Den Berechnungen wurden N = 176 Antworten zugrunde gelegt. Ein Beispielitem lautet: Ich weiß sofort, was ein Schüler nicht verstanden hat (vgl. Rakoczy et al., 2005).

Das Konstrukt der *Prozessorientierung* (PROZ01) wurde mit Hilfe einer selbstentwickelten Skala aus fünf Items erfasst. Die Reliabilität liegt bei $\alpha = 0{,}852$. Die Berechnungen basieren auf N = 176 Antworten. Ein Beispielitem lautet: Ich frage häufig nach Begründungen für Lösungswege.

„Eine hohe Reliabilität ist eine notwendige Voraussetzung für eine hohe Validität, denn ein mit Messfehlern belasteter Testwert kann das Zielkonstrukt auch nicht treffsicher erfassen" (Döring, 2019, S. 445).

Validität

Die Validität oder Gültigkeit eines Tests beschreibt, ob ein Instrument das zu messende Konstrukt tatsächlich misst (Döring, 2019; Krebs & Menold, 2019; Moosbrugger & Kelava, 2012). Sie ist „ein breit definiertes Gütekriterium, das sich weniger auf ein Messinstrument, als vielmehr auf die Qualität der Schlussfolgerungen, die mit einem Messergebnis möglich sind, bezieht" (Krebs & Menold, 2019, S. 496). Deshalb finden sich verschiedene Aspekte der Validität in unterschiedlichen Kapiteln der Arbeit und können nicht zentral dargestellt werden. Dennoch soll hier auf ausgewählte Aspekte der Validität eingegangen werden.

Moosbrugger und Kelava (2012) nennen vier Validitätsaspekte:

– Inhaltsvalidität
– Augenscheinvalidität
– Konstruktvalidität
– Kriteriumsvalidität

Unter der Inhaltsvalidität kann verstanden werden, inwieweit ein Test oder ein Testitem das zu messende Merkmal repräsentativ erfasst. „Die Inhaltsvalidität wird in der Regel nicht numerisch anhand eines Maßes bzw. Kennwertes bestimmt, sondern aufgrund »logischer und fachlicher Überlegungen« […]. Dabei spielt die Beurteilung der inhaltlichen Validität durch die Autorität von Experten eine maßgebende Rolle" (Moosbrugger & Kelava, 2012, S. 15). Die Inhaltsvalidität der Leistungstests zur Erfassung der fachdidaktischen Fähigkeiten wurde für das vorliegende Instrument als ein zentrales Gütekriterium gewertet und vor allem durch die Expertenbeurteilung im Zuge der Testentwicklung gewährleistet (Döring, 2019). Die Skalen und Items für die motivationalen Orientierungen und die Selbsteinschätzungen wurden überwiegend aus wissenschaftlichen Untersuchungen adaptiert und dort bereits in Bezug auf die Gütekriterien geprüft. Zusätzlich erfolgte, gerade für neuentwickelte oder veränderte Items, eine Expertenbeurteilung vor der Verwendung für die vorliegende Arbeit.

Die Augenscheinvalidität wird nach Moosbrugger und Kelava (2012) darüber definiert, wie ein Test durch bloßen Augenschein her einem Laien als gerechtfertigt erscheint. „Vor dem Hintergrund der Mitteilbarkeit der Ergebnisse und der Akzeptanz von Seiten der Testpersonen kommt der Augenscheinvalidität eines Tests eine ganz erhebliche Bedeutung zu" (Moosbrugger & Kelava, 2012, S. 15). Die Augenscheinvalidität wurde vor allem durch den Fragebogen- und Testaufbau gewährleistet (vgl. Abschnitt 8.5).

„Ein Test weist Konstruktvalidität auf, wenn der Rückschluss vom Verhalten der Testperson innerhalb der Testsituation auf zugrunde liegende psychologische

Persönlichkeitsmerkmale (»Konstrukte«, »latente Variablen«, »Traits«) wie Fähigkeiten, Dispositionen, Charakterzüge, Einstellungen wissenschaftlich fundiert ist" (Moosbrugger & Kelava, 2012, S. 16). Dafür kann unter anderem die faktorielle Validität überprüft werden. Eine faktorielle Validität liegt vor, wenn „bei einem mehrdimensionalen Test sich die inhaltlich zu einer Subdimension gehörenden Items jeweils auch empirisch zu einem Faktor bündeln lassen. Im Falle eines eindimensionalen Tests müssen sich sämtliche Items auf einen einzigen Faktor vereinigen lassen" (Döring, 2019, S. 446).

Für die Skalen zu den fachdidaktischen Fähigkeiten ist eine Faktorenanalyse jedoch wenig geeignet. Aufgrund des Aufbaus der Skalen mit dichotomen Antworten (richtig / falsch) können solche Analysen keine eindeutigen Ergebnisse liefern. Dies soll an einem Beispiel verdeutlicht werden. Die Skala *Diagnose von verfestigten Zählstrategien* wurde mittels einer explorativen Faktorenanalyse geprüft. Sowohl der Bartlett-Test (Chi-Quadrat(36) = 227,08, $p < 0,001$) als auch das Kaiser-Meyer-Olkin Measure of Sampling Adequacy ($KM = 0,756$) weisen darauf hin, dass sich die Variablen für eine Faktorenanalyse eignen. So wurde eine Hauptkomponentenanalyse mit Varimax-Rotation durchgeführt. Diese weist, ebenso wie der Screeplot, auf zwei Faktoren mit Eigenwert größer als 1,0 hin. Bei Betrachtung der beiden Faktoren zeigt sich, dass die Items, welche auf den zweiten Faktor laden, im Zusammenhang mit Schwierigkeiten beim Verständnis des Stellenwertsystems in Verbindung zu bringen sind. Diese Antwortmöglichkeiten wurden dennoch eingefügt, um auch *falsche* Antworten zu haben. Die Validität muss also für dieses Instrument im Wesentlichen durch die Einschätzung von Experten gewährleistet werden.

Eine Überprüfung der Eindimensionalität mit Hilfe der Faktorenanalyse erfolgte hingegen für neu entwickelte oder erweiterte Skalen mit einer sechsstufigen Likertskala als Antwortformat. Für die Auswahl der Items galt dabei eine Faktorladung von $rf \geq 0,50$ als ungefähres Kriterium.

„Ein Test weist Kriteriumsvalidität auf, wenn vom Verhalten der Testperson innerhalb der Testsituation erfolgreich auf ein »Kriterium«, nämlich auf ein Verhalten außerhalb der Testsituation, geschlossen werden kann. Die Enge dieser Beziehung ist das Ausmaß an Kriteriumsvalidität (Korrelationsschluss)" (Moosbrugger & Kelava, 2012, S. 18). Die Kriteriumsvalidität des Tests ist aufgrund fachlicher Überlegungen gegeben, da die Entwicklung der Vignetten, Skalen und Items theoriegeleitet erfolgte und ein mehrstufiges Expertenrating durchlaufen hat.

Obwohl der zuvor genannten genauen formalen Vorgaben, spielte immer auch die Semantik und die Zusammensetzung der Skalen eine entscheidende Rolle bei der Aufnahme oder Ablehnung eines Items für eine Skala. Damit wird auch dem

Sachverhalt Rechnung getragen, dass „zu vielen Qualitätskriterien bzw. Qualitäts-indikatoren keine allgemeingültigen Standards bzw. Referenzbereiche angegeben werden können, sondern dass die Beurteilung meist unter Berücksichtigung der Besonderheiten der jeweiligen Studie erfolgen muss" (Döring & Bortz, 2016, S. 83). Dadurch können einzelne Werte unter Umständen von den oben genannten Krite-rien abweichen. Zudem wurde berücksichtigt, ob Skalen zuvor in anderen Studien bereits erprobt wurden. Gegebenenfalls wurden Sie durch eine Expertenbeurteilung eingeschätzt.

8.5.3   Auswertungsmethoden

Aufbereitung der Daten

Die für diese Untersuchung eingesetzten Fragebögen wurden auf Grundlage der in der Literatur angegebenen Kriterien entwickelt (vgl. Abschnitt 8.5.1). Die Umset-zung der Befragung erfolgte webbasiert, die Antworten der Befragungsteilnehmen-den digital erhoben und gespeichert. Für jede Gruppe und jeden Erhebungszeitraum wurde dabei eine gesonderte Datei erstellt. Die Auswertung der Daten erfolgte mit dem Programm IBM SPSS Statistics, Version 26. Die einzelnen Dateien wurden eingelesen und dort zusammengefügt. Die Organisation für die statistische Analyse erfolgte in Form einer Datenmatrix. Darin sind die Merkmalsträger beziehungsweise Fälle in Zeilen und die Merkmale beziehungsweise Variablen in Spalten aufgelis-tet. Dadurch enthalten die Zellen die Merkmalsausprägungen hinsichtlich eines bestimmten Merkmals (vgl. Lück & Landrock, 2019).

Die Merkmalsträger sind die Teilnehmerinnen und Teilnehmer der Lehrperso-nenfortbildungen. Um die unterschiedlichen Erhebungszeitpunkte den einzelnen Fällen zuordnen zu können, wurden die Lehrpersonen bei jeder Erhebung aufge-fordert eine achtstellige Identifizierungsnummer anzugeben, die sich aus verschie-denen persönlichen Angaben zusammensetzte. Dadurch blieb die Anonymität der Teilnehmenden gewahrt (vgl. Lück & Landrock, 2019).

„Die Ausprägung einer Variablen, die in eine Zelle der Datenmatrix geschrieben wird, kann in [sic] absoluten Zahlen, Dezimalzahlen, Prozentwerten, Buchstaben, Wörtern oder auch beliebigen Zeichenfolgen bestehen" (Lück & Landrock, 2019, S. 459). In der vorliegenden Untersuchung unterscheidet sich das Variablenformat je nach Fragestellung voneinander. Offene Items wurden beispielsweise in Wörtern (String) erfasst, Items mit einer Likertskala als Zahlenwerte (Numerisch).

Als weiterer Aspekt der Datenaufbereitung gilt das Definieren fehlender Werte (Engel & Schmidt, 2019; Lück & Landrock, 2019). Diese wurden in der vor-liegenden Datenmatrix mit – 9 kodiert und in die Berechnungen nicht mit einbezogen.

Als weitere Vorarbeiten für die Analyse wurden teilweise neue Variablen gebildet, die die Informationen des ursprünglichen Datensatzes so darstellen, dass mit ihnen weitergearbeitet werden konnte. Als Beispiel kann hier die Variable *Gruppe* genannt werden, die eine Unterscheidung zwischen den beiden Gruppen ermöglicht oder die Klassierung der Variable *Dienstjahre*.

Auswertungsverfahren

Die Untersuchung ist vor allem quantitativ angelegt, weshalb im Wesentlichen deskriptive und inferenzstatistische Analysemethoden Verwendung finden.

Analyse der Ausgangslage

Um zu untersuchen, ob die Ausgangslage zwischen den beiden Gruppen vergleichbar ist, wurde ein *t*-Test für unabhängige Stichproben eingesetzt. „Der *t*-Test ist eine Entscheidungsregel auf einer mathematischen Grundlage, mit deren Hilfe ein Unterschied zwischen den empirisch gefundenen Mittelwerten zweier Gruppen näher analysiert werden kann" (Rasch, Friese, Hofmann & Naumann, 2014a, S. 34). Aufgrund der Ergebnisse des Fragebogens kann beurteilt werden, ob sich die beiden Untersuchungsgruppen systematisch in ihren Mittelwerten unterscheiden. Die Anwendung des *t*-Test erfordert bestimmte Voraussetzungen:

1. Das untersuchte Merkmal ist intervallskaliert.
2. Das untersuchte Merkmal ist in der Stichprobe normalverteilt.
3. Zwischen den Stichproben herrscht Varianzhomogenität.

Rasch et al. (2014a) weist darauf hin, dass das Testen der Voraussetzungen in der Forschungspraxis eher unüblich ist. Der *t*-Test erweist sich gegenüber Verletzungen der Voraussetzungen als robust (Bortz & Schuster, 2010; Rasch et al., 2014a).

Da bei einem Stichprobenumfang von n > 30 von einer Normalverteilung ausgegangen werden kann (Bortz & Schuster, 2010), wird diese Annahme der vorliegenden Arbeit zugrunde gelegt. Überprüft werden soll hingegen die Varianzhomogenität. Ein Verstoß gegen diese Voraussetzung kann unter Umständen zu einer progressiven oder konservativen Entscheidung führen (Bortz & Schuster, 2010). „Aus diesen Gründen findet [...] der Levene-Test der Varianzgleichheit häufiger Anwendung. Er vergleicht die Größe der Varianzen der zwei Gruppen: Der Test wird signifikant, wenn eine Varianz überzufällig größer ist als die andere" (Rasch et al., 2014a, S. 44). Liegt ein solcher Fall vor, wird auf den von SPSS ausgegebenen Wert bei ungleichen Varianzen zurückgegriffen (Janssen & Laatz, 2017; Rasch et al., 2014a).

Die Effektstärke wird in Cohens d angegeben. Sie gilt als übliches Maß, wodurch die Vergleichbarkeit mit anderen Studienergebnissen gegeben ist (Döring & Bortz, 2016). Zu deren Berechnung wird zwischen einem gepaarten und einem ungepaarten Test unterschieden. Für die vorliegende Untersuchung bedeutet das, dass für den querschnittlichen Vergleich der Gruppen (ungepaart) die Effektstärke mit der Differenz der Mittelwerte m_A und m_B und der Standardabweichung Sigma berechnet wird.

Da es sich aber nicht um eine Binnenpopulation handelt, schlägt Cohen (1988) vor auf eine modifizierte Berechnung der Standardabweichung zurückzugreifen indem er die Quadratwurzel aus dem mittleren Quadrat der Standardabweichungen zieht.

Die Effektstärken für den t-Test werden in der vorliegenden Arbeit mit diesem Wert angegeben. Zur Interpretation der Ergebnisse wird auf die von Cohen genannten Orientierungspunkte als Interpretationshilfe zurückgegriffen (Cohen, 1988). Demnach gilt $d = 0{,}2$ als kleiner Effekt, $d = 0{,}5$ als mittelgroßer Effekt und $d = 0{,}8$ als großer Effekt.

Untersuchung der Veränderungen und der Interaktionen
Zur Analyse der vorliegenden Daten werden für jede Skala zunächst die Mittelwerte und die Standardabweichungen berichtet.

Eine statistische Prüfung von Gruppenunterschieden erfolgte für Skalen, die nur zu einem Messzeitpunkt erhoben wurden (z. B. Zufriedenheit), analog zur Untersuchung der Ausgangslage (vgl. Abschnitt *Analyse der Ausgangslage*), mit einem ein *t*-Test.

Für die Auswertung des zweifaktoriellen Versuchsplans mit Messwiederholung empfehlen Döring und Bortz (2016) eine zweifaktorielle Varianzanalyse mit Messwiederholung auf den Faktor Messzeitpunkt.

> Die Varianzanalyse ist ein Auswertungsverfahren, das die Nachteile des *t*-Tests überwindet: Erstens vergleicht sie mehrere Mittelwerte simultan miteinander. Für die Betrachtung beliebig vieler Mittelwerte ist also nur noch ein Test nötig, es tritt keine α-Fehler-Kumulierung auf. Zweitens gehen in diesen Test gleichzeitig die Werte aller Versuchspersonen mit ein, die Teststärke dieses Tests ist sehr viel höher als die einzelner t-Tests. (Rasch et al., 2014a, S. 4)

Bortz und Schuster (2010) weisen darauf hin, dass Messwiederholungsanalysen vor allem dann indiziert sind, wenn es um die Erfassung von Veränderungen über die Zeit geht. „Für zweifaktorielle Versuchspläne mit Messwiederholungen unterscheidet man, ob sich die Messwiederholungen auf einen oder sogar auf beide Faktoren beziehen. Ist nur einer der beiden Faktoren ein Messwiederholungsfaktor, so dient der andere Faktor zur Gruppierung der Versuchspersonen" (Bortz & Schuster, 2010, S. 288).

Die Varianzanalyse gehört in der Statistik zu den parametrischen Verfahren. Dadurch sind einige Voraussetzungen an deren Durchführung geknüpft. Diese sind identisch mit denen des *t*-Test (Schäfer, 2016):

1. Die abhängige Variable ist intervallskaliert.
2. Das untersuchte Merkmal ist in der Stichprobe normalverteilt.
3. Zwischen den Stichproben besteht Varianzhomogenität.

Ebenso wie der *t*-Test gilt auch die Varianzanalyse als robust gegenüber Verletzungen der Voraussetzungen (Bortz & Schuster, 2010; Rasch et al., 2014a). „Das bedeutet, sie liefert trotz Abweichungen von der Normalverteilungsannahme des Merkmals oder der Varianzhomogenität in den meisten Fällen zuverlässige Ergebnisse" (Rasch et al., 2014a, S. 31). Bortz und Schuster (2010) weisen darauf hin, dass bei einem Test der als robust gilt, keine Veranlassung besteht „auf seine Anwendung zu verzichten, auch wenn mögliche Voraussetzungen verletzt sind" (S. 114). Ebenso wird festgestellt: „Man beachte, dass die Forderung nach homogenen Korrelationen bedeutungslos ist, wenn nur zwei Messzeitpunkte untersucht werden" (Bortz & Schuster, 2010, S. 300). Gleichzeitig weisen sie aber auch darauf hin, dass bei fehlender Varianzhomogenität und stark ungleichen Stichprobengrößen, Schwierigkeiten auftreten können (Bortz & Schuster, 2010).

Deshalb wird die Gleichheit der Stichprobenvarianzen mit dem Levene-Test überprüft.

Kann nicht von der Varianzhomogenität ausgegangen werden, bedeutet dies jedoch nicht, dass auf die Berechnung des F-Werts verzichtet werden muss. Es sollte jedoch die Schwelle, ab der man sich für die Alternativhypothese entscheidet, höher angesetzt werden, um Fehlschlüsse zu vermeiden. Dies bedeutet, dass zur Überprüfung auf Signifikanz der kritische F-Wert für das 1 %- Niveau herangezogen werden sollte […]. (Kuckartz, Rädiker, Ebert & Schehl, 2013, S. 198)

Alternativ wird empfohlen auf ein nicht-parametrisches Verfahren zurückzugreifen (Bortz & Schuster, 2010). Da die Durchführung einer Varianzanalyse bei Verletzungen der Voraussetzungen nicht gänzlich auszuschließen ist, sollen in der vorliegenden Arbeit unterschiedliche Vorgehensweisen zur Anwendung kommen. Liegt keine Verletzung der Varianzhomogenität vor, wird eine Varianzanalyse durchgeführt. Zeigt der Levene-Test eine Verletzung dieser Voraussetzung an, wird zusätzlich ein Wilcoxon-Test durchgeführt. „Der Wilcoxon-Test bietet eine Alternative für den *t*-Test für abhängige Stichproben, wenn dessen mathematische Voraussetzungen nicht erfüllt sind" (Rasch et al., 2014a, S. 108).

Für die inferenzstatistischen Tests wird das Signifikanzniveau auf $p \leq 0{,}5$ festgelegt. Zur Berechnung der Effektstärke wird in der Varianzanalyse das Eta Quadrat verwendet. Für die Interpretation der Effektstärke wird auf die von Cohen (1988) angegebene Einteilung zurückgegriffen (vgl. Tabelle 8.9).

Tabelle 8.9 Effektstärken nach Cohen (1988)

kleiner Effekt	ab $\eta^2 = 0{,}01$
mittlerer Effekt	ab $\eta^2 = 0{,}06$
großer Effekt	ab $\eta^2 = 0{,}14$

Für nicht-parametrische Verfahren liegen keine eigenen Verfahren zur Berechnung von Effektstärken vor (Rasch, Friese, Hofmann & Naumann, 2014b). Deshalb wird in der vorliegenden Untersuchung bei der Anwendung des Wilcoxon-Test der Korrelationskoeffizient r mithilfe des z-Wertes berechnet und als Effektstärke angegeben (Field, 2018; Rosenthal, 1991). Eine Interpretation der Werte nach Cohen (1988) sieht vor, dass $r = 0{,}10$ einem schwachen Effekt, $r = 0{,}30$ einem mittleren und $r = 0{,}50$ einem starken Effekt entspricht.

Zeigen sich bei einem Konstrukt signifikante Unterschiede zwischen den Gruppen, wird geprüft, ob die Analysen mit einer Varianzanalyse mit Kovariate durchgeführt werden kann. Dadurch können mögliche Effekte des Konstrukts kontrolliert werden. Eine solche Analyse erfordert als Voraussetzung eine Korrelation der abhängigen und der unabhängigen Variablen. Ist diese nicht gegeben, kann dies zu Zufallsergebnissen führen. „Probleme dieser Art sind typisch für Untersuchungen mit nicht randomisierten Gruppen (quasi-experimentelle Untersuchungen). Hier kann die Kovarianzanalyse kontraindiziert sein; Pläne dieser Art sollten besser durch eine „normale" Varianzanalyse ohne Berücksichtigung der Kovariaten ausgewertet werden" (Bortz & Schuster, 2010, S. 312).

Korrelate von Veränderungen
Neben den Veränderungen und Interaktionen soll überprüft werden, inwieweit die Veränderungen eines Merkmals mit den Veränderungen eines anderen Merkmals zusammenhängen.

Hängen zwei Variablen auf bestimmte Weise zusammen, so bedeutet das Folgendes: Die Ausprägung, die eine Versuchsperson auf der einen Variable aufweist, gibt zu gewissen Teilen auch Auskunft darüber, welche Ausprägung diese Person auf der anderen Variable erreicht. Beide Variablen variieren demnach systematisch miteinander. (Rasch et al., 2014a, S. 82)

Im Gegensatz dazu sind beide Merkmale stochastisch voneinander unabhängig, wenn „die Werte der Personen auf der einen Variable mal mit hohen und mal mit niedrigen Werten auf der anderen Variable einhergehen" (Rasch et al., 2014a, S. 82). Die Quantifizierung des Zusammenhangs zweier Variablen soll in dieser Arbeit durch die Ermittlung der Produkt-Moment-Korrelation nach Pearson erfolgen (Bortz & Schuster, 2010).

Diese gilt als gebräuchliches Maß für die Stärke des Zusammenhangs zweier Variablen und wird durch den Korrelationskoeffizienten r ausgedrückt (Bortz & Schuster, 2010; Döring & Bortz, 2016; Rasch et al., 2014a). Dieser liefert allerdings keine Information über eine vorliegende Kausalität. „Ist eine Korrelation zwischen zwei Variablen vorhanden, so sagt diese noch nichts über zugrunde liegende Ursache-Wirkungs-Beziehungen zwischen den beteiligten Merkmalen aus" (Rasch et al., 2014a, S. 86). Bortz und Schuster (2010) verweisen darauf, dass eine Korrelation zwischen zwei Variablen eine notwendige aber keine hinreichende Voraussetzung für kausale Abhängigkeiten ist. „Korrelationen können deshalb nur als *Koinzidenzen* interpretiert werden. Sie liefern bestenfalls Hinweise, zwischen welchen Merkmalen kausale Beziehungen bestehen könnten" (Bortz & Schuster, 2010, S. 160).

Besteht eine Korrelation zwischen zwei Merkmalen x und y kann diese, nach Bortz und Schuster (2010), im kausalen Sinn folgendermaßen interpretiert werden:

- x beeinflusst y kausal,
- y beeinflusst x kausal,
- x und y werden von einer dritten oder weiteren Variablen kausal beeinflusst,
- y und y beeinflussen sich wechselseitig kausal.

Welche dieser möglichen Erklärungen am treffendsten ist, kann weder mathematisch noch empirisch begründet werden. Die Auswahl und Begründung muss der Forscher selbst treffen (Bortz & Schuster, 2010; Rasch et al., 2014a).

Die berechnete Korrelation r kann als ein Effektstärkenmaß interpretiert werden (Rasch et al., 2014a). Als Interpretationshilfe kann auf die von Cohen (1988) vorgeschlagene Einteilung zurückgegriffen werden. Demnach gelten die in der Tabelle 8.10 angegeben Konventionen für die Einordnung des Korrelationskoeffizienten r.

Tabelle 8.10
Korrelationskoeffizienten r
nach Cohen (1988)

kleiner Effekt	$r = 0{,}10$
mittlerer Effekt	$r = 0{,}30$
großer Effekt	$r = 0{,}50$

Auch die Korrelation lässt sich einem Signifikanztest unterziehen. Dieser verläuft ähnlich zum t-Test (Rasch et al., 2014a). Das Signifikanzniveau wird auf $p \leq 0,05$ festgelegt. Bortz und Schuster (2010) verweisen darauf, dass der „Signifikanztest für Korrelationskoeffizienten als robust sowohl gegenüber Verletzungen der Verteilungsannahme als auch gegenüber Verletzungen des vorausgesetzten Intervallskalenniveaus" erweist (S. 162).

Ergebnisse und Interpretationen

9

Die vorliegende Untersuchung wurde vor allem mit dem Ziel durchgeführt, Erkenntnisse über die Wirkungen von Fortbildungen auf die fachdidaktischen Fähigkeiten von Lehrpersonen zu erhalten. Zusätzlich wurden weitere Variablen erhoben, die im Zusammenhang mit dem Fortbildungserfolg und der Umsetzung des Gelernten im Unterricht stehen. Die auf Grundlage des Untersuchungsdesigns und der methodologischen Überlegungen erhobenen Daten und die daraus resultierenden Ergebnisse werden im Folgenden vorgestellt.

In den Abschnitten 9.1, 9.2 und 9.3 werden Einschätzungen (Zufriedenheit, Relevanz der Inhalte und Challenge Appraisal) der Lehrpersonen zu den Fortbildungen dokumentiert. Ergebnisse, in Bezug auf die Prozessorientierung, den Enthusiasmus und die Selbstwirksamkeitserwartungen, werden in den Abschnitten 9.4 bis 9.6 dargestellt. In Abschnitt 9.7 und 9.8 werden die Ergebnisse zu diagnostischen Fähigkeiten und Förderfähigkeiten berichtet. Der vorletzte Abschnitt (9.9) stellt die Korrelationen von Veränderungen dar, während den Abschluss ein zusammenfassender Überblick der Ergebnisse in Abschnitt 9.10 bildet.

9.1 Zufriedenheit

In einem ersten Bereich der Fortbildungsevaluation wird häufig die Zufriedenheit mit der Fortbildung erfasst (vgl. Abschnitt 6.3.2). Auch wenn die dadurch gewonnenen Einsichten keinen zuverlässigen Indikator für den Fortbildungserfolg darstellen, kann zumindest davon ausgegangen werden, dass „eine geringe Zufriedenheit die Bereitschaft, die Fortbildungsinhalte anzuwenden und in das eigene Handeln zu integrieren, nicht befördern dürfte" (Lipowsky & Rzejak, 2012, S. 237). Umgekehrt kann also gefolgert werden, dass die Zufriedenheit mit der Fortbildung für die Arbeit eine Umsetzung der Inhalte durchaus positiv beeinflussen könnte.

Zum Messzeitpunkt t3 wurde die Zufriedenheit der Lehrpersonen mit der Skala ZUFR01 erhoben (vgl. Abschnitt 8.5.2 Skalen). Die Skala umfasst vier Items. Der Wert 1 gilt als geringe, der Wert 6 als hohe Zustimmung.

Forschungsfrage
Wie zufrieden sind die Teilnehmerinnen und Teilnehmer mit den Fortbildungs-maßnahmen und wie unterscheiden sie sich hinsichtlich ihrer Zufriedenheit?

Das arithmetische Mittel liegt nach der Auswertung von N = 121 Teilnehmerinnen- und Teilnehmerantworten für die beiden Gruppen A und B zusammengenommen ($M = 5{,}74$) im oberen Bereich der 6-stufigen Likertskala (vgl. Tabelle 9.1). Dieses Bild ergibt sich auch bei einer getrennten Betrachtung der einzelnen Fortbildungsgruppen. So liegt der Mittelwert der Gruppe A ($M = 5{,}75$), ebenso wie der Mittelwert der Gruppe B ($M = 5{,}73$) deutlich im oberen Bereich.

Tabelle 9.1 Deskriptive Statistik der Skala ZUFR01 [Min = 1, Max = 6]

	Mittelwert	Std.-Abweichung	N
Gruppe A	5,75	0,34	65
Gruppe B	5,73	0,57	56
Gesamt	5,74	0,46	121

Der Unterschied mit Blick auf die Standardabweichung zwischen den Gruppen ergibt sich durch einen Fall in Gruppe B, dessen Mittelwert des Zufriedenheits-index bei $M = 2{,}75$ liegt. Die Zufriedenheit der Lehrpersonen kann sowohl für die Gruppe A, als auch für die Gruppe B als äußerst hoch gewertet werden. Die Verteilung der Werte und damit der hohe Grad an Zufriedenheit wird noch einmal durch das Histogramm in Abbildung 9.1 deutlich. Über die Hälfte der Lehrpersonen gaben einen maximalen Zufriedenheitswert an.

Zur Überprüfung, ob die Einschätzung der Gesamtskala auch für die Einzeli-tems gilt, werden die Mittelwerte der einzelnen Items betrachtet (vgl. Tabelle 9.2). Die Auswertung zeigt, dass die angegebenen Werte bei allen Items zwischen $M = 5{,}55$ und $M = 5{,}86$ liegen. Die Einschätzung der Gesamtskala wird demnach von allen Items gestützt.

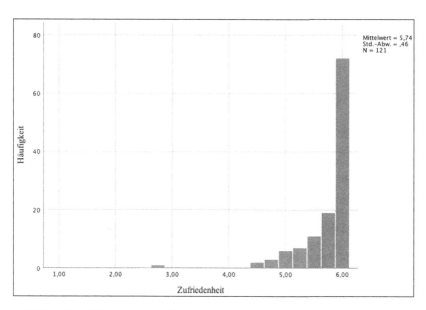

Abbildung 9.1 Histogramm der Skala ZUFR01 (Gruppe A und B)

Tabelle 9.2 Itemmittelwerte der Skala ZUFR01 [Min = 1, Max = 6]

	Ich habe die Fortbildung gerne besucht.	Mit der Fortbildung war ich zufrieden.	Wenn es mir möglich gewesen wäre, hätte ich die Fortbildung früher beendet. (umgepolt)	Ich kann mich über die Fortbildung in keiner Weise beklagen.
Gruppe A	5,86	5,78	5,86	5,48
Gruppe B	5,84	5,79	5,68	5,63
Gesamt	5,85	5,79	5,78	5,55

Durch einen t-Test konnte kein statistisch signifikanter Unterschied bezüglich der Zufriedenheit der beiden Gruppen nachgewiesen werden, $t(119) = 0{,}17$, $p = 0{,}868$.

Insgesamt waren die Teilnehmer also sehr zufrieden mit der Fortbildung. Dabei ist kein signifikanter Unterschied zwischen der Zufriedenheit der unterschiedlichen Fortbildungskonzeptionen zu erkennen.

Interpretation der Ergebnisse

Als bestimmende Faktoren für die Zufriedenheit werden eine Nähe zur Praxis, der Austausch mit anderen Teilnehmerinnen und Teilnehmern, die Möglichkeit zur aktiven Teilnahme und zum Feedback, die wahrgenommene Kompetenz der Fortbildungsleitung sowie der Erhalt von Impulsen und Anregungen für den alltäglichen Unterricht angesehen (Lipowsky, 2010; Lipowsky & Rzejak, 2012). Offensichtlich wurden diese Faktoren in beiden Fortbildungskonzeptionen ausreichend berücksichtigt.

Die zeitliche Dauer der Fortbildung scheint hingegen keinen entscheidenden Einfluss auf die Zufriedenheit der Teilnehmerinnen und Teilnehmer zu haben. Allerdings wäre es auch möglich, dass die Dauer der Fortbildung eine Rolle für die Zufriedenheit spielt, insofern die Erwartungen der Lehrpersonen an die Fortbildungen unterschiedlich waren. So erwarten Personen, die sich beispielsweise für längere Fortbildung anmelden, eine vertiefte Auseinandersetzung mit den vermittelten Inhalten und eine Reflexion der in den Praxisphasen gemachten Erfahrungen. Teilnehmerinnen und Teilnehmer von kurzen Fortbildungen erwarten möglicherweise kompakte Informationen. Offenbar ist es der Fortbildungsleitung gelungen, die Inhalte so aufzubereiten, dass die jeweiligen Erwartungen erfüllt wurden. Entscheidend für die Zufriedenheit sind also eher die Inhalte und deren Aufbereitung, anstatt Faktoren wie Aufwand und Motivation der Teilnehmenden.

Da die Zufriedenheit erst am Ende des Schuljahres erfasst wurde, wäre auch ein anderes Ergebnis denkbar gewesen. Mit Blick auf die praktische Arbeit im Lehrberuf hätte die Zufriedenheit sinken können. Beispielsweise dann, wenn die erlernten Inhalte keinen Bezug zur alltäglichen Arbeit aufweisen und nicht angewandt werden können. Dass dies nicht der Fall ist, zeigt wie nachhaltig die Zufriedenheit der Lehrpersonen mit den Fortbildungen ist.

Dass die Zufriedenheit insgesamt so hoch war, lässt den Schluss zu, dass die Teilnehmerinnen und Teilnehmer während der gesamten Dauer der Fortbildungen motiviert und damit prinzipiell aufnahmebereit waren. Diese Annahme wird durch die starken motivationalen Orientierungen vor den Fortbildungen und deren überwiegend positive Entwicklung bestätigt (vgl. Abschnitt 9.5 und Abschnitt 9.6). Außerdem kann der dargelegte Sachverhalt als optimale Voraussetzung gesehen werden, damit die Inhalte der Fortbildung aktiv von den Lehrpersonen rezipiert werden. Das Erleben positiver Emotionen erweitert das menschliche Denk- und Verhaltensrepertoire, was zu einem „Anstieg kreativer Gedanken und innovativer Handlungen führt" (Barysch, 2016, S. 205) und sich positiv auf das Lernen in Fortbildungen auswirken dürfte.

Ob sich jedoch ein tatsächlicher Erfolg einstellt, bedarf weiterer Analysen.

9.2   Relevanz der Inhalte

Neben der Zufriedenheit mit der Fortbildung, kann als unmittelbare Reaktion die Relevanz der Inhalte erfasst werden (vgl. Abschnitt 6.3.2). Werden die in den Fortbildungen vermittelten Inhalte als relevant für die Arbeit erachtet, ist die Wahrscheinlichkeit höher, dass das erworbene Wissen auch in der alltäglichen Praxis angewandt wird.

Die Einschätzung zur Relevanz der Inhalte wurde mit Hilfe der Skala REIN01, bestehend aus neun Items, zum Messzeitpunkt t3 erfasst. Die Antworten wurden mit einer sechsstufigen Likertskala erhoben, dabei entspricht der Wert 1 der geringsten und der Wert 6 der höchsten Zustimmung.

Forschungsfrage
Welche Relevanz haben die Inhalte der Fortbildungsmaßnahme für die Teilnehmerinnen und Teilnehmer und wie unterscheiden sich diese hinsichtlich ihrer Einschätzung der Relevanz der Inhalte?

Die Auswertung erfolgte auf der Basis von N = 121 Antworten der befragten Lehrpersonen (vgl. Tabelle 9.3). Der Mittelwert der Gruppe A ($M = 5{,}76$) ist deutlich im oberen Bereich der Skala verortet. Im nahezu identischen Wertebereich liegt auch der Mittelwert der Gruppe B ($M = 5{,}67$). Aus diesen Werten kann geschlossen werden, dass die Teilnehmerinnen und Teilnehmer die Inhalte der Fortbildung als sehr relevant betrachten, unabhängig von der jeweiligen Fortbildungskonzeption.

Tabelle 9.3 Deskriptive
Statistik der Skala REIN01
[Min = 1, Max = 6]

	Mittelwert	Std.-Abweichung	N
Gruppe A	5,76	0,36	65
Gruppe B	5,67	0,51	56
Gesamt	5,72	0,43	121

Diese hohe Einschätzung der Relevanz der Inhalte wird noch einmal besonders deutlich bei der Betrachtung des Histogramms (vgl. Abbildung 9.2). Dabei kann festgestellt werden, dass circa die Hälfte der Teilnehmerinnen und Teilnehmer den Wert der größten Zustimmung wählten.

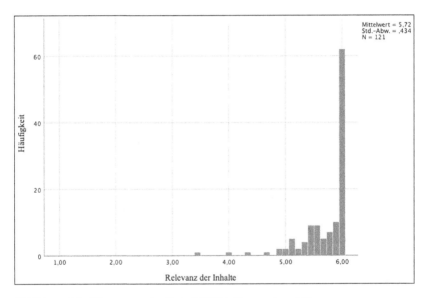

Abbildung 9.2 Histogramm der Skala REIN01 (Gruppe A und B)

Eine Überprüfung der Mittelwerte der Einzelitems bestätigt die Einschätzung der Gesamtskala. Die Beurteilung der Relevanz weist nur geringe Unterschiede bezüglich der Itemmittelwerte auf (vgl. Tabelle 9.4).

Tabelle 9.4 Itemmittelwerte der Skala REIN01 [Min = 1, Max = 6]

	Ich empfinde die Inhalte der Fortbildung als hilfreich für meinen Mathematikunterricht.	Ich empfinde die Inhalte der Fortbildung als hilfreich für meinen Förderunterricht.	Was ich in der Fortbildung gelernt habe, hat wenig mit meinen Aufgaben als Mathematiklehrer zu tun. (umgepolt)	Das Wissen, das ich in der Fortbildung erworben habe, hilft mir in meinem Mathematikunterricht.	Das Wissen, das ich in der Fortbildung erworben habe, hilft mir in meinem Förderunterricht.	Die Fortbildung scheint mir für meinen Mathematikunterricht wirklich nützlich.	Ich bin vom Nutzen der Fortbildungsinhalte überzeugt.	Ich denke, dass die Anwendung der Fortbildungsinhalte sinnvoll ist.	Der Fortbildner verdeutlicht an Beispielen, wozu man das Thematisierte gebrauchen kann.
Gruppe A	5,71	5,92	5,45	5,71	5,91	5,71	5,82	5,82	5,82
Gruppe B	5,68	5,63	5,48	5,61	5,54	5,71	5,79	5,82	5,82
Gesamt	5,69	5,79	5,46	5,66	5,74	5,71	5,80	5,82	5,82

Ein statistisch signifikanter Unterschied zwischen den Einschätzungen der beiden Gruppen konnte nicht festgestellt werden, $t(119) = 1{,}09$, $p = 0{,}279$.

Es ist also festzuhalten, dass die Teilnehmerinnen und Teilnehmer beider Gruppen die Inhalte der Fortbildung für ihren Beruf als äußerst relevant einstufen, unabhängig von der jeweiligen Konzeption der Fortbildung.

Interpretation der Ergebnisse

Aus den hier dargestellten Ergebnissen kann geschlossen werden, dass die Einschätzung der Relevanz der Inhalte unabhängig von der Dauer der Fortbildungen und den Praxiselementen ist.

Stattdessen besitzen alle behandelten Themengebiete eine Relevanz für die Teilnehmerinnen und Teilnehmer. Dies gilt nicht nur für die besonderen Schwierigkeiten beim Rechnenlernen in Bezug auf die verfestigten zählenden Strategien und einem unzureichenden Stellenwertverständnis, sondern auch für weitere Inhalte wie beispielsweise die Multiplikation und Division. Es kann, auch im Zusammenhang mit

der Zufriedenheit (vgl. Abschnitt 9.1), vermutet werden, dass die Erwartungen der
Lehrpersonen inhaltlich bei beiden Fortbildungskonzeptionen erfüllt wurden. Möglicherweise waren die Lehrpersonen für das Problem Rechenschwäche sensibilisiert,
fühlten sich aber gleichzeitig nicht kompetent genug, um mit dieser Schwierigkeit
angemessen im Unterricht umgehen zu können. Deshalb schätzten sie dieses Thema
als besonders relevant ein und besuchten dazu die Fortbildungen.

Umgekehrt kann vermutet werden, dass sie die Relevanz der Inhalte erst durch
den Besuch der Fortbildungen einschätzen konnten. Erst die Auseinandersetzung
mit den Inhalten, mit der Diagnose und Förderung bei besonderen Schwierigkeiten beim Rechnenlernen ermöglichte diese Einschätzung. Möglicherweise haben
die Teilnehmerinnen und Teilnehmer dieses Themengebiet im Vorfeld zwar als
interessant eingestuft, ihm aber eine nicht so hohe Relevanz eingeräumt. Erst die
Fortbildungen konnten für diese Inhalte sensibilisieren. Dazu könnte auch beigetragen haben, dass der Fortbildner den Teilnehmenden die Praxisrelevanz anhand von
Videobeispielen verdeutlichen konnte. Die Fähigkeit zur Verdeutlichung der Relevanz der Fortbildungsinhalte wird im Angebots-Nutzungs-Modell (Lipowsky, 2019;
vgl. Abschnitt 6.3.1) als ein Merkmal der Fortbildungsleitung genannt, welche im
Zusammenhang für den Erfolg von Fortbildungen gesehen werden.

Gleichzeitig ist es offensichtlich gelungen, durch die Schwerpunktsetzung auf
die Inhalte der Fortbildungen, an das Vorwissen der Lehrpersonen anzuknüpfen und
dieses so weiterzuführen, dass ein Lernzuwachs empfunden wird.

9.3   Challenge Appraisal

Als weitere Einschätzung der Fortbildung wurde das Konstrukt Challenge Appraisal erfasst (vgl. Abschnitt 8.5.2). Wahrgenommene Herausforderungen können
nach der Appraisal-Theorie die Umsetzung von Lerninhalten befördern (Frenzel, Götz & Pekrun, 2015). Rzejak und Lipowsky (2019) fanden in einer
Untersuchung heraus: „Je stärker die Fortbildung als positive Herausforderung
wahrgenommen wird und je intensiver die Lehrpersonen die Inhalte systematisch
verarbeiten, desto stärker fallen deren Absichten aus, die Fortbildungsinhalte für
die eigene Praxis anzupassen und anzuwenden" (S. 170). Auch Gregoire (2003)
geht davon aus, dass eine hohe Ausprägung des Challenge Appraisal im Zusammenhang mit Veränderungen bei Fortbildungsteilnehmerinnen und -teilnehmern
steht. In anderen Bereichen, wie beispielsweise Sport, Schachspielen oder Berg-
steigen konnte nachgewiesen werden, dass Herausforderungen die intrinsische
Motivation fördern (Abuhamdeh & Csikszentmihalyi, 2011).

Die Skala Challenge Appraisal (CHAP01) besteht aus acht Items und wurde
zum Messzeitpunkt t2 abgefragt. Durch diesen Befragungszeitpunkt konnte die

wahrgenommene Herausforderung nur in der Gruppe A erhoben werden. Die Befragten konnten Einschätzungen zwischen 1 (geringe Zustimmung) und 6 (hohe Zustimmung) abgeben.

Forschungsfrage
Als wie herausfordernd wird die Fortbildung von den Teilnehmerinnen und Teilnehmern eingeschätzt?
Die Auswertung der Ergebnisse beruht auf N = 64 ausgefüllten Skalen (vgl. Tabelle 9.5).

Tabelle 9.5 Deskriptive Statistik der Skala CHAP01 [Min = 1, Max = 6]

	Mittelwert	Std.-Abweichung	N
Gruppe A	5,56	0,46	64

Im Mittel empfanden die Fortbildungsteilnehmerinnen und -teilnehmer die Maßnahme als sehr herausfordernd. Der Mittelwert beträgt *M* = 5,56 und liegt damit nahe an der oberen Begrenzung der Skala.
Im Histogramm (vgl. Abbildung 9.3) zeigt sich die Verteilung und geringe Streuung noch einmal sehr deutlich.

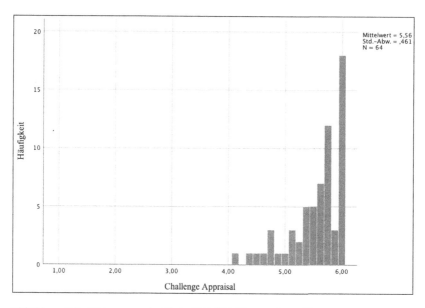

Abbildung 9.3 Histogramm der Skala CHAP01 (Gruppe A und B)

Eine Betrachtung auf Itemebene bestätigt den gewonnenen Eindruck (vgl. Tabelle 9.6). Die Itemmittelwerte schwanken zwischen $M = 5{,}17$ und $M = 5{,}88$. Insgesamt wurde die Fortbildung als herausfordernd und produktiv gewertet.

Tabelle 9.6   Itemmittelwerte der Skala CHAP01 [Min $= 1$, Max $= 6$]

	Die Fortbildung gefällt mir, da sie mich fordert.	Durch die Fortbildung fühle ich mich herausgefordert.	Die Fortbildung ist interessant, weil ich immer wieder neu herausgefordert werde.	Ich freue mich, mich in der Fortbildung mit anspruchsvollen Inhalten auseinander zu setzen.	Die Inhalte der Fortbildung sind relevant für die Förderung.	Die Inhalte der Fortbildung sind relevant für den normalen Mathematikunterricht.	Die Atmosphäre der Fortbildung ist wertschätzend.	Die Atmosphäre der Fortbildung ist produktiv.
Mittelwert	5,61	5,47	5,34	5,78	5,88	5,17	5,72	5,53

Interpretation der Ergebnisse

Die Einschätzung der Herausforderung wurde nur bei den Fortbildungsteilnehmerinnen und -teilnehmern der Gruppe A erfasst. Diese fühlten sich herausgefordert, was, bei Betrachtung der einzelnen Items, im Zusammenhang mit den Ergebnissen zur Relevanz der Inhalte stehen dürfte. Das bedeutet, dass die Fortbildungen sowohl inhaltlich anspruchsvoll, produktiv und in einer wertschätzenden Atmosphäre stattgefunden haben.

9.4   Prozessorientierung

Die Prozessorientierung übernimmt eine wichtige Funktion in der Diagnose von Rechenschwierigkeiten. Sowohl im Unterricht als auch in speziellen Diagnosesituationen kann, durch ein prozessorientiertes Vorgehen, ein Verständnis des Denkens der Kinder und damit eine genaue Kompetenzanalyse und Analyse von Fehlvorstellungen ermöglicht werden (vgl. Abschnitt 4.2.2).

Die selbsteingeschätzte Prozessorientierung wurde vor und nach den Fortbildungen durch die Skala PROZ01 mit fünf Items erfasst. Der Wert 1 entspricht dabei der geringsten und der Wert 6 der höchsten Zustimmung.

9.4.1 Analyse der Ausgangslage

Forschungsfrage
Welche Unterschiede zeigen sich bei den Fortbildungsteilnehmerinnen und
-teilnehmern hinsichtlich ihrer selbsteingeschätzten Prozessorientierung?
  Zum Messzeitpunkt t1 gaben N = 100 Lehrpersonen ihre Einschätzungen zu
den Items der Skala Prozessorientierung ab (vgl. Tabelle 9.7). Die Teilnehmerinnen und Teilnehmer der Gruppe A ($M = 4{,}99$) schätzten ihre Prozessorientierung
höher ein als die Teilnehmerinnen und Teilnehmer der Gruppe B ($M = 4{,}84$).
Der t-Test ergab keinen statistisch signifikanten Unterschied zwischen den
Einschätzungen der beiden Gruppen, $t(98) = 1{,}08$, $p = 0{,}284$.

9.4.2 Analyse von Veränderungen

Forschungsfrage
Welche Veränderungen zeigen sich bei den Fortbildungsteilnehmerinnen und
-teilnehmern hinsichtlich ihrer selbsteingeschätzten Prozessorientierung?
  Die Auswertung der Veränderungen der selbsteingeschätzten Prozessorientierung beruht auf den Antworten von N = 100 Probanden, welche die Skala
zu beiden Erhebungszeitpunkten vollständig ausgefüllt haben (vgl. Tabelle 9.7).

Tabelle 9.7 Deskriptive Statistik der Skala PROZ01 [Min = 1, Max = 6]

		Mittelwert	Std.-Abweichung	N
t1	Gruppe A	4,99	0,77	56
	Gruppe B	4,84	0,61	44
	Gesamt	4,92	0,71	100
t3	Gruppe A	5,31	0,52	56
	Gruppe B	5,08	0,66	44
	Gesamt	5,21	0,59	100

  Beide Gruppen schätzen ihre Prozessorientierung bereits vor den Fortbildungen als hoch ein. Diese Einschätzung konnte durch die Fortbildungen dennoch
gesteigert werden (vgl. Abbildung 9.4).
  Vom ersten Messzeitpunkt t1 ($M = 4{,}99$) zum dritten Messzeitpunkt t3
($M = 5{,}31$) steigt der Mittelwert der Gruppe A um 0,32 an. Auch bei Gruppe B ist
ein Anstieg vom Messzeitpunkt t1 ($M = 4{,}84$) zum Messzeitpunkt t3 ($M = 5{,}08$)

zu verzeichnen. Die Differenzen zwischen den jeweiligen Werten beträgt 0,24 im Längsschnitt.

Zwischen den beiden Gruppen besteht vor Beginn der Fortbildungen ein Unterschied von 0,15 (vgl. dazu auch Abschnitt 9.4.1), der sich im Verlauf der Zeit vergrößert und nach der Fortbildung 0,23 beträgt.

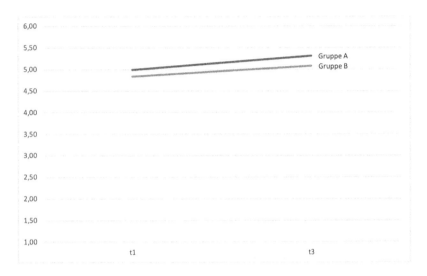

Abbildung 9.4 Entwicklung der Mittelwerte der Skala PROZ01

Durch eine Varianzanalyse konnte für die Skala PROZ01 eine Signifikanz für den Faktor *Zeit* nachgewiesen werden $F(1,98) = 24,71$, $p < 0,001$, partielles $\eta^2 = 0,20$. Eine signifikante Interaktion zwischen dem Faktor *Zeit* und den *Gruppen* konnte nicht nachgewiesen werden $F(1,98) = 0,51$, $p = 0,478$, partielles $\eta^2 = 0,01$. Die Varianzhomogenität war gemäß dem Levene-Test zu beiden Messzeitpunkten gegeben ($p > 0,05$).

Die Teilnehmerinnen und Teilnehmer der beiden Fortbildungskonzeptionen erleben sich nach der jeweiligen Fortbildung als prozessorientierter. Dieser Anstieg kann auf den Einfluss der Fortbildung zurückgeführt werden. Beide Fortbildungskonzepte haben einen nicht zufälligen Einfluss auf die selbsteingeschätzte Prozessorientierung. Dabei ist ein Unterschied des Einflusses zwischen den beiden Fortbildungskonzeptionen festzustellen. Der Anstieg des Mittelwertes ist bei Gruppe A etwas stärker, aber nicht signifikant.

Interpretation der Ergebnisse

Die Ergebnisse der vorliegenden Studie zeigen, dass Fortbildungen einen signifikanten Beitrag zur Stärkung der selbsteingeschätzten Prozessorientierung leisten können. Interessant ist, dass die Lehrpersonen ihre Arbeitsweise bereits vor den Fortbildungen als prozessorientiert bewerteten. Das heißt, in ihrem Unterricht und in Diagnosen versuchen sie die Denkprozesse der Kinder offenzulegen und zu verstehen. Dennoch konnten die Fortbildungen dazu beitragen, dass sich die Lehrerinnen und Lehrer danach als noch prozessorientierter wahrnahmen. Dabei ist allerdings statistisch unerheblich, ob die Fortbildungen nach Konzeption A oder B besucht wurden, auch wenn der Mittelwert der Gruppe A etwas stärker anstieg.

Dieser prozessorientierte Blick auf das Lernen der Schülerinnen und Schüler war eines der Hauptanliegen der Fortbildungen. Offensichtlich ist es durch eindringliche Videobeispiele und die damit zusammenhängenden Besprechungen von prozessorientierten Diagnosen gelungen, diesen Punkt im Bewusstsein der Lehrpersonen zu verstärken. In Verbindung mit der als hoch erachteten Relevanz der Inhalte kann angenommen werden, dass diese Sichtweise auf Mathematiklernen als sehr plausibel und praktikabel erachtet wird. Diese verstärkte Einschätzung der eigenen Prozessorientierung ist bereits durch die eintägige Fortbildung angestoßen worden.

9.5 Enthusiasmus

Der Enthusiasmus spielt eine Schlüsselrolle für effektives Unterrichten und für die Motivation von Schülerinnen und Schülern (vgl. Abschnitt 3.3). Er gilt als ein wichtiger Aspekt der intrinsischen Motivation und hat damit einen Einfluss auf die Arbeit der Lehrpersonen und auf das Lernen von Lehrpersonen in Fortbildungen. Dadurch, dass Lehrpersonen sowohl als Pädagogen als auch als Fachexperten tätig sind, kann ein Enthusiasmus für das Fach und ein Enthusiasmus für das Unterrichten, von einem Enthusiasmus für das Fach unterschieden werden.

Der Enthusiasmus für das Fach (ENTH01) und der Enthusiasmus für das Unterrichten (ENTH02) wurde jeweils zu den beiden Messzeitpunkten t1 und t3 im Fragebogen erhoben. Ersterer durch sechs Items und letzterer durch sieben Items. Als Antwortformat wurde eine sechsstufige Likertskala vorgegeben, wobei 1 dem Wert der geringsten Zustimmung und 6 dem Wert der höchsten Zustimmung entsprach.

9.5.1 Analyse der Ausgangslage

Forschungsfrage
Welche Unterschiede zeigen sich bei den Fortbildungsteilnehmerinnen und
-teilnehmern hinsichtlich ihres Enthusiasmus für das Fach und ihres Enthusiasmus
für das Unterrichten?

Vor Beginn der Fortbildungen wurde die Skala Enthusiasmus für das
Fach (ENTH01) von N = 102 Personen bearbeitet (vgl. Tabelle 9.8). Gruppe A
(M = 4,67) zeigte dabei einen größeren Enthusiasmus für das Fach als Gruppe B
(M = 4,17). Es gab einen statistisch signifikanten Unterschied zwischen den
beiden Gruppen, $t(79,75) = 2,52$, $p = 0,014$, $d = 0,51$.

Von den Teilnehmerinnen und Teilnehmern der Fortbildungen machten
N = 100 Personen Angaben zur Skala Enthusiasmus für das Unterrichten
(ENTH02) (vgl. Tabelle 9.9). Die Probanden der Gruppe A (M = 5,01) waren
dabei in Bezug auf das Unterrichten enthusiastischer als die Probanden der
Gruppe B (M = 4,47). Die Analyse ergab auch hier, dass dieser Unterschied
statistisch signifikant ist, $t(76,68) = 2,92$, $p = 0,005$, $d = 0,60$.

Die Betrachtung der Analyseergebnisse zeigt einen signifikanten Unterschied
zwischen den beiden Fortbildungsgruppen, bezüglich des *Enthusiasmus für das
Fach* und des *Enthusiasmus für das Unterrichten*. Dies würde für folgende Untersuchungen eine Varianzanalyse mit Kovariate nahelegen, um mögliche Effekte
durch den Enthusiasmus zu kontrollieren. Um diese Analyse durchzuführen sind
allerdings die Voraussetzungen, die Korrelation der abhängigen und der unabhängigen Variablen, nicht durchgängig gegeben. Bortz und Schuster (2010) weisen
darauf hin, dass dies zu Zufallsergebnissen führen kann, weshalb in dieser Arbeit
darauf verzichtet wird (vgl. Abschnitt 8.5.3).

9.5.2 Analyse von Veränderungen

Enthusiasmus für das Fach

Forschungsfrage
Welche Veränderungen zeigen sich bei den Fortbildungsteilnehmerinnen und
-teilnehmern hinsichtlich ihres Enthusiasmus für das Fach?

Für die Auswertung der Skala ENTH01 mit Blick auf die Veränderungen konnten
die Aussagen von N = 102 Personen berücksichtigt werden (vgl. Tabelle 9.8).

Obwohl die Teilnehmenden bereits zu Beginn ein hohes Maß an Enthusiasmus für
das Fach angegeben haben, konnte dieser durch beide Maßnahmen noch gesteigert

Tabelle 9.8 Deskriptive Statistik der Skala ENTH01 [Min = 1, Max = 6]

		Mittelwert	Std.-Abweichung	N
t1	Gruppe A	4,67	0,83	57
	Gruppe B	4,17	1,10	45
	Gesamt	4,45	0,99	102
t3	Gruppe A	4,92	0,79	57
	Gruppe B	4,25	1,06	45
	Gesamt	4,62	0,97	102

werden (vgl. Abbildung 9.5). Von einem möglichen Maximalwert der Skala bei 6, wurde von der Gruppe A im Mittel ein Wert von $M = 4,70$ zum ersten Messzeitpunkt und ein Mittel von $M = 4,92$ zum dritten Messzeitpunkt erreicht. Die Differenz zwischen diesen beiden Werten beträgt 0,22. Gruppe B erreichte zum Messzeitpunkt t1 einen Mittelwert von $M = 4,17$ und steigerte diesen zum Messzeitpunkt t3 auf $M = 4,25$. Daraus folgt ein Mittelwertunterschied von 0,08.

Zum Messzeitpunkt t1 beträgt die Differenz zwischen den beiden Fortbildungsgruppen 0,53 und zum dritten Messzeitpunkt 0,67. Der Enthusiasmus für das Fach steigt bei Teilnehmerinnen und Teilnehmern nach der Fortbildungskonzeption A also stärker an.

Eine Varianzanalyse ergab eine signifikante Veränderung für den Faktor Zeit bei der Skala ENTH01 $F(1,100) = 6,23$, $p = 0,014$, partielles $\eta^2 = 0,06$. Eine Signifikanz für die Interaktion zwischen dem Faktor Zeit und den Gruppen konnte nicht gefunden warden $F(1,100) = 1,82$, $p = 0,180$, partielles $\eta^2 = 0,02$. Die Varianzhomogenität konnte durch den Levene-Test nicht bestätigt werden. Diese war zu beiden Messzeitpunkten nicht gegeben ($p < 0,05$). Durch die Verletzung dieser Voraussetzung müssen die Daten der Analyse vorsichtig interpretiert werden. Aus diesem Grund wurde zur Absicherung ein Wilcoxon-Test durchgeführt.

Der Enthusiasmus für das Fach ist in Gruppe A nach der Fortbildung signifikant höher (*Mdn* = 4,83) als davor (*Mdn* = 4,33; asymptotischer Wilcoxon-Test: $z = -2,91$, $p = 0,004$). Die Effektstärke liegt bei $r = 0,39$ und entspricht einem mittleren bis starken Effekt.

Bei der Gruppe B konnte kein signifikanter Anstieg vom Messzeitpunkt t1 (*Mdn* = 4,17) zu Messzeitpunkt t3 (*Mdn* = 4,33; asymptotischer Wilcoxon-Test: $z = 1,00$, $p = 0,327$) festgestellt werden. Die berechnete Effektstärke liegt bei $r = 0,15$ und entspricht einem schwachen Effekt.

Beide Fortbildungskonzeptionen haben einen positiven Einfluss auf den Enthusiasmus. Allerdings ist dieser bei den Teilnehmerinnen und Teilnehmern der Gruppe

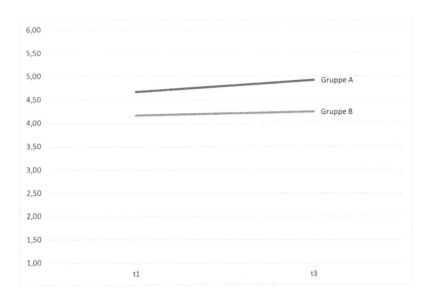

Abbildung 9.5 Entwicklung der Mittelwerte der Skala ENTH01

B äußerst gering. Aufgrund der Analysen kann davon ausgegangen werden, dass dieser durch die längere Fortbildung stärker gefördert wird als durch die kürzere Fortbildung.

Enthusiasmus für das Unterrichten

Forschungsfrage
Welche Veränderungen zeigen sich bei den Fortbildungsteilnehmerinnen und -teilnehmern hinsichtlich ihres Enthusiasmus für das Unterrichten?

Die folgende Analyse beruht auf den Antworten von N = 100 Probanden (vgl. Tabelle 9.9).

Wie die Abbildung 9.6 zeigt, liegen die Mittelwerte beider Gruppen vor der Fortbildung bereits deutlich über dem Mittelwert der sechsstufigen Skala. Dabei zeigt die Entwicklung des Enthusiasmus für das Unterrichten ein ähnliches Bild wie der Enthusiasmus für das Fach. In beiden Gruppen konnte der Enthusiasmus gesteigert werden.

Vom ersten Messzeitpunkt ($M = 5{,}01$) zum dritten Messzeitpunkt ($M = 5{,}26$) steigt der Mittelwert der Gruppe A um 0,25 an. Bei Gruppe B ist ein Anstieg vom

Tabelle 9.9 Deskriptive Statistik der Skala ENTH02 [Min = 1, Max = 6]

		Mittelwert	Std.-Abweichung	N
t1	Gruppe A	5,01	0,76	56
	Gruppe B	4,47	1,04	44
	Gesamt	4,77	0,93	100
t3	Gruppe A	5,26	0,75	56
	Gruppe B	4,51	1,03	44
	Gesamt	4,93	0,95	100

Messzeitpunkt t1 ($M = 4{,}47$) zum Messzeitpunkt t3 ($M = 4{,}51$) um 0,04 festzu-stellen. Die Differenzen zwischen den Gruppen betragen vor den Fortbildungen 0,54 und nach den Fortbildungen 0,75. Dies zeigt, dass der Enthusiasmus für das Unterrichten durch die Teilnahme an den Fortbildungen nach Konzeption A eine deutlichere Steigerung erfährt als durch die Teilnahme an den Fortbildungen nach Konzeption B.

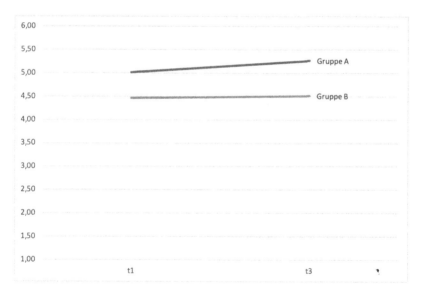

Abbildung 9.6 Entwicklung der Mittelwerte der Skala ENTH02

Das in Abbildung 9.7 dargestellte Histogramm zeigt, dass für den Enthusiasmus für das Unterrichten zum Zeitpunkt t3 ein Deckeneffekt vorliegt. Hier müssen Einschränkungen in der Aussagekraft der Ergebnisse gemacht werden, da die Streuung eingeschränkt ist. Allerdings kann davon ausgegangen werden, dass sich der Enthusiasmus nicht ins Unendliche steigern lässt, weshalb die Skalenbildung selbst in Ordnung ist.

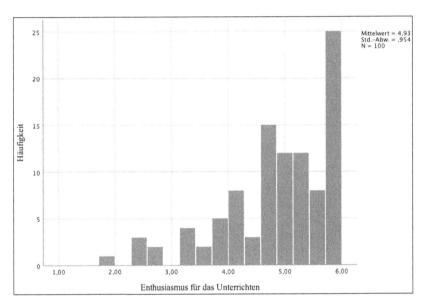

Abbildung 9.7 Histogramm der Skala ENTH02 (Gruppe A und B)

Die durchgeführte Varianzanalyse der Skala ENTH02 wird auf den Faktor Zeit signifikant $F(1,98) = 5,64$, $p = 0,020$, partielles $\eta^2 = 0,05$. Nicht signifikant ist die Interaktion zwischen dem Faktor Zeit und den Gruppen $F(1,98) = 2,85$, $p = 0,094$, partielles $\eta^2 = 0,03$. Die Durchführung des Levene-Tests ergab, dass die Varianzhomogenität zwischen den Gruppen, bei der vorliegenden Skala zu beiden Messzeitpunkten nicht erfüllt ist ($p < 0,05$). Deshalb wurde als Interpretationshilfe ein Wilcoxon-Test für beide Gruppen durchgeführt.

In der Gruppe A ist der Enthusiasmus für das Unterrichten nach der Fortbildung signifikant höher (*Mdn* = 5,43) als davor (*Mdn* = 5,07; asymptotischer Wilcoxon-Test: $z = -3,10$, $p = 0,002$). Die Effektstärke liegt bei $r = 0,41$ und entspricht einem mittleren bis starken Effekt.

Für die Veränderung vom Messzeitpunkt t1 (*Mdn* = 4,47) zu Messzeitpunkt t2 (*Mdn* = 4,51; asymptotischer Wilcoxon-Test: $z = -0,75$, $p = 0,454$), konnte für die Gruppe B keine Signifikanz nachgewiesen werden. Die Effektstärke liegt bei $r = 0,11$ und entspricht einem kleinen Effekt.

Die Analysen zeigen, dass beide Fortbildungskonzeptionen eine Veränderung im Enthusiasmus für das Unterrichten bewirken. Die Veränderungen der Gruppe B sind äußerst gering. Für die Veränderung in Gruppe A konnte eine Signifikanz nachgewiesen werden.

Interpretation der Ergebnisse
Wie die in Abschnitt 9.5.1 dargestellten Ergebnisse zur Untersuchung der Eingangsvoraussetzungen zeigen, unterscheiden sich die beiden Gruppen im Enthusiasmus für das Fach und im Enthusiasmus für das Unterrichten statistisch nachweisbar. Als Erklärungsansatz könnten die unterschiedlichen Konzeptionen der Fortbildungen dienen. Es ist durchaus denkbar, dass eher begeisterte beziehungsweise enthusiastische Lehrpersonen bereit sind, an einer zeitlich und inhaltlich umfassenderen und aufwendigeren Fortbildung teilzunehmen. Weniger enthusiastische Lehrpersonen greifen somit auf kürzere Fortbildungskonzeptionen zurück. Möglicherweise hängt dieser Sachverhalt auch mit den Anmeldeverfahren zu den Fortbildungen zusammen. Zu den Fortbildungen nach Konzeption B wurden teilweise ganze Kollegien angemeldet, weshalb nicht ausgeschlossen werden kann, dass einige Lehrpersonen weniger Begeisterung zeigten. Zu den Fortbildungen nach Konzeption A meldeten sich Einzelpersonen oder Tandems an. Hier ist, auch in Anbetracht des Zeit- und Arbeitsumfangs der Fortbildungen, eher von einer initiativen Teilnahme der Lehrpersonen auszugehen. Gestützt wird diese Interpretation auch durch die stärkere Streuung bei den Fortbildungen nach Konzeption B.

Unabhängig vom Unterschied zwischen den Gruppen zeigt sich, dass die Teilnehmerinnen und Teilnehmer beider Konzeptionen bereits vor den Fortbildungen sehr enthusiastisch waren. Für beide Gruppen liegen die Werte deutlich in der oberen Hälfte der Skala. Möglicherweise bringen Lehrpersonen, die an Fortbildungen teilnehmen, grundsätzlich eine hohe Begeisterung für das Fach und das Unterrichten mit.

Ein deutlicher Unterschied zeigt sich wieder in der Entwicklung des Enthusiasmus. Es konnten nahezu keine Veränderungen in der Gruppe B, also der Gruppe, die an den Fortbildungen mit kürzerer Dauer teilgenommen hat, verzeichnet werden. Fortbildungen nach Konzeption A hingegen zeigen einen signifikanten Einfluss auf den Enthusiasmus. Auch wenn es leichte Unterschiede zwischen dem Enthusiasmus für das Unterrichten und dem Enthusiasmus für das Fach in Bezug auf deren zeitliche Stabilität gibt, so gelten doch beide als verhältnismäßig stabile Konstrukte

(Kunter, 2011). Dieser Sachverhalt kann als Erklärungsansatz dienen, warum die kurzen Fortbildungen nicht wesentlich zur Veränderung des Enthusiasmus beitragen konnten. Im Unterschied dazu können Fortbildungen mit längerer zeitlicher Dauer eine positive Entwicklung begünstigen. Der Lehrpersonenenthusiasmus bildet positive Erfahrungen und Erlebnisse ab (Bleck, 2019; Klusmann, Kunter, Trautwein, Lüdtke & Baumert, 2008). Übertragen auf die Untersuchungsergebnisse könnte dies bedeuten, dass Lehrpersonen, welche die Wirkung des Gelernten in Praxisanwendungen erfahren und damit zusammenhängende mögliche Erfolge positiv wahrnehmen, auch eine Zunahme in ihrem Enthusiasmus erleben.

Bemerkenswert ist auch, dass, obwohl sich die Lehrpersonen bereits zu Beginn der Fortbildungen als enthusiastisch zeigten, dieser dennoch weiter gesteigert werden konnte. Dass es dadurch bei dem Enthusiasmus für das Unterrichten zu einem Deckeneffekt (Schäfer, 2016) kommt, ist für die Interpretation unerheblich, da die Entwicklung klar erkennbar ist. Außerdem ist es unwahrscheinlich, dass sich die Begeisterung unendlich steigern lässt.

Besonders interessant ist auch, dass eine positive Entwicklung des Enthusiasmus durch die Auseinandersetzung mit mathematikdidaktischen Inhalten gefördert werden kann. Das bedeutet, dass Lehrpersonen keine inhaltlich unspezifischen *Motivationsprogramme* benötigen, sondern eine fundierte fachdidaktische Ausbildung, welche einen ausreichenden zeitlichen Umfang haben sollte.

Interessant ist auch, dass diese fachdidaktisch spezifischen Fortbildungen zum Thema Rechenschwäche sowohl eine Auswirkung auf den Fachenthusiasmus als auch auf den Unterrichtsenthusiasmus haben können. Wird das fachdidaktische Wissen als ein Zusammenwirken von Fachwissen und pädagogischem Wissen angesehen (vgl. Abschnitt 2.3), so kann also eine Fortbildung mit fachdidaktischen Inhalten die Begeisterung für das Fach und das Unterrichten fördern.

Dass sich der Enthusiasmus durch die mehrtägigen Fortbildungen mit Praxisanteil positiv verändert, ist möglicherweise auf die wiederholte Auseinandersetzung mit den Inhalten, die Beharrlichkeit oder die Sensibilisierung über einen längeren Zeitraum hinweg zurückzuführen. Denkbar wäre aber auch eine Abnahme des Enthusiasmus bei den Teilnehmerinnen und Teilnehmern der längeren Fortbildungen gewesen. Bei Fortbildungen über einen langen Zeitraum und vor allem durch die wiederholte Anwendung in der Praxis hätten sich auch *Ermüdungseffekte* zeigen können, welche zu einer Abnahme des Enthusiasmus beitragen könnten. Die längere und intensivere Auseinandersetzung mit diesen mathematikdidaktischen Themenbereichen führte jedenfalls nicht zu einer Abnahme des Enthusiasmus, sondern zu einer eindeutigen Zunahme.

9.6   Selbstwirksamkeitserwartungen

Selbstwirksamkeitserwartungen beziehen sich auf die Erwartung beziehungsweise Überzeugung, bestimmte Aufgaben trotz Schwierigkeiten zu bewältigen (vgl. Abschnitt 3.2). Sie sind bedeutsam für die Erklärung von Kompetenzen und Leistungen von Lehrpersonen und gelten als Prädiktoren von Lernleistungen. Selbstwirksamkeit wirkt sich positiv auf das Lernverhalten und die Transfermotivation aus. „Selbstwirksamkeit ist darüber hinaus ein wünschenswertes Ergebnis von Trainingsprozessen, da es sich positiv auf das Transferverhalten, d. h. die Übertragung des Gelernten auf Anwendungssituationen, auswirkt" (Schaper, 2018, S. 531).

Die Selbstwirksamkeitserwartungen wurden über drei unterschiedliche Skalen erfasst. Die Erhebung in Bezug auf die Instruktion erfolgte durch die Skala SWKE01 mit sechs Items, in Bezug auf die Individualisierung durch die Skala SWKE02 mit ebenfalls sechs Items und in Bezug auf die Diagnose durch die Skala SWKE03 mit sieben Items, jeweils vor und nach den Fortbildungen. Bei allen Skalen wurde der Wert 1 als geringste und der Wert 6 als größtmögliche Zustimmung gewertet.

9.6.1   Analyse der Ausgangslage

Forschungsfrage
Welche Unterschiede zeigen sich bei den Fortbildungsteilnehmerinnen und -teilnehmern hinsichtlich ihrer Selbstwirksamkeitserwartungen in Bezug auf die Instruktion, die Individualisierung und die Diagnose?

An der in der Befragung erhobenen Skala *Selbstwirksamkeit in Bezug auf Instruktion* (SWKE01) beteiligten sich zum Erhebungszeitpunkt t1 N = 102 Probanden (vgl. Tabelle 9.10). Die Probanden der Gruppe A (M = 4,13) schätzten dabei ihre Selbstwirksamkeit höher ein, als diejenigen der Gruppe B (M = 3,96). Der t-Test ergab keinen statistisch signifikanten Unterschied zwischen den Einschätzungen der beiden Gruppen, $t(100) = 1,27$, $p = 0,206$.

Die Skala *Selbstwirksamkeit in Bezug auf Individualisierung* (SWKE02) wurde vor den Fortbildungen von N = 100 Teilnehmerinnen und Teilnehmern bearbeitet (vgl. Tabelle 9.11). Im Vergleich zur Gruppe B ($M = 3,81$) schätzten sich die Probanden der Gruppe A ($M = 3,97$) als selbstwirksamer in Bezug auf die Individualisierung ein. Es gab keinen statistisch signifikanten Unterschied zwischen den Einschätzungen der beiden Gruppen, $t(98) = 1,17$, $p = 0,245$.

Von den befragten Fortbildungsteilnehmerinnen und -teilnehmern machten N = 100 Personen Angaben zur *Skala Selbstwirksamkeit in Bezug auf Diagnose* (SWKE03) zum ersten Messzeitpunkt (vgl. Tabelle 9.12). Die Probanden der Gruppe A (*M* = 3,78) schätzten sich in ihrer Selbstwirksamkeit höher ein als die Probanden der Gruppe B (*M* = 3,57). Die Analyse ergab für den Unterschied keine statistische Signifikanz, $t(98) = 1{,}48$, $p = 0{,}144$.

9.6.2 Analyse von Veränderungen

Selbstwirksamkeit in Bezug auf Instruktion

Forschungsfrage
Welche Veränderungen zeigen sich bei den Fortbildungsteilnehmerinnen und -teilnehmern hinsichtlich ihrer Selbstwirksamkeitserwartungen in Bezug auf die Instruktion?
Die durchgeführten Analysen beruhen auf einer Stichprobe von N = 102 Lehrpersonen (vgl. Tabelle 9.10).

Tabelle 9.10 Deskriptive Statistik der Skala SWKE01 [Min = 1, Max = 6]

		Mittelwert	Std.-Abweichung	N
t1	Gruppe A	4,13	0,70	57
	Gruppe B	3,96	0,65	45
	Gesamt	4,06	0,68	102
t3	Gruppe A	4,50	0,51	57
	Gruppe B	4,14	0,67	45
	Gesamt	4,34	0,61	102

Die deskriptive Auswertung der Skala Selbstwirksamkeit in Bezug auf Instruktion ergab für die Gruppe A zum Messzeitpunkt t1 ein arithmetisches Mittel von *M* = 4,13 und zum Messzeitpunkt t3 von *M* = 4,50. Der Mittelwert der Gruppe B beträgt *M* = 4,00 zum ersten Messzeitpunkt und *M* = 4,14 zum zweiten Messzeitpunkt. Daraus ergibt sich eine Differenz zwischen den Mittelwerten von 0,37 für die Gruppe A und 0,14 für die Gruppe B.
Das bedeutet, die Einschätzung der eigenen Selbstwirksamkeit in Bezug auf die Instruktion liegt vor den Fortbildungen bei beiden Gruppen über dem Mittel der sechsstufigen Skala (vgl. Abbildung 9.8). Der Unterschied zwischen den Gruppen

beträgt zu diesem Zeitpunkt 0,13. Bei beiden Gruppen steigt der Wert durch die Fortbildungen an, wobei der Wert der Gruppe A stärker steigt, so dass nach den Fortbildungen eine Differenz zwischen den Gruppen von 0,36 besteht.

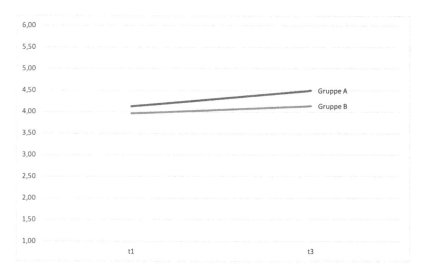

Abbildung 9.8   Entwicklung der Mittelwerte der Skala SWKE01

Die Varianzanalyse ergab, dass die Veränderungen, der mit der Skala SWKE01 erhobenen Daten auf den Faktor Zeit, signifikant werden, $F(1,100) = 22,60$, $p < 0,001$, partielles $\eta^2 = 0,18$. Die Interaktion zwischen den Gruppen und dem Faktor Zeit ist nicht signifikant, $F(1,100) = 2,56$, $p = 0,113$, partielles $\eta^2 = 0,03$. Nach Analyse des Levene-Tests liegt eine Varianzhomogenität zu beiden Messzeitpunkten ($p > 0,05$) vor.

Die Mittelwerte beider Gruppen erhöhten sich durch die Teilnahme an den Fortbildungen. Dabei stieg der Mittelwert der Gruppe A deutlich stärker an als der Mittelwert der Gruppe B. Diese Anstiege sind signifikant. Ein signifikanter Zusammenhang mit der Fortbildungskonzeption konnte allerdings nicht nachgewiesen werden.

Selbstwirksamkeit in Bezug auf Individualisierung

Forschungsfrage

Welche Veränderungen zeigen sich bei den Fortbildungsteilnehmerinnen und -teilnehmern hinsichtlich ihrer Selbstwirksamkeitserwartungen in Bezug auf die Individualisierung?

Die Skala zur Selbstwirksamkeit in Bezug auf Individualisierung wurde von $N = 100$ Teilnehmerinnen und Teilnehmern zu den beiden Messzeitpunkten vollständig ausgefüllt (vgl. Tabelle 9.11).

Tabelle 9.11 Deskriptive Statistik der Skala SWKE02 [Min = 1, Max = 6]

		Mittelwert	Std.-Abweichung	N
t1	Gruppe A	3,97	0,62	56
	Gruppe B	3,81	0,80	44
	Gesamt	3,90	0,71	100
t3	Gruppe A	4,52	0,56	56
	Gruppe B	4,07	0,72	44
	Gesamt	4,32	0,67	100

Der Mittelwert der Gruppe A steigt vom ersten Messzeitpunkt ($M = 3,97$) zum zweiten Messzeitpunkt ($M = 4,52$) an (vgl. Abbildung 9.9). Der Unterschied zwischen den Werten beträgt 0,55. Für die Gruppe B ergab sich zum Messzeitpunkt t1 ein Mittelwert von $M = 3,81$ und zum Messzeitpunkt t3 von $M = 4,07$. Daraus ergibt sich eine Veränderung von 0,26. Bei beiden Gruppen liegt die Einschätzung Selbstwirksamkeit in Bezug auf die Individualisierung bereits zu Beginn der Fortbildungen in der oberen Hälfte der Skala.

Zwischen den beiden Gruppen besteht zum Messzeitpunkt t1 ein Unterschied von 0,16. Obwohl beide Gruppen durch die Fortbildungen einen Zugewinn verzeichnen können, fällt dieser in der Gruppe A deutlicher aus, weshalb die Differenz der Mittelwert zum Zeitpunkt t3 0,45 beträgt.

Bei der Skala SWKE02 zeigt die durchgeführte Varianzanalyse eine signifikante Veränderung auf den Faktor Zeit, $F(1,98) = 42,47$, $p < 0,001$, partielles $\eta^2 = 0,30$. Ebenfalls signifikant ist die Interaktion zwischen dem Faktor Zeit und den Untersuchungsgruppen, $F(1,98) = 5,13$, $p = 0,026$, partielles $\eta^2 = 0,05$.

Der Levene-Test zeigte an, dass zum Messzeitpunkt t3 die Varianzhomogenität zwischen den Gruppen nicht gegeben ist ($p = 0,027$). Dieser Sachverhalt erfordert eine vorsichtige Interpretation der vorliegenden Ergebnisse (vgl. Abschnitt 8.5.3).

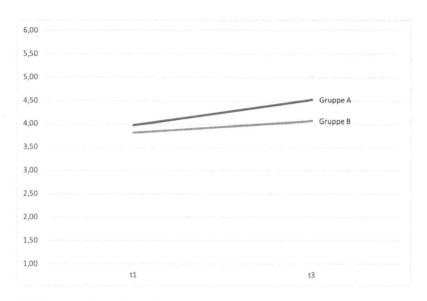

Abbildung 9.9   Entwicklung der Mittelwerte der Skala SWKE02

Deshalb wurde als Interpretationshilfe außerdem ein Wilcoxon-Test für beide Gruppen durchgeführt.

In Gruppe A ist die Selbstwirksamkeit der Lehrpersonen nach der Fortbildung signifikant höher ($Mdn = 0{,}4{,}67$) als davor ($Mdn = 4{,}17$; asymptotischer Wilcoxon-Test: $z = -5{,}35$, $p < 0{,}001$). Die Effektstärke liegt bei $r = 0{,}71$ und entspricht einem sehr starken Effekt.

Ebenso sind die Selbstwirksamkeitserwartungen der Teilnehmerinnen und Teilnehmer aus Gruppe B nach der Fortbildung signifikant höher ($Mdn = 4{,}07$) als davor ($Mdn = 3{,}81$; asymptotischer Wilcoxon-Test: $z = -2{,}31$, $p = 0{,}021$). Die Effektstärke liegt bei $r = 0{,}35$ und entspricht einem mittleren Effekt.

Für beide Gruppen kann ein Anstieg in ihrer Selbstwirksamkeit verzeichnet werden. Die Ergebnisse der Varianzanalyse legen nahe, dass es einen signifikanten Unterschied in der Entwicklung der Gruppen gibt. Der Wilcoxon-Test zeigt, dass beide Gruppen signifikante Zuwächse haben. Ein Blick auf die Effektstärke zeigt, dass diese für die Gruppe A deutlich höher ist, weshalb der Annahme der Varianzanalyse gefolgt wird.

Selbstwirksamkeit in Bezug auf Diagnose

Forschungsfrage
Welche Veränderungen zeigen sich bei den Fortbildungsteilnehmerinnen und
-teilnehmern hinsichtlich ihrer Selbstwirksamkeitserwartungen in Bezug auf Diagnose?

Für die Untersuchung der Veränderung der *Selbstwirksamkeit in Bezug auf
Diagnose* (SWKE03) wurden die Antworten von insgesamt N = 100 Probanden
berücksichtigt (vgl. Tabelle 9.12).

Tabelle 9.12 Deskriptive Statistik der Skala SWKE03 [Min = 1, Max = 6]

		Mittelwert	Std.-Abweichung	N
t1	Gruppe A	3,78	0,71	56
	Gruppe B	3,57	0,75	44
	Gesamt	3,69	0,73	100
t3	Gruppe A	4,42	0,63	56
	Gruppe B	3,91	0,69	44
	Gesamt	4,19	0,70	100

Im Mittel lag die Einschätzung der Gruppe A nach der Fortbildung ($M = 4,42$)
höher als vor der Fortbildung ($M = 3,78$). Dies entspricht einem Anstieg von 0,64.
Auch bei der Vergleichsgruppe ist ein Anstieg zu verzeichnen. Hier lag der Mittelwert nach der Fortbildung bei $M = 3,91$ und vor der Fortbildung bei $M = 3,57$. Die
Differenz zwischen diesen Werten beträgt 0,34.

Ebenso wie bei den anderen Bereichen der Selbstwirksamkeit, lagen auch in
Bezug auf die Diagnose die Einschätzungen der Teilnehmerinnen und Teilnehmer vor den Fortbildungen in der oberen Hälfte der Skala (vgl. Abbildung 9.10).
Die Fortbildungen zeitigten für beide Gruppen einen Zugewinn. Die Differenzen
zwischen den Gruppen zum Messzeitpunkt t1 (0,21) und Messzeitpunkt t2 (0,51)
verdeutlichen, dass die Gruppe A stärker profitieren konnte.

Für die Skala SWKE03 konnte eine signifikante Veränderung auf den Faktor
Zeit nachgewiesen werden $F(1,98) = 53,41$, $p < 0,001$, partielles $\eta^2 = 0,35$. Die
Interaktion zwischen dem Faktor Zeit und den Gruppen ist ebenfalls signifikant
$F(1,98) = 4,94$, $p = 0,029$, partielles $\eta^2 = 0,05$. Die Varianzhomogenität war
gemäß dem Levene-Test zu beiden Messzeitpunkten gegeben ($p > 0,05$).

Beide Gruppen konnten ihre Selbstwirksamkeit durch die Fortbildungen verbessern. Dabei zeigt sich, dass es einen signifikanten Unterschied macht, welche

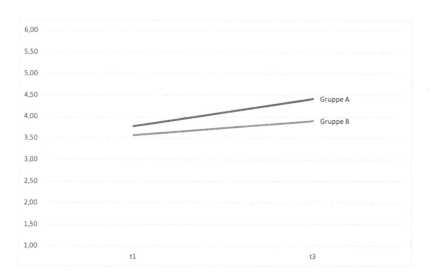

Abbildung 9.10   Entwicklung der Mittelwerte der Skala SWKE03

Fortbildung besucht wurde. Die Fortbildung nach Konzeption A zeigt deutlichere Effekte als die Fortbildung nach Konzeption B.

Interpretation der Ergebnisse
Bereits zu Beginn der Fortbildungen schätzten die Teilnehmerinnen und Teilnehmer beider Konzeptionen ihre Selbstwirksamkeitserwartungen in Bezug auf die drei Bereiche Instruktion, Individualisierung und Diagnose als hoch ein. Die Auswertung der Befragung zeigt, dass bei allen Subskalen die Mittelwerte zum ersten Messzeitpunkt, wenn auch teilweise knapp, in der oberen Hälfte der Skala liegen.

Dennoch lässt sich in allen drei Bereichen eine positive Veränderung feststellen. Die Lehrpersonen erleben sich nach den Fortbildungen als selbstwirksamer.

Dabei ist der Zuwachs der Selbstwirksamkeit bezüglich der Instruktion zwar signifikant, es konnte jedoch statistisch kein Unterschied zwischen der Gruppenzugehörigkeit bestätigt werden. Dass insgesamt ein signifikanter Zuwachs für beide Gruppen zu verzeichnen ist, mag daran liegen, dass die Instruktion ein zentraler Punkt für die Förderung von Kindern mit besonderen Schwierigkeiten beim Rechnenlernen und damit der Fortbildungen ist.

Ein Vergleich der Mittelwerte zeigt dennoch einen höheren Zuwachs bei den Teilnehmerinnen und Teilnehmern der Fortbildungen nach Konzeption A. Dies ist

möglicherweise darauf zurückzuführen, dass die Teilnehmerinnen und Teilnehmer
die Instruktion in ihren Praxiselementen erproben und anschließend reflektieren
konnten.
   Anders verhält es sich bei der Selbstwirksamkeit in Bezug auf Individualisierung
und in Bezug auf die Diagnose. Während beide Gruppen zwar einen Anstieg ihrer
Selbstwirksamkeit berichten, zeigen die Mittelwerte einen deutlicheren Anstieg in
der Gruppe A an, der statistisch signifikant ist. Dass beide Gruppen grundsätzlich
einen Zuwachs in der Selbstwirksamkeit in Bezug auf die Individualisierung verzeichnen können, lässt sich darauf zurückführen, dass eine Grundlage der Diagnose,
so wie sie in den Fortbildungen vermittelt wird, die individuellen Lernprozesse
der Kinder sind. Dies kann auch in Zusammenhang mit kompetenz- und prozessorientierten Diagnosen gesehen werden (zur kompetenz- und prozessorientierten
Diagnose vgl. Abschnitt 4.2.2). Erst eine Individualisierung ermöglicht es, die Denkprozesse der einzelnen Kinder in den Mittelpunkt zu rücken, so dass eine Diagnose
genaue Auskunft über die Kompetenzen geben kann. Dass der Faktor Zeit hier
signifikant wird und die Selbstwirksamkeit in der Gruppe A deutlicher ansteigt,
kann zum einen darauf zurückgeführt werden, dass die Teilnehmerinnen und Teilnehmer in dieser Gruppe Diagnosen regelmäßig durchführen und reflektieren. Zum
anderen, dass die Vermittlung weiterer Inhalte und damit die weitere Ausschärfung
des Wissens über individuelle Lernprozesse eine Auswirkung haben.
   In gleichem Ausmaß, wenn nicht sogar noch stärker, dürften diese Gründe für
die Entwicklung der Selbstwirksamkeit in Bezug auf die Diagnose selbst gelten. Die
Auseinandersetzung mit Diagnosen, verschiedenen Schülerfehlern, auch in anderen Bereichen und vor allem die reflektierte Praxiserfahrung dürften die größeren
Veränderungen in der Gruppe A befördert haben.
   Dass die Selbstwirksamkeit grundsätzlich bei beiden Gruppen zunimmt, kann
darauf zurückgeführt werden, dass eine Möglichkeit der Entwicklung das Modell-
beziehungsweise das Beobachtungslernen ist (Barysch, 2016; Bandura, 1997). In
beiden Fortbildungskonzeptionen wurden Diagnose und Fördersituationen möglichst handlungsnah an Videomitschnitten realer Situation besprochen und erarbeitet. Das heißt, die Lehrpersonen konnten anhand der Beispiele des Fortbildners
lernen.
   Insgesamt können auf die starke Entwicklung der Selbstwirksamkeitserwartungen in allen drei Bereichen in Gruppe A, die Erprobung und Anwendung der
Fortbildungsinhalte einen entscheidenden Einfluss haben. Dies ist vor allem darauf zurückzuführen, dass die direkte Handlungserfahrung als die stärkste Quelle
der Selbstwirksamkeit gilt (Bandura, 1997; Bleck, 2019). Durch die Reflexions-
möglichkeit während der Fortbildungen konnten sich die dadurch selbst erlebten
Erfahrungen positiv auf die Selbstwirksamkeit auswirken. Beachtlich ist dieses

Ergebnis auch, weil die Selbstwirksamkeit als stabiles Persönlichkeitsmerkmal angesehen werden kann (Schmitz & Schwarzer, 2000).

Besonders interessant zeigen sich diese Ergebnisse vor dem Hintergrund, dass die Fortbildungen nicht explizit zum Ziel hatten, die Selbstwirksamkeit zu fördern. Ziel war es, Lehrpersonen zu befähigen Diagnosen und dazu passende Interventionen bei Kindern mit besonderen Schwierigkeiten beim Mathematiklernen durchzuführen. Dass diese mathematikdidaktisch ausgerichteten Fortbildungen grundsätzlich positive Auswirkungen auf die Selbstwirksamkeit haben, ist als äußerst affirmativ zu werten, denn:

> Bei gleicher Fähigkeit zeichnen sich Menschen mit höherer Selbstwirksamkeit gegenüber solchen mit niedriger Selbstwirksamkeit durch ihre größere Anstrengung und Ausdauer, ein höheres Anspruchsniveau, ein effektiveres Arbeitszeitmanagement, eine größere strategische Flexibilität bei der Suche nach Problemlösungen, bessere Leistungen, eine realistischere Einschätzung der Güte ihrer eigenen Leistung und selbstwertförderlichere Ursachenzuschreibungen aus. (Schwarzer & Warner, 2014, S. 497)

Um eine Stärkung der Selbstwirksamkeitserwartungen zu erreichen, sollten Fortbildungen also eine inhaltliche intensive Auseinandersetzung mit den Themenbereichen, einer Vernetzung dieser Themenbereiche und eine Anwendung des Gelernten in der Praxis beinhalten.

9.7   Diagnostische Fähigkeiten

Diagnostische Fähigkeiten sind wichtige Voraussetzungen, um Kinder mit großen Schwierigkeiten beim Rechnenlernen zu identifizieren und ihren Lernstand, ihre Kompetenzen und ihre Schwierigkeiten zu erfassen. Eine genaue Diagnose bildet damit die Grundlage für eine adaptive Förderung (vgl. Kapitel 4).

Wird das in Abschnitt 6.3.2 dargestellte Ebenenmodell zur Erfassung der Wirksamkeit von Lehrpersonenfortbildungen zugrunde gelegt, werden die diagnostischen Fähigkeiten auf der ersten Ebene, der Ebene der Lehrpersonen, erhoben. Da sich die Ebene der Lehrpersonen wiederum in verschiedene Bereiche teilt, werden die diagnostischen Fähigkeiten durch unterschiedliche Testinstrumente operationalisiert. Zum einen durch eine Selbsteinschätzung der Fortbildungsteilnehmerinnen und -teilnehmer in Bezug auf Rechenschwierigkeiten allgemein und zum anderen durch Videovignetten zur Erfassung möglichst handlungsnaher Fähigkeiten, spezifiziert auf die Bereiche Diagnose verfestigter Zählstrategien und Diagnose eines unzureichenden Verständnisses des Stellenwertsystems (vgl. Abschnitt 5.1.2).

Die Erhebung der *selbsteingeschätzten diagnostischen Fähigkeiten* in Bezug auf Rechenschwierigkeiten allgemein erfolgte durch die Skala DIAG09 anhand von sieben Items. Die Antworten wurden durch ein sechsstufiges Antwortformat erhoben, wobei der Wert 1 der geringsten und der Wert 6 der höchsten Zustimmung entspricht.

Die handlungsnahen diagnostischen Fähigkeiten in Bezug auf die *Diagnose von verfestigten Zählstrategien* wurden mittels Videovignette und der Skala DIAV01 mit neun Items erhoben. Die Erhebung der *handlungsnahen diagnostischen Fähigkeiten in Bezug auf ein unzureichendes Verständnis des Stellenwertsystems* erfolgte durch eine Videovignette und der Skala DIAV02 mit elf Items.

Die Angaben für beide handlungsnahen diagnostischen Fähigkeiten wurden dichotom codiert, weshalb der Wert 0 keiner und der Wert 1 allen richtigen Antworten entspricht.

9.7.1 Analyse der Ausgangslage

Forschungsfrage
Welche Unterschiede zeigen sich bei den Fortbildungsteilnehmerinnen und -teilnehmern hinsichtlich ihrer selbsteingeschätzten und ihrer handlungsnahen diagnostischen Fähigkeiten?

Die Skala zu den *selbsteingeschätzten diagnostischen Fähigkeiten* (DIAG09) wurde von N = 100 Lehrpersonen ausgefüllt (vgl. Tabelle 9.13). Gruppe A ($M = 4{,}16$) schätzte ihre Fähigkeiten höher ein als Gruppe B ($M = 3{,}95$). Es gab keinen statistisch signifikanten Unterschied zwischen den Einschätzungen der beiden Gruppen, $t(98) = 1{,}64$, $p = 0{,}103$.

Die Skala zu den *handlungsnahen Fähigkeiten in Bezug auf die Diagnose von verfestigten Zählstrategien* (DIAV01) bearbeiteten N = 78 Probanden (vgl. Tabelle 9.14). Die Fähigkeiten der Gruppe A ($M = 0{,}50$) liegen im Mittel höher, als die Fähigkeiten der Gruppe B ($M = 0{,}47$). Es gab keinen statistisch signifikanten Unterschied zwischen den beiden Gruppen, $t(76) = 0{,}60$, $p = 0{,}553$.

Zur Überprüfung der Unterschiede zum ersten Messzeitpunkt der Skala zur Erfassung der handlungsnahen Fähigkeiten in Bezug auf die Diagnose eines unzureichenden Verständnisses des Stellenwertsystems (DIAV02) wurden N = 86 Teilnehmerinnen- und Teilnehmerantworten berücksichtigt (vgl. Tabelle 9.15). Die Probanden der Gruppe A ($M = 0{,}57$) zeigten dabei geringere Fähigkeiten als die Probanden der Gruppe B ($M = 0{,}64$). Die Analyse ergab für den Unterschied der beiden Mittelwerte keine statistische Signifikanz, $t(84) = -1{,}40$, $p = 0{,}164$.

Da sich die Mittelwerte der handlungsnahen diagnostischen Fähigkeiten nur geringfügig unterscheiden und kein statistisch belegbarer Unterschied nachgewiesen werden konnte, kann wie vermutet davon ausgegangen werden, dass die Diskrepanz zwischen den Schulstufen keine Auswirkungen auf die Voraussetzungen der Lehrpersonen hat und für weitere Auswertungen nicht berücksichtigt werden muss. Hinzu kommt, dass in diesem Zusammenhang eher ein höherer Wert der Gruppe B zu erwarten wäre. Für die diagnostischen Fähigkeiten im Bereich des verfestigten zählenden Rechnens ergibt sich aber für die Gruppe A ein höherer Wert (vgl. Abschnitt 8.3.3).

9.7.2 Analyse von Veränderungen

Selbsteingeschätzte diagnostische Fähigkeiten in Bezug auf Rechenschwäche

Forschungsfrage
Welche Veränderungen zeigen sich bei den Fortbildungsteilnehmerinnen und -teilnehmern hinsichtlich ihrer selbsteingeschätzten diagnostischen Fähigkeiten?
Für die Auswertung der Skala DIAG09 wurden die Aussagen von $N = 100$ Lehrpersonen berücksichtigt (vgl. Tabelle 9.13). Die gemessenen Mittelwerte beider Fortbildungskonzeptionen liegen in der oberen Hälfte der Skala. Das heißt, die Teilnehmerinnen und Teilnehmer schreiben sich eher gute diagnostische Fähigkeiten zu.

Tabelle 9.13 Deskriptive Statistik der Skala DIAG09 [Min $= 1$, Max $= 6$]

		Mittelwert	Std.-Abweichung	N
t1	Gruppe A	4,16	0,60	56
	Gruppe B	3,95	0,63	44
	Gesamt	4,07	0,62	100
t3	Gruppe A	4,66	0,47	56
	Gruppe B	4,09	0,71	44
	Gesamt	4,41	0,65	100

Zum Messzeitpunkt t1 unterscheiden sich das arithmetische Mittel der Gruppe A ($M = 4,16$) und das arithmetische Mittel der Gruppe B ($M = 3,95$) um 0,21. Lehrpersonen, welche an den Fortbildungen nach Konzeption A teilgenommen haben, schätzen ihre Fähigkeiten in Bezug auf die Diagnose etwas höher ein als Lehrpersonen welche an den Fortbildungen nach Konzeption B teilgenommen haben. Beide

Gruppen erachten ihre diagnostischen Fähigkeiten bereits vor den Fortbildungen als eher hoch.

Sowohl bei Gruppe A, als auch bei Gruppe B lässt sich ein Zuwachs der selbsteingeschätzten diagnostischen Fähigkeiten zwischen den Messzeitpunkten t1 und t3 beobachten (vgl. Abbildung 9.11). So beträgt der Mittelwert nach den Fortbildungsmaßnahmen für die Gruppe A $M = 4,66$ und für die Gruppe B $M = 4,09$. Der Unterschied zwischen den Gruppen beträgt nach den Fortbildungen 0,57. Damit fällt der Anstieg der Selbsteinschätzung bei Gruppe A mit einer Differenz von 0,50 deutlich stärker aus als bei Gruppe B mit einer Differenz von 0,14. Die Teilnehmerinnen und Teilnehmer der Gruppe A schätzen ihre diagnostischen Fähigkeiten nach der längeren Qualifizierungsmaßnahme also höher ein als die Lehrpersonen, welche die kürzere Fortbildung besucht haben.

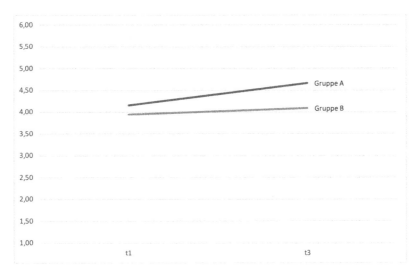

Abbildung 9.11 Entwicklung der Mittelwerte der Skala DIAG09

Die Auswertung der Varianzanalyse zeigt eine statistische Signifikanz auf den Faktor Zeit, $F(1,98) = 31,53$, $p < 0,001$, partielles $\eta^2 = 0,24$ und auf die Interaktion der Untersuchungsgruppen und der Zeit, $F(1,98) = 10,36$, $p = 0,002$, partielles $\eta^2 = 0,10$.

Allerdings war die Varianzhomogenität zwischen den Gruppen gemäß dem Levene-Test zum Messzeitpunkt t3 nicht gegeben ($p = 0,001$). Dadurch ist eine

Voraussetzung für die Varianzanalyse verletzt (Bortz & Schuster, 2010). Obwohl diese relativ robust gegenüber Verletzungen der Voraussetzungen ist (Schäfer, 2016), wird hier zunächst auf den Vorschlag von Kuckartz et al. (2013) zurückgegriffen und das Signifikanzniveau auf 1 % angepasst. Dadurch können die oben getroffenen Aussagen der Varianzanalyse bestätigt werden.

Wie die Analysen zeigen, kann bei beiden Fortbildungskonzeptionen ein Zuwachs in Bezug auf die selbsteingeschätzten diagnostischen Fähigkeiten verzeichnet werden. Dieser Zuwachs ist in der Gruppe A deutlich höher als in der Vergleichsgruppe, in welcher nur eine geringe Veränderung zu verzeichnen ist. Dabei konnte nachgewiesen werden, dass hier ein signifikanter Unterschied zwischen den Gruppen besteht. Bei der längeren Fortbildung wird der Zuwachs an diagnostischen Fähigkeiten noch deutlicher wahrgenommen, als dies bei der eintägigen Veranstaltung der Fall ist.

Handlungsnahe diagnostische Fähigkeiten in Bezug auf die Diagnose von verfestigten Zählstrategien

Forschungsfrage

Welche Veränderungen zeigen sich bei den Fortbildungsteilnehmerinnen und -teilnehmern hinsichtlich ihrer handlungsnahen diagnostischen Fähigkeiten in Bezug auf die Diagnose von verfestigten Zählstrategien?

Für die Untersuchung der Veränderung der handlungsnahen diagnostischen Fähigkeiten der Lehrpersonen im Bereich verfestigter Zählstrategien (DIAV01) wurden die Antworten von insgesamt N = 78 Probanden berücksichtigt (vgl. Tabelle 9.14).

Tabelle 9.14 Deskriptive Statistik der Skala DIAV01 [Min = 0, Max = 1]

		Mittelwert	Std.-Abweichung	N
t1	Gruppe A	0,50	0,27	47
	Gruppe B	0,47	0,23	31
	Gesamt	0,49	0,25	78
t3	Gruppe A	0,69	0,25	47
	Gruppe B	0,59	0,26	31
	Gesamt	0,65	0,26	78

Die deskriptive Auswertung zeigt, dass die an den Fortbildungen nach Konzeption A Teilnehmenden ihre handlungsnahen diagnostischen Fähigkeiten vom

Messzeitpunkt t1 ($M = 0{,}50$) zum Messzeitpunkt t3 ($M = 0{,}69$) ausbauen konnten
(vgl. Abbildung 9.12). Die Differenz zwischen diesen Werten beträgt 0,19. Eine
Steigerung ist auch bei der Gruppe B festzustellen. Der Mittelwert der Gruppe B
liegt zum zweiten Messzeitpunkt ($M = 0{,}59$) um 0,12 höher als zum Messzeitpunkt t1 ($M = 0{,}47$). Die Unterschiede zwischen den Gruppen betragen zum ersten
Messzeitpunkt 0,03 und zum zweiten Messzeitpunkt 0,10. Dies zeigt, dass die diagnostischen Fähigkeiten in Bezug auf verfestigte Zählstrategien in der Gruppe A
stärker ansteigen als in Gruppe B.

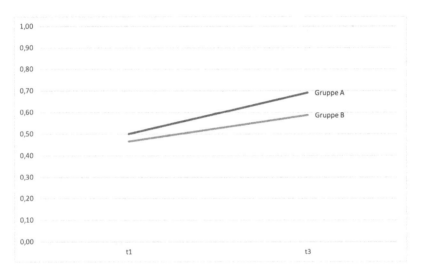

Abbildung 9.12 Entwicklung der Mittelwerte der Skala DIAV01

Die durchgeführte Varianzanalyse zur Skala DIAV01 zeigt eine signifikante
Veränderung in Bezug auf den Faktor Zeit, $F(1{,}76) = 16{,}60$, $p < 0{,}001$, partielles $\eta^2 = 0{,}18$. Für die Interaktion zwischen dem Faktor Zeit und der Gruppen
konnte keine Signifikanz nachgewiesen werden, $F(1{,}76) = 0{,}82$, $p = 0{,}368$, partielles $\eta^2 = 0{,}01$. Die Durchführung des Levene-Tests bestätigt die Varianzhomogenität
zu beiden Messzeitpunkten ($p > 0{,}05$).

Die Ergebnisse zeigen, dass die Lehrpersonen ihre diagnostischen Fähigkeiten
in Bezug auf verfestigte Zählstrategien durch die Teilnahme an den Fortbildungen
verbessern konnten. Die Differenz der Mittelwerte zeigt eine stärkere Veränderung
der Gruppe A. Dieser Unterschied konnte statistisch jedoch nicht bestätigt werden.

Handlungsnahe diagnostische Fähigkeiten in Bezug auf die Diagnose eines unzureichenden Verständnisses des Stellenwertsystems

Forschungsfrage
Welche Veränderungen zeigen sich bei den Fortbildungsteilnehmerinnen und -teilnehmern hinsichtlich ihrer handlungsnahen diagnostischen Fähigkeiten in Bezug auf die Diagnose eines unzureichenden Verständnisses des Stellenwertsystems?

Für die Auswertung der Skala zur Erfassung der handlungsnahen diagnostischen Fähigkeiten in Bezug auf die Diagnose eines unzureichenden Stellenwertverständnisses konnte auf die Antworten von N = 86 Personen zurückgegriffen werden (vgl. Tabelle 9.15).

Tabelle 9.15 Deskriptive Statistik der Skala DIAV02 [Min = 0, Max = 1]

		Mittelwert	Std.-Abweichung	N
t1	Gruppe A	0,57	0,24	54
	Gruppe B	0,64	0,23	32
	Gesamt	0,59	0,24	86
t3	Gruppe A	0,67	0,21	54
	Gruppe B	0,68	0,22	32
	Gesamt	0,67	0,22	86

Beide Gruppen konnten ihre handlungsnahen diagnostischen Fähigkeiten in Bezug auf die Diagnose eines unzureichenden Verständnisses des Stellenwertsystems steigern (vgl. Abbildung 9.13). In der Gruppe A zeigte sich ein Anstieg der Fähigkeiten um 0,10 von Messzeitpunkt t1 ($M = 0,57$) zu Messzeitpunkt t3 ($M = 0,67$). In der Vergleichsgruppe betrug der Mittelwert zur ersten Messung $M = 0,64$ und zur letzten Messung $M = 0,68$. Daraus ergibt sich ein Unterschied zwischen diesen Werten von 0,04. Zu Beginn der Fortbildung lagen die diagnostischen Fähigkeiten der Gruppe A um 0,07 unter den Fähigkeiten der Gruppe B. Nach der Fortbildung beträgt die Differenz 0,01. Die Teilnehmerinnen und Teilnehmer der Gruppe A konnten ihre Fähigkeiten stärker entwickeln, als die Teilnehmerinnen und Teilnehmer der Gruppe B.

Der Faktor Zeit wurde in der durchgeführten Varianzanalyse bei der Skala DIAV02 signifikant $F(1,84) = 6,19, p = 0,015$, partielles $\eta^2 = 0,07$. Die Interaktion zwischen dem Faktor Zeit und den Untersuchungsgruppen wurde nicht signifikant $F(1,84) = 1,35, p = 0,290$ partielles $\eta^2 = 0,01$. Nach Analyse des Levene-Tests liegt die Varianzhomogenität zu beiden Messzeitpunkten ($p > 0,05$) vor.

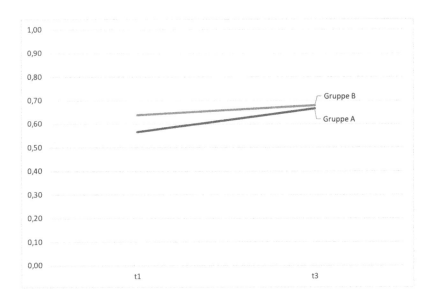

Abbildung 9.13 Entwicklung der Mittelwerte der Skala DIAV02

Wie die Auswertungen zeigen, konnten die Teilnehmerinnen und Teilnehmer beider Fortbildungskonzepte ihre diagnostischen Fähigkeiten im Bereich der Diagnose eines unzureichenden Stellenwertverständnisses ausbauen. Dabei fiel der Anstieg des Mittelwerts bei Gruppe A deutlicher aus als für Gruppe B. Während der Haupteffekt ein signifikantes Ergebnis zeigt, konnte für die Interaktion mit der Gruppe keine Signifikanz nachgewiesen werden.

Interpretation der Ergebnisse
Vor Beginn der Fortbildungen liegen die Mittelwerte der selbsteingeschätzten diagnostischen Fähigkeiten in der oberen Hälfte der Skala. Die Werte steigen durch die Fortbildungen bei beiden Fortbildungskonzeptionen an. Dabei zeigt sich, dass die Veränderung bei den Teilnehmerinnen und Teilnehmern der Gruppe B als sehr gering einzustufen und nicht signifikant ist. Bei den Lehrpersonen der Gruppe A ist der Anstieg deutlicher. Hier konnte eine Signifikanz nachgewiesen werden. Die Zunahme selbsteingeschätzter Diagnosekompetenzen ist also von der Konzeption der Fortbildungsmaßnahme abhängig.

Ein Grund dafür dürfte darin liegen, dass die Teilnehmerinnen und Teilnehmer der umfassenderen Fortbildungen die Möglichkeit hatten sich selbst in Praxissituationen auszuprobieren und ihre Erfahrungen anschließend innerhalb der Gruppe und mit dem Fortbildner zu reflektieren. Dieses dadurch neu erworbene oder gefestigte Handlungsrepertoire wurde im Folgenden durch erneutes Ausprobieren und Reflektieren immer weiter gefestigt und ausgeschärft. Durch diesen zirkulären Prozess konnten die Lehrpersonen aus Gruppe A ihre Selbsteinschätzungen in Bezug auf ihre diagnostischen Fähigkeiten ausbauen.

Damit sich Lehrpersonen als kompetenter wahrnehmen, ist es also entscheidend, zentrale Inhalte ausführlich zu behandeln, Anwendungsmöglichkeiten zur Erprobung der Inhalte zu ermöglichen und diese zu reflektieren. Kürzere Fortbildungen haben hingegen keine nennenswerten Auswirkungen auf die selbsteingeschätzten diagnostischen Fähigkeiten. Nur einmalig einen Sachverhalt theoretisch zu erarbeiten reicht nicht aus, um das Vertrauen in die eigenen Fähigkeiten zu steigern.

Eine solch positive Selbsteinschätzung der eigenen Fähigkeiten kann aber für Lehrpersonen in Bezug auf das berufliche Selbstverständnis eine hohe Relevanz besitzen. Sie kann beispielsweise bedeutsam sein für die konkrete Arbeit mit den betroffenen Kindern, sowohl in Bezug auf kommunikative Prozesse mit Kolleginnen und Kollegen, der Schulleitung als auch mit Eltern (Sprenger et al., 2019). Lehrpersonen, welche sich als kompetent erleben, können gerade in Gesprächssituationen selbstbewusster auftreten und dadurch ihre Position stärken. Gleichzeitig sollte hier aber auch die Gefahr einer überhöhten Selbsteinschätzung beachtet werden, weshalb es erforderlich ist, mögliche Zusammenhänge zwischen der selbsteingeschätzten und den handlungsnah erfassten diagnostischen Kompetenzen zu betrachten. Diese Betrachtung erfolgt in Abschnitt 9.9.

Bereits vor Beginn der beiden Fortbildungen liegen die berechneten Mittelwerte bei der Skala der handlungsnahen diagnostischen Fähigkeiten in Bezug auf die Diagnose von zählenden Rechenstrategien in etwa in der Mitte, in Bezug auf die Diagnose eines unzureichenden Stellenwertverständnisse sogar leicht darüber.

Die vorliegende Auswertung der Entwicklung zeigt, dass Fortbildungsmaßnahmen, die auf die Diagnose des zählenden Rechnens und eines unzureichenden Stellenwertverständnisses fokussieren, signifikante Zuwächse bei diesen gemessenen diagnostischen Fähigkeiten der Lehrpersonen haben. Dabei scheint es auf den ersten Blick unerheblich, welche Konzeption den Fortbildungen zugrunde liegt. Demnach kann zunächst gefolgert werden, dass eintägige Fortbildungen auch zu Fähigkeitszuwächsen führen können. Dies muss aber nicht zwangsläufig bedeuten, dass sie genauso wirksam sind wie länger angelegte Fortbildungen.

Dass beide Gruppen ihre handlungsnahen diagnostischen Fähigkeiten in Bezug auf verfestigte Zählstrategien und eines unzureichenden Stellenwertverständnisses ausbauen konnten, lässt sich möglicherweise inhaltlich mit Bezug zur Dauer begründen. Offenbar reicht der zeitliche Aufwand, welcher auf diese Aspekte gelegt wurde, aus, um die benötigten Inhalte für eine Diagnose grundsätzlich zu erarbeiten. Die an den Videobeispielen herausgestellten Erkennungsmerkmale lassen sich offenbar gut in die Praxis übertragen und anwenden.

Werden die Signifikanzen außer Acht gelassen und der Fokus auf die Veränderung der Mittelwerte gerichtet, ergeben sich weitere Aspekte für die Interpretation.

Dass die längerfristige Fortbildungskonzeption A zu einem stärkeren Anstieg der Mittelwerte führt, kann zum einen an der Anwendungsmöglichkeit und Erprobung des Gelernten in den Praxisphasen und den darauffolgenden Reflexionen liegen. Es besteht aber auch die Möglichkeit, dass hier die weiteren Inhaltsbereiche (vgl. Abschnitt 8.4.1), welche in den Fortbildungen vermittelt wurden, eine entscheidende Rolle spielen. Gerade durch den umfassenden und vernetzten Wissenserwerb können Lehrpersonen diagnostische Inhalte voneinander abgrenzen und dadurch genauere und treffsicherere Diagnosen in einem Bereich stellen. Das erworbene Wissen verleiht ihnen eine stärkere Handlungskompetenz. Diese Interpretation deckt sich auch mit der Aussage von Krauss et al. (2008), dass Experten deshalb oft besser sind, weil sie über ein umfassenderes und gut vernetztes Wissen verfügen (vgl. Abschnitt 2.1.3).

Es wäre allerdings auch denkbar gewesen, dass die Thematisierung weiterer inhaltlicher Schwerpunkte in einer Fortbildung eher zu einer Vermischung der einzelnen Inhaltsbereiche führt und sich dadurch negativ auf die diagnostischen Fähigkeiten auswirkt. Dies scheint aber nicht der Fall zu sein, was grundsätzlich für thematisch umfassende Fortbildungskonzeptionen spricht.

9.8   Förderfähigkeiten

Diagnostische Fähigkeiten allein reichen nicht aus, um Kinder mit besonderen Schwierigkeiten beim Rechnenlernen zu unterstützen. Zusätzlich benötigen Lehrpersonen auch Fähigkeiten, um Kinder fördern zu können. Förderfähigkeiten und diagnostische Fähigkeiten weisen starke Überscheidungen auf und eine Förderung ohne diagnostische Fähigkeiten ist schwer möglich. Dennoch gibt es Unterschiede, die eine Trennung der beiden Bereiche erfordern (vgl. Kapitel 4).

Die handlungsnahen Förderfähigkeiten bei verfestigten Zählstrategien wurden über Videovignetten und der dazugehörige Skala FÖMV01 erfasst. Die Skala setzt sich aus elf Items zusammen. Die *Förderfähigkeiten in Bezug auf die Förderung von Kindern mit einem unzureichenden Stellenwertverständnis* wurden mittels Videovignetten und der Skala DIAV02, bestehend aus zwölf Items, erfasst.

Die Bewertung der Antworten beider Skalen erfolgte durch die Kategorisierung in richtig oder falsch. Dabei wurde der Wert 0 für falsche Antworten und der Wert 1 für richtige Antworten vergeben.

9.8.1 Analyse der Ausgangslage

Forschungsfrage
Welche Unterschiede zeigen sich bei den Fortbildungsteilnehmerinnen und -teilnehmern hinsichtlich ihrer Förderfähigkeiten?

An der Befragung zu den Förderfähigkeiten in Bezug auf die Förderung von Kindern, die verfestigt zählend rechnen, mit der Skala FÖMV01, nahmen N = 76 Probanden teil (vgl. Tabelle 9.16). Gruppe A ($M = 0,50$) zeigte dabei geringere Förderfähigkeiten, als Gruppe B ($M = 0,55$). Der *t*-Test ergab keinen statistisch signifikanten Unterschied zwischen den Fähigkeiten der beiden Gruppen, $t(74) = -0,78$, $p = 0,441$.

Von den befragten Fortbildungsteilnehmerinnen und -teilnehmern bearbeiteten N = 86 Personen die Skala FÖMV02 (vgl. Tabelle 9.17). Der Mittelwert der Förderfähigkeiten der Gruppe A ($M = 0,57$) lag niedriger, als der Mittelwert der Gruppe B ($M = 0,62$). Durch einen *t*-Test konnte kein statistisch signifikanter Unterschied zwischen den Fähigkeiten der beiden Gruppen nachgewiesen werden, $t(80,70) = -1,00$, $p = 0,323$.

Die Mittelwerte bei beiden Förderfähigkeiten weisen geringfügige Unterschiede auf. Möglicherweise ist diese Diskrepanz auf die Schulart, in der die Teilnehmerinnen und Teilnehmer unterrichten, zurückzuführen (vgl. Abschnitt 8.3.3). Da die Unterschiede jedoch nicht statistisch signifikant sind, können sie für die weiteren Auswertungen unberücksichtigt bleiben.

9.8.2 Analyse von Veränderungen

Fähigkeiten zur Förderung bei verfestigten Zählstrategien

Forschungsfrage
Welche Veränderungen zeigen sich bei den Fortbildungsteilnehmerinnen und -teilnehmern hinsichtlich ihrer handlungsnahen Förderfähigkeiten in Bezug auf die Diagnose von verfestigten Zählstrategien?

Die Analyse der Veränderung der Förderfähigkeiten in Bezug auf das verfestigte zählende Rechnen, stützt sich auf die Antworten von 76 Lehrpersonen (vgl. Tabelle 9.16).

Tabelle 9.16 Deskriptive Statistik der Skala FÖMV01 [Min = 0, Max = 1]

		Mittelwert	Std.-Abweichung	N
t1	Gruppe A	0,50	0,27	47
	Gruppe B	0,55	0,25	29
	Gesamt	0,52	0,27	76
t3	Gruppe A	0,80	0,21	47
	Gruppe B	0,63	0,26	29
	Gesamt	0,74	0,25	76

Gruppe A erreichte einen Mittelwert von $M = 0,50$ zum ersten Messzeitpunkt und einen Mittelwert von $M = 0,80$ zum dritten Messzeitpunkt.
Die Kompetenzen der Lehrpersonen stiegen zwischen diesen Messzeitpunkten um 0,30. Das arithmetische Mittel der Gruppe B beträgt $M = 0,55$
zum Messzeitpunkt t1 und $M = 0,63$ zum Messzeitpunkt t3. Die Differenz
zwischen den Mittelwerten beträgt 0,08. Bei Betrachtung der Abbildung 9.14 zeigt
sich, dass die Gruppe A die Fortbildungen mit geringeren Förderfähigkeiten beginnt
als die Gruppe B. Die Differenz beträgt −0,05. Zum dritten Messzeitpunkt liegen die
Förderfähigkeiten der Gruppe A dagegen über den Fähigkeiten der Gruppe B (vgl.
Abbildung 9.14). Hier beträgt die Differenz 0,17. Demnach kann festgestellt werden,
dass beide Gruppen durch die Fortbildungen einen Zugewinn in Ihren Fähigkeiten
in Bezug auf die Förderung von Kindern mit verfestigten Zählstrategien verzeichnen können. Dabei fällt der Anstieg bei den Teilnehmerinnen und Teilnehmern der
längeren Fortbildungen deutlich stärker aus.

Die varianzanalytische Auswertung der Skala FÖMV01 ergab einen signifikanten Effekt auf den Faktor Zeit, $F(1,74) = 27,82$, $p < 0,01$, partielles $\eta^2 = 0,27$.
Die Interaktion zwischen diesem Faktor und den Untersuchungsgruppen wurde
ebenfalls signifikant $F(1,74) = 8,97$, $p = 0,004$, partielles $\eta^2 = 0,11$. Wie der
Levene-Test bestätigt, kann für beide Messzeitpunkte von einer Varianzhomogenität
ausgegangen werden ($p > 0,05$).

In beiden Untersuchungsgruppen konnte ein Zuwachs der Förderfähigkeiten in
Bezug auf die Förderung bei verfestigten Zählstrategien gemessen werden. In der
Gruppe B fiel dieser Zuwachs deutlich geringer aus als in der Gruppe A. Es ist
ein statistischer Zusammenhang zwischen der Wirksamkeit der Fortbildungen nach
Konzeption A und dem Anstieg der Förderfähigkeiten nachweisbar.

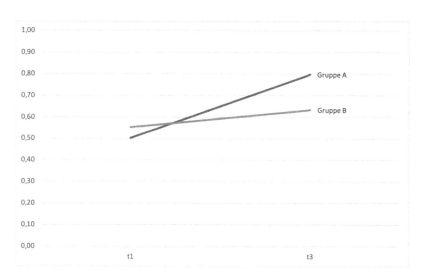

Abbildung 9.14 Entwicklung der Mittelwerte der Skala FÖMV01

Fähigkeiten zur Förderung bei einem unzureichenden Verständnis des Stellen-wertsystems

Forschungsfrage
Welche Veränderungen zeigen sich bei den Fortbildungsteilnehmerinnen und -teilnehmern hinsichtlich ihrer handlungsnahen Förderfähigkeiten in Bezug auf die Förderung bei einem unzureichenden Verständnis des Stellenwertsystems?

Die Analysen der Veränderung der Förderfähigkeiten in Bezug auf die Förderung von Kindern mit einem unzureichenden Verständnis des Stellenwertsystems beruhen auf einer Stichprobengröße von N = 86 (vgl. Tabelle 9.17).

In Abbildung 9.15 zeigt sich für die Skala FÖMV02 ein ähnliches Bild wie für die Skala FÖMV01. Die Teilnehmerinnen und Teilnehmer der längeren Fortbildungen zeigen zum ersten Erhebungszeitpunkt um 0,05 geringere Förderfähigkeiten als die Teilnehmerinnen und Teilnehmer der kürzeren Fortbildungen. Der Mittelwert der Gruppe A steigt vom Messzeitpunkt t1 ($M = 0{,}57$) zum Messzeitpunkt t3 ($M = 0{,}77$) an. Die Differenz zwischen diesen beiden Werten beträgt 0,20. Der Unterschied zwischen den Mittelwerten der Gruppe B beträgt 0,08. Er ergibt sich aus dem zum Messzeitpunkt t1 gemessenen Mittelwert ($M = 0{,}62$) und dem zum Messzeitpunkt t3 gemessenen Mittelwert ($M = 0{,}70$). Nach den Fortbildungen liegen die Fähigkeiten der Gruppe A um 0,07 höher als die Fähigkeiten der Gruppe B.

Tabelle 9.17 Deskriptive Statistik der Skala FÖMV02 [Min = 0, Max = 1]

		Mittelwert	Std.-Abweichung	N
t1	Gruppe A	0,57	0,26	54
	Gruppe B	0,62	0,18	32
	Gesamt	0,59	0,23	86
t3	Gruppe A	0,77	0,21	54
	Gruppe B	0,70	0,15	32
	Gesamt	0,74	0,19	86

In den längeren Fortbildungen konnte also ein größerer Zuwachs in Bezug auf die Fähigkeiten zur Förderung von Kindern mit einem unzureichenden Stellenwertverständnis verzeichnet werden als in den kürzeren Fortbildungen.

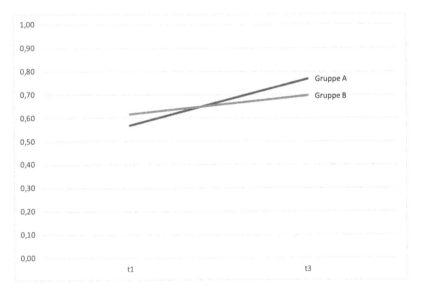

Abbildung 9.15 Entwicklung der Mittelwerte der Skala FÖMV02

Die Varianzanalyse zeigt eine signifikante Veränderung bei der Skala FÖMV02 auf den Faktor Zeit $F(1,84) = 24,71$, $p < 0,001$, partielles $\eta^2 = 0,23$ und der

Interaktion zwischen dem Faktor Zeit und den Gruppen $F(1,84) = 4,53$, $p = 0,036$, partielles $\eta^2 = 0,05$.

Die Durchführung des Levene-Tests ergab, dass die Homogenität der Fehlervarianzen zwischen den Gruppen bei der vorliegenden Skala zum Messzeitpunkt t1 nicht erfüllt ist ($p = 0,024$). Da die Varianzanalyse relativ robust gegenüber Verletzungen dieser Voraussetzung ist wurde sie dennoch angewandt (vgl. Abschnitt 8.5.3). Allerdings sollte dieser Befund vorsichtig interpretiert werden. Deshalb wurde als zusätzlich Interpretationshilfe ein Wilcoxon-Test für beide Gruppen durchgeführt.

Die Förderfähigkeiten der Teilnehmerinnen und Teilnehmer aus Gruppe A sind nach der Fortbildung signifikant höher (*Mdn* = 0,82) als davor (*Mdn* = 0,64; asymptotischer Wilcoxon-Test: $z = -4,62$, $p < 0,001$). Die Effektstärke liegt bei $r = 0,63$ und entspricht einem sehr starken Effekt.

Ebenso sind die Förderfähigkeiten der Teilnehmerinnen und Teilnehmer aus Gruppe B nach der Fortbildung signifikant höher (*Mdn* = 0,70) als davor (*Mdn* = 0,64; asymptotischer Wilcoxon-Test: $z = -2,00$, $p = 0,046$). Die Effektstärke liegt bei $r = 0,35$ und entspricht einem mittleren Effekt.

Sowohl die Lehrpersonen, die an den Fortbildungen nach Konzeption A teilgenommen haben, als auch die Personen, die an den Fortbildungen nach Konzeption B teilgenommen haben, konnten ihre Förderfähigkeiten bei einem unzureichenden Verständnis des Stellenwertsystems signifikant steigern. Teilnehmerinnen und Teilnehmer der länger dauernden Fortbildung hatten dabei einen stärkeren Zuwachs als die Lehrpersonen der kürzeren Fortbildung. Wie der Wilcoxon-Test zeigt, ist für die Gruppe B nur ein knapp signifikantes Ergebnis festzustellen. Dies bestätigt die Tendenzen der Varianzanalyse, weshalb im Folgenden diese Ergebnisse interpretiert werden.

Interpretation der Ergebnisse

Durch die Fortbildungen konnte bei beiden Gruppen eine positive Veränderung der Mittelwerte, also ein Zuwachs bei den Förderfähigkeiten verzeichnet werden. Allerdings zeigt die statistische Prüfung, dass für den Fortbildungserfolg entscheidend ist, welche Fortbildung besucht wurde. Die Teilnehmerinnen und Teilnehmer der Gruppe A konnten ihre Fähigkeiten deutlicher erweitern. Das bedeutet, dass umfassendere und längere Fortbildungen größere Erfolge bei den handlungsnahen Förderfähigkeiten zeitigen als kürzere Fortbildungen.

Dieses Ergebnis ist besonders hervorzuheben, da es sich vom Ergebnis der handlungsnahen diagnostischen Fähigkeiten unterscheidet. Bei den diagnostischen Fähigkeiten konnte zwar eine Veränderung der Mittelwerte gemessen, aber kein statistischer Nachweis für den Zusammenhang mit der Fortbildungskonzeption erbracht werden. (vgl. Abschnitt 9.7.2). Augenscheinlich hätte jedoch erwartet werden können, dass sowohl die diagnostischen Fähigkeiten als auch die Förderfähigkeiten signifikant mit der umfassenderen Fortbildungskonzeption zusammenhängen. Dies ist allerdings nur für die Förderfähigkeiten der Fall.

Dass dieser Zusammenhang nur für die Förderfähigkeiten nachweisbar ist, könnte auch hier im Begründungszusammenhang mit den Inhalten in Bezug zum Zeitumfang der Fortbildungen stehen. Eine adäquate Durchführung von Förderungen erfordert eine umfassende Wissensbasis, welche unter anderem auch Bereiche des diagnostischen Wissens voraussetzt. Um genau an die Kompetenzen der Schülerinnen und Schüler anschließen zu können, müssen Lehrpersonen also zum einen über ein diagnostisches Wissen verfügen, um die Kompetenzen der Kinder zu ermitteln und zum anderen über ein Wissen über Fördermaßnahmen, die passgenau daran anschließen. Dieses Wissen kann in kurzen Fortbildungen offensichtlich nicht ausgiebig genug erarbeitet werden.

Hinzu kommt, dass die Fortbildungen nach Konzeption A eine Anwendung der gelernten Inhalte in Praxiselementen ermöglichten. Da die Förderung in der Praxis in der Regel einen größeren zeitlichen Umfang einnimmt als die Diagnose, konnten hier umfassendere Erfahrungen gemacht werden. Eine Erprobung und Anwendung der gelernten Inhalte unterstützt also offensichtlich die Ausbildung von Förderfähigkeiten. Ergänzt wird dieser Aspekt durch die Möglichkeit der Reflexion in den Fortbildungssitzungen. Das bedeutet, es werden umfassendere Fortbildungen benötigt, in welchen zum einen ein entsprechender zeitlicher Rahmen zur Verfügung steht und zum anderen immer wieder Anwendungsmöglichkeiten zur Erprobung geboten werden. Die Reflexionen helfen das Wissen zu festigen und gegebenenfalls zu verändern.

Zusätzlich könnte das Wissen aus anderen Inhaltsbereichen hilfreich sein. Dies ermöglicht eine klare Abgrenzung zu anderen Förderinhalten, so dass dadurch eine Passung der Inhalte gewährleistet ist. Gleichzeitig kann das Wissen über andere Inhaltsbereiche nützlich sein um flexibel auf mögliche weitere Schwierigkeiten der Kinder zu reagieren.

Sollen Lehrpersonen also nicht nur befähigt werden zu diagnostizieren, sondern dazu, den Aufbau von Kompetenzen bei Kindern angemessen zu fördern, sind Fortbildungskonzeptionen erforderlich, die ausreichend Zeit für das Erlernen von komplexen Zusammenhängen ermöglichen und hierzu ebenso Transferleistungen eröffnen.

9.9 Korrelate von Veränderungen

Nach der Analyse von Veränderungen der fachdidaktischen Fähigkeiten und motivationalen Orientierungen in Abhängigkeit von den jeweiligen Fortbildungskonzeptionen liegt der Fokus im Folgenden auf den Zusammenhängen zwischen den Veränderungen der Kompetenzfacetten. Um diesbezügliche Forschungsfragen zu beantworten, werden die Korrelationen zwischen den einzelnen Veränderungen der Skalen berichtet. Dabei variiert die Stichprobengröße, abhängig von der verwendeten Skala, zwischen N = 73 und N = 102.

Forschungsfragen
Welche Zusammenhänge bestehen zwischen

– der Veränderung der Prozessorientierung und den Veränderungen der diagnostischen Fähigkeiten und Förderfähigkeiten?
– den Veränderungen der selbsteingeschätzten diagnostischen Fähigkeiten und den Veränderungen der handlungsnahen diagnostischen Fähigkeiten?
– den Veränderungen der fachdidaktischen Fähigkeiten in Bezug auf verfestigte Zählstrategien und in Bezug auf ein unzureichendes Verständnis des Stellenwertsystems?

In Tabelle 9.18 werden die Korrelationen zwischen den Veränderungen der einzelnen fachdidaktischen Fähigkeiten wiedergegeben. Zu sehen sind die Zusammenhänge zwischen den Veränderungen der Prozessorientierung (PROZ01), den selbsteingeschätzten diagnostischen Fähigkeiten (DIAG09), den handlungsnahen diagnostischen Fähigkeiten in Bezug auf die Diagnose von verfestigten zählenden Rechenstrategien (DIAV01) und einem unzureichenden Stellenwertverständnis (DIAV02) und den handlungsnahen Förderfähigkeiten in Bezug auf die Förderung bei verfestigten zählenden Rechenstrategien (FÖMV01) und der Förderung bei einem unzureichenden Stellenwertverständnisses (FÖMV02). Zwischen allen Veränderungen sind Zusammenhänge nachweisbar. Allerdings mit sehr unterschiedlichen Effektstärken und in den meisten Fällen ohne statistische Signifikanz.

So ist beispielsweise für die Veränderung der Prozessorientierung kein statistisch signifikanter Zusammenhang mit den Veränderungen der diagnostischen Fähigkeiten und der Förderfähigkeiten nachweisbar.

Statistische Signifikanzen ergeben sich hingegen für die Korrelationen zwischen den selbsteingeschätzten diagnostischen Fähigkeiten und den handlungsnahen diagnostischen Fähigkeiten in Bezug auf verfestigte Zählstrategien. Das

Tabelle 9.18 Korrelationen der Veränderungen der fachdidaktischen Fähigkeiten

	PROZ01	DIAG09	DIAV01	FÖMV01	DIAV02	FÖMV02
PROZ01						
DIAG09	0,165					
DIAV01	0,153	0,247*				
FÖMV01	0,200	0,281*	0,475**			
DIAV02	0,029	0,081	0,144	0,031		
FÖMV02	0,018	0,158	0,110	0,181	0,586**	

*. Die Korrelation ist auf dem Niveau von 0,05 (2-seitig) signifikant
**. Die Korrelation ist auf dem Niveau von 0,01 (2-seitig) signifikant

bedeutet, dass Lehrpersonen, welche sich nach den Fortbildungen in ihren diagnostischen Fähigkeiten als kompetenter erleben, auch ihre tatsächlichen Fähigkeiten in Bezug auf die Diagnose von verfestigten Zählstrategien gesteigert haben. Diese Steigerung erfolgte zwar auf einem signifikanten Niveau ($p < 0,05$), allerdings nur bei einem kleinen bis mittleren Effekt ($r = 0,247$). Ein statistisch signifikanter Zusammenhang zwischen den Veränderungen der selbsteingeschätzten diagnostischen Fähigkeiten und den Veränderungen der handlungsnahen diagnostischen Fähigkeiten in Bezug auf ein unzureichendes Verständnis des Stellenwertsystems konnte hingegen nicht nachgewiesen werden. Der Zuwachs an selbsteingeschätzten diagnostischen Fähigkeiten geht in diesem Fall also nicht mit einem Zuwachs an handlungsnahen diagnostischen Fähigkeiten einher.

Aus diesen Sachverhalten ergibt sich die Frage, ob es für die Veränderung der Selbsteinschätzung andere beziehungsweise stärkere Zusammenhänge gibt. Deshalb wurden weitere Analysen durchgeführt. Dazu wurden die Korrelationen zwischen den Veränderungen der selbsteingeschätzten diagnostischen Fähigkeiten und den Veränderungen der motivationalen Merkmale überprüft (vgl. Tabelle 9.19). Die Ergebnisse zeigen, dass in allen Bereichen Korrelationen auf hohem Niveau vorliegen.

Tabelle 9.19 Korrelationen der Veränderungen der selbsteingeschätzten fachdidaktischen Fähigkeiten und der Veränderungen der motivationalen Orientierungen

	ENTH01	ENTH02	SWKE01	SWKE02	SWKE03
DIAG09	0,425**	0,391**	0,488**	0,468**	0,478**

*. Die Korrelation ist auf dem Niveau von 0,05 (2-seitig) signifikant
**. Die Korrelation ist auf dem Niveau von 0,01 (2-seitig) signifikant

Die Veränderungen der selbsteingeschätzten diagnostischen Fähigkeiten korrelieren also nur gering mit den handlungsnahen diagnostischen Fähigkeiten, dafür aber stark mit den motivationalen Fähigkeiten.

Aus Tabelle 9.18 kann entnommen werden, dass die Veränderungen innerhalb der jeweiligen handlungsnahen fachdidaktischen inhaltlichen Bereiche korrelieren. So gibt es einen Zusammenhang zwischen den Veränderungen der fachdidaktischen Fähigkeiten in Bezug auf die Diagnose von verfestigten Zählstrategien und der Veränderung der Förderfähigkeit in Bezug auf die Förderung bei verfestigten Zählstrategien. Diese Korrelation ist auf einem Niveau von $p < 0,01$ und einem starken Effekt ($r = 0,475$) signifikant. Ebenso zeigt sich ein signifikanter Zusammenhang ($p < 0,01$) zwischen den Veränderungen der fachdidaktischen Fähigkeiten in Bezug auf die Diagnose eines unzureichenden Verständnisses des Stellenwertsystems und der Veränderung der Förderfähigkeit in Bezug auf die Förderung bei einem unzureichenden Verständnis des Stellenwertsystems. Hier liegt ein sehr starker Effekt von $r = 0,586$ vor. Demnach kann für den gleichen Inhaltsbereich festgehalten werden: Je genauer die Diagnosen zu den spezifischen Schwierigkeiten passen, umso genauer sind die Fördervorschläge.

Interessanterweise gibt es keine signifikanten Zusammenhänge zwischen den einzelnen Inhaltsbereichen. Weder die Veränderungen der handlungsnahen diagnostischen Fähigkeiten, noch die Förderfähigkeiten in Bezug auf verfestigte Zählstrategien korrelieren mit den Veränderungen der diagnostischen Fähigkeiten oder Förderfähigkeiten in Bezug auf ein unzureichendes Verständnis des Stellenwertsystems.

Interpretation der Ergebnisse

In Abschnitt 4.2.2 wurde die Prozessorientierung als eine Grundlage der Diagnose und, damit zusammenhängend, von Mathematikunterricht beschrieben. Dabei wurde sie unter einem mathematikdidaktischen Fokus und im Zusammenhang mit den fachdidaktischen Grundlagen betrachtet. Wie in der vorliegenden Untersuchung gezeigt werden konnte, scheint sich die selbsteingeschätzte Prozessorientierung weitgehend losgelöst von den anderen fachdidaktischen Fähigkeiten zu entwickeln. Hier konnten keine statistisch signifikanten Zusammenhänge nachgewiesen werden. Daraus lässt sich ableiten, dass die Prozessorientierung in den Fortbildungen eigener Aufmerksamkeit bedarf. Es scheint nicht auszureichen, Fortbildungen zur Diagnose und Förderung von Rechenschwäche durchzuführen, ohne auch die Prozessorientierung explizit zu erarbeiten. Hierbei handelt es sich offensichtlich um ein eigenes Lernfeld.

Dies kann damit zusammenhängen, dass es bei dem Konstrukt der Prozess-orientierung vor allem auch um einen grundsätzlichen Ansatz des Diagnostizie-rens und Förderns beziehungsweise Unterrichtens geht. Grundlage der Prozess-orientierung ist das Interesse an den Denkwegen und Denkprozessen der Kinder. Dies geschieht vor allem durch Fragestellungen (z. B.: Wie bist du auf das Ergebnis gekommen? Kannst du mir erklären wie du gerechnet hast?), welche zunächst unab-hängig von mathematischen Inhalten sein können. Vor allem die Einordnung der Antworten erfordert dann jedoch ein Wissen im Zusammenhang mit den typischen Hürden beim Rechnenlernen.

Ein interessantes Ergebnis zeigt sich auch zwischen den Veränderungen der diagnostischen Fähigkeiten im Zusammenhang mit deren Erfassung. Zum einen wurden diese Fähigkeiten durch Selbsteinschätzungen und zum anderen möglichst handlungsnah durch die Beurteilung von Videovignetten erhoben. Eine signifikante, aber schwache Korrelation besteht zwischen den Veränderungen der selbsteinge-schätzten und den handlungsnahen Diagnosefähigkeiten in Bezug auf verfestigte Zählstrategien. Ein statistischer Zusammenhang zwischen den Veränderungen der selbsteingeschätzten und den handlungsnahen diagnostischen Fähigkeiten in Bezug auf ein unzureichendes Verständnis des Stellenwertsystems konnte nicht nachgewiesen werden. Augenscheinlich wäre eine starke Korrelation zu erwar-ten gewesen, also ein deutlicher Zusammenhang zwischen den Veränderungen der selbsteingeschätzten Fähigkeiten mit den Veränderungen der handlungsnahen Fähigkeiten.

Die Ergebnisse deuten jedoch eher darauf hin, dass von der Entwicklung der selbsteingeschätzten Fähigkeiten nicht automatisch auf die Entwicklung hand-lungsnaher Fähigkeiten geschlossen werden kann. Der geringe Zusammenhang zwischen den verschiedenen Operationalisierungen legt nahe, dass Selbsteinschät-zungen keine verlässliche Auskunft über die handlungsnahen Fähigkeiten zulassen. Dies unterstützt die in Abschnitt 6.3.2 diskutierte These, dass die Abfrage von Selbsteinschätzungen und Meinungen in der Evaluation von Fortbildungen keine verlässliche Auskunft über den tatsächlichen Lernzuwachs und Fortbildungserfolg zulassen. Im genannten Abschnitt wurde dies vor allem anhand der häufig abgefrag-ten Zufriedenheit erörtert. Die vorliegenden Ergebnisse zeigen, dass diese Annahme auch für andere Bereiche gilt.

Aus diesen Überlegungen heraus wurde überprüft, ob die Veränderung der selbst-eingeschätzten diagnostischen Fähigkeiten, also die Veränderung der Wahrnehmung der eigenen Fähigkeiten, mit den Veränderungen der motivationalen Orientierun-gen einhergeht. Hier konnten eindeutige statistische Zusammenhänge nachgewiesen werden. Wer sich als fähiger erlebt, zeigt auch eine stärkere Selbstwirksamkeit in den Bereichen Instruktion, Individualisierung und Diagnose und einen stärkeren Enthusiasmus für das Fach und für das Unterrichten.

Dass der tatsächliche Wissenserwerb beziehungsweise die Erweiterung der eigenen Fähigkeiten unabhängig von den Selbsteinschätzungen ist, kann Auswirkungen auf den Unterricht der Lehrpersonen haben. Hier besteht grundsätzlich die Gefahr, dass diese mit großem Enthusiasmus und hohen selbsteingeschätzten Fähigkeiten Diagnosen durchführen, ohne über die tatsächlichen Fähigkeiten zu verfügen. Da bei den untersuchten Fortbildungen jedoch auch deutliche Steigerungen der handlungsnahen Fähigkeiten gemessen wurden, ist diese Möglichkeit aber als gering zu werten. Dafür unterstützt dieser Sachverhalt noch einmal die Tatsache, dass eine Evaluation von Fortbildungen nicht nur auf Selbsteinschätzungen beruhen darf, um die oben beschriebene Auswirkung möglichst gering zu halten.

Als vorteilhaft ist zu werten, dass sich die Selbsteinschätzungen in Bezug auf die eigenen Fähigkeiten und die handlungsnahen Fähigkeiten in einer Fortbildung fördern lassen. Dabei lässt sich die Zunahme an handlungsnahen Fähigkeiten auf die Erarbeitung der Inhalte zurückführen. Die Zunahme im eigenen Erleben könnte andere Ursachen haben, wie beispielsweise die inhaltliche, didaktische und rhetorische Gestaltung der Fortbildung.

Als ebenfalls förderlich kann die Tatsache gewertet werden, dass die selbsteingeschätzten Fähigkeiten mit den motivationalen Orientierungen korrelieren. Es kann deshalb davon ausgegangen werden, dass sich eine positive Entwicklung des eigenen Erlebens positiv auf das Lernen selbst und auf die Umsetzung des Gelernten im Unterricht hat.

Die Analysen der Zusammenhänge der Veränderungen der fachdidaktischen Fähigkeiten zeigen weitere interessante Ergebnisse. Zum einen korrelieren die Veränderungen der Fähigkeiten innerhalb eines inhaltlichen Bereichs miteinander. Das bedeutet, die Entwicklung der handlungsnahen diagnostischen Fähigkeiten in Bezug auf verfestigte Zählstrategien hängt mit der Entwicklung der handlungsnahen Förderfertigkeiten im Bereich der verfestigten Zählstrategien zusammen. Selbiges gilt für den Bereich eines unzureichenden Verständnisses des Stellenwertsystems. Dieses Ergebnis war insofern zu erwarten, da Förderfähigkeiten das Wissen um diagnostische Inhalte voraussetzen. Wenn eine Passung zwischen Diagnose und Förderung vorhanden sein soll, sollte es auch eine Korrelation zwischen der Veränderung dieser Konstrukte geben. Nur so kann diese geforderte Passung auch gewährleistet werden. Die Analysen zeigen aber auch, dass es keine Zusammenhänge zwischen den Veränderungen der beiden Bereiche *verfestigte zählende Rechenstrategien* und einem *unzureichenden Stellenwertverständnis* gibt. Keine der handlungsnahen diagnostischen Fähigkeiten oder Förderfähigkeiten in Bezug auf verfestigte Zählstrategien korreliert mit einer der anderen Fähigkeiten in Bezug auf ein unzureichendes Verständnis des Stellenwertsystems. Dass diagnostische Fähigkeiten domänenspezifisch sind, wurde in Abschnitt 4.2.3 herausgearbeitet. In einer Untersuchung von Schulz (2014) konnte gezeigt werden, dass diese Fähigkeiten gar inhaltlich bereichsspezifisch sind.

Die Befunde der vorliegenden Studie weisen darauf hin, dass auch die Entwicklung der diagnostischen Fähigkeiten inhaltlich bereichsspezifisch ist. Darüber hinausgehend konnte dies auch für die Entwicklung der Förderkompetenzen nachgewiesen werden. Das bedeutet, dass Lehrpersonen, die ihr Wissen und ihre Fähigkeiten im Zusammenhang mit verfestigten Zählstrategien erweitern, nicht automatisch ihr Wissen und ihre Fähigkeiten in Bezug auf ein unzureichendes Stellenwertverständnis erweitern und umgekehrt.

Daraus kann gefolgert werden, dass Aussagen über die Entwicklung diagnostischer Fähigkeiten und Förderfähigkeiten nur unter Angabe des Bereichs und in Bezug auf diesen gemacht werden können. Es kann deshalb ebenso gefolgert werden, dass eine Interpretation allgemeiner Aussagen kaum möglich ist. Das heißt Aussagen wie *Mathematiklehrpersonen verfügen nicht über ausreichende diagnostische Fähigkeiten* sind unzulässig. Vielmehr ist zu prüfen, in welchen inhaltlichen Bereichen die Fähigkeiten nicht genügen, da die Möglichkeit besteht, dass diese sich in einem anderen Bereich durchaus positiv entwickelt haben.

Die hier dargestellten Zusammenhänge legen nahe, dass es nicht reicht, in Fortbildungen und möglicherweise auch im Studium exemplarisch an ausgewählten Inhaltsbereichen Kompetenzen zur Diagnose und Förderung zu erwerben, sondern, dass für jeden Inhaltsbereich ganz konkretes fachdidaktisches Wissen vermittelt werden sollte.

Dies wiederum hat Auswirkungen auf die Konzeptualisierung der angebotenen beziehungsweise besuchten Fortbildungen. Für die Planung und Durchführung kann dies bedeuten, dass zum einen spezifische Themen, diese aber, auch in Bezug auf die in Kapitel 9 berichteten Ergebnisse, vernetzt mit anderen Themenbereichen angeboten werden sollten. Alternativ wird eine große Anzahl an Fortbildungen benötigt, um die verschiedenen Themenbereiche abzudecken. Diese Schlussfolgerung dürfte aber nicht nur für Fortbildungen, sondern auch bereits für die Erstausbildung, das Studium, Konsequenzen haben. Um Mathematiklehrpersonen adäquat auszubilden, sollten im Studium alle relevanten Inhaltsbereiche erarbeitet werden, was einen großen zeitlichen Umfang erfordert.

9.10 Zusammenfassung – Ergebnisse und Interpretationen

Die Auswertung der Befragung zeigt, dass die Lehrpersonen beider Gruppen mit den Fortbildungen sehr zufrieden waren und die Inhalte als sehr relevant eingeschätzt haben. Dabei konnten keine nennenswerten Unterschiede zwischen den Teilnehmerinnen und Teilnehmern der unterschiedlichen Gruppen ausgemacht werden. Das bedeutet, die Einschätzungen der Lehrpersonen bezüglich dieser Konstrukte sind unabhängig von der Konzeption der Fortbildungen. Insbesondere der zeitliche Umfang hat offensichtlich keine Auswirkungen auf die Zufriedenheit und die Einschätzung der Relevanz der Inhalte, woraus geschlossen werden kann, dass sich für eine positive Einschätzung andere Faktoren, wie beispielsweise die Inhalte oder die Fortbildungsleitung, verantwortlich zeigen. Entscheidend scheint in jedem Fall zu sein, dass die Erwartungen der Teilnehmerinnen und Teilnehmer erfüllt werden.

Die Auswertung der Skala Challenge Appraisal ergab, dass sich die Teilnehmerinnen und Teilnehmer der Fortbildungen nach Konzeption A durch die Fortbildungen herausgefordert fühlen. Dies kann die Umsetzung des Gelernten im Unterricht befördern.

In einem weiteren Auswertungsschritt wurde untersucht, ob die Gruppen, welche an den Fortbildungen mit eintägigem Input (Gruppe B) teilgenommen haben und die Gruppen die an den Fortbildungen mit mehrtägigem Input und zusätzlichen Lerngelegenheiten (Gruppe A) teilgenommen haben, vergleichbar sind. Dazu wurde eine Analyse der Ausgangslage vorgenommen, indem Daten des ersten Messzeitpunkts deskriptiv und mit einem t-Test überprüft wurden.

Wie die Analysen zeigen, gibt es mit zwei Ausnahmen, keine signifikanten Unterschiede zwischen den beiden Gruppen A und B, weshalb diese grundsätzlich miteinander verglichen werden können. Die Ausnahmen bilden der Enthusiasmus für das Fach und der Enthusiasmus für das Unterrichten. Hier liegen signifikante Unterschiede zwischen den beiden Gruppen vor. Lehrpersonen, welche an der umfangreicheren Fortbildung nach Konzeption A teilnahmen, zeigten zu Beginn der Maßnahme einen deutlich höheren Enthusiasmus als Lehrpersonen, die an den Fortbildungen nach Konzeption B teilnahmen. Da dieser Unterschied bei den weiteren Analysen nicht als Kovariate berücksichtigt werden konnte (vgl. Abschnitt 8.5.3) ist es wichtig, die Interpretationen der weiteren Ergebnisse vor diesem Hintergrund zu betrachten.

Ein weiterer Schwerpunkt der Auswertung lag auf der Untersuchung der Entwicklung der fachdidaktischen Fähigkeiten und der Entwicklung der motivationalen Orientierungen.

Ein signifikanter Anstieg vom Messzeitpunkt t1 zu Messzeitpunkt t3 konnte für die selbsteingeschätzte Prozessorientierung festgestellt werden. Der Mittelwert der Gruppe A stieg dabei etwas stärker an, als der Mittelwert der Gruppe B. Statistisch im Sinne einer Signifikanz konnte allerdings kein Unterschied bezüglich der besuchten Fortbildungskonzeptionen berechnet werden.

Ein etwas anderes Bild ergab sich bei den selbsteingeschätzten diagnostischen Fähigkeiten. Hier konnte ebenso ein signifikanter Unterschied zwischen den beiden Messzeitpunkten t1 und t3 nachgewiesen werden. Das bedeutet, beide Gruppen konnten durch die Fortbildungen einen Zuwachs ihrer selbsteingeschätzten diagnostischen Fähigkeiten verzeichnen. Allerdings zeigte sich dabei, dass die Fortbildungen nach Konzeption A deutlichere und statistisch signifikante Zuwächse hervorbrachte.

Ein anderes Ergebnis zeigt die Analyse der handlungsnahen diagnostischen Fähigkeiten, welche über Videovignetten erhoben wurden. Bei beiden Fortbildungskonzeptionen wurde ein signifikanter Zuwachs an diagnostischen Fähigkeiten festgestellt. Dies betrifft sowohl den Bereich der Diagnose von verfestigten Zählstrategien, als auch den Bereich der Diagnose eines unzureichenden Verständnisses des Stellenwertsystems. Die Teilnehmerinnen und Teilnehmer der umfassenderen Fortbildung konnten dabei einen höheren Zugewinn verzeichnen als die Teilnehmerinnen und Teilnehmer der eintägigen Fortbildung. Allerdings konnte dieser Zuwachs an handlungsnahen diagnostischen Fähigkeiten statistisch nicht auf die Fortbildungskonzeptionen zurückgeführt werden.

Die handlungsnahen Förderfähigkeiten wurden ebenfalls über Videovignetten und den dazugehörigen Skalen erhoben. Insgesamt konnten die Fähigkeiten der Lehrpersonen in beiden Fortbildungskonzeptionen ausgebaut werden. Dies ließ sich sowohl durch den Nachweis einer Signifikanz bei den Förderfähigkeiten bei verfestigten Zählstrategien, als auch bei den Förderfähigkeiten bei einem unzureichenden Verständnis des Stellenwertsystems nachweisen. Eine Varianzanalyse zeigte bei beiden Förderfähigkeiten, dass die Fortbildungsmaßnahmen nach Konzeption A eine signifikante Auswirkung hatten.

Zur Erhebung der motivationalen Orientierungen wurden Skalen zu drei Bereichen der Selbstwirksamkeit und zum Enthusiasmus für das Fach und das Unterrichten eingesetzt.

Nicht ganz einheitlich zeigt sich die Entwicklung der Selbstwirksamkeitserwartungen. Es konnte zwar für alle drei Bereiche und beide Gruppen ein signifikanter Anstieg verzeichnet werden, dieser lässt sich aber nur für die Individualisierung und die Diagnose auf die Fortbildungskonzeption zurückführen. Hier führt die Teilnahme an der Fortbildung nach Konzeption A zu einer höheren Selbstwirksamkeit. Für die Selbstwirksamkeit in Bezug auf Instruktion konnte zwar für die Gruppe A ein höherer Zuwachs festgestellt werden, dieser wurde jedoch nicht signifikant.

Sowohl der Enthusiasmus für das Fach als auch der Enthusiasmus für das Unterrichten wurden durch die Fortbildungen gefördert. Ein Anstieg war in beiden Gruppen zu verzeichnen. Allerdings hatten die umfassenderen Fortbildungen nach Konzeption A einen signifikanten Einfluss auf diese Steigerung. Für Fortbildungen nach Konzeption B konnte dies nicht nachgewiesen werden.

Insgesamt kann festgehalten werden, dass die umfassenderen Fortbildungen nach Konzeption A in allen Bereichen zu einem stärkeren Zuwachs bei den Teilnehmerinnen und Teilnehmern führen. Auch wenn es bei den einzelnen fachdidaktischen Fähigkeiten und motivationalen Orientierungen Unterschiede gibt, so ist doch festzuhalten, dass sich die Erarbeitung verschiedener Themenbereiche und vor allem die Erprobung in Praxiselementen mit anschließender Reflexion wesentlich für diese Entwicklung zeigen.

Neben den hier dargestellten Veränderungen der fachdidaktischen Fähigkeiten wurden auch ausgewählte Zusammenhänge zwischen den Entwicklungen der verschiedenen fachdidaktischen Fähigkeiten selbst untersucht.

Dabei zeigt sich, dass die Veränderung der selbsteingeschätzten Prozessorientierung mit keiner Veränderung der anderen fachdidaktischen Fähigkeiten korreliert, während der Zuwachs an selbsteingeschätzter diagnostischer Kompetenz mit einem Zuwachs der handlungsnahen Fähigkeiten in Bezug auf verfestigte Zählstrategien einhergeht, nicht aber mit den handlungsnahen Fähigkeiten in Bezug auf ein unzureichendes Verständnis des Stellenwertsystems.

Weiterhin konnte nachgewiesen werden, dass die Veränderungen der handlungsnahen Fähigkeiten innerhalb eines Bereichs korrelieren, nicht aber mit den Veränderungen des anderen Bereichs. Das bedeutet beispielsweise, dass Lehrpersonen, welche ihre handlungsnahen diagnostischen Fähigkeiten im Bereich der verfestigten Zählstrategien ausbauen konnten, auch ihre handlungsnahen Fähigkeiten in der Förderung in Bezug auf verfestigte Zählstrategien erweitern konnten. Gleichzeitig besteht aber kein statistisch nachweisbarer Zusammenhang mit den Veränderungen diagnostischer Fähigkeiten oder Förderfähigkeiten in Bezug auf ein unzureichendes Stellenwertverständnis.

Zusammenfassung, Ausblick und Fazit 10

In der vorliegenden Arbeit wurden Fortbildungen unterschiedlicher Konzeptionen auf ihre Wirksamkeit in Bezug auf die motivationalen Orientierungen, die diagnostischen Fähigkeiten und den Förderfähigkeiten untersucht. Im Folgenden werden wichtige Aspekte der Arbeit zusammengefasst (vgl. Abschnitt 10.1) und eine kritische Reflexion der Studie vorgenommen (vgl. Abschnitt 10.2). In Abschnitt 10.3 wird ein Ausblick auf die Konsequenzen für die Fortbildungsdurchführung und die Fortbildungsforschung gegeben.

10.1 Zusammenfassung der Studie

Lehrerinnen und Lehrer sind für die Gestaltung und Organisation von Unterricht verantwortlich und haben damit einen wesentlichen Einfluss auf die Lehr-Lernprozesse der Schülerinnen und Schüler. Sie nehmen eine zentrale Rolle für die Qualität von Unterricht und die Lernerfolge der Kinder ein (Bromme, 1997; Cramer, 2012; Lipowsky, 2006).

Gerade schwächere Schülerinnen und Schüler können von einer professionell handelnden Lehrperson beziehungsweise gutem Unterricht profitieren. Diese Faktoren können eine kompensatorische Wirkung auf ungleiche Bildungschancen haben und diese verringern. Außerdem scheinen eine hohe Eignung der Lehrperson und eine hohe Unterrichtsqualität besonders in den ersten Schuljahren von erheblicher Bedeutung zu sein (Lipowsky, 2006).

Dies ist von besonderer Bedeutung, da gerade in den ersten Schuljahren wichtige Grundlagen für das Lernen von mathematischen Inhalten gelegt werden, wie beispielsweise die Anwendung flexibler Rechenstrategien oder der Aufbau eines tragfähigen Stellenwertverständnisses.

Deshalb kann geschlussfolgert werden, dass grundsätzlich, aber besonders im Hinblick auf Schülerinnen und Schüler mit Schwierigkeiten beim Rechnenlernen, Lehrpersonen benötigt werden, die über eine professionelle Handlungskompetenz verfügen (Bromme, 1997).

Für die Beschreibung und Untersuchung dieser Kompetenzen zeigt sich das *Expertenparadigma* als vielversprechender Ansatz (vgl. Abschnitt 2.1.3). Zentraler Inhalt dieser Forschungsrichtung ist die Profession der Lehrpersonen und ihrer Kompetenzen. Es wird nach spezifischen Merkmalen gesucht, welche es den Lehrpersonen ermöglichen Lerngelegenheiten professionell zu gestalten. Dabei stehen das Unterrichten und seine Effekte im Mittelpunkt (Terhart, 2007). Ergebnisse der allgemeinen Expertiseforschung zeigen, dass das domänenspezifische Wissen der Lehrpersonen dabei als wichtiger Faktor identifiziert werden konnte. „In vielen untersuchten Gebieten sind Experten vor allem deswegen besser, weil sie mehr wissen und dieses Wissen gut vernetzt parat haben" (Krauss et al., 2008, S. 225). Schulz (2014) vermutet gar, dass dieses Wissen und damit die zusammenhängenden Fähigkeiten nicht nur domänenspezifisch sind, sondern inhaltlich bereichsspezifisch.

Im Rahmen von theoretischen Auseinandersetzungen und empirischen Forschungen erfolgt als Grundlage für die Kompetenzen und Fähigkeiten häufig eine Aufteilung und Strukturierung der erforderlichen Wissensbereiche (Ball et al., 2008; Blömeke, Kaiser & Lehmann, 2010a; H. C. Hill et al., 2008; Lindmeier, 2010). Einen Ansatz bilden dabei oft die Taxonomien nach Schulman (1986; 1987). Aus seinen Überlegungen entwickelte sich eine Kategorisierung der Lehrpersonenexpertise in die drei Facetten *Fachwissen (content knowledge), pädagogisches Wissen (general pedagogical knowledge)* und *fachdidaktisches Wissen (pedagogical content knowledge)* (vgl. Abschnitt 2.3).

Neben diesem Wissen und dessen Anwendung spielen weitere Kompetenzfacetten wie motivationale, volitionale und soziale Bereitschaften und Fähigkeiten eine zentrale Rolle für erfolgreiches Handeln von Lehrpersonen (Maag Merki, 2009).

An diese Ideen knüpft das Kompetenzmodell des Forschungsprogramms COACTIV an, indem verschiedene theoretische Blickwinkel der empirischen Forschung geordnet und zusammengeführt wurden (vgl. Abschnitt 2.4.4 und Baumert et al., 2011).

Dabei erfahren die oben genannten Kategorisierungen nach Shulman (1986; 1987) eine Erweiterung um die Aspekte *Selbstregulation, motivationale Orientierungen* und *Überzeugungen, Werthaltungen und Ziele.* Innerhalb dieser Aspekte wurden verschiedene Kompetenzbereiche beschrieben, welche sich wiederum in unterschiedliche Kompetenzfacetten aufteilen.

Ein zentraler Kompetenzbereich ist das *fachdidaktische Wissen*. Dieses Wissen steht im Zusammenhang mit den fachlichen Leistungen der Schülerinnen und Schüler (Baumert & Kunter, 2011b). Als Teilbereiche des fachdidaktischen Wissens wurden die *diagnostischen Fähigkeiten* und die *Förderfähigkeiten* ausgemacht (Moser Opitz & Nührenbörger, 2015; Selter et al., 2019; Spinath, 2005). Diese Fähigkeiten werden als Schlüsselkompetenzen in Lehr- und Lernprozessen angesehen (Lorenz & Artelt, 2009; Moser Opitz & Nührenbörger, 2015).

Besonders zeigt sich dieser Zusammenhang bei der Unterrichtung von Kindern, welche große Schwierigkeiten beim Rechnenlernen haben. Um diese Kinder zu identifizieren und ihre Kompetenzen und Schwierigkeiten zu ermitteln, ist eine handlungsleitende Diagnose unabdingbar (vgl. Abschnitt 4.2.1). Dabei zeigt sich, dass Diagnosen mit Blick auf eine anschließende Förderung, kompetenz- und prozessorientiert durchgeführt werden sollten. Daran können sich dann adaptive Förderformate anschließen um die Schülerinnen und Schüler in ihrem individuellen Lernprozess zu unterstützen.

Die Ausübung dieser Tätigkeiten erfordert spezifische Fähigkeiten der ausführenden Lehrpersonen. Um Diagnosen erfolgreich durchführen zu können, sollten Lehrerinnen und Lehrer unter anderem über ein *Wissen über das mathematische Denken von Lernenden* und über ein *Wissen über mathematische Aufgaben* und deren praktische Umsetzung verfügen. Damit bilden die diagnostischen Fähigkeiten eine Teilmenge der Förderfähigkeiten. Auch für diese wird ein *Wissen über das mathematische Denken von Lernenden* und ein *Wissen über mathematische Aufgaben* benötigt. Allerdings unterscheidet sich das Wissen über mathematische Aufgaben aufgrund der unterschiedlichen Zielsetzungen von Diagnose und Förderung. Darüber hinaus ist für eine erfolgreiche Förderung aber auch ein Erklärungswissen nötig.

Diese Wissensfacetten sind in Bezug auf typische Hürden beim Rechnenlernen nicht in ausreichendem Maße vorhanden (Lenart et al., 2010; Lesemann, 2015; Schulz, 2014).

Wie ein Blick auf das Kompetenzmodel von COACTIV zeigt, sind neben den fachdidaktischen Fähigkeiten weitere Kompetenzfacetten für ein erfolgreiches Unterrichten, Diagnostizieren und Fördern erforderlich (vgl. Abschnitt 2.4.4). Zu diesen Kompetenzfacetten zählen unter anderem die *motivationalen Orientierungen* der Lehrpersonen. Dazu gehören beispielsweise die *Selbstwirksamkeitserwartungen* und der *Enthusiasmus* (vgl. Kapitel 3). Selbstwirksamkeitserwartungen können nach Schwarzer und Warner (2014) als das Vertrauen in die eigenen Fähigkeiten und einer damit verbundenen Zieleverwirklichung bezeichnet werden. Der Enthusiasmus steht in starkem Zusammenhang mit der intrinsischen Motivation und kann als eine Form der *Begeisterung* verstanden werden.

Insbesondere für den Aufbau und die Förderung der Wissensfacetten beziehungsweise der fachdidaktischen Fähigkeiten können Lehrpersonenfortbildungen einen gewinnbringenden Beitrag leisten. Fortbildungen zielen auf eine Unterstützung in der beruflichen Praxis ab, indem sie die professionellen Kompetenzen erweitern und vertiefen (vgl. Abschnitt 6.2.).

Einen Ansatz zur Strukturierung und Erforschung von Fortbildungen stellt das Angebots-Nutzungs-Modell nach Lipowsky (2014; 2019; Lipowsky & Rzejak, 2017) dar. Es zeigt die Vielzahl an Variablen auf, welche einen Einfluss auf den Fortbildungserfolg haben können. Dazu zählen beispielsweise die Qualität und Quantität der Lerngelegenheiten, als auch die Wahrnehmung der vermittelten Inhalte durch die Teilnehmerinnen und Teilnehmer.

Der Fortbildungserfolg lässt sich zum einen auf der Ebene der Lehrpersonen und zum anderen auf der Ebene der Schülerinnen und Schüler erfassen (vgl. Abschnitt 6.3.2.).

In der vorliegenden Studie wird die Wirkung von Lehrpersonenfortbildungen durch die Erfassung von Aspekten professioneller Kompetenz auf der Ebene der Lehrpersonen in den Blick genommen. Dazu wird auf ausgewählte Kompetenzfacetten fokussiert: die *diagnostischen Fähigkeiten*, die *Förderfähigkeiten*, die *Selbstwirksamkeitserwartungen* und den *Enthusiasmus*. Da es sich, insbesondere, bei den ersten beiden Facetten um domänenspezifische Fähigkeiten handelt, wird der Themenbereich auf *besondere Schwierigkeiten beim Rechnenlernen* eingegrenzt. Hier wird der Blick auf die typischen Hürden *verfestigte Zählstrategien* und ein *unzureichendes Verständnis des Stellenwertsystems* gerichtet.

Diese beiden Inhalte wurden in zwei unterschiedlichen Fortbildungskonzeptionen vermittelt (vgl. Abschnitt 8.4). Einmal in siebentägigen Fortbildungen (Konzeption A) und einmal in eintägigen Fortbildungen (Konzeption B). In den eintägigen Fortbildungen wurden nur die beiden genannten Themen behandelt. Bei den Fortbildungen nach Konzeption A wurden hingegen zwei Tage für diese Inhalte aufgewandt. An den anderen Tagen wurden weitere Themenbereiche besprochen, wie beispielsweise die Multiplikation und Division. Ein weiterer Unterschied zwischen den Fortbildungskonzepten war die Durchführung von konkreten Fördermaßnahmen der Teilnehmenden zwischen den Bausteinen der Fortbildungen nach Konzeption A.

Die beschriebenen Kompetenzfacetten wurden durch eine Befragung in Form von Fragebögen erhoben. Die dort verwendeten Skalen wurden adaptiert beziehungsweise selbst entwickelt. Insbesondere für die fachdidaktischen Fähigkeiten lagen keine quantitativen Instrumente vor. Deshalb wurde mit Rückgriff auf Videovignetten mit ausgewählten Diagnosesituationen ein Instrument entwickelt, das die diagnostischen Fähigkeiten und Förderfähigkeiten möglichst handlungsnah erfasst.

Die Auswertung der Ergebnisse zeigte über fast alle erhobenen Konstrukte hinweg eine stärkere Entwicklung der Mittelwerte der Fortbildungen nach Konzeption A. Diese unterschiedlichen Anstiege konnten in den meisten Fällen mit einem statistischen Signifikanztest bestätigt werden. Signifikante Unterschiede zeigten sich vor allem bei komplexen Themeninhalten wie der Förderung und bei den motivationalen Orientierungen. Hier konnten die längeren Fortbildungen deutlichere Erfolge verzeichnen.

Die Interpretationen der vorliegenden Ergebnisse wurden oft auf Grundlage statistischer Signifikanzen getroffen. Allerdings sollte der Wert einer empirischen Forschungsarbeit nicht ausschließlich davon abhängen, ob das Untersuchungsergebnis statistisch signifikant ist (Bortz & Schuster, 2010).

Werden die Signifikanzen nicht in den Vordergrund gestellt, kann insgesamt festgehalten werden, dass die längeren Fortbildungen nach Konzeption A sowohl bei den motivationalen Orientierungen, als auch bei den fachdidaktischen Fähigkeiten einen größeren Zuwachs hervorbringen können. Es bedeutet aber auch, dass kurze Fortbildungen, abhängig von Art und Umfang des Inhalts, ihre Berechtigung haben können. Wird nur auf einen inhaltlich eingegrenzten Aspekt fokussiert, wie beispielsweise die Diagnose bei verfestigten zählenden Rechenstrategien, kann dieser offenbar auch in einem Tag vermittelt werden. Sollen aber Lehrpersonen fundamental zum Lernprozess der Schülerinnen und Schüler beitragen, das Lernen der Kinder in den Blick nehmen und grundlegende Möglichkeiten der Weiterentwicklung bereitstellen, sollten Lehrpersonenfortbildungen umfassender sein und mit einer Verknüpfung und Begleitung von Praxisanteilen einhergehen. Das heißt, für den Lernerfolg der Lehrpersonen ist nicht allein die Dauer einer Fortbildung entscheidend. Vielmehr könnten Fortbildungskonzeptionen so angelegt werden, dass verschiedene Inhaltsbereiche zusammenhängend erarbeitet werden. Daraus, dass dann nicht nur eine Förderung einzelner Wissensbereiche erfolgt, sondern eine Vernetzung dieser Bereiche, welche insgesamt die Anwendung des erworbenen Wissens unterstützen könnten.

Im Zusammenhang mit den inhaltlichen Aspekten zeigt sich die Anwendung beziehungsweise Erprobung und anschließende Reflexion des Gelernten als fruchtbar für die Steigerung der fachdidaktischen Fähigkeiten.

Gleichzeitig wirken gerade die Praxiskomponenten förderlich auf die motivationalen Orientierungen. Sie führen zu einer stärkeren Selbstwirksamkeit und einem stärkeren Enthusiasmus. Dies wiederum kann positive Auswirkungen auf das Lernen der Schülerinnen und Schüler haben und gar einen positiven Einfluss auf die Lehrpersonengesundheit.

Interessant sind auch die Ergebnisse von Zusammenhängen einzelner Veränderungen der Kompetenzfacetten. So gibt es beispielsweise einen signifikanten

Zusammenhang zwischen der Veränderung der handlungsnahen diagnostischen Kompetenzen und den dazugehörigen Veränderungen der handlungsnahen Förderfähigkeiten, nicht aber zwischen diesen Inhaltsbereichen. Dass diagnostische Fähigkeiten und damit wohl auch Förderfähigkeiten domänenspezifisch sind, ist mittlerweile unumstritten. Die hier aufgeführten Ergebnisse belegen aber, dass diese Fähigkeiten sich auch inhaltlich bereichsspezifisch entwickeln. Das bedeutet, Fortbildungen müssen zu spezifischen Themen durchgeführt werden, die exemplarische Behandlung eines Bereiches genügt nicht.

10.2 Kritische Reflexion der Studie

Die in Kapitel 9 dargestellten Ergebnisse leisten einen Beitrag zur Beantwortung offener Forschungsfragen im Bereich der Fortbildungsforschung. Dennoch unterliegen auch diese Ergebnisse Begrenzungen, die im Folgenden aufgezeigt werden.

Eine Einschränkung bei der Interpretation der Ergebnisse ergibt sich aus der Wahl der Stichprobe. Wie in Abschnitt 8.3 dargestellt, handelt es sich um eine nicht-probalistische Stichprobe. Die Probanden haben sich in der Regel freiwillig zu den Fortbildungen angemeldet. Deshalb können die Ergebnisse nicht für alle Fortbildungen beziehungsweise für alle Lehrpersonen generalisiert werden. Belastbare Aussagen können tatsächlich nur für die untersuchten Fortbildungen und Teilnehmerinnen und Teilnehmer getroffen werden. Allerdings werden Fortbildungen auch in der beruflichen Praxis oft freiwillig besucht, weshalb die getroffenen Aussagen in Bezug auf die Fortbildungen und in Bezug auf Lehrpersonen, welche Fortbildungen besuchen, zutreffen können. Ob eine Untersuchung mit einer Zufallsstichprobe eine deutlich höhere Aussagekraft für die Fortbildungspraxis hätte, darf dementsprechend bezweifelt werden.

Durch die freiwillige Teilnahme besteht außerdem die Möglichkeit einer Positivauswahl, insbesondere bei Gruppe A. Das heißt, dass die Lehrpersonen in der Stichprobe eher bereit sind ihre Kompetenzen zu entwickeln als andere Lehrpersonen. Dies könnte zu einer Verzerrung der Ergebnisse beitragen. Positiv kann hier angemerkt werden, dass die Teilnehmerinnen und Teilnehmer aus unterschiedlichen Bundesländern und Schularten kommen, wodurch eine gewisse Diversität gegeben ist.

In diesem Zusammenhang muss auch der Umfang des Fragebogens erwähnt werden. Der zeitliche Aufwand zum Ausfüllen des Fragebogens wurde unterschätzt. Durch die Erhebung der unterschiedlichen Konstrukte zeigte sich der

Fragebogen als sehr umfassend. Möglicherweise hat dies zu einer Mortalität geführt, die durch einen Fragebogen geringeren Umfangs hätte minimiert werden können.

Doch nicht nur die Stichprobe, auch das in den Fortbildungen behandelte Themenspektrum sollte in die kritische Reflexion einbezogen werden. Die vorliegenden Ergebnisse sind immer auch vor dem Hintergrund typischer Hürden beim Rechnenlernen zu interpretieren. Dies gilt insbesondere, da nachgewiesen werden konnte, dass die Entwicklungen von diagnostischen Fähigkeiten und Förderfähigkeiten inhaltlich bereichsspezifisch sind. Die getroffenen Aussagen lassen sich also möglicherweise nicht auf Fortbildungen in anderen Fächern oder mit anderen Inhaltsbereichen übertragen.

Bei den Skalen zur Zufriedenheit, Relevanz der Inhalte, Challenge Appraisal und Enthusiasmus für das Fach konnten Deckeneffekte festgestellt werden. Dies mindert allerdings nicht die Qualität der Messinstrumente. Da sich die Konstrukte nicht unendlich steigern lassen, sind diese Effekte bei erfolgreichen Fortbildungen durchaus zu erwarten. Dennoch führt dies zu einer geringeren Streuung im oberen Bereich der Skalen.

Weiterhin erfährt die Untersuchung eine Limitation im Hinblick auf das Untersuchungsdesign. Wirkungen von Lehrpersonenfortbildungen können auf unterschiedlichen Ebenen erfasst werden (vgl. Abschnitt 6.3.2). Ein umfassendes Bild über die Wirkungen sollte dabei vor allem die Ebene der Schülerinnen und Schüler mit einbeziehen. Unter Beachtung der zur Verfügung stehenden Ressourcen war es jedoch nur möglich, die Wirkungen auf Ebene der Lehrpersonen zu untersuchen. Um diesem Kritikpunkt zumindest ansatzweise zu begegnen, wurden die fachdidaktischen Fähigkeiten möglichst handlungsnah erfasst. Außerdem wurden motivationale Orientierungen erhoben, die mit der Umsetzung des Gelernten in Zusammenhang stehen. Es kann also davon ausgegangen werden, dass die erworbenen Fähigkeiten auch ihre Anwendung im Unterricht finden.

Die dargestellten Ergebnisse beziehen sich auf die zum Messzeitpunkt t1 und t3 gemessenen Kompetenzfacetten. Aufgrund der zeitlichen Differenz zwischen Vermittlung der Inhalte und der Messung kann zwar davon ausgegangen werden, dass die fachdidaktischen Fähigkeiten und motivationalen Orientierungen nicht nur einer kurzfristigen Veränderung unterliegen, allerdings konnte dies nicht durch eine Follow-up-Studie abgesichert werden (vgl. bspw. Döring & Bortz, 2016).

In diesem Zusammenhang ist es auch wichtig zu sehen, dass in den Graphiken die Veränderung der Fähigkeiten linear dargestellt wurde. Dies dient alleine der

Anschaulichkeit und dem Aufzeigen von Tendenzen. Es kann davon ausgegangen werden, dass die Entwicklung der Fähigkeiten nicht der linearen Darstellung entspricht. Dieser wird aus den genannten Gründen nur angenommen.

In der Studie wurden die Wirkungen zweier Fortbildungskonzeptionen miteinander verglichen. Dadurch konnten unterschiedliche Effekte ausgemacht werden. Der exakte Ursprung dieser Effekte konnte allerdings nicht ermittelt werden. So ist die größere Wirkung der längeren Fortbildung möglicherweise auf die längere zeitliche Dauer zurückzuführen oder auf die enthaltenen praktischen Anwendungen im Zusammenhang mit den dazu benötigten Transferleistungen des Gelernten. Ebenso spielen auch die Inhalte eine entscheidende Rolle. In den längeren Fortbildungen wurden weitere Themengebiete erarbeitet, wie beispielsweise die Multiplikation oder Brüche. Dieses erweiterte Wissen kann zur Erweiterung der handlungsnahen Fähigkeiten durch einen vernetzten und umfassenden Wissenserwerb beigetragen haben und damit auch zu den höheren motivationalen Orientierungen.

Nicht zuletzt stellt sich die Frage, ob die Bearbeitung des Fragebogens zum Messzeitpunkt t1 durch die Lehrpersonen einen Einfluss auf die Beantwortung der Fragen zum Messzeitpunkt t3 haben konnte. Dieser Kritikpunkt kann zwar nicht völlig ausgeschlossen werden, ein Erinnerungseffekt scheint aber eher unwahrscheinlich, da zwischen den Bearbeitungszeitpunkten ein Zeitraum von circa einem Schuljahr lag (vgl. Döring & Bortz, 2016).

10.3 Ausblick

10.3.1 Konsequenzen für die Fortbildungsdurchführung und -entwicklung

Wie gezeigt werden konnte, ist es möglich die diagnostischen Fähigkeiten und die Förderfähigkeiten in Bezug auf besondere Schwierigkeiten beim Rechnenlernen zu fördern und auszubauen. Dass dies erforderlich ist, konnte in Untersuchungen von Lesemann (2015) und Schulz (2014) nachgewiesen werden.

Daraus kann geschlossen werden, dass Fortbildungen zu diesem Themenschwerpunkt flächendeckend angeboten werden sollten, damit Rechenschwierigkeiten in der Schule angemessen begegnet werden kann. Auch wenn kurze Fortbildungen Wirkungen zeigen, sind längere Fortbildungen geeignet einen signifikant höheren Zuwachs der Förderfähigkeiten sicherzustellen.

Begleitet werden sollten diese Fortbildungen von Anwendungsmöglichkeiten des Gelernten in der Praxis. Vermutlich unterstützt das den Lernprozess, insbesondere bei schwierigeren Inhalten, wie beispielsweise der Förderung. Fortbildungen sollen konkrete Inhalte in den Fokus rücken und nicht nur exemplarisch arbeiten. Es reicht beispielsweise nicht, die Diagnose am Beispiel von verfestigten Zählstrategien aufzuzeigen. Dadurch werden Lehrpersonen nicht in die Lage versetzt, Diagnosen in anderen Schwerpunkten durchzuführen. Deshalb sollten die Inhalte möglichst konkret sein.

Die umfassenderen Fortbildungen, in welchen mehrere mathematikdidaktische Themen bearbeitet wurden, führten zu größeren Veränderungen bei den Fähigkeiten. Aus diesem Grund empfiehlt es sich in Lehrpersonenfortbildungen nicht nur ein einziges Thema zu bearbeiten, sondern weitere damit zusammenhängende. Eventuell ermöglicht der vernetzte Wissensaufbau die Abgrenzung der einzelnen Inhalte, was zu genaueren Diagnosen führt.

Außerdem haben diese Fortbildungen auch einen positiven Einfluss auf das Selbstwirksamkeitserleben und den Enthusiasmus. Diese motivationalen Orientierungen können nicht nur die Umsetzung des Gelernten fördern, sondern sich auch positiv auf das Lernen der Schülerinnen und Schüler auswirken. Auch diese Ergebnisse sprechen dafür längere Fortbildungen mit spezifischen Inhalten anzubieten. Unspezifische Motivations- und Selbstwirksamkeitsfortbildungen scheinen damit nicht erforderlich zu sein.

10.3.2 Konsequenzen für die Fortbildungsforschung

Die in Kapitel 9 beschriebenen Ergebnisse leisten einen Beitrag zur Fortbildungsforschung. Dennoch ergeben sich, vor allem durch die kritische Reflexion der Studie (vgl. Abschnitt 10.2), weitere für die Forschung interessante Fragen.

So wirft die hier getroffene Auswahl der Stichprobe die Frage auf, ob eine Zufallsstichprobe andere Ergebnisse zeitigen würde. Dass die Untersuchung einer Zufallsstichprobe nicht unbedingt zielführend sein muss, wurde oben bereits diskutiert. Es ist nicht zu erwarten, dass tatsächliche Zufallsstichproben an Lehrpersonenfortbildungen teilnehmen. Interessanter gestalten sich da Fragen nach unterschiedlichen Gruppen. Interessanter können sich Fragen nach unterschiedlichen Gruppen gestalten, wie z. B.: Welche Wirkungen Fortbildungen zum Thema Rechenschwäche bei fachfremd unterrichtenden Lehrpersonen haben können? Interessant wäre auch die Frage nach den Wirkungen in Bezug auf Personen, welche nicht freiwillig an Fortbildungsmaßnahmen teilnehmen.

Neben einer Veränderung der Stichprobe, wäre eine Variation der Inhalte ein wichtiges Forschungsthema. So wurden hier explizit die diagnostischen Fähigkeiten und Förderfähigkeiten in Bezug auf zwei typische Hürden beim Rechnenlernen untersucht. Daran anknüpfend könnten sich Untersuchungen anschließen, die diese im Zusammenhang mit weiteren mathematikdidaktischen Inhalten wie beispielsweise dem Lernen der Multiplikation oder Division betrachten.

In diesem Kontext wäre auch die Veränderung der Erhebungsinstrumente ein interessanter Ansatz. Es konnte gezeigt werden, dass diagnostische Fähigkeiten und Förderfähigkeiten, im Zusammenhang mit typischen Hürden beim Rechnenlernen, durch den Einsatz von Videovignetten quantitativ erfasst werden können. Zu prüfen wäre, inwieweit es möglich ist, dieses Instrument auf andere Inhalte zu übertragen.

Ein weiterer Ansatz für zukünftige Forschungen ergibt sich aus der Fokussierung der vorliegenden Studie auf die Ebene der Lehrpersonen. Hier wurden die fachdidaktischen Fähigkeiten zwar möglichst handlungsnah erfasst, aber inwieweit diese tatsächlich im Unterricht Anwendung finden, bleibt offen. Ebenso wichtig wäre es zu untersuchen, ob der Kompetenzzuwachs der Lehrpersonen eine Wirkung auf die Kompetenzen der Schülerinnen und Schüler haben.

Die vorliegende Untersuchung wurde als Längsschnittstudie angelegt und hat die diagnostischen Fähigkeiten und Förderfähigkeiten nach circa einem Schuljahr erhoben. Dadurch kann davon ausgegangen werden, dass die vermittelten Inhalte relativ stabil vorhanden sind. Allerdings wäre es durchaus interessant, eine Follow-up-Studie durchzuführen und sowohl das fachdidaktische Wissen, als auch die motivationale Orientierung zu einem weiteren Zeitpunkt zu überprüfen.

Ein weiterer Schwerpunkt für zukünftige Forschungsvorhaben liegt in der Untersuchung der genauen Ursache der Effekte. Es ist in der vorliegenden Studie nicht auszumachen, inwieweit die zeitliche Dauer beziehungsweise die Praxisanteile Auswirkungen auf die Lerneffekte haben. In diesem Zusammenhang können beispielsweise die Wirkungen von Fortbildungen miteinander verglichen werden, die nur in einem dieser Punkte variieren.

Interessante Ergebnisse könnten auch weitere Variationen von Rahmenbedingungen bieten, wie zum Beispiel die Durchführung der Fortbildungen durch verschiedene Fortbildungsleitungen.

10.4   Fazit

Insgesamt kann festgehalten werden, dass durch die vorliegende Arbeit ein Beitrag zur Fortbildungsforschung und zur Forschung im Zusammenhang mit dem Thema Rechenschwäche geleistet wird.

Es konnte gezeigt werden, dass kompetenz- und prozessorientierte diagnostische Fähigkeiten und Förderfähigkeiten handlungsnah und quantitativ erfasst werden können. Außerdem wurde nachgewiesen, dass Fortbildungen zum Thema Rechenschwäche positive Wirkungen auf die Diagnose- und Förderfähigkeiten von Lehrpersonen in diesem Bereich haben können. Dabei zeigt sich, dass längere, umfassendere Fortbildungen mit Praxiselementen insgesamt bessere Ergebnisse hervorbringen als kurze Fortbildungen. Dieser Sachverhalt lässt sich anhand der Mittelwerte für alle fachdidaktischen Fähigkeiten zeigen. Bei den Förderfähigkeiten konnte ein statistisch signifikanter Unterschied zwischen den beiden Fortbildungsgruppen nachgewiesen werden.

Diese positive Entwicklung gilt auch für Aspekte der motivationalen Orientierungen: Fortbildungen mit fachdidaktischem Inhalt können eine positive Entwicklung des Enthusiasmus und der Selbstwirksamkeitserwartungen fördern.

Die durchgeführten Analysen zeigen außerdem, dass sich die diagnostischen Fähigkeiten und Förderfähigkeiten im Zusammenhang mit der verfestigten Anwendung zählender Strategien und die diagnostischen Fähigkeiten und Förderfähigkeiten im Zusammenhang mit einem unzureichenden Stellenwertverständnis unabhängig voneinander entwickeln.

Insgesamt kann also folgender Schluss gezogen werden: Grundsätzlich können auch kürzere Fortbildungen eine Veränderung der fachdidaktischen Fähigkeiten bewirken. Dies gilt vor allem für Inhalte die in kürzerer Zeit erlernt werden können, wie beispielsweise die Indizien für die Diagnose von verfestigten Zählstrategien. Wenn darüber hinaus auch noch Fähigkeiten erworben werden sollen, die Lehrpersonen dazu in die Lage versetzen passgenaue Förderungen durchzuführen, dann ist es ratsam längere Fortbildungen anzubieten. In jedem Fall sind bereichsspezifische Fortbildungen erforderlich, da ein Transfer in andere Bereiche nicht durchweg erwartet werden kann.

Literaturverzeichnis

Abuhamdeh, S. & Csikszentmihalyi, M. (2011). The Importance of Challenge for the Enjoyment of Intrinsically Motivated, Goal-Directed Activities. *Personality and Social Psychology Bulletin, 38*(3), 317–330. https://doi.org/10.1177/0146167211427147

Aldorf, A.-M. (2016). *Lehrerkooperation und die Effektivität von Lehrerfortbildung.* Wiesbaden: Springer. https://doi.org/10.1007/978-3-658-11677-4

Altmann, A. F. & Kändler, C. (2018). Videobasierte Instrumente zur Testung und videobasierte Trainings zur Förderung von Kompetenzen bei Lehrkräften. In E.-M. Lankes (Hrsg.), *Pädagogische Professionalität in Mathematik und Naturwissenschaften* (S. 39–67). Wiesbaden: Springer.

Arnold, K.-H. & Richert, P. (2008). Unterricht und Förderung: Die Perspektive der Didaktik. In K.-H. Arnold, O. Graumann & A. Rakhkochkine (Hrsg.), *Handbuch Förderung* (S. 26–35). Weinheim: Beltz.

Artelt, C. & Gräsel, C. (2009). Diagnostische Kompetenz von Lehrkräften. *Zeitschrift für Pädagogische Psychologie, 23*(34), 157–160. https://doi.org/10.1024/1010-0652.23.34.157

Artelt, C. & Kunter, M. (2019). Kompetenzen und berufliche Entwicklung von Lehrkräften. In D. Urhahne, M. Dresel & F. Fischer (Hrsg.), *Psychologie für den Lehrberuf* (S. 395–418). Berlin: Springer.

Atria, M., Strohmeier, D. & Spiel, C. (2006). Der Einsatz von Vignetten in der Programmevaluation – Beispiele aus dem Anwendungsfeld „Gewalt in der Schule". In U. Flick (Hrsg.), *Qualitative Evaluationsforschung* (S. 233–249). Reinbek: Rohwolt

Aufschnaiter, C. V., Cappell, J., Dübbelde, G., Ennemoser, M., Mayer, J., Stiensmeier-Pelster, J., et al. (2015). Diagnostische Kompetenz. Theoretische Überlegungen zu einem zentralen Konstrukt der Lehrerbildung. *Zeitschrift für Pädagogik, 61*(5), 738–758.

Ball, D. L., Thames, M. H. & Phelps, G. (2008). Content Knowledge for Teaching: What Makes It Special? *Journal of Teacher Education*, (59), 389–407.

Bandura, A. (1977). Self-efficacy: Toward a unifying theory of behavioral change. *Psychological Review, 84*(2), 191–215. https://doi.org/10.1037/0033-295X.84.2.191

Bandura, A. (1997). *Self-efficacy: the exercise of control.* New York: Freeman.

Baroody, A. J. (1990). How and When Should Place-Value Concepts and Skills Be Taught? *Journal for Research in Mathematics Education, 21*(4), 281–286. https://doi.org/10.2307/749526

Barter, C. & Renold, E. (1999). *The Use of Vignettes in Qualitative Research. Social Research Update.* Guildford: University of Surrey. Abgerufen von https://sru.soc.surrey.ac.uk/SRU25.html

Barysch, K. N. (2016). Selbstwirksamkeit. In D. Frey (Hrsg.), *Psychologie der Werte* (S. 201–211). Berlin: Springer.

Baturo, A. R. (1997). The implication of multiplicative structure for students' understanding of decimal-number numeration. In F. Biddulph & K. Carr (Hrsg.), *Proceedings People in Mathematics Education: 20th Annual conference of the Mathematics Education Research Group of Australasia 1* (S. 88–95). Rotorua. Abgerufen von https://eprints.qut.edu.au/14887/1/14887.pdf

Bauersfeld, H. (1983). Subjektive Erfahrungsbereiche als Grundlage einer Interaktionstheorie des Mathematiklernens und -lehrens. In Institut für Didaktik der Mathematik der Universität Bielefeld (Hrsg.), *Lernen und Lehren von Mathematik* (S. 1–56). Köln: Aulis Verlag Deubner & Co KG.

Bauersfeld, H. (2009). Rechnenlernen im System. In A. Fritz, S. Schmidt & G. Ricken (Hrsg.), *Handbuch Rechenschwäche* (S. 12–24). Weinheim: Beltz.

Baumert, J. & Kunter, M. (2006). Stichwort: Professionelle Kompetenz von Lehrkräften. *Zeitschrift für Erziehungswissenschaft, 9*(4), 469–520. https://doi.org/10.1007/s11618-006-0165-2

Baumert, J., Kunter, M., Blum, W., Brunner, M., Voss, T., Jordan, A., et al. (2010). Teachers' Mathematical Knowledge, Cognitive Activation in the Classroom, and Student Progress. *American Educational Research Journal, 47*(1), 133–180. https://doi.org/10.3102/0002831209345157

Baumert, J., Kunter, M., Blum, W., Klusmann, U., Krauss, S. & Neubrand, M. (2011). Professionelle Kompetenz von Lehrkräften, kognitiv aktivierender Unterricht und die mathematische Kompetenz von Schülerinnen und Schülern (COACTIV) – Ein Forschungsprogramm. In M. Kunter, J. Baumert, W. Blum, U. Klusmann, S. Krauss & M. Neubrand (Hrsg.), *Professionelle Kompetenz von Lehrkräften* (S. 7–26). Münster: Waxmann.

Baumert, J. & Kunter, M. (2011a). Das Kompetenzmodell von COACTIV. In M. Kunter, J. Baumert, W. Blum, U. Klusmann, S. Krauss & M. Neubrand (Hrsg.), *Professionelle Kompetenz von Lehrkräften* (S. 29–53). Münster: Waxmann.

Baumert, J. & Kunter, M. (2011b). Das mathematikspezifische Wissen von Lehrkräften, kognitive Aktivierung im Unterricht und Lernfortschritte von Schülerinnen und Schülern. In M. Kunter, J. Baumert, W. Blum, U. Klusmann, S. Krauss & M. Neubrand (Hrsg.), *Professionelle Kompetenz von Lehrkräften* (S. 163–192). Münster: Waxmann.

Baur, N. & Blasius, J. (2019). Methoden der empirischen Sozialforschung – Ein Überblick. In N. Baur & J. Blasius (Hrsg.), *Handbuch Methoden der empirischen Sozialforschung* (S. 1–28). Wiesbaden: Springer Fachmedien. https://doi.org/10.1007/978-3-658-21308-4_1

Beck, E., Baer, M., Guldimann, T., Bischoff, S., Brühwiler, C., Müller, P., et al. (2008). *Adaptive Lehrkompetenz.* (D. H. Rost, Hrsg.). Münster: Waxmann.

Benz, C. (2005). *Erfolgsquoten, Rechenmethoden, Lösungswege und Fehler von Schülerinnen und Schülern bei Aufgaben zur Addition und Subtraktion im Zahlenraum bis 100.* Hildesheim: Franzbecker.

Benz, C., Peter-Koop, A. & Grüßing, M. (2015). *Frühe mathematische Bildung.* Berlin: Springer. https://doi.org/10.1007/978-3-8274-2633-8

Berghammer, A. & Meraner, R. (2012). Wirksamkeit der Lehrer/innenfortbildung. *Erziehung & Unterricht,* (7–8), 610–619.

Besser, M. & Krauss, S. (2009). Zur Professionalität als Expertise. In O. Zlatkin-Troitschanskaia, K. Beck, D. Sembill, R. Nickolaus & R. Mulder (Hrsg.), *Lehrerprofessionalität: Bedingungen, Genese, Wirkungen und ihre Messung* (S. 71–82). Weinheim: Beltz.

Besser, M., Depping, D., Ehmke, T. & Leiss, D. (2015a). Mathematikdidaktische Expertise von Studierenden bei der Analyse von Schülerlösungsprozessen zu kompetenzorientierten Aufgaben. In F. Caluori, H. Linneweber-Lammerskitten & C. Streit (Hrsg.), *Beiträge zum Mathematikunterricht* (S. 148–151). Münster: WTM.

Besser, M. & Leiss, D. (2015). Wirkung von Lehrerfortbildungen auf Lehrerexpertise. *Beiträge zum Mathematikunterricht* (S. 152–155). https://doi.org/10.17877/DE290R-16596

Besser, M., Leiss, D. & Blum, W. (2015b). Theoretische Konzeption und empirische Wirkung einer Lehrerfortbildung am Beispiel des mathematischen Problemlösens. *Journal für Mathematik-Didaktik, 36*(2), 285–313. https://doi.org/10.1007/s13138-015-0077-x

Besser, M., Leiss, D., Rakoczy, K. & Schütze, B. (2015c). Die Wirkung von Interesse und Selbstwirksamkeit auf den Aufbau fachdidaktischen Wissens von Mathematiklehrkräften im Rahmen von Lehrerfortbildungen. *Journal für Lehrerinnenbildung, 15*(4), 39–47.

Beutelspacher, A. (2018). *Zahlen, Formeln, Gleichungen.* Wiesbaden: Springer Fachmedien. https://doi.org/10.1007/978-3-658-16106-4

Biehler, R. & Scherer, P. (2015). Lehrerfortbildung Mathematik – Konzepte und Wirkungsforschung – Editorial. *Journal für Mathematik-Didaktik, 36*(2), 191–194. https://doi.org/10.1007/s13138-015-0080-2

Birgmayer, R. (2011). Eine praxisnahe Einführung in Bildungscontrolling. Das Modell von Kirkpatrick und seine Erweiterungen durch Phillips und Kellner. *Magazin Erwachsenenbildung.at,* 12, 1–9.

Bleck, V. (2019). *Lehrerenthusiasmus.* Wiesbaden: Springer Fachmedien. https://doi.org/10.1007/978-3-658-23102-6

Blömeke, S., Kaiser, G. & Lehmann, R. (2010a). TEDS-M 2008 Primarstufe: Ziele, Untersuchungsanlage und zentrale Ergebnisse. In S. Blömeke, G. Kaiser & R. Lehmann (Hrsg.), *TEDS-M 2008: Professionelle Kompetenz und Lerngelegenheiten angehender Primarstufenlehrkräfte im internationalen Vergleich* (S. 12–39). Münster: Waxmann.

Blömeke, S., Kaiser, G. & Lehmann, R. (Hrsg.). (2010b). *TEDS-M 2008: Professionelle Kompetenz und Lerngelegenheiten angehender Primarstufenlehrkräfte im internationalen Vergleich.* Münster: Waxmann.

Blömeke, S. (2014). Vorsicht bei Evaluationen und internationalen Vergleichen. Unterschiedliche Referenzrahmen bedrohen die Validität von Befragungen zur Lehrerausbildung. *Zeitschrift für Pädagogik, 60*(1), 109–131.

Blömeke, S., Gustafsson, J.-E. & Shavelson, R. J. (2015). Beyond Dichotomies. *Zeitschrift für Psychologie, 223*(1), 3–13. https://doi.org/10.1027/2151-2604/a000194

Blömeke, S., König, J., Suhl, U., Hoth, J. & Döhrmann, M. (2015). Wie situationsbezogen ist die Kompetenz von Lehrkräften? *Zeitschrift für Pädagogik*, (3), 310–327. https://doi.org/10.3262/ZP1503310

Bonsen, M. (2010). *Lehrerfortbildung / Professionalisierung im mathematischen Bereich.* Expertise für das Projekt ‚Mathematik entlang der Bildungskette' der Deutschen Telekomstiftung (überarbeitete Version). Münster: Westfälische Universität.

Borko, H. (2004). Professional Development and Teacher Learning: Mapping the Terrain. *Educational Researcher, 33*(8), 3–15. https://doi.org/10.3102/0013189X033008003

Bortz, J. & Schuster, C. (2010). *Statistik für Human- und Sozialwissenschaftler* (7. Aufl.). Heidelberg: Springer. https://doi.org/10.1007/978-3-642-12770-0

Bransford, J. & Darling-Hammond, L. & LePage, P. (2005). Introduction. In L. Darling-Hammond & J. Bransford (Hrsg.), *Preparing Teachers for a Changing World* (S. 1–39). San Francisco: Jossey-Bass.

Braun, E., Gusy, B., Leidner, B. & Hannover, B. (2008). Das Berliner Evaluationsinstrument für selbsteingeschätzte, studentische Kompetenzen (BEvaKomp). *Diagnostica, 54*(1), 30–42. https://doi.org/10.1026/0012-1924.54.1.30

Bromme, R. (1997). Kompetenzen, Funktionen und unterrichtliches Handeln des Lehrers. In *Psychologie des Unterrichts und der Schule* (S. 177–212). Göttingen: Hogrefe.

Bromme, R. (2008). Lehrerexpertise. In W. Schneider & M. Hasselhorn (Hrsg.), *Handbuch der Pädagogischen Psychologie* (S. 159–167). Göttingen: Hogrefe.

Bruckmaier, G. (2019). *Didaktische Kompetenzen von Mathematiklehrkräften.* Wiesbaden: Springer Fachmedien. https://doi.org/10.1007/978-3-658-26820-6

Brunner, M., Anders, Y., Hachfeld, A. & Krauss, S. (2011). Diagnostische Fähigkeiten von Mathematiklehrkräften. In M. Kunter, J. Baumert, W. Blum, U. Klusmann, S. Krauss & M. Neubrand (Hrsg.), *Professionelle Kompetenz von Lehrkräften* (S. 215–234). Münster: Waxmann.

Brunner, M., Kunter, M., Krauss, S., Baumert, J., Blum, W., Dubberke, T., et al. (2006). Welche Zusammenhänge bestehen zwischen dem fachspezifischen Professionswissen von Mathematiklehrkräften und ihrer Ausbildung sowie beruflichen Fortbildung? *Zeitschrift für Erziehungswissenschaft*, (9), 521–544.

Brühwiler, C. (2014). *Adaptive Lehrkompetenz und schulisches Lernen.* Münster: Waxmann.

Bühner, M. (2011). *Einführung in die Test- und Fragebogenkonstruktion* (3. Aufl.). München: Pearson Deutschland GmbH.

Bzufka, M. W., Aster, von, M. & Neumärker, K.-J. (2014). Diagnostik von Rechenstörungen. In M. von Aster & J. H. Lorenz (Hrsg.), *Rechenstörungen bei Kindern* (2. Aufl., S 79–92). Göttingen: Vandenhoeck & Ruprecht. https://doi.org/10.13109/9783666462580.79

Carpenter, T. P., Franke, M. L., Jacobs, V. R., Fennema, E. & Empson, S. B. (1998). A Longitudinal Study of Invention and Understanding in Children's Multidigit Addition and Subtraction. *Journal for Research in Mathematics Education, 29*(1), 3–20. https://doi.org/10.2307/749715

Cohen, J. (1988). *Statistical Power Analysis for the Behavioral Sciences* (2. Aufl.). United States of America: Lawrence Erlbaum Associates.

Colquitt, J. A., LePine, J. A. & Noe, R. A. (2000). Toward an Integrative Theory of Training Motivation: A Meta-Analytic Path Analysis of 20 Years of Research. *Journal of Applied Psychology, 85*(5), 678–707. https://doi.org/10.1037//0021-9010.85.5.678

Corno, L. (2008). On Teaching Adaptively. *Educational Psychologist*, *43*(3), 161–173. https://doi.org/10.1080/00461520802178466

Cramer, C. (2012). *Entwicklung von Professionalität in der Lehrerbildung: empirische Befunde zu Eingangsbedingungen, Prozessmerkmalen und Ausbildungserfahrungen Lehramtsstudierender.* Bad Heilbrunn: Klinkhardt.

Cronbach, L. J. (1990). *Essential of psychological testing* (5. Aufl.). New York: Harper & Row.

Darling-Hammond, L., Hyler, M. E. & Gardner, M. (2017). *Effectiv Teacher Professional Development.* Palo Alto: Learning Policy Institute.

Daschner, P. (2004). Dritte Phase an Einrichtungen der Lehrerfortbildung. In *Handbuch Lehrerbildung* (S. 290–301). Bad Heilbrunn: Westermann.

Deci, E. L. & Ryan, R. M. (1993). Die Selbstbestimmungstheorie der Motivation und ihre Bedeutung für die Pädagogik. *Zeitschrift für Pädagogik*, *39*(2), 223–238.

Deci, E. L. & Ryan, R. M. (2000). The "What" and "Why" of Goal Pursuits: Human Needs and the Self-Determination of Behavior. *Psychological Inquiry*, *11*(4), 227–268. https://doi.org/10.1207/S15327965PLI1104_01

Dehaene, S. (1999). *Der Zahlensinn oder Warum wir rechnen können.* Basel: Birkhäuser. https://doi.org/10.1007/978-3-0348-7825-8

Deutscher Verein zur Förderung der Lehrerinnen und Lehrerfortbildung e.V. (Hrsg.). (2018). *Recherchen für eine Bestandsaufnahme der Lehrkräftefortbildung in Deutschland.* Abgerufen von https://www.lehrerfortbildung.de/service/veroeffentlichungen?download=20: 47-2018-lehrkraeftefortbildung-in-deutschland-recherchen-fuer-eine-bestandsaufnahme

Deutsches Institut für Medizinische Dokumentation und Information (Hrsg.) (2016). *ICD 10* (Bd. 1). Abgerufen von http://www.dimdi.de/dynamic/de/klassi/downloadcenter/icd-10-who/version2016/systematik/

Döhrmann, M., Kaiser, G. & Blömeke, S. (2010). Messung des mathematischen und mathematikdidaktischen Wissens: Theoretischer Rahmen und Teststruktur. In S. Blömeke, G. Kaiser & R. Lehmann (Hrsg.), *TEDS-M 2008: Professionelle Kompetenz und Lerngelegenheiten angehender Primarstufenlehrkräfte im internationalen Vergleich* (S. 170–195). Münster: Waxmann.

Döring, N. (2019). Evaluationsforschung. In N. Baur & J. Blasius (Hrsg.), *Handbuch Methoden der empirischen Sozialforschung* (S. 173–189). Wiesbaden: Springer Fachmedien. https://doi.org/10.1007/978-3-658-21308-4_11

Döring, N. & Bortz, J. (2016). *Forschungsmethoden und Evaluation in den Sozial- und Humanwissenschaften* (5. Aufl.). Berlin: Springer. https://doi.org/10.1007/978-3-642-41089-5

Dreher, U., Holzäpfel, L., Leuders, T. & Stahnke, R. (2017). Problemlösen lehrern lernen – Effekte einer Lehrerfortbildung auf die prozessbezogenen mathematischen Kompetenzen von Schülerinnen und Schülern. *Journal für Mathematik-Didaktik*, *39*(2), 227–256. https://doi.org/10.1007/s13138-017-0121-0

Eckert, T. (2018). Methoden und Ergebnisse der quantitativ orientierten Erwachsenenbildungsforschung. In R. Tippelt & A. von Hippel (Hrsg.), *Handbuch Erwachsenenbildung/Weiterbildung* (S. 375–396). Wiesbaden: Springer Fachmedien.

Engel, U. & Schmidt, B. O. (2019). Unit- und Item-Nonresponse. In N. Baur & J. Blasius (Hrsg.), *Handbuch Methoden der empirischen Sozialforschung* (S. 385–404). Wiesbaden: Springer Fachmedien. https://doi.org/10.1007/978-3-658-21308-4_27

Eun, B., & Heining-Boynton, A. L. (2007). Impact of an English-as-a-Second-Language Professional Development Program. *The Journal of Educational Research, 101*(1), 36–49. https://doi.org/10.3200/JOER.101.1.36-49

Field, A. (2018). *Discovering statistics using IBM SPSS statistics* (5. Aufl.). Los Angeles: Sage.

Fischer, C., Rott, D., Veber, M., Fischer-Ontrup, C. & Gralla, A. (2014). *Individuelle Förderung als schulische Herausforderung.* Berlin: Friedrich-Ebert-Stiftung. https://doi.org/10.2307/i24570860

Fischer, U., Roesch, S. & Moeller, K. (2017). Diagnostik und Förderung bei Rechenschwäche. *Lernen Und Lernstörungen, 6*(1), 25–38. https://doi.org/10.1024/2235-0977/a000160

Franzen, A. (2019). Antwortskalen in standardisierten Befragungen. In N. Baur & J. Blasius (Hrsg.), *Handbuch Methoden der empirischen Sozialforschung* (S. 843–854). Wiesbaden: Springer Fachmedien. https://doi.org/10.1007/978-3-658-21308-4_58

Freesemann, O. (2013). *Schwache Rechnerinnen und Rechner fördern.* Wiesbaden: Springer. https://doi.org/10.1007/978-3-658-04471-8

Frenzel, A. C., Götz, T. & Pekrun, R. (2015). Emotionen. In E. Wild & J. Möller (Hrsg.), *Pädagogische Psychologie* (S. 205–231). Berlin: Springer.

Frey, A., Taskinen, P., Schütte, K., Prenzel, M., Artelt, C., Baumert, J., et al. (Hrsg.) (2009). *PISA 2006 Skalenhandbuch: Dokumentation der Erhebungsinstrumente.* Münster: Waxmann. Abgerufen von https://www.iqb.hu-berlin.de/fdz/studies/PISA-2006/PISA2006_SH.pdf

Fromme, M. (2017). *Stellenwertverständnis im Zahlenraum bis 100: Theoretische und empirische Analysen.* Wiesbaden: Springer Spektrum. https://doi.org/10.1007/978-3-658-14775-4

Fuson, K. C. (1984). More Complexities in Subtraction. *Journal for Research in Mathematics Education, 15*(3), 214–225.

Fuson, K. C., Wearne, D., Hiebert, J. C., Murray, H. G., Human, P. G., Olivier, A. I., et al. (1997). Children's Conceptual Structures for Multidigit Numbers and Methods of Multidigit Addition and Subtraction. *Journal for Research in Mathematics Education, 28*(2), 130–162. https://doi.org/10.2307/749759

Fussangel, K., Rürup, M. & Gräsel, C. (2016). Lehrerfortbildung als Unterstützungssystem. In H. Altrichter & K. Maag Merki (Hrsg.), *Handbuch Neue Steuerung im Schulsystem* (S. 361–384). Wiesbaden: Springer Fachmedien.

Gaidoschik, M. (2010). *Wie Kinder rechnen lernen – oder auch nicht.* Frankfurt am Main: Peter Lang. https://doi.org/10.3726/978-3-653-01218-7

Gaidoschik, M. (2015a). Einige Fragen zur Didaktik der Erarbeitung des „Hunderterraums". *Journal für Mathematik-Didaktik, 36*(1), 163–190. https://doi.org/10.1007/s13138-015-0071-3

Gaidoschik, M. (2015b). *Rechenschwäche – Dyskalkulie: Eine unterrichtspraktische Einführung für LehrerInnen und Eltern* (9. Aufl.). Hamburg: Persen.

Gaidoschik, M., Fellmann, A., Guggenbichler, S. & Thomas, A. (2016). Empirische Befunde zum Lehren und Lernen auf Basis einer Fortbildungsmaßnahme zur Förderung nichtzählenden Rechnens. *Journal für Mathematik-Didaktik, 38*(1), 93–124. https://doi.org/10.1007/s13138-016-0110-8

Gaidoschik, M. (2017). Zur Rolle des Unterrichts bei der Verfestigung des zählenden Rechnens. In A. Fritz, S. Schmidt & G. Ricken (Hrsg.), *Handbuch Rechenschwäche*. (S. 111–125). Weinheim: Beltz.

Gaidoschik, M. (2018). Schwächen im Rechnen vorbeugen – durch Mathematikunterricht! *Erziehung & Unterricht, 168. Jahrgang* (3–4), 280–288.

Gaidoschik, M. (2019). *Rechenschwäche verstehen – Kinder gezielt fördern* (10. Aufl.). Buxtehude: Persen.

Gasteiger, H. (2010). *Elementare mathematische Bildung im Alltag der Kindertagesstätte*. Münster: Waxmann.

Gasteiger, H. & Benz, C. (2016). Mathematikdidaktische Kompetenz von Fachkräften im Elementarbereich – ein theoriebasiertes Kompetenzmodell. *Journal für Mathematik-Didaktik*, 1–25. https://doi.org/10.1007/s13138-015-0083-z

Gebauer, M. M. (2013). *Determinanten der Selbstwirksamkeitsüberzeugung von Lehrenden*. Wiesbaden: Springer VS. https://doi.org/10.1007/978-3-658-00613-6

Gebauer, S. (2019). Praxisbezogene Beispiele vorschalten – den Theorie-Input nachschalten: Gestaltungsvarianten für Lehrer(innen)fortbildungen. In C. Donie, F. Foerster, M. Obermayr, A. Deckwerth, G. Kammermeyer, G. Lenske, et al. (Hrsg.), *Grundschulpädagogik zwischen Wissenschaft und Transfer* (S. 162–168). Wiesbaden: Springer Fachmedien. https://doi.org/10.1007/978-3-658-26231-0_19

Gelman, R. & Gallistel, C. R. (1986). *The Child's Understanding of Number* (2. Aufl.). Cambridge: Harvard University Press.

Gerster, H.-D. (2009). Schwierigkeiten bei der Entwicklung arithmetischer Konzepte im Zahlenraum bis 100. In A. Fritz, G. Ricken & S. Schmidt (Hrsg.), *Handbuch Rechenschwäche* (S. 248–268). Weinheim: Beltz.

Gerster, H.-D. (2014). Anschaulich rechnen – im Kopf, halbschriftlich, schriftlich. In M. von Aster & J. H. Lorenz (Hrsg.), *Rechenstörungen bei Kindern* (2. Aufl., S. 195–230). Göttingen: Vandenhoeck & Ruprecht. https://doi.org/10.13109/9783666462580.195

Gerster, H.-D. & Schultz, R. (2004). *Schwierigkeiten beim Erwerb mathematischer Konzepte im Anfangsunterricht. Bericht zum Forschungsprojekt Rechenschwäche – Erkennen, Beheben, Vorbeugen* (Überarbeitete und erweiterte Auflage). Freiburg: Pädagogische Hochschule Freiburg.

Gessler, M. & Sebe-Opfermann, A. (2011). Der Mythos „Wirkungskette" in der Weiterbildung – empirische Prüfung der Wirkungsannahmen im „Four Levels Evaluation Model" von Donald Kirkpatrick. *Zeitschrift für Berufs- und Wirtschaftspädagogik, 107*(2), 270–279.

Goethe, von, J. W. (1994). Wilhelm Meisters Wanderjahre. In *Goethes Werke. Hamburger Ausgabe in 14 Bänden*. München: C.H. Beck.

Götze, D., Selter, C. & Zannetin, E. (2019). *Das KIRA-Buch: Kinder rechnen anders*. Hanover: Klett Kallmeyer.

Grassinger, R., Dickhäuser, O. & Dresel, M. (2019). Motivation. In D. Urhahne, M. Dresel & F. Fischer (Hrsg.), *Psychologie für den Lehrberuf* (4. Aufl., S. 207–227). Berlin: Springer. https://doi.org/10.1007/978-3-662-55754-9_11

Graumann, O. (2008). Förderung und Heterogenität: Die Perspektive der Schulpädagogik. In K.-H. Arnold, O. Graumann & A. Rakhkochkine (Hrsg.), *Handbuch Förderung* (S. 16–25). Weinheim: Beltz.

Gregoire, M. (2003). Is It a Challenge or a Threat? A Dual-Process Model of Teachers' Cognition and Appraisal Processes During Conceptual Change. *Educational Psychology Review*, *15*(2), 147–179. https://doi.org/10.1023/A:1023477131081

Griesel, H., vom Hofe, R. & Blum, W. (2019). Das Konzept der Grundvorstellungen im Rahmen der mathematischen und kognitionspsychologischen Begrifflichkeit in der Mathematikdidaktik. *Journal für Mathematik-Didaktik*, *40*(1), 123–133. https://doi.org/10.1007/s13138-019-00140-4

Guskey, T. R. (2002). Does It Make a Difference? Evaluating Professional Development. *Educational Leadership*, *59*(6), 44–51. Abgerufen von https://pdo.ascd.org/LMSCourses/PD13OC010M/media/Leading_Prof_Learning_M6_Reading1.pdf

Guskey, T. R. (2010). Professional Development and Teacher Change. *Teachers and Teaching*, *8*(3), 381–391. https://doi.org/10.1080/135406002100000512

Günther, U. & Massing, P. (1980). Praxisschock, Einstellungswandel und Lehrertraining. *Bildung und Erziehung*, *33*(6), 550–577.

Haffner, J., Baro, K., Parzer, P. & Resch, F. (2005). *Heidelberger Rechentest 1–4 (HRT)*. (M. Hasselhorn, H. Marx & W. Schneider, Hrsg.). Göttingen: Hogrefe.

Hascher, T. (2011). Diagnostizieren in der Schule. In A. Bartz, J. Fabian, S. G. Huber, C. Kloft, H. S. Rosenbusch, H. Sassenscheid (Hrsg.); *Praxiswissen Schulleitung. Basiswissen und Arbeitshilfen zu den zentralen Handlungsfeldern von Schulleitung (1–9)*. Kronach: Luchterhand Link

Hasemann, K. & Gasteiger, H. (2014). *Anfangsunterricht Mathematik*. (F. Padberg, Hrsg.). Berlin: Springer. https://doi.org/10.1007/978-3-642-40774-1

Hattie, J. (2014). *Lernen sichtbar machen* (2. Aufl.). Baltmannsweiler: Schneider-Verlag Hohengehren.

Hattie, J. & Timperley, H. (2007). The Power of Feedback. *Review of Educational Research*, *77*(1), 81–112. https://doi.org/10.3102/003465430298487

Häsel-Weide, U. (2013). Ablösung vom zählenden Rechnen: Struktur-fokussierende Deutungen am Beispiel von Subtraktionsaufgaben. *Journal für Mathematik-Didaktik*, *34*(1), 21–52. https://doi.org/10.1007/s13138-012-0048-4

Häsel-Weide, U. (2016). *Vom Zählen zum Rechnen: Struktur-fokussierende Deutungen in kooperativen Lernumgebungen*. Wiesbaden: Springer Spektrum. https://doi.org/10.1007/978-3-658-10694-2

Häsel-Weide, U. & Prediger, S. (2017). Förderung und Diagnose im Mathematikunterricht – Begriffe, Planungsfragen und Ansätze. In M. Abshaben, B. Barzel, J. Kramer, T. Riecke-Baulecke, B. Rösken-Winter & C. Selter (Hrsg.), *Basiswissen Lehrerbildung: Mathematik unterrichten* (S. 167–181). Seelze: Klett Kallmeyer.

Häsel-Weide, U., Nührenbörger, M., Moser Opitz, E. & Wittich, C. (2017). *Ablösung vom zählenden Rechnen* (4. Aufl.). Stuttgart: Klett

Heckmann, K. & Padberg, F. (2014). *Unterrichtsentwürfe Mathematik Primarstufe*. Berlin: Springer Spektrum.

Heinrichs, H. (2015). *Diagnostische Kompetenz von Mathematik-Lehramtsstudierenden*. Wiesbaden: Springer. https://doi.org/10.1007/978-3-658-09890-2

Heite, C. & Kessl, F. (2009). Professionalisierung und Professionalität. In S. Andresen (Hrsg.), *Handwörterbuch Erziehungswissenschaft* (S. 682–697). Weinheim: Beltz.

Helmke, A. (2017). *Unterrichtsqualität und Lehrerprofessionalität: Diagnose, Evaluation und Verbesserung des Unterrichts* (7. Aufl.). Seelze-Velber: Kallmeyer Klett.

Herdermeier, C. (2012). *Rechenschwache Kinder individuell fördern*. Mülheim an der Ruhr: Verlag an der Ruhr.

Hertel, S. (2014). Adaptive Lerngelegenheiten in der Grundschule: Merkmale, methodisch-didaktische Schwerpunktsetzungen und erforderliche Lehrerkompetenzen. In B. Kopp, S. Martschinke, M. Munser-Kiefer, M. Haider, E.-M. Kirschhock, G. Ranger & G. Renner (Hrsg.), *Individuelle Förderung und Lernen in der Gemeinschaft* (S. 19–34). Wiesbaden: Springer Fachmedien.

Herzog, M., Fritz, A. & Ehlert, A. (2017). Entwicklung eines tragfähigen Stellenwertverständnisses. In A. Fritz, S. Schmidt & G. Ricken (Hrsg.), *Handbuch Rechenschwäche* (S. 266–285). Weinheim: Beltz.

Heß, B. & Nührenbörger, M. (2017). Produktives Fördern im inklusiven Mathematikunterricht. In U. Häsel-Weide & M. Nührenbörger (Hrsg.), *Gemeinsam Mathematik lernen – mit allen Kindern rechnen* (S. 275–287). Bad Langensalza: Beltz.

Hesse, I. & Latzko, B. (2017). *Diagnostik für Lehrkräfte* (3. Aufl.). Opladen: Barbara Budrich UTB.

Heuvel-Panhuizen, M. V. D. & Gravemeijer, K. (1990). *Reken-wiskunde toetsen*. Groep 3. Utrecht: OW & OC.

Hill, H. C., Ball, D. L. & Schilling, S. G. (2008). Unpacking Pedagogical Content Knowledge: Conceptualizing and Measuring Teachers' Topic-Specific Knowledge of Students. *Journal for Research in Mathematics Education*, 39(4), 372–400.

Hill, M. (1997). Participatory research with children. *Child & Family Social Work*, 2(3), 171–183. https://doi.org/10.1046/j.1365-2206.1997.00056.x

vom Hofe, R. (1992). Grundvorstellungen mathematischer Inhalte als didaktisches Modell. *Journal für Mathematik-Didaktik*, 13(4), 345–364. https://doi.org/10.1007/BF03338785

Hollenberg, S. (2016). *Fragebögen: Fundierte Konstruktion, sachgerechte Anwendung und aussagekräftige Auswertung*. Wiesbaden: Springer VS. https://doi.org/10.1007/978-3-658-12967-5

Hößle, C., Hußmann, S., Michaelis, J., Niesel, V. & Nührenbörger, M. (2017). Fachdidaktische Perspektiven auf die Entwicklung von Schlüsselkenntnissen einer förderorientierten Diagnostik. In C. Selter, S. Hußmann, C. Hößle, C. Knipping, K. Lengnink & J. Michaelis (Hrsg.), *Diagnose und Förderung heterogener Lerngruppen* (S. 19–38). Münster: Waxmann.

Hußmann, S., Nührenbörger, M., Prediger, S., Selter, C. & Drüke-Noe, C. (2014). Schwierigkeiten in Mathematik begegnen. *PM: Praxis Der Mathematik in Der Schule*, (56), 2–8.

Ingenkamp, K. & Lissmann, U. (2008). *Lehrbuch der pädagogischen Diagnostik* (6. Aufl.). Weinheim: Beltz.

Jacobs, C. & Petermann, F. (2012). *Diagnostik von Rechenstörungen*. Göttingen: Hogrefe.

Jacobs, C. & Petermann, F. (2014). *Rechenfertigkeiten- und Zahlenverarbeitungs-Diagnostikum für die 2. bis 6. Klasse (RZD)*. Göttingen: Hogrefe.

Janssen, J. & Laatz, W. (2017). *Statistische Datenanalyse mit SPSS*. Berlin: Springer. Abgerufen von https://link.springer.com/book/10.1007%2F978-3-662-53477-9

Johanmeyer, K. (2019). Stand der Forschung zu Fortbildungen von Lehrerinnen und Lehrern sowie deren Rahmenbedingungen. In C. Cramer, K. Johanmeyer & M. Drahmann (Hrsg.), *Fortbildungen von Lehrerinnen und Lehrern in Baden-Württemberg* (S. 17–25). Tübingen.

Jonkisz, E., Moosbrugger, H. & Brandt, H. (2012). Planung und Entwicklung von Tests und Fragebogen. In H. Moosbrugger & A. Kelava (Hrsg.), *Testtheorie und Fragebogenkonstruktion* (S. 28–74). Berlin: Springer.

Jordan, A. & vom Hofe, R. (2008). Diagnose von Schülerleistungen. *Mathematik Lehren,* (150), 9.

Kamii, C. (1986). Place Value: An Explanation of Its Difficulty and Educational Implications for the Primary Grades. *Journal of Research in Childhood Education, 1*(2), 75–86. https://doi.org/10.1080/02568548609594909

Kauffeld, S., Paulsen, H. & Ulbricht, S. (2016). Wirksamkeitsforschung in der Weiterbildung: Ergebnisbezogene und prozessbezogene Evaluation. In M. Dick, W. Marotzki & H. A. Mieg (Hrsg.), *Handbuch Professionsentwicklung* (S. 464–473). Bad Heilbrunn: Klinkhardt.

Kaufmann, S. & Wessolowski, S. (2017). *Rechenstörungen* (6. Aufl.). Seelze: Kallmeyer Klett.

Käpnick, F. (2014). *Mathematiklernen in der Grundschule.* Berlin: Springer.

Keller, M. M., Hoy, A. W., Goetz, T. & Frenzel, A. C. (2016). Teacher Enthusiasm: Reviewing and Redefining a Complex Construct. *Educational Psychology Review, 28*(4), 743–769. https://doi.org/10.1007/s10648-015-9354-y

Kemnitz, H. (2014). Forschung zur Geschichte und Entwicklung des Lehrerberufs vom 18. Jahrhundert bis zur Gegenwart. In E. Terhart, H. Bennewitz & M. Rothland (Hrsg.), *Handbuch der Forschung zum Lehrerberuf* (S. 34–51). Münster: Waxmann.

Kirkpatrick, D. L. (1956). How to start an objective evaluation of your training program. *Journal of the American Society of Training Directors, 10,* 18–22.

Klassen, R. M., & Tze, V. M. C. (2014). Teachers' self-efficacy, personality, and teaching effectiveness: A meta-analysis. *Educational Research Review, 12,* 59–76. https://doi.org/10.1016/j.edurev.2014.06.001

Klieme, E. & Warwas, J. (2011). Konzepte der individuellen Förderung. *Zeitschrift für Pädagogik, 57*(6), 805–818.

Klieme, E., Avenarius, H., Blum, W., Döbrich, P., Gruber, H., Prenzel, M., et al. (2007). *Zur Entwicklung nationaler Bildungsstandards.* Bonn: BMBF, Referat Öffentlichkeitsarbeit. Abgerufen von https://www.bmbf.de/pub/Bildungsforschung_Band_1.pdf

Klieme, E., Bürgermeister, A., Harks, B., Blum, W., Leiss, D. & Rakoczy, K. (2010). Leistungsbeurteilung und Kompetenzmodellierung im Mathematikunterricht – Projekt Co2CA. *Zeitschrift für Pädagogik,* (Beiheft 56. Kompetenzmodellierung. Zwischenbilanz des DFG-Schwerpunktprogramms und Perspektiven des Forschungsansatzes), 64–74.

Klusmann, U., Kunter, M., Trautwein, U., Lüdtke, O. & Baumert, J. (2008). Teachers' occupational well-being and quality of instruction: The important role of self-regulatory patterns. *Journal of Educational Psychology, 100*(3), 702–715. https://doi.org/10.1037/0022-0663.100.3.702

KMK – Sekretariat der ständigen Konferenz der Kultusminister der Länder in der Bundesrepublik Deutschland. (2004). *Bildungsstandards im Fach Mathematik für den Primarbereich.* Luchterhand. Abgerufen von http://www.kmk.org/fileadmin/Dateien/veroeffentlichungen_beschluesse/2004/2004_10_15-Bildungsstandards-Mathe-Primar.pdf

KMK – Sekretariat der ständigen Konferenz der Kultusminister der Länder in der Bundesrepublik Deutschland. (2015). *Empfehlungen zur Arbeit in der Grundschule.* Abgerufen von http://www.kmk.org/fileadmin/Dateien/veroeffentlichungen_beschluesse/1970/1970_07_02_Empfehlungen_Grundschule.pdf

Krajewski, K., Küspert, P. & Schneider, W. (2002). *Deutscher Mathematiktest für erste Klassen (DEMAT 1+).* Göttingen: Beltz.

Krammer, K. (2009). *Individuelle Lernunterstützung in Schülerarbeitsphasen.* Münster: Waxmann.

Krapp, A. (2002). Structural and dynamic aspects of interest development: theoretical considerations from an ontogenetic perspective. *Learning and Instruction, 12*(4), 383–409. https://doi.org/10.1016/S0959-4752(01)00011-1

Krapp, A. & Ryan, R. M. (2002). Selbstwirksamkeit und Lernmotivation: Eine kritische Betrachtung der Theorie von Bandura aus der Sicht der Selbstbestimmungstheorie und der pädagogische-psychologischen Interessentheorie. *Zeitschrift für Pädagogik,* (44. Beiheft), 54–82.

Krauss, S., Blum, W., Neubrand, M., Baumert, J., Kunter, M., Besser, M. & Elsner, J. (2011). Konzeptualisierung und Testkonstruktion zum fachbezogenen Professionswissen von Mathematiklehrkräften. In M. Kunter, J. Baumert, W. Blum, U. Klusmann, S. Krauss & M. Neubrand (Hrsg.), *Professionelle Kompetenz von Lehrkräften* (S. 137–161). Münster: Waxmann.

Krauss, S., Neubrand, M., Blum, W., Baumert, J., Brunner, M., Kunter, M. & Jordan, A. (2008). Die Untersuchung des professionellen Wissens deutscher Mathematik-Lehrerinnen und -Lehrer im Rahmen der COACTIV-Studie. *Journal für Mathematik-Didaktik, 29*(3–4), 223–258. https://doi.org/10.1007/BF03339063

Krauthausen, G. (2018). Einführung in die Mathematikdidaktik – Grundschule. Berlin: Springer. https://doi.org/10.1007/978-3-662-54692-5

Krauthausen, G. & Scherer, P. (2007). *Einführung in die Mathematikdidaktik* (3. Aufl.). Heidelberg: Spektrum.

Krebs, D. & Menold, N. (2019). Gütekriterien quantitativer Sozialforschung. In N. Baur & J. Blasius (Hrsg.), *Handbuch Methoden der empirischen Sozialforschung* (S. 489–504). Wiesbaden: Springer Fachmedien. https://doi.org/10.1007/978-3-658-21308-4_34

Kuckartz, U., Rädiker, S., Ebert, T. & Schehl, J. (2013). *Statistik.* Wiesbaden: Springer. https://doi.org/10.1007/978-3-531-19890-3

Kuhn, J.-T. (2017). Rechenschwäche – eine interdisziplinäre Einführung. In A. Fritz, S. Schmidt & G. Ricken (Hrsg.), *Handbuch Rechenschwäche* (S. 14–31). Weinheim: Beltz.

Kunter, M. (2011). Motivation als Teil der professionellen Kompetenz – Forschungsbefunde zum Enthusiasmus von Lehrkräften. In M. Kunter, J. Baumert, W. Blum, U. Klusmann, S. Krauss & M. Neubrand (Hrsg.), *Professionelle Kompetenz von Lehrkräften* (S. 259–275). Münster: Waxmann.

Kunter, M. & Pohlmann, B. (2015). Lehrer. In E. Wild & J. Möller (Hrsg.), *Pädagogische Psychologie* (2. Aufl., S. 261–281). Berlin: Springer. https://doi.org/10.1007/978-3-642-41291-2_11

Kunter, M., Baumert, J., Blum, W., Klusmann, U., Krauss, S. & Neubrand, M. (Hrsg.). (2011a). *Professionelle Kompetenz von Lehrkräften: Ergebnisse des Forschungsprogramms COACTIV.* Münster: Waxmann.

Kunter, M., Frenzel, A., Nagy, G., Baumert, J. & Pekrun, R. (2011b). Teacher enthusiasm: Dimensionality and context specificity. *Contemporary Educational Psychology, 36*(4), 289–301. https://doi.org/10.1016/j.cedpsych.2011.07.001

Kunter, M., Klusmann, U. & Baumert, J. (2009). Professionelle Kompetenz von Mathematiklehrkräften: Das COACTIV-Modell. In O. Zlatkin-Troitschanskaia, K. Beck, D. Sembill, R. Nickolaus & R. Mulder (Hrsg.), *Lehrerprofessionalität: Bedingungen, Genese, Wirkungen und ihre Messung* (S. 153–166). Weinheim: Beltz.

Kunter, M., Tsai, Y.-M., Klusmann, U., Brunner, M., Krauss, S. & Baumert, J. (2008). Students' and mathematics teachers' perceptions of teacher enthusiasm and instruction. *Learning and Instruction, 18*(5), 468–482. https://doi.org/10.1016/j.learninstruc.2008.06.008

Lakshmanan, A., Heath, B. P., Perlmutter, A., & Elder, M. (2011). The impact of science content and professional learning communities on science teaching efficacy and standards-based instruction. *Journal of Research in Science Teaching, 48*(5), 534–551. https://doi.org/10.1002/tea.20404

Landerl, K., Vogel, S. & Kaufmann, L. (2017). *Dyskalkulie: Modelle, Diagnostik, Intervention* (3. Aufl.). München: Ernst Reinhardt Verlag.

Leiss, D. & Tropper, N. (2014). *Umgang mit Heterogenität im Mathematikunterricht.* Berlin: Springer. https://doi.org/10.1007/978-3-642-45109-6

Lenart, F., Holzer, N. & Schaupp, H. (2010). Dyskalkulie: Wahrnehmung und Fakten – Ergebnisse und Ausblicke. In F. Lenart, N. Holzer & H. Schaupp (Hrsg.), *Rechenschwäche – Rechenstörung – Dyskalkulie* (S. 15–31). Graz: Leykam.

Lesemann, S. (2015). *Fortbildungen zum schulischen Umgang mit Rechenstörungen.* Wiesbaden: Springer. https://doi.org/10.1007/978-3-658-11380-3

Leuders, J. (2015). Diagnose und Leistungsbewertung. In K. Philipp & J. Leuders (Hrsg.), *Mathematik – Didaktik für die Grundschule* (S. 173–187). Berlin: Cornelsen.

Leuders, T., Leuders, J. & Philipp, K. (2014). Fachbezogene diagnostische Kompetenzen – Forschungsstand und Forschungsdesiderata. In J. Roth & J. Ames (Hrsg.), *Beiträge zum Mathematikunterricht* (S. 731–734). Münster: WTM.

Limbach-Reich, A. & Pitsch, H.-J. (2015). Medizinische Klassifikationen: ICD-10, ICIDH, ICF und DSM-IV. In H. Schäfer & C. Rittmeyer (Hrsg.), *Handbuch Inklusive Diagnostik* (S. 86–102). Weinheim: Beltz. Abgerufen von https://content-select.com/media/moz_vie wer/552557cf-15d0-491b-8c5d-4cc3b0dd2d03/language:de

Lindmeier, A. M. (2010). *Modeling and Measuring Knowledge and Competencies of Teachers.* Münster: Waxmann.

Lindmeier, A. M. (2013). Video-vignettenbasierte standardisierte Erhebung von Lehrerkognitionen. In U. Riegel & K. Macha (Hrsg.), *Videobasierte Kompetenzforschung in den Fachdidaktiken* (S. 45–61). Münster: Waxmann.

Lindmeier, A. M., Heinze, A. & Reiss, K. (2012). Eine Machbarkeitsstudie zur Operationalisierung aktionsbezogener Kompetenz von Mathematiklehrkräften mit videobasierten Maßen. *Journal für Mathematik-Didaktik, 34*(1), 99–119. https://doi.org/10.1007/s13 138-012-0046-6

Lipowsky, F. (2003). *Wege von der Hochschule in den Beruf: Eine empirische Studie zum beruflichen Erfolg von Lehramtsabsolventen in der Berufseinstiegsphase.* Bad Heilbrunn: Klinkhardt.

Lipowsky, F. (2006). Auf den Lehrer kommt es an. Empirische Evidenzen für Zusammen-hänge zwischen Lehrerkompetenzen, Lehrerhandeln und dem Lernen der Schüler. In C. Allemann-Ghionda & E. Terhart (Hrsg.), *Kompetenzen und Kompetenzentwicklung von Lehrerinnen und Lehrern* (S. 47–70). Weinheim: Beltz. Abgerufen von https://www.ped ocs.de/volltexte/2013/7370/pdf/Lipowsky_Auf_den_Lehrer_kommt_es_an.pdf

Lipowsky, F. (2010). Lernen im Beruf: Empirische Befunde zur Wirksamkeit von Lehrerfort-bildungen. In F. H. Müller, A. Eichenberger, M. Lüders & J. Mayr (Hrsg.), *Lehrerinnen und Lehrer lernen* (S. 51–70). Münster: Waxmann.

Lipowsky, F. (2014). Theoretische Perspektiven und empirische Befunde zur Wirksamkeit von Lehrerfort- und -weiterbildung. In E. Terhart, H. Bennewitz & M. Rothland (Hrsg.), *Handbuch der Forschung zum Lehrerberuf* (S. 398–417). Münster: Waxmann.

Lipowsky, F. (2019). Wie kommen Befunde der Wissenschaft in die Klassenzimmer? – Impulse der Fortbildungsforschung. In C. Donie, F. Foerster, M. Obermayr, A. Deck-werth, G. Kammermeyer, G. Lenske, et al. (Hrsg.), *Grundschulpädagogik zwischen Wis-senschaft und Transfer* (S. 144–161). Wiesbaden: Springer Fachmedien. https://doi.org/10.1007/978-3-658-26231-0_18

Lipowsky, F. & Rzejak, D. (2012). Lehrerinnen und Lehrer als Lerner – Wann gelingt der Rollentausch? Merkmale und Wirkungen effektiver Lehrerfortbildungen. *Schulpädago-gik Heute, 5(3)*, 1–17.

Lipowsky, F. & Rzejak, D. (2017). Fortbildungen für Lehrkräfte wirksam gestalten – Erfolgs-versprechende Wege und Konzepte aus Sicht der empirischen Bildungsforschung. *Bil-dung und Erziehung, 70*(4).

Lonnemann, J. & Hasselhorn, M. (2017). Diagnostik mathematischer Leistungen und Kom-petenzen: Grundlagen, Verfahren, Forschungstrends. In A. Fritz, S. Schmidt & G. Ricken (Hrsg.), *Handbuch Rechenschwäche* (S. 323–338). Weinheim: Beltz.

Lorenz, C. & Artelt, C. (2009). Fachspezifität und Stabilität diagnostischer Kompetenz von Grundschullehrkräften in den Fächern Deutsch und Mathematik. *Zeitschrift für Pädago-gische Psychologie, 23*(34), 211–222. https://doi.org/10.1024/1010-0652.23.34.211

Lorenz, J. H. (2003). Rechenschwäche – ein Problem der Schul- und Unterrichtsentwicklung. In M. Baum & H. Wielpütz (Hrsg.), *Mathematik in der Grundschule* (S. 103–119). Seelze: Kallmeyer.

Lorenz, J. H. (2011). Die Macht der Materialien (?) Anschauungsmittel und Zählrepräsenta-tion. In A. S. Steinweg (Hrsg.), *Medien und Materialien* (S. 39–54). Bamberg: University of Bamberg Press.

Lorenz, J. H. (2013). Grundlagen der Förderung und Therapie. In M. von Aster & J. H. Lorenz (Hrsg.), *Rechenstörungen bei Kindern* (2. Aufl., S. 181–194). Göttingen: Vandenhoeck & Ruprecht. https://doi.org/10.13109/9783666462580.181

Lorenz, J. H. (2016). *Kinder begreifen Mathematik* (2. Aufl.). Stuttgart: Kohlhammer.

Lück, D. & Landrock, U. (2019). Datenaufbereitung und Datenbereinigung in der quan-titativen Sozialforschung. In N. Baur & J. Blasius (Hrsg.), *Handbuch Methoden der empirischen Sozialforschung* (S. 457–471). Wiesbaden: Springer Fachmedien. https://doi.org/10.1007/978-3-658-21308-4_32

Lüken, M. M. (2010). Ohne „Struktursinn" kein erfolgreiches Mathematiklernen – Ergeb-nisse einer empirischen Studie zur Bedeutung von Mustern und Strukturen am Schulan-fang. In A. M. Lindmeier & S. Ufer (Hrsg.), *Beiträge zum Mathematikunterricht 2010* (S. 573–576). Münster: WTM.

Lüken, M. M. (2012). *Muster und Strukturen im mathematischen Anfangsunterricht.* Münster: Waxmann.

Maag Merki, K. (2009). Kompetenz. In S. Andresen (Hrsg.), *Handwörterbuch Erziehungswissenschaft* (S. 492–506). Weinheim: Beltz.

MacDonald, B. L., Westenskow, A., Moyer-Packenham, P. S. & Child, B. (2018). Components of Place Value Understanding: Targeting Mathematical Difficulties When Providing Interventions. *School Science and Mathematics, 118*(1–2), 17–29. https://doi.org/10.1111/ssm.12258

Merdian, G., Merdian, F. & Schardt, K. (2015). *Bamberger Dyskalkuliediagnostik 1–4+ (R) (BADYS).* Bamberg: PaePsy.

Messner, H. & Reusser, K. (2000). Die berufliche Entwicklung von Lehrpersonen als lebenslanger Prozess. *Beiträge zur Lehrerinnen- und Lehrerbildung, 18*(2), 157–171.

Meyer, A. (2015). *Diagnose algebraischen Denkens.* Wiesbaden: Springer Fachmedien. https://doi.org/10.1007/978-3-658-07988-8

Meyer, H. (2017). *Was ist guter Unterricht?* (12. Aufl.). Berlin: Cornelsen.

Mietzel, G. (2017). *Pädagogische Psychologie des Lernens und Lehrens.* Göttingen: Hogrefe.

Mitter, W. (1978). Theorie- oder Praxisschock? – Zur Ausgestaltung der „zweiten" und „dritten" Phase der Lehrerbildung. *Bildung und Erziehung, 31*(2), 95–97.

Moosbrugger, H. & Kelava, A. (2012). Qualitätsanforderungen an einen psychologischen Test (Testgütekriterien). In H. Moosbrugger & A. Kelava (Hrsg.), *Testtheorie und Fragebogenkonstruktion* (S. 8–26). Berlin: Springer.

Moser Opitz, E. (2010). Diagnose und Förderung: Aufgaben und Herausforderungen für die Mathematikdidaktik und die mathematikdidaktische Forschung. *Beiträge zum Mathematikunterricht* (S. 11–18). https://doi.org/10.5167/uzh-40288

Moser Opitz, E. (2013). *Rechenschwäche / Dyskalkulie.* Bern: Haupt.

Moser Opitz, E. & Nührenbörger, M. (2015). Diagnostik und Leistungsbeurteilung. In R. Bruder, L. Hefendehl-Hebeker, B. Schmidt-Thieme & H.-G. Weigand (Hrsg.), *Handbuch der Mathematikdidaktik* (S. 491–512). Berlin: Springer. https://doi.org/10.1007/978-3-642-35119-8

Moser Opitz, E. & Schindler, V. (2017). Mathematiklernen im Kontext von sprachlichen Faktoren. In A. Fritz, S. Schmidt & G. Ricken (Hrsg.), *Handbuch Rechenschwäche* (S. 141–155). Weinheim: Beltz.

Neuber, V., Künsting, J. & Lipowsky, F. (2013). *Wege im Beruf: Dokumentation der Erhebungsinstrumente (Messzeitpunkt 2 bis Messzeitpunkt 7).* Universität Kassel.

Neuhaus, B. J., Urhahne, D. & Ufer, S. (2019). Fachliches Lernen. In D. Urhahne, M. Dresel & F. Fischer (Hrsg.), *Psychologie für den Lehrberuf* (S. 143–161). Berlin: Springer.

Oelkers, J. (2009a). *Die Lehrerfortbildung: Eine Baustelle.* Laudatio anlässlich der Fachtagung „Kulturen der Lehrerfortbildung" in der Akademie Dillingen, Abgerufen von http://www.lehrerinnenfortbildung.de/cms/index.php/download/doc_download/23-oelkers-juergen-die-lehrerfortbildung-eine-baustelle

Oelkers, J. (2009b). *„I wanted to be a good teacher..." Zur Ausbildung von Lehrkräften in Deutschland.* Abgerufen von http://library.fes.de/pdf-files/studienfoerderung/06832.pdf

Oser, F., Heinzer, S. & Salzmann, P. (2010). Die Messung der Qualität von professionellen Kompetenzprofilen von Lehrpersonen mit Hilfe der Einschätzung von Filmvignetten. *Unterrichtswissenschaft: Zeitschrift für Lernforschung, 38*(1), 5–28.

Padberg, F. & Benz, C. (2011). *Didaktik der Arithmetik.* Heidelberg: Spektrum.

Padberg, F. & Büchter, A. (2015). *Einführung Mathematik Primarstufe – Arithmetik*. Berlin: Springer.

Porst, R. (2014). *Fragebogen* (4. Aufl.). Wiesbaden: Springer.

Porst, R. (2019). Frageformulierung. In N. Baur & J. Blasius (Hrsg.), *Handbuch Methoden der empirischen Sozialforschung* (S. 829–842). Wiesbaden: Springer Fachmedien. https://doi.org/10.1007/978-3-658-21308-4_57

Pott, A. (2019). *Diagnostische Deutungen im Lernbereich Mathematik*. Wiesbaden: Springer Fachmedien. https://doi.org/10.1007/978-3-658-24871-0

Prenzel, M., Baumert, J., Blum, W., Lehmann, R., Leutner, D., Neubrand, M., et al. (Hrsg.). (2006). *PISA 2003. Untersuchungen zur Kompetenzentwicklung im Verlauf eines Schuljahres*. Münster: Waxmann. https://doi.org/10.5159/IQB_PISA_I_Plus_v1

Puca, R. M. & Schüler, J. (2017). Motivation. In J. Müsseler & M. Rieger (Hrsg.), *Allgemeine Psychologie* (S. 223–250). Berlin: Springer.

Raab-Steiner, E. & Benesch, M. (2018). *Der Fragebogen* (5. Aufl.). Wien: Facultas.

Rakoczy, K., Buff, A. & Lipowsky, F. (2005). *Dokumentation der Erhebungs- und Auswertungsinstrumente zur schweizerisch-deutschen Videostudie. Unterrichtsqualität, Lernverhalten und mathematisches Verständnis. 1. Befragungsinstrumente* (Materialien zur Bildungsforschung; Bd. 13). Frankfurt am Main: GFPF.

Rasch, B., Friese, M., Hofmann, W. & Naumann, E. (2014a). *Quantitative Methoden 1*. Berlin: Springer. https://doi.org/10.1007/978-3-662-43524-3

Rasch, B., Friese, M., Hofmann, W. & Naumann, E. (2014b). *Quantitative Methoden 2*. Berlin: Springer. https://doi.org/10.1007/978-3-662-43548-9

Reinecke, J. (2019). Grundlagen der standardisierten Befragung. In N. Baur & J. Blasius (Hrsg.), *Handbuch Methoden der empirischen Sozialforschung* (S. 717–734). Wiesbaden: Springer Fachmedien. https://doi.org/10.1007/978-3-658-21308-4_49

Reinold, M. (2016). *Lehrerfortbildungen zur Förderung prozessbezogener Kompetenzen*. Wiesbaden: Springer Fachmedien. https://doi.org/10.1007/978-3-658-11882-2

Reiss, K. & Obersteiner, A. (2017). Kompetenzmodelle und Bildungsstandards: Mathematikleistung messen, beschreiben und fördern. In A. Fritz, S. Schmidt & G. Ricken (Hrsg.), *Handbuch Rechenschwäche* (S. 66–79). Weinheim: Beltz.

Resnick, L. B. (1983). *A developmental theory of number understanding*. (H. P. Ginsburg, Hrsg.), (S. 110–151). Orlando. Abgerufen von https://files.eric.ed.gov/fulltext/ED251328.pdf

Ricken, G. & Fritz, A. (2007). Gegenstandstheoretische Konzepte als diagnostische BasiS. In J. Walter & F. B. Wember (Hrsg.), *Sonderpädagogik des Lernens* (S. 184–218). Göttingen: Hogrefe.

Rjosk, C., Hoffmann, L., Richter, D., Marx, A. & Gresch, C. (2017). Qualifikation von Lehrkräften und Einschätzungen zum gemeinsamen Unterricht von Kindern mit und Kindern ohne sonderpädagogischen Förderbedarf. In P. Stanat, S. Schipolowski, C. Rjosk, S. Weirich & N. Haag (Hrsg.), *IQB-Bildungstrend 2016* (S. 335–354). Münster: Waxmann.

Rosenshine, B. (1970). Recent Research on Teaching Behaviors and Student Achievement. *Journal of Teacher Education*, *27*(1), 61–64. https://doi.org/10.1177/002248717602700115

Rosenthal, R. (1991). *Meta-analytic procedures for social research*. Sage. https://doi.org/10.4135/9781412984997

Ross, S. H. (1986). *The development of children's place-value numeration concepts in grades two through five.* Ph.D. diss., University of Berkley, California. Michigan: UMI. Abgerufen von https://files.eric.ed.gov/fulltext/ED273482.pdf

Ross, S. H. (1989). Parts, Wholes, and Place Value: A Developmental View. *The Arithmetic Teacher, 36*(6), 47–51. https://doi.org/10.2307/41194463

Rzejak, D. & Lipowsky, F. (2013). LIQUID – *Evaluation der Lehrerfortbildung Qualifizierung zur Weiterentwicklung des Unterricht fokussiert auf Individuelle Förderung. Dokumentation der Erhebungsinstrumente.* Universität Kassel.

Rzejak, D. & Lipowsky, F. (2019). *Abschlussbericht zur wissenschaftlichen Begleitung der Fortbildung „Vielfalt fördern."* Abgerufen von https://www.bertelsmann-stiftung.de/fileadmin/files/BSt/Publikationen/GrauePublikationen/Abschlussbericht_Vielfalt_foer dern.pdf

Sarama, J. & Clements, D. H. (2009). *Early Childhood Mathematics Education Research. Learning Trajectories for Young Children.* New York: Routledge https://doi.org/10.4324/9780203883785

Schaper, N. (2018). Aus- und Weiterbildung: Konzepte der Trainingsforschung. In W. F. Nerdinger, G. Blickle & N. Schaper. *Arbeits- und Organisationspsychologie* (3. Aufl., S. 509–539). Berlin: Springer. https://doi.org/10.1007/978-3-662-56666-4_26

Schäfer, J. (2005). *Rechenschwäche in der Eingangsstufe der Hauptschule.* Hamburg: Kovač.

Schäfer, T. (2016). *Methodenlehre und Statistik: Einführung in Datenerhebung, deskriptive Statistik und Inferenzstatistik.* Wiesbaden: Springer Fachmedien. https://doi.org/10.1007/978-3-658-11936-2

Scherer, P. (2014). Low Achievers' Understanding of Place Value – Materials, Representations and Consequences for Instruction. In T. Wassong, D. Frischemeier, P. R. Fischer, R. Hochmuth& P. Bender (Hrsg.), *Mit Werkzeugen Mathematik und Stochastik lernen – Using Tools for Learning Mathematics and Statistics* (S. 43–56). Wiesbaden: Springer Spektrum. https://doi.org/10.1007/978-3-658-03104-6_4

Scherer, P. & Moser Opitz, E. (2010). *Fördern im Mathematikunterricht der Primarstufe.* Heidelberg: Springer. https://doi.org/10.1007/978-3-8274-2693-2

Schiefele, U. (2008). Lernmotivation und Interesse. In W. Schneider & M. Hasselhorn (Hrsg.), *Handbuch der Pädagogischen Psychologie* (S. 38–49). Hogrefe.

Schiefele, U. & Schaffner, E. (2015). Motivation. In E. Wild & J. Möller (Hrsg.), *Pädagogische Psychologie* (3. Aufl., S. 153–175). Berlin: Springer. https://doi.org/10.1007/978-3-642-41291-2_7

Schipper, W. (2009). *Handbuch für den Mathematikunterricht an Grundschulen.* Braunschweig: Schroedel.

Schipper, W. (2010). Thesen und Empfehlungen zum schulischen und außerschulischen Umgang mit Rechenstörungen. In F. Lenart, N. Holzer & H. Schaupp (Hrsg.), *Rechenschwäche – Rechenstörung – Dyskalkulie: Erkennung : Prävention : Förderung* (S. 103–121). Graz: Leykam.

Schipper, W. (2011). Vom Calculieren zum Kalkulieren – Materialien als Lösungs- und als Lernhilfe. In A. S. Steinweg (Hrsg.), *Medien und Materialien – Tagungsband des Arbeitskreises Grundschule* (S. 71–86). Bamberg: University of Bamberg Press.

Schipper, W. & Wartha, S. (2017). Diagnostik und Förderung von Kindern mit besonderen Schwierigkeiten beim Rechnenlernen. In A. Fritz, S. Schmidt & G. Ricken (Hrsg.), *Handbuch Rechenschwäche* (S. 418–435). Weinheim: Beltz.

Schipper, W., Schroeders, von, N. & Wartha, S. (2011). *BIRTE 2 – Bielefelder Rechentest für das zweite Schuljahr: Handbuch zur Diagnostik und Förderung.* Braunschweig: Schroedel.

Schlee, J. (2008). 30 Jahre »Förderdiagnostik« – eine kritische Bilanz. *Zeitschrift für Heilpädagogik,* (4), 122–131.

Schmitz, G. S. & Schwarzer, R. (2000). Selbstwirksamkeitserwartung von Lehrern: Längsschnittbefunde mit einem neuen Instrument. *Zeitschrift für Pädagogische Psychologie, 14*(1), 12–25. https://doi.org/10.1024//1010-0652.14.1.12

Schöner, P. (2017). Prozesse bei der (strukturierten) Mengenwahrnehmung und Anzahlbestimmung. In A. S. Steinweg (Hrsg.), *Mathematik und Sprache. Tagungsband des Arbeitskreises Grundschule* (S. 105–108). Bamberg: University of Bamberg Press.

Schrader, F.-W. (2009). Anmerkungen zum Themenschwerpunkt Diagnostische Kompetenz von Lehrkräften. *Zeitschrift für Pädagogische Psychologie, 23*(34), 237–245. https://doi.org/10.1024/1010-0652.23.34.237

Schrader, F.-W. (2014). Lehrer als Diagnostiker. In E. Terhart, H. Bennewitz & M. Rothland (Hrsg.), *Handbuch der Forschung zum Lehrerberuf* (S. 865–6882). Münster: Waxmann.

Schulz, J. (2018). *Lehren und Lernen.* Bielefeld: wbv Publikation.

Schulz, A. (2014). *Fachdidaktisches Wissen von Grundschullehrkräften: Diagnose und Förderung bei besonderen Problemen beim Rechnenlernen.* Wiesbaden: Springer Fachmedien. https://doi.org/10.1007/978-3-658-08693-0

Schulz, A. (2016). Inverses Schreiben und Zahlendreher – Eine empirische Studie zur inversen Schreibweise zweistelliger Zahlen. In Institut für Mathematik und Informatik der Pädagogischen Hochschule Heidelberg (Hrsg.), *Beiträge zum Mathematikunterricht 2016* (S. 883–886). Münster: WTM.

Schumacher, S. (2017). *Lehrerprofessionswissen im Kontext beschreibender Statistik.* Wiesbaden: Springer Fachmedien. https://doi.org/10.1007/978-3-658-17766-9

Schupp, J. (2019). Paneldaten für die Sozialforschung. In N. Baur & J. Blasius (Hrsg.), *Handbuch Methoden der empirischen Sozialforschung* (S. 1265–1280). Wiesbaden: Springer Fachmedien. https://doi.org/10.1007/978-3-658-21308-4_93

Schwarzer, R. & Jerusalem, M. (2002). Das Konzept der Selbstwirksamkeit. *Zeitschrift für Pädagogik,* (44. Beiheft), 28–53.

Schwarzer, R. & Schmitz, G. S. (1999). Skala zur Lehrerselbstwirksamkeitserwartung. In *Skalen zur Erfassung von Lehrer- und Schülermerkmalen: Dokumentation der psychometrischen Verfahren im Rahmen der Wissenschaftlichen Begleitung des Modellversuchs Selbstwirksame Schulen* (S. 60–61). Berlin.

Schwarzer, R. & Warner, L. M. (2014). Forschung zur Selbstwirksamkeit bei Lehrerinnen und Lehrern. In E. Terhart, H. Bennewitz & M. Rothland (Hrsg.), *Handbuch der Forschung zum Lehrerberuf* (S. 496–510). Münster: Waxmann.

Seifried, J. & Wuttke, E. (2016). Der Einsatz von Videovignetten in der wirtschaftspädagogischen Forschung: Messung und Förderung von fachwissenschaftlichen und fachdidaktischen Kompetenzen angehender Lehrpersonen. In C. Gräsel & K. Trempler (Hrsg.), *Entwicklung von Professionalität pädagogischen Personals* (S. 303–322). Wiesbaden: Springer Fachmedien. https://doi.org/10.1007/978-3-658-07274-2_16

Seifried, J. & Ziegler, B. (2009). Domänenbezogene Professionalität. In O. Zlatkin-Troitschanskaia, K. Beck, D. Sembill, R. Nickolaus & R. Mulder (Hrsg.), *Lehrerprofessionalität: Bedingungen, Genese, Wirkungen und ihre Messung* (S. 83–92). Weinheim: Beltz.

Selter, C. (1995). Zur Fiktivität der „Stunde Null" im arithmetischen Anfangsunterricht. *Mathematische Unterrichtspraxis*, (16), 11–19.

Selter, C. (2017). Förderorientierte Diagnose und diagnosegeleitete Förderung. In A. Fritz, G. Ricken & S. Schmidt (Hrsg.), *Handbuch Rechenschwäche* (S. 375–394). Weinheim: Beltz.

Selter, C. & Sundermann, B. (2013). *Beurteilen und Fördern im Mathematikunterricht* (4. Aufl.). Berlin: Cornelsen Scriptor.

Selter, C., Benz, C., Lorenz, J. H. & Wollring, B. (2017). Mathematikdidaktische Kompetenzen. In Stiftung Haus der kleinen Forscher (Hrsg.), *Frühe mathematische Bildung – Ziele und Gelingensbedingungen für den Elementar- und Primarbereich* (S. 144–151). Opladen: Verlag Barbara Budrich.

Selter, C., Vogell, L. & Wember, F. B. (2019). Diagnosegeleitete Förderung im Mathematikunterricht der Grundschule. In A. Schumacher & E. Adelt (Hrsg.), *Lern- und Entwicklungsplanung* (S. 53–68). Münster: Waxmann.

Senftleben, I. & Heinze, A. (2011). Fachdidaktische Kompetenz von Grundschullehrkräften. *Beiträge zum Mathematikunterricht* (S. 799–802). Münster: WTM. https://doi.org/ 10.17877/DE290R-13745

Shulman, L. S. (1986). Those Who Understand: Knowledge Growth in Teaching. *Journal for Educational Research Online*. *15*(2), 4–14.

Shulman, L. S. (1987). Knowledge and Teaching: Foundations of the New Reform. *Harvard Educational Review*, *57*(1), 1–23. https://doi.org/10.17763/haer.57.1.j463w79r56455411

Skaalvik, E. M. & Skaalvik, S. (2007). Dimensions of teacher self-efficacy and relations with strain factors, perceived collective teacher efficacy, and teacher burnout. *Journal of Educational Psychology*, *99*(3), 611–625. https://doi.org/10.1037/0022-0663.99.3.611

Skaalvik, E. M. & Skaalvik, S. (2010). Teacher self-efficacy and teacher burnout: A study of relations. *Teaching and Teacher Education*, (26), 1059–1069.

Spinath, B. (2005). Akkuratheit der Einschätzung von Schülermerkmalen durch Lehrer und das Konstrukt der diagnostischen Kompetenz. *Zeitschrift für Pädagogische Psychologie*, *19*(1/2), 85–95. https://doi.org/10.1024/1010-0652.19.12.85

Sprenger, M., Wartha, S. & Lipowsky, F. (2019). Wirkungen von Qualifizierungsmaßnahmen zum Thema Rechenschwierigkeiten auf das diagnostische Wissen von Lehrpersonen. Erfassung von handlungsnahem Wissen durch Videovignetten. In E. Christophel, M. Hemmer, F. Korneck, T. Leuders & P. Labudde (Hrsg.), *Fachdidaktische Forschung zur Lehrerbildung* (S. 227–238). Münster: Waxmann.

Statistisches Bundesamt (Destatis), Wissenschaftszentrum Berlin für Sozialforschung (WZB) (Hrsg.). (2016). *Datenreport 2016*. Bonn. Abgerufen von www.destatis.de/dat enreport

Stein, P. (2019). Forschungsdesigns für die quantitative Sozialforschung. In N. Baur & J. Blasius (Hrsg.), *Handbuch Methoden der empirischen Sozialforschung* (S. 125–142). Wiesbaden: Springer Fachmedien. https://doi.org/10.1007/978-3-658-21308-4_8

Sundermann, B. & Selter, C. (2005). *Lernerfolg begleiten – Lernerfolg beurteilen. Kiel: Leibniz-Institut für die Pädagogik der Naturwissenschaften und Mathematik (IPN) an der Universität Kiel*. Abgerufen von http://www.sinus-an-grundschulen.de/fileadmin/upl oads/Material_aus_STG/Mathe-Module/Mathe9.pdf

Tartler, K., Goihl, K., Kroeger, M. & Felfe, J. (2003). Zum Nutzen zusätzlicher Selbsteinschätzungen bei der Beurteilung des Führungsverhaltens. *Zeitschrift für Personalpsychologie*, 2(1), 13–21. https://doi.org/10.1026//1617-6391.2.1.13

Tenorth, H.-E. & Tippelt, R. (Hrsg.) (2012). *Beltz Lexikon Pädagogik*. Weinheim: Beltz.

Terhart, E. (2007). Was wissen wir über gute Lehrer. *Friedrich-Jahresheft*, (25), 20–24.

Terhart, E. (2011). Lehrerberuf und Professionalität. Gewandeltes Begriffsverständnis – neue Herausforderungen. *Zeitschrift für Pädagogik*, Beiheft, 57, 202–224.

Thomas, L. (2007). Lern- und Leistungsdiagnostik. In T. Fleischscher, N. Grewe, B. Jotten & K. Seifried (Hrsg.), *Handbuch Schulpsychologie: Psychologie für die Schule* (S. 82–98). Stuttgart: Kohlhammer.

Thompson, I. (2003). Place Value: The English Disease? In I. Thompson (Hrsg.), *Enhancing primary mathematics teaching* (S. 181–190). New York: Open university press.

Timperley, H. (2007). *Teacher professional learning and development: Best evidence synthesis iteration (BES)*. Wellington, N.Z.: Ministry of Education.

Törner, G. (2015). Verborgene Bedingungs- und Gelingensfaktoren bei Fortbildungsmaßnahmen in der Lehrerbildung Mathematik – subjektive Erfahrungen aus einer deutschen Perspektive. *Journal für Mathematik-Didaktik*, 36(2), 195–232. https://doi.org/10.1007/s13138-015-0078-9

Tschannen-Moran, M., Hoy, A. W. & Hoy, W. K. (1998). Teacher Efficacy: Its Meaning and Measure. *Review of Educational Research*, 68(2), 202. https://doi.org/10.2307/1170754

Usher, E. L. & Pajares, F. (2008). Sources of Self-Efficacy in School: Critical Review of the Literature and Future Directions. *Review of Educational Research*, 78(4), 751–796. https://doi.org/10.3102/0034654308321456

Van de Walle, J. A., Karp, K. S. & Bay-Williams, J. M. (2013). *Elementary and Middle School Mathematics: Teaching developmentally* (8. Aufl.). New York: Pearson.

van Luit, J. E. H., van de Rijt, B. A. M. & Hasemann, K. (2001). *Osnabrücker Test zur Zahlbegriffsentwicklung (OTZ)*. Göttingen: Hogrefe.

von Aster, M. (2014). Wie kommen Zahlen in den Kopf? In M. von Aster & J. H. Lorenz (Hrsg.), *Rechenstörungen bei Kindern* (2. Aufl., S. 15–38). Göttingen: Vandenhoeck & Ruprecht. https://doi.org/10.13109/9783666462580.15

von Aster, M. & Lorenz, J. H. (2014). Einleitung. In M. von Aster & J. H. Lorenz (Hrsg.), *Rechenstörungen bei Kindern* (2. Aufl., S. 7–12). Göttingen: Vandenhoeck & Ruprecht. https://doi.org/10.13109/9783666462580.7

von Aster, M., Weinhold-Zulauf, M. & Horn, R. (2005). *Neurologische Testbatterie für Zahlenverarbeitung und Rechnen bei Kindern (ZAREKI-R)*. Frankfurt a. M.: Pearson.

Wagner-Schelewsky, P. & Hering, L. (2019). Online-Befragung. In N. Baur & J. Blasius (Hrsg.), *Handbuch Methoden der empirischen Sozialforschung* (S. 787–800). Wiesbaden: Springer Fachmedien. https://doi.org/10.1007/978-3-658-21308-4_54

Wartha, S., & Benz, C. (2021). Fehler als arithmetische Lernhürden und -chancen. *Lernen Und Lernstörungen*, 10(1), 13–27. https://doi.org/10.1024/2235-0977/a000323

Wartha, S. & Schulz, A. (2011). *Aufbau von Grundvorstellungen (nicht nur) bei besonderen Schwierigkeiten im Rechnen*. Kiel: Leibniz-Institut für die Pädagogik der Naturwissenschaften und Mathematik (IPN) an der Universität Kiel. Abgerufen von http://www.ssg-bildung.ub.uni-erlangen.de/Aufbau_von_Grundvorstellungen_nicht.pdf

Wartha, S. & Schulz, A. (2012). *Rechenproblemen vorbeugen*. Berlin: Cornelsen.

Wartha, S., Hörhold, J., Kaltenbach, M. & Schu, S. (2019). *Grundvorstellungen aufbauen – Rechenprobleme überwinden*. Braunschweig: Westermann.

Weil, M. & Tettenborn, A. (2017). Lehrpersonenweiterbildung – ein (zu) weites Feld? *Beiträge zur Lehrerinnen- und Lehrerbildung, 35*(2), 275–286.

Weinert, F. E. (1999). *Konzepte der Kompetenz. Gutachten zum OECD-Projekt „Definition and Selection of Competencies: Theoretical and Conceptual Foundations (DeSeCo)".* Neuchatel, Schweiz: Bundesamt für Statistik.

Weinert, F. E. (2000). Lehren und Lernen für die Zukunft – Ansprüche an das Lernen in der Schule. *Pädagogische Nachrichten Rheinland-Pfalz*, (2), 1–16.

Weinert, F. E. (2014). Vergleichende Leistungsmessung in Schulen – eine umstrittene Selbstverständlichkeit. In *Leistungsmessungen in Schulen* (S. 17–32). Weinheim: Beltz.

Weinert, F. E. & Helmke, A. (1996). Der gute Lehrer: Person, Funktion oder Fiktion? *Zeitschrift für Pädagogik*, (Beiheft; 34), 223–233.

Wember, F. B. (1989). Zweimal Dialektik: Diagnose und Intervention, Wissen und Intuition. *Sonderpädagogik*, (28), 106–120.

Winter, F. (2005). Standards auch von unten? *Friedrich Jahresheft 23*, 76–77.

Wischer, B. (2014). Was heißt eigentlich Fördern? *Fördern, 32*, 6–9.

Wittmann, E. C. & Müller, G. N. (2015). *Handbuch produktiver Rechenübungen* (2. Aufl., Bd. 2). Leipzig: Klett.

Wollring, B. (2004). Individualdiagnostik im Mathematikunterricht der Grundschule als Impulsgeber für Fördern, Unterricht und Ausbilden. Schulverwaltung HRS. *Zeitschrift für Schulleitung, Schulaufsicht und Schulkultur, 8*(11), 1–6.

Woolfolk, A. (2014). *Pädagogische Psychologie* (12. Aufl.). Hallbergmoos: Pearson.

Yoon, K. S., Duncan, T., Lee, S. W.-Y., Scarloss, B. & Shapley, K. L. (2007). *Reviewing the evidence on how teacher professional development affects student achievement. (Issues & Answers. REL 2007-No. 033).* Washington DC: US Department of Education, Institute of Education Sciences, National Center for Education Evaluation and Regional Assistance, Regional Educational Laboratory Southwest.

Zee, M., & Koomen, H. M. Y. (2016). Teacher Self-Efficacy and Its Effects on Classroom Processes, Student Academic Adjustment, and Teacher Well-Being: A Synthesis of 40 Years of Research. *Review of Educational Research, 86*(4), 981–1015. https://doi.org/10. 3102/0034654315626801

Zuber, J., Pixner, S., Moeller, K. & Nuerk, H.-C. (2009). On the language specificity of basic number processing: Transcoding in a language with inversion and its relation to working memory capacity. *Journal of Experimental Child Psychology, 102*(1), 60–77. https://doi. org/10.1016/j.jecp.2008.04.003

Zürcher, R. (2010). Kompetenz – eine Annäherung in fünf Schritten. *Magazin Erwachsenenbildung.at*, (9), 1–12. Abgerufen von http://nbn-resolving.org/urn:nbn:de:0111-opus-74964